历　程

——水稻覆膜技术创新与推广实录

吕世华　主编

中国农业出版社

北　京

内容介绍

　　本书按照时间序列收集了由四川省农业科学院农业资源与环境研究所和中国农业大学资源环境学院等单位长期合作，成功研究的既高产又环保的水稻种植新技术——水稻覆膜节水节肥综合高产技术从小面积示范到大面积推广应用的相关新闻报道，以及主研专家吕世华研究员所写下的述评及新闻背后的故事。记录了中国工程院院士张福锁团队理论与实践相结合，创新科技，服务"三农"的艰辛历程。该书真实反映了水稻覆膜节水节肥综合高产技术在促进粮食增产、减轻农业面源污染和增加农民增收上的显著效果，也真实记录了科研团队在农业推广体制机制探索方面所取得的成效。对农民群众采用水稻覆膜技术发展粮食生产具有推动作用，对积极参与该技术示范推广的同志具有纪念意义，对广大农业科技工作者具有借鉴意义，对政府相关部门完善农业推广体系也具有重要参考价值。

序

"往年我家一亩水稻只能收七八百斤，现在采用了新技术，就是天再干旱，也收了一千三四百斤，稻谷又大又满！"这是 2007 年 8 月 31 日我参加由四川省农业科学院与中国农业大学共同主办的"以抗旱节水、高产高效为目标的稻田养分资源综合管理技术现场会"时，从资阳市雁江区响水村村民李俊清口中听到的一句感叹！15 年过去了，当年现场会的场景依然历历在目！

《历程——水稻覆膜技术创新与推广实录》一书用各大媒体的报道和各有关单位的简报、消息和主研专家吕世华研究员的回顾、评述以及图片资料来真实完整地再现四川省农业科学院与中国农业大学等单位共同研究创新的水稻覆膜节水节肥综合高产技术这一典型的养分资源综合管理和作物绿色高产高效生产技术的融合创新、技术应用模式的创新及其对推动我国农业绿色发展的光辉历程。

吕世华研究员是我从德国回国工作的第一个国内合作伙伴。认识他是我人生中的一大幸事。我和他的合作始于 1994 年，我们最初的工作是在成都市温江区研究成都平原水旱轮作体系作物缺锰问题。经过 4 年的探索，我们的研究工作重点落脚到水稻旱作上来。通过在温江区天府镇临江村进行的稻—麦轮作体系覆盖地膜和覆盖秸秆的旱作试验，我们明确了地膜覆盖旱作水稻有显著的节水效应和增产增效作用。2001 年，我们将研究范围从成都平原扩展到四川盆地丘陵山区，经历了中江县富兴镇开始的丘陵区应用研究、富顺县富士镇的初战告捷和简阳市东溪镇的小面积成功示范后，由"氮肥总量控制"、"水分管理"、"覆膜栽培"和"大三围栽培"等技术进行综合集成所形成的"水稻覆膜节水节肥综合高产技术"基本成熟。

技术的创新不易，而技术的推广应用更难。面对我国小农户经营和三农的弱势地位，我国农技推广"最后一公里"问题一直无法解决。吕世华研究员在技术推广过程中积极创新农业技术推广新机制新模式。2004 年，他在简阳市东溪镇发起成立"简阳市东溪生态农业科技产业化协会"，成功探索出"专家＋协会＋农户"的农业推广模式。该模式连续 5 年被写进中共四川省委和四川省人民政府的"一号文件"以及省委关于统筹城乡发展的意见。后来，为促进"专家＋协会＋农户"这一农业技术推广新模式在全省的传播，他又发起成立"四川农业新技术研究与推广网络"这一民间机构，搭建了专家与基层农技人员和农民相互学习的平台。他的这些探索也为我们 2009 年在河北省曲周县开始"科技小院"模式探索以及"科技小院"在全国的蓬勃发展提供了经验和启示。

　　这本书系统介绍了"水稻覆膜技术"这一综合技术体系实现作物高产、资源高效、抗灾减灾、生态环保等多目标协同的创新过程，同时还把创新体制机制实现技术大面积应用的经验和历程详尽地介绍给大家，不仅对广大科技人员和农技推广人员有很好的参考价值，而且对农业新型主体、农民合作社、企业以及其他感兴趣的读者都有启示。

中国工程院院士　张福锁

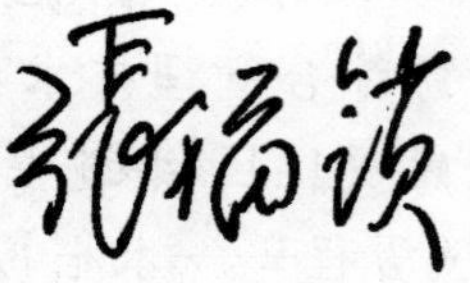

2022 年 8 月于大理

前　言

　　一名农业科研人员一生能做几件事？又能做成几件事？我的回答是能做的事情也许很多，但是能够做成功的不会太多，而能把一件事做到极致更是难上加难。

　　"我一定要做出贡献！我一定能够做出贡献！"1985 年 7 月，我从四川农业大学农业化学系毕业分配至四川省农业科学院土壤肥料研究所（现农业资源与环境研究所）工作，在毕业谢师茶话会上我曾经向我的老师和同学这样宣告。

　　37 年过去了，我做出贡献了吗？现在，我可以自豪地向大家报告：我为四川农业的发展还真的做了一点贡献！其中之一便是创新集成了丰产高效的水稻覆膜种植技术体系——水稻覆膜节水节肥综合高产技术，并通过多方合作在省内外进行了大面积的示范推广，促进了水稻增产、节肥增效和农民增收，也保护了生态环境。

　　这本书按照时间序列重新推演水稻覆膜节水节肥综合高产技术从 2001 年以来的创新发展，视角是这项新技术从小面积示范到大面积推广应用的相关新闻报道，还有我在每条新闻和简讯后面写的述评和新闻背后的故事，同时配发了精心收集的图片。其目的是让广大读者全面了解一项农业技术从研发到大面积推广的艰辛历程。

　　水稻覆膜节水节肥综合高产技术是一项典型的综合集成创新技术，也是不断发展和优化的技术。1997 年我在华中农业大学参加全国第六届青年土壤科学工作者学术讨论会，听了南京农业大学梁永超教授关于水稻覆膜旱作的报告。受梁教授报告的启发，1998 年我与中国农业大学张福锁教授合作在成都市温江区开始了地膜及秸秆覆盖旱作水稻的试验，证明了水稻覆膜种植的显著节水抗旱效果及其在四川盆地稻区的高产高效作用。

　　2001 年后，袁隆平院士将水稻强化栽培技术体系（SRI）引入我国，我们团队对 SRI 的每一个单项技术都进行了系统研究，从中寻找到"小苗移栽"技术，并创新"三角形稀植（大三围）"技术。于 2003 年将"大三围"、"小苗移栽"、"开箱垄作"、"氮肥总量控制"等技术与水稻覆膜种植技术进行系统集成，由于在生产示范中表现了显著的节水抗旱效果，我们将技术命名为"水稻覆膜节水抗旱栽培技术"。2008 年是一个降雨充沛的年份，这项技术又表现出了显著的增产效应，因此我们将技术名称变更为"水稻覆膜节水综合高产技术"。近年来，我们通过不同轮作体系（稻—麦、稻—油和冬水田）覆膜种植的长期定位试验结果进一步证实覆膜种植显著的节肥效益，技术名称最终修定为"水稻覆膜节水节肥综合高产技术"。

在技术的优化发展方面，我们经过不断地探索，取得了明显的成效。例如，我们将该技术的一些关键技术措施应用于有机水稻种植，成功解决了传统有机水稻种植用工多、产量低的问题；将其应用于再生稻生产，提高了再生稻的产量、扩大了再生稻的种植区域；将其应用于杂交稻制种，在提高种子纯度的同时还可大幅提高种子产量。经过我们与中国科学院南京土壤研究所 10 年的合作，系统量化了这项技术及其耦合硝化抑制剂施用或种植再生稻对稻田综合温室气体减排，特别是对甲烷减排的贡献。2018 年以来，我们又与巴斯夫（中国）有限公司、云南曲靖塑料（集团）公司合作开展全生物降解地膜的应用及覆膜机插秧技术的研究，取得良好进展，有效解决了覆膜种植可能导致的"白色污染"问题，同时实现了覆膜种植的机械化。

好的技术不应该只是停留在试验田。在技术推广方面，我们特别重视技术示范工作并创新农业推广新机制新模式，不断促进该技术的扩散。我们认为，农业技术示范的过程是展示技术关键环节的过程，是技术人员坚定信心的过程，也是教育干部和农民的过程，更是与农民共同算账的过程。

2003 年我们将"水稻覆膜节水抗旱栽培技术"拿到简阳市东溪镇国家"863"节水农业示范区进行示范，当年简阳正好遭遇 50 年不遇的特大干旱，该技术的节水抗旱及增产增收效果在当地引起轰动。2004 年我们在简阳市东溪镇发起成立"简阳市东溪生态农业科技产业化协会"，创新了后来被中共四川省委、省人民政府给予高度肯定的"专家＋协会＋农户"的农业推广新机制新模式，助力了该技术在东溪镇和周边多个乡镇的推广应用。2005 年底我们在成都发起成立"四川农业新技术研究与推广网络"，促进了农业研究与农业推广的结合，也搭建了专家与基层农技人员和农民相互学习的平台。2006 年我将这项技术带到资阳市雁江区雁江镇响水村示范时，正逢百年不遇的"川渝特大干旱"，许多用传统方法种植的水稻颗粒无收，而采用我们技术的水稻却逆势增产。这一科技治旱奇迹引起了时任四川省科技厅厅长唐坚同志的高度重视。

2007 年四川省科技厅将本技术作为首批全省现代节水农业主推技术进行推广，这一年的秋天增产增收捷报频传。然而在这个大好形势下，一种反对本技术推广的声音却悄然出现，理由就是覆膜种植会导致"白色污染"。实际上，我们在推广水稻覆膜技术的过程中就特别强调农膜的回收，过去部分农户在旱地进行覆膜种植时没有回收地膜的习惯，但在知道"白色污染"的危害后便主动回收了田里的地膜，同时还回收了旱地里的地膜。好在以"白色污染"为由的反对声音只是昙花一现！实践出真知，深入生产一线的领导、专家和采用我们技术的广大农民有最客观的判断，他们坚定的支持和采用我们的技术，给了我们坚持的动力！

从1998年到2022年，我很高兴地看到我们的技术被四川省内的无数个村子采用，有些村子持续采用技术的时间已经超过15年。另一方面，我又十分遗憾，在今年持续高温干旱的气候条件下省内还有大量的村镇没有采用我们的技术，水稻减产严重，有的每亩亏本达到500元以上。

2010年以后全国农业技术推广服务中心十分重视本技术的推广，我自己也多次到贵州、重庆、云南、广西、河南及上海等省（直辖市、自治区）开展技术培训和田间技术指导。今年，应张福锁院士的要求我又到云南省大理市湾桥镇古生村开展覆膜有机水稻的试验示范，在减少60%养分投入的情况下水稻长势奇好。这让我不由得想到：水稻覆膜技术究竟能够给我国的农业带来什么？

作为一个从事水稻覆膜技术研究与推广20多年的科研人员，我坚信在全球气候变化的背景下地膜能够给中国的农业带来更多的增产增收，且能够减轻农业面源污染，并促进气候友好。出版本书的根本目的是希望更多的领导、研究人员和技术推广人员了解我们集成创新的水稻覆膜节水节肥综合高产技术，用共同的力量促进其应用。同时，我也希望阅读本书的农民兄弟积极尝试应用本技术。最后，我还希望本书的出版为我国农业推广体制机制的完善提供有价值的参考信息。当然，对积极参与该技术研究、示范推广的同行、朋友和农民兄弟而言，本书是我们愉快合作的纪念！

在本书出版之际，我要特别感谢资助和支持我们科研和推广工作的机构，主要包括国家自然科学基金委员会、科学技术部、农业农村部、全国农业技术推广服务中心、四川省科学技术厅、四川省财政厅、四川省农业农村厅、四川省农业科学院、中国农业大学、中国科学院南京土壤研究所土壤与农业可持续发展国家重点实验室、香港嘉道理农场暨植物园、巴斯夫（中国）有限公司、香港和绿有限公司、香港人与自然同行基金会、千禾基金会和资阳市科学技术局等，他们为本研究提供了必要的经费保障。感谢中央电视台、人民日报、科技日报、农民日报、科学时报、四川日报、四川农村日报、华西都市报、四川电视台、四川人民广播电台、共产党人杂志、资阳日报、资阳电视台、达州日报、达州电视台、宜宾日报、遂宁日报等中央和省市媒体对我们工作的关注，记者们顶着烈日、踏着泥泞进行现场采访，付出了辛劳！需要说明的是四川电视台等省市电视台大量的报道我既没有找到文字稿，又没有找到视频文件，所以很遗憾本书中没有收录他们的相关报道。

感谢中国工程院院士、中国农业大学张福锁教授对水稻覆膜技术研究与推广工作的悉心指导和支持。感谢原四川省省长张中伟同志对我的当面鼓励。感谢中共四川省委政策研究室原副主任任丁教授对我们创新农业推广新机制新模式的肯定。感谢四川省科学技术厅原厅长唐坚和原副厅长韩忠成同志对我们技术的高度认可，并大力推广。感谢我的大学老师、四川农业大学原党委书记邓良基教授给我的指导和帮助。感谢四川省农业厅原副厅长、现四川省农业科学院院长牟锦毅同志对我们工作的长期支持。感谢四川省农业科学院原党委书记王书斌教授、原院长李跃建研究员、原副院长谭中和研究员、原副院长任光俊研究员、原副院长刘建军研究员和原纪委书记刘超同志对我们工作的鼓励与支持。感谢四川省农业科学院党委书记吕火明教授、张雄副院长、院机关党委书记段晓明等领导对我们工作的鼓励与支持。

感谢香港嘉道理农场暨植物园原项目高级经理 Hilario Padilla 老师从 2008 年了解到我们的工作后就不遗余力一直支持我们的工作，不仅具体指导研究方向，还从香港"弄来"大量的科研经费。感谢中国科学院南京土壤研究所徐华研究员与我精诚合作，共同揭示水稻覆膜种植的温室气体减排效果及其机理机制。感谢全国农业技术推广服务中心首席专家高祥照研究员为本技术在全国推广付出的努力。

感谢第十届四川省政协科技委员会在政协常委会及"两会"期间呼吁大力推广水稻覆膜节水节肥综合高产技术……需要在这里感谢的机构和个人实在太多！由于篇幅所限，我只想说感谢所有支持、帮助和参与过这项工作的单位和机构，以及有关领导、专家、朋友、同事和农民兄弟！

从我的致谢里大家不难看出，一项农业技术的创新与推广应用需要很多机构、很多人的支持和参与。如果说我们创新的水稻覆膜节水节肥综合高产技术在过去的岁月里为四川农业的转型发展做出了一点贡献的话，那一定是参与这项工作的所有人员共同的荣光！我坚信水稻覆膜节水节肥综合高产技术还可以不断优化完善，也非常值得在省内外更多的区域和更大的面积上推广应用。

为了更加美好的明天，让我们携起手来，通力合作吧！

吕世华

2022 年 8 月 26 日于大理

目 录

2008年

2009年

2010年

2011年

2012年

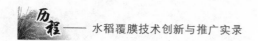

2022年

2001 年

四川农村日报

2001-10-30 新法栽水稻产量增三成

本报讯 10 月 25 日，省农科院植物营养与肥料学专家吕世华接到中江县农技站站长张大学的电话。电话称，今年该县吉庆镇农户王福云家采用吕专家试验指导的水稻强化栽培技术，种植的冈优 22 号每亩[①]打了 650 多公斤，比常规栽法多收 100 多公斤。

据介绍，"水稻强化栽培"是袁隆平院士介绍到国内的一种新的高产栽培法，其主要技术特点是：单窝单株稀植，行窝距均达 50 公分；幼苗早栽，比常规栽法提前 20 到 30 天；摆栽而不插栽；浅水干湿交替灌溉等。今年省农科院在温江县綦江村采用该技术种的 5 亩优质杂交稻香优 1 号今年亩产达 710 公斤，比常规栽培增产 29.9%。（本报记者陈松）

吕世华：这应该算是初战告捷！杂交水稻之父袁隆平院士荣获 2000 年国家最高科学技术奖之后，我院负责科研工作的副院长、杂交水稻育种专家任光俊研究员去长沙拜访袁先生。拜访时间不到一小时，袁院士 2/3 的时间都在讲他看到的来自美国康奈尔大学的一份资料，说在马达加斯加用水稻强化栽培技术体系（SRI）把一个普通水稻品种的产量种到了 1 400 公斤/亩。袁先生说良种、良法配套十分重要！他叫任院长将他已经翻译好的资料带回四川研究研究。回到成都后，任院长立马召集我和作物研究所郑家国研究员去他的办公室研讨水稻强化栽培技术体系，并许诺谁把水稻亩产做到 800 公斤，他自掏腰包奖励 5 000 元。随即我把资料分享给了中江县农业局张大学高级农艺师，我的课题组也在温江县开展试验研究。2001 年中江和温江的试验虽然没有达到亩产 800 公斤，但是已经说明用 SRI 中的一些措施的确可以大幅度提高水稻产量，也坚定了我们改进栽培技术提高水稻产量的信心！

---

① 亩为非法定计量单位，1 亩＝1/15 公顷≈667 米²。为尊重原文，书中的计量单位、单位名称及百姓口头语等均未做修改，以便更好、更真实地反映原文风貌。

2002 年

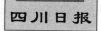

2002-09-21　优质水稻也能高产

本报讯　"优质水稻不高产，高产水稻不优质"的传统，日前被省农科院土壤肥料研究所吕世华副研究员取得的最新科研成果否定，今年我省部分县市采用强化栽培技术种植优质杂交水稻香优 1 号，亩产突破 800 公斤。

据悉，这项由省育种攻关基金资助的后补助 C 类项目，经省农科院专家 2 年潜心研究，将马达加斯加"水稻强化栽培体系 SRI"与我省的"三围立体强化栽培技术"进行整合，提出了大三围强化栽培方法，并用于田间实验。9 月 9 日，省科技厅和省农业厅组织省内外专家对成都温江区天府镇采用强化栽培技术试种的水稻香优 1 号进行现场测产验收，亩产达到821. 4 公斤。专家们一致认为，该技术实现了我省优质水稻产量的历史性突破，大三围强化栽培法有很好的推广应用前景。（本报记者徐虹）

吕世华：没有想到研究 SRI 的第二年我就拿到了任光俊院长的 5000 元奖励！这一年，我们重点将 SRI 的稀植技术与我省眉山市的"三围立体强化栽培技术"进行整合，提出了"大三围"即稀植的三角形栽培。2002 年 9 月 9 日以四川农业大学田彦华教授为组长、四川省农业厅农技站副站长刘代银高级农艺师和成都市第二农科所杜文建研究员为副组长的专家组对"大三围"强化栽培技术给予了高度评价，认为"大三围"使水稻强化栽培技术在我省更有实用性和推广应用前景，并建议四川省科技厅给予立项支持。很快，四川省科技厅成立了以川农大水稻所马均教授为组长的四川省水稻强化栽培研究协作组。

2002-10-15　水稻覆膜旱作技术示范成功

本报讯　记者日前从川南丘陵旱区富顺县富世镇了解到，该镇今年在连续 8 年无收的稻田实施地膜覆盖旱作新技术，水稻亩产达到 533 公斤。该技术的示范成功，为我省丘陵旱区找到了一条既抗旱又节水的栽培新路。

目前我省除都江堰灌区及部分冬水田外，大部分稻田为无水源保证的望天田和等水迟栽田，每年因干旱造成的减产十分惊人。为此，省农科院和中国农业大学共同承担了国家重点基础研究发展规划项目"作物抗逆性与水分、养分高效利用的生理与分子基础研究"。水稻覆膜旱作，即用厚度为 0.005～0.010 毫米的透明聚乙烯超薄膜覆盖土壤表面，把淹水种稻改为旱作水稻。课题组 1998 年开始水稻覆膜旱作研究，不断完善覆膜旱作技术，今年在富顺县选择历年受旱严重的典型望天田进行示范，未灌一次水水稻亩产达 533 公斤，同田对比不覆膜栽培的亩产仅 13.2～257.9 公斤。（本报记者徐虹）

吕世华：这条新闻刊发在中国共产党第十六次全国代表大会召开前夕，四川日报特意在该新闻前加了"喜讯捎给中南海"！水稻覆膜旱作技术研究的起因是 1997 年我参加了在武汉华中农业大学召开的第六届全国青年土壤科学工作者暨首届全国青年植物营养科学工作者学术讨论会，会上南京农业大学梁永超教授的报告认为，在四川开展水稻旱作的研究很有意义。1998 年我们在成都平原区的温江县开始了秸秆和地膜覆盖的水稻旱作试验，地膜覆盖旱作表现了强大的优势，而秸秆覆盖却导致水稻减产。2001 年我们在丘陵区的中江县开始了水稻覆膜旱作的小面积示范，覆膜栽培表现了良好的节水抗旱效果，只是当年的干旱持续期太长，覆膜水稻最后的收成并不理想。2002 年，我找到在富顺县农业局工作的大学同学熊俊秋高级农艺师，在一个典型的旱山村试验水稻覆膜旱作，结果在未灌溉一次水的条件下水稻亩产达到了 533 公斤，比同田不覆膜增产显著。这个结果坚定了我们将覆膜技术在我省丘陵山区大面积示范推广的信心。

2003 年

四川日报

2003-06-14　新技术种水稻节水 70%

本报讯　记者近日在简阳市东溪镇阳公村看到，该村 5 社的高塝田和望天田采用覆膜旱作技术种植的水稻分蘖旺盛、长势喜人，而邻近村社同类型稻田种植的水稻却因受旱而大面积枯萎。负责覆膜旱作技术的省农科院土肥所吕世华高兴地说，这显示了这项农业新技术的神奇效果，农民朋友使用这一技术可节水 70%。

阳公村是省农科院承担国家"863"项目"南方季节性缺水灌区节水农业技术"的中心示范区。今年省农科院土肥所将他们与中国农大植物营养系历经 6 年系统研究形成的水稻覆膜旱作新技术在该村进行集中成片示范。由于这项农业新技术所表现出的神奇效果，示范区周边村社的稻农纷纷自发前往参观学习，表示今后将使用这项技术进行水稻生产。

据项目负责人吕世华介绍，水稻覆膜旱作不但节水而且能获得较高的产量。去年在富顺县 8 年无收的望天田应用这项新技术，未灌一次水水稻亩产达 533 公斤。有关专家认为，水稻覆膜旱作在四川丘陵旱区值得大面积推广。（本报记者徐虹）

吕世华：2003 年我参加了我院作物所刘永红研究员主持的国家"863"节水农业项目，负责水环境面源污染监测及防控技术研究与示范。当年，我在示范区监测面源污染的同时，重点开展了水稻旱育秧及水稻覆膜旱作技术的示范。没有想到当年在简阳及资阳雁江等地遭遇了据说五十年不遇的特大干旱。这一年，在川南泸州市古蔺县也遭遇严重干旱，时任四川省人民政府救灾办主任范敬超等的调研报告指出，古蔺全县计划水稻栽插面积 27 万亩，截至 5 月 30 日，只栽插 10.8 万亩，仅占计划栽插面积的 40%。简阳示范区覆膜栽培在严重干旱条件下表现出良好的节水抗旱效果，6 月中旬我们及时召开了现场会，邀请省救灾办等相关部门参加会议。会后，我也赶往古蔺示范水稻覆膜旱作技术。

四川日报

2003-09-23　缺水稻田也能稳产高产

一项节水抗旱新技术示范成功

本报讯　记者昨日从省农科院获悉，该院承担的国家"863"节水农业专项"南方季节性缺水灌区节水农业技术集成与示范"项目取得重大进展，该院土肥所等单位研究、集成的"南方季节性缺水灌区水稻节水抗旱综合栽培技术"日前在简阳市示范成功，并通过了专家验收。

据了解，今年水稻生长季节，简阳市及周边地区遭受了数十年不遇的特大干旱，而项目中心示范区东溪镇阳公村5社20余亩采用"南方季节性缺水灌区水稻节水抗旱综合栽培技术"的望天田水稻却获得较高产量。专家组选取3个代表性田块进行测产验收，水稻产量平均为423.4公斤/亩，明显高于附近水源较好的正沟田，表明此技术具有显著的节水抗旱效果。

该项目负责人吕世华向记者介绍，该技术系水稻旱育秧、稻田免耕、平衡施肥、水稻全程覆膜栽培、水稻大三围强化栽培等多项技术的集成，具有明显的省工高效、节水抗旱、抑制杂草、水稻稳产高产等效果，深受示范区农民欢迎。

有关专家认为，该项技术高效利用水资源，显著提高缺水稻田的水稻产量，同时能明显减轻肥料对水环境的面源污染，在南方季节性缺水灌区有很好的推广应用前景。（本报记者徐虹）

吕世华："863"节水农业示范区水稻节水抗旱综合技术的节水抗旱、提高缺水田水稻产量的显著效果，以及减轻农业面源污染的作用得到了有关专家的高度肯定，同时在简阳市干部群众中产生了轰动效应。我记得当年东溪镇有很多的村子包中巴车到阳公村参观学习。他们所有的人都是第一次看见覆膜种植水稻，第一次见到大旱之年水稻还能够获得丰收。不少的人感叹：种田还是要靠科技！

2004 年

三农热线青白江区

2004-05-09　青白江区龙王镇召开水稻覆膜节水抗旱栽培技术现场会

　　青白江区龙王镇针对农业旱片死角面积较多、用水困难这一实际，为切实提高粮食单产，积极推广农业新技术，4 月 30 日，镇党委政府召开了由村四职干部和机关全体人员参加的水稻覆膜节水抗旱栽培技术会。会上，青白江区农牧局土肥站王道华站长就水稻覆膜技术应用效果和整地、施肥、覆膜、栽秧、肥水管理、病虫防治及收获等技术要点作了详细讲解，并到龙安村现场示范。与会人员都听得认真，看得仔细，大家都纷纷表示，这种新技术确实值得推广。（青白江区农村信息服务中心）

　　吕世华：2004 年初我院搞了一次新技术培训，包括成都市青白江区农业局在内的多个市（县、区）农业部门的同志参加了培训。之后，青白江农业局又邀请我到青白江区做培训。龙王镇率先开始示范行动。这条信息中值得特别注意的是："大家都纷纷表示，这种新技术确实值得推广"！

四川日报

2004-06-30　农民改变农技推广体系

　　传统农技推广体系"网破人散"，科研成果推广无门，而农村亟须先进技术服务促进增产增收。简阳市创新"专家＋协会＋农户"模式。

　　6 月 24 日，简阳东溪镇新胜村 12 队召开的水旱轮作养分资源综合管理技术示范推广现场会，除了鼎鼎大名的农学专家、前来取经的农技人员，现场还围有 400 多名当地农民。

　　"我们都是农业协会会员，来听听吕专家讲技术！"一位大嫂告诉记者。农业协会全称为东溪镇生态农业科技产业化协会，今年 2 月正式成立。这一民间组织，能够替代传统农技推广体系吗？

吕世华的困惑

2003 年年初，四川省农业科学院土壤肥料专家吕世华，为进行农业科研工作，来到川中丘陵区简阳市东溪镇。当时镇上的农技站仅有几个农技人员，且因财政仅划拨 40％的基本工资，农技人员不得不靠卖种子等副业自谋生计。全镇 21 个村的农技推广、服务工作，几乎无人能做、无人愿做。

三台县农业局孙松国副局长说，简阳市东溪镇农技站出现的情况并非孤立现象。因乡镇这一级经费严重不足，无法支撑原有农技推广体系继续运转。比如三台，现有 63 个镇乡，农技人员五六十位，为了生计，很多农技人员都搞起了"副业"。

面对这种情况，吕世华深感困惑：近年政府对农业科技投入力度不断加大，但因推广困难，许多优秀的农业科技成果问世后即束之高阁，十分可惜。例如，油菜缺硼是一种营养病害，易造成油菜"花而不实"，只开花不结果、不出油。20 世纪 80 年代初农业科学家就已经攻克该病害，防治方法也非常简单。但是，现在全省各地每年春季油菜缺硼的问题还是很严重，这说明我们的农技推广体系出了问题。类似的例子，吕世华说举不胜举。

多年深入农村开展科研工作，吕世华深知农民群众对农业新技术的渴望和迫切需求，必须建立一种渠道，解决中间环节缺位的问题。

他与东溪镇农技站站长袁勇、一些热心的镇村干部合计，成立东溪镇生态农业科技产业化协会，自愿入会，退会自由，会员每年每户交纳 10 元会费。协会以吕世华为技术总监，镇农技站技术人员为主体技术队伍，对农民进行技术培训、指导。

专家与农户互动

陆陆续续，到今年 2 月协会正式成立，东溪镇已有 1 000 多户农户入会。

"入会是抱着试试看的想法，10 块钱不多，而且可以随时退会。一直到油菜花黄了我们才觉得有点意思。"新胜村 2 队农民吴孝清说。最早入会的一批农户，去年农历冬月菜花就早早开花了，今年四五月份有了收成，一算产量，最高的每亩有 200 多公斤，一般也有 150公斤以上，而按传统方式种植，不过 100 多公斤，出油率还要比普通的高。

吴孝清分析，一是种子是在协会买的新品种，价格比老品种低，品质却不赖；重要的是田间管理严格按照吕专家说的来做，期间施了几种不同的肥，镇上的农技人员又三天两头到地里来指点，增产是当然的。

协会运作经费从何而来？东溪镇农业服务中心主任袁勇算了笔账，会费收入是一块，全镇有 1 万余户农户，如有 50％入会，就有几万元经费；代销种子、化肥、农药，因比外面卖的便宜、品质有保障，受农民欢迎，可以从中获得部分费用。简阳市委副书记陈绍华对协会运行很赞赏："能解决部分经费问题，农技人员愿意钻研新技术，下田指导农民有了能动性。"

"专家＋协会＋农户"，核心在"专家"，专家通过协会向农户输送先进实用的农业技术。目前，协会按照区域生态经济条件建立了包括稻—油轮作、果树、蔬菜、养殖等方向的 7 个分会。协会计划聘请省内颇有名望的专家作技术总监，这些大专家可以为当地培养"小专家"、"土专家"。

信息输送是双向的。对专家而言，承担的各种农业科技项目必须到田间地头搞试验、示范。通过协会组织，科研工作有了方便之处。吕世华负责的"水旱轮作养分资源综合管理体系研究"，就通过协会鼓励会员并邀请有经验、爱好科技的农民一起参加科研，对新技术、新成果进行因地制宜的改进和完善。"什么技术能够为农民掌握，什么成果可以助农增收，也只有与农民长期合作、交流中才会知晓。"

在农业协会的框架下，专家、农技人员、农民各得其所。（本报记者杨晓）

吕世华：这是我们创新农业推广新机制新模式"专家＋协会＋农户"的第一篇媒体报道。讲述了简阳东溪生态农业科技产业化协会建立的背景和短短几个月的运作成效。2004年6月24日我院、中国农业大学资源环境学院和简阳市人民政府共同在简阳市召开了"四川省农村专业协会发展与增粮增收技术推广学术研讨会"。会议首先进行了现场考察，四川省农业科学院党委书记王书斌和中国农业大学资源环境学院院长张福锁主持了会议，中国农业大学李小云教授、高旺盛教授和中国科学院南京土壤研究所曹志洪研究员以及四川省委政策研究室的负责同志应邀到会。与会领导和专家对我们创新的"专家＋协会＋农户"给予了高度肯定。

CCTV-财经频道

2004-07-06 10元钱干大事

收入增加就要消费，那么10元钱能做什么？对于城市人来说，10元钱能买到1斤多猪肉或者几斤大米。而对于四川省简阳市东溪镇的农民们来说，10元钱可以让他们享受1年的农业生产技术服务。

四川省简阳市东溪镇新胜村村民：刘老师来了，这个灰心稻瘟病和纹枯病要打什么药？

四川省简阳市东溪镇农业服务中心技术员刘萍：打这个，用这个，一包兑两桶水，打一亩地。打的时候注意要往稻田边上打。

刘萍是东溪镇的农技员，自从今年3月东溪镇的农业技术产业协会成立以后，她和她的6位同事就成了协会的技术骨干。从水稻育苗开始到现在，每天她都要下来指导各村的会员如何科学地进行田间管理。而当地农户接受1年这样的生产技术服务，只需要交10元钱会费就可以了。

四川省简阳市东溪镇新胜村村民吴必贤：10元钱干不了什么，仅仅1斤多点肉。但加入到协会这边来，就起了很大作用。简单说，给你提供了施肥、管理、治虫这些技术，增产了就不只是10元了。

而以前，当地的农技人员是很少会下乡来指导生产的。

技术员刘萍：因为以前资金比较紧张，大家积极性都不高。

四川省简阳市东溪镇农技服务中心主任袁勇：一个是经费不足。因为基层财政紧张，农技推广体系好多年都没发工资，有这种情况。还有就是人员问题，专业人员太少，我们要下去搞推广，自己没有新技术。

没有技术和经费，技术人员当然就很难下来为农户服务。那为什么在科技协会成立之后，技术人员又有了积极性呢？

技术员刘萍：通过这个协会，我们也有了一定的效益，大家积极性很高，都希望下来干。

据了解，从协会成立到现在短短的3个多月里，东溪镇已经有1 000多户加入了这个协会，而会员所交的1万多元会费就成了技术员的活动经费。除此之外，协会还会统一为会员提供化肥、农药等农资，这样也会给农技人员带来一定的经济效益。经费问题解决了，技术人员的工作积极性自然也高了，这个科技协会的发起人正是中国农业大学和四川省农科院的专家们。在东溪镇，这些专家每个月都会下来几次给农技人员上课。

四川省农业科学院土肥所研究员吕世华：推广的这些成套的技术，是国家科技部973、863，尤其是最近农业部的948项目。

四川省简阳市东溪镇新胜村协会会员吴必贤：我们入会以后，搞免耕栽油菜，油菜套种马铃薯。免耕能为农民一亩地节省七八十元钱。

不仅是节省了种田成本，同样也能让农作物产量提高近20%。另外，协会还能帮助会员把卖不掉的农产品统一销售出去，这样一来也让越来越多的人加入到协会这个行列中。

四川省简阳市东溪镇党委书记刘德贵：现在这个协会发展势头很好。我们估计，大概到年底，全镇可能有80%的农户都将加入这个协会。

80%的农户入会，就意味着今年年底会有6 000户加入这个协会。到时候，6万元的会费足以保障6位农技推广人员的收入。对于农业技术推广来说，资金匮乏、缺少好的技术是工作难以开展的因素之一。四川简阳以每户10元钱的投入解决了这一问题。他们的做法为各地农技推广工作的开展，提供了一定的启示。（记者沈晓凤）

吕世华：6月24日的研讨会结束后中央电视台经济频道的记者赶到简阳对我们创新的农业推广新机制、新模式进行了专题采访。该报道用"10元钱干大事"形象地说明了协会的运作机制和成效。我在这个节目里说"推广的这些成套的技术，是国家科技部973、863，尤其是最近农业部的948项目"。的确，如果没有国家项目的支持，我们就不能创新农业技术。另一方面，如果不推广我们创新的农业技术，也就对不住国家的投入！

中江热线

2004-09-08 中江水稻单产创新高

9月3日，省农科院、市科技局、县农工委、县科技局等单位专家一行8人，对在通济镇仁和村实施的水稻强化栽培技术52亩示范地块进行了现场验收。专家组对仁和村8社陈扬富家采用水稻"大三围"强化栽培技术种植的1.56亩D优527进行了现场收打，验收结果实际亩产 818 公斤。这是我县水稻生产技术的一次重大突破，它也创造了中江水稻单产新的历史纪录。

吕世华：2004 年 9 月 3 日我参加了中江大三围水稻强化栽培技术产量验收会。因为全田收割测产的时间比较长，我回农科院到了任光俊副院长的办公室才收到张大学站长的手机短信，说产量是 818 公斤！中江县的朋友们在网络上发布了这条消息，同时也写了专报发送给了农业部张宝文副部长。

四川日报

2004-09-13 专家＋协会＝简阳农民丰收

本报讯 在国家粮食丰产工程简阳东溪镇新胜村示范区，7 日由省科技厅组织的专家产量验收表明，400 余亩示范片亩产 657.7 公斤，比该村常年水稻产量水平增加 200 公斤/亩左右。课题组探索出"专家＋协会"的农技推广新模式也受到农民青睐。

今年是国家粮食丰产工程项目四川水稻丰产高效技术集成研究与示范课题实施第一年，简阳示范区为我省 11 个示范区之一。课题承担单位省农科院土肥所针对川中丘陵区水稻生产中耗工多、灌溉条件差、肥料投入不合理、病虫害危害重等问题，集成水稻大三围栽培技术和水稻覆膜节水抗旱栽培技术。同时，该院土肥所吕世华研究员倡导建立了简阳市东溪生态农业产业化协会。协会现有 7 个分会，1 500 余户会员，每户每年上交 10 元会费。协会有效地整合了多方技术力量，调动了基层农技人员、地方干部和广大农民参与项目实施的积极性，有效地解决当前农技推广难的问题，使先进的农业技术真正落实到户、到田。

由于技术先进实用、推广措施到位，新胜村去年因干旱无收的望天田，采用节水抗旱栽培技术后亩产达 567.7 公斤，比同田常规栽培增产 31.4%。农民反映仅水稻季采用新技术可增收 300 元以上，再加上小春马铃薯和油菜每亩增收的 300～600 元，全年可增收 600～900 元/亩。（本报记者杨晓）

吕世华：在简阳市东溪镇新胜村的 400 亩示范，我们因地制宜地根据稻田的地理位置及灌溉条件分别示范水稻大三围栽培技术和水稻覆膜节水抗旱栽培技术，经专家验收平均亩产比该村常年产量水平增加 200 公斤/亩左右。当时参加验收会的省科技厅韩忠成副厅长对我们的工作给予了高度评价。

2004-09-14　田野里的"863"

——节水农业技术集成和示范踏勘记

题记　以简阳市东溪乡为试验基地的"南方季节性缺水灌区（四川）简阳节水农业技术集成和示范"，是国家"863"计划设在四川省的唯一农业项目。项目首席专家刘永红教授告诉记者，去年年底以来，在东溪乡大面积推广的抗旱节水良种良法先进技术，效果明显。

正值夏收，记者实地访问了东溪镇的农民，看看他们采用新的科技后收成如何？

9月11日，秋阳明晃，简阳市东溪乡大片稻田金亮耀眼，饱满的谷穗散发出缕缕清香。

东溪乡新胜村12社社长吴必贤一边陪着记者转田坎，一边兴奋地说着："今年我们社全部用了专家给我们推荐的川香优9838种子，还根据不同的田块，采用地膜覆盖、免耕、强化大三围移栽技术，效果硬是要得，平均亩产比往年增收300公斤。"

吴必贤拉着记者来到山坡边上的一片吊坎田边："这20多亩，地势高，不保水，抽水3天，一天跑光。光抽水费都贵得吓人。往年亩产顶天了也就是300公斤，干旱则颗粒无收。"吴必贤用手捻着稻穗，爱惜地说："今年这样好的谷子，少说亩产也有600多公斤。"

正在收稻子的吴居益指着百米远的一块田说："那儿还有3亩，项目组的专家们搞了对比试验。嘿，有意思哦。"

转过几道田坎，只见3块田的稻子长得简直不一样。其中一亩，杂草长得有一人高，要分开草才能看见稻子。领记者去的吴居益介绍说："这一亩栽种时翻耕过，没有覆地膜，也不搞除草，估计亩产最多100公斤左右。""这一亩翻耕过，除了草，没有用地膜覆盖技术，亩产不超过300公斤。"另外剩下的那一亩，长势奇好，穗长粒大。吴居益乐呵呵地说："这一亩用了专家们针对吊坎田研究出的免耕覆膜栽培技术，省力，分蘖好，保湿不长杂草。乡上的吊坎田基本都采用了这项技术。亩产少说也有600多公斤。"

看了吊坎田，吴必贤又领着记者去看大片的正沟田。吴必贤说，专家们给正沟田施的法子是强化大三围移栽技术。这种栽培法，通风透光，保水抗旱。

52岁的吴忠诚和妻子马福英正忙着收割稻谷。马福英喊着吴必贤说："上午石钟镇长顺村有一个人从这儿路过，说我们的稻子长得好，我给他说，请专家给你们指导指导，保管一样好。"吴必贤说："是嘛，开始让大家这样种，你们还不相信，现在如何嘛！"吴忠诚两口子嘿嘿直笑。

折进林盘中一小院歇脚。院主人是11社的李中吉。记者问他收成如何？他一脸得意："不瞒你说，我采用专家们推荐的地膜覆盖栽培玉米技术，这个春夏，别人种一季我种了两季。6分土，头一季早玉米就卖了900元，第二季晚玉米卖了400元。比平日一季玉米多收入近900元。"吴必贤告诉记者，在专家的指导下，全乡在收了稻子后，还要搞免耕稻草覆盖栽种马铃薯，一亩增收400元。接着他给记者算了一笔账：采用专家推荐的种子和技术，光是种田这一项，每亩可以省工钱和肥料 100 元，水稻和马铃薯加起来，最少可增收 500 多元。

下午离开的时候，东溪乡的乡亲们头顶日头干得正欢。村口，正在田里踩着打谷机的小伙子李明华忽然逗乐似地扯着嗓子打哈哈："科学技术就是第一生产力哈，吴社长，是不是哦。"（徐庆东、本报记者陈岳海）

吕世华：前一条消息说增产 200 公斤/亩，这里有亩增产 300 公斤的新说法，是没有问题的。增产 200 公斤是全村的情况，而增产 300 公斤是 12 社 20 余亩吊坎田的情况。该报道充分说明，水稻覆膜技术在缺水稻田具有显著的增产效果。

农民日报

2004-12-07　节水应以农民为中心

在近日召开的"中国节水农业科技论坛"上，来自农业节水领域的各路专家和有关部门的领导，共同探讨农业节水的潜力与前景。内容不仅涉及技术领域，还包括政策环境、管理机制等非技术的层面。其中，最为关注的论题是，怎样让农民在节水中也增收。

要确定农民的主体节水地位。谈到水资源，水利部国际合作与科技司副司长孟志敏焦虑地说，我国人均水资源占用量只有 2 200 立方米，仅相当于世界人均量的 1/4。近几年农业干旱缺水的形势愈来愈严重，不仅北方地区遭受干旱，今年南方部分地区还出现了持续高温少雨天气，一些中小河流干涸，旱情发展迅速。

农业部科技与教育司副司长石燕泉说，到 2030 年，我国人口达到 16 亿高峰时，粮食总产量最低要达到 6.4 亿吨，而农业用水的比重将从目前的 72% 下降到 52%。他提出，必须协调好国家节水目标和农民增收目标之间的关系。在经营分散、规模小的情况下，一定要有广大土地经营者的积极参与，发展节水农业不能只限于政府的行为。如果不确定农民在节水农业中的主体地位，把节水变成日常的田间农事活动，就会严重影响我国节水农业的发展。

要让农民见到节水效益。对于节水工作中的效益与效率问题，中国工程院刘更另院士专门提到他在河北迁西调研时，听农民说的顺口溜："口里说的是节水，心里想的是调水，实际干的是放水，到处都在浪费水。"形象地批评了某些节水工作中的弊病。

新疆水利厅的王新、张胜江共同提出，干旱区（新疆）农业节水建设公益性突出，其受益和投入主体除各级政府外，相当程度上应当是受益区域的农村集体和农民。与会者认为，在国家节水目标和农民增收大方向有所差距的前提下，确实有一个如何创新管理制度，协调各方利益的问题，以调动各种积极性，提高节水工作的效率。

管理机制创新是节水的保证。科技部农村与社会发展司副司长曹一化提出，发展节水农业，涉及技术、经济、投资、制度、机制和政策等多个方面，考虑到目前国家节水战略目标与农民节水增收之间的矛盾，只有不断加强体制、机制创新，形成有利于节水的制度体系，营造有利于节水的社会环境，才能推进节水农业的进一步发展。

河北省水利科学研究院赵勇、王玉坤提出，在农业节水技术体系中，工程节水和农艺节水是农民可以掌握实施的技术手段和措施。而管理节水是制度保障，管理节水的得失，不但关系到农业综合节水技术实施效果的好坏，也关系到工程节水技术推广的成败。

四川省农科院土肥所研究员吕世华提出的"以农民为中心谈中国节水农业"论点，受到参会者关注。他们的成功经验是，采用"专家＋协会＋农户"的新模式，推动"863"节水技术进入田间。在专家、农技协会带动下，广大农民自愿参与、踊跃推广，先进的节水农业新技术如抗旱品种、水稻强化栽培、地膜覆盖节水技术等很快家喻户晓。目前，该模式已在简阳核心示范区应用。在节水与农业的互动中，一种新的节水型社会结构正在形成。（本报记者林东升）

吕世华：2004 年 11 月 17～19 日由科技部、水利部和农业部共同主办的"中国节水农业科技论坛"在山西榆次召开，国内节水农业领域权威专家康绍忠教授、王福军教授和吴普特教授等作大会报告，我在小组会上做了题为"以农民为中心谈中国的节水农业"的报告，分享了我们创新的节水高产技术和农业推广新机制新模式"专家＋协会＋农户"。我的主要观点是：①中国节水农业的研究与推广应以农民为中心；②节水农业技术要以增产、增收为核心；③节水农业技术是综合集成技术；④广阔天地特别需要节水农业专家。没有想到引起强烈反响。吴普特教授（现为西北农林科技大学校长）在会议总结时对我们的工作给予高度评价："长期困扰我们的体制、机制问题，今天在我们这个组进行了研讨。一位自称是农民的专家，利用生动的画片，展现了节水农业技术的推广，并在我们这个组做了一个非常生动的报告，介绍了他所建立的协会组织如何推广现代节水农业技术，成功地实施了"863"进田间这样一个目标。当然后来我们知道，这位自称是农民的专家实际上是一位科学家。把我们的论坛掀起了一个小小的高潮。"会议一结束，农民日报的资深记者林东升老师即对我进行了采访，她对会议报道的标题还用上了我们的观点！嘿嘿，过去 18 年了，现在还有点小得意。

2005 年

2005-08-15 珙县农民青睐水稻大三围栽培技术

　　8月14日珙县仁义乡罗家村农技试验田，金黄色的水稻弯着腰，恭迎四方农民朋友参观，仁义乡党委、政府在此举办水稻大三围强化栽培技术现场会。

　　这项新技术是近年省农科院重点推广的水稻栽培技术，当地党委政府也竭力推荐。但刚开始，由于农民习惯采用传统方式和半旱式、宽窄行、抛秧等技术，不相信专家们的宣传，使这项技术难于推广。年初，珙县粮食局向仁义乡罗家村农民租种10.5亩地做试验，并与农民签订协议，如果减产，粮食仍然按每亩600斤水稻补足农民，如果增产，除去生产成本后，多余的部分双方平分。同时，珙县农业发展促进中心，为鼓励当地农民应用新技术，与当地农民协议，凡使用该技术栽培水稻的，每亩奖励性补助60元，这样，罗家村党员和村社干部以及部分农户终于种了54.5亩的试验田，加上粮食局的试验田，共计65亩。

　　收获的季节来临，通过农技部门测产，该技术不仅省水、省工、省肥，而且平均每亩增产400斤左右。

　　现场会吸引了仁义乡的县、乡人民代表，各村支书、主任、文书、农技员和社长以及附近乡镇的部分农户参加。

通过亲眼看，亲耳听，算账对比，与会人员对这项新技术心悦诚服，纷纷表示愿意进一步学习和运用。

"我随意数一穗有 399 颗，明年我也要这样干。"尖峰村党支部书记黄恩言举着一穗水稻说。（江鹏 文/图）

吕世华：珙县仁义乡罗家村 65 亩的示范发现，采用水稻覆膜技术平均亩增产 200 公斤，还省水、省工和省肥。遗憾没有参加这次现场会！感谢珙县粮食局和珙县农业发展促进中心对水稻覆膜技术的重视。

四川日报

2005-09-03　科技摘下他贫困的帽子

粮食丰产科技工程两年增收节支 13.73 亿元

本报讯　9 月 2 日，在广汉举行的我省粮食丰产科技工程现场会上，省农科院专家吕世华指着投影屏上一张头戴破草帽的老农照片，一行字幕打出："科技能不能摘下他贫困的帽子?"随即，镜头切换成吕世华与那位老农的合影，草帽已被吕世华拿在手中。

会场一阵笑声，"看图说话"如此形象。2004 年，国家科技部、农业部、财政部和粮食部启动粮食丰产科技工程，我省成为 11 个示范省之一，简阳、广汉 13 个县（市、区）成为课题示范区。两年攻关示范，累计示范推广 1 751 万亩，新增稻谷 62.44 万吨，累计增收节支 13.73 亿元。

拿照片上老农的所在地简阳市东溪镇为例，季节性干旱频繁、灌溉条件差，到处是靠天吃饭的"望天田"，正常年份水稻收成最高也不超过 470 公斤/亩。吕世华作为课题组成员，与简阳"土专家"一起，总结出水稻大三围强化栽培、覆膜节水等集成技术。2004 年，使用这些技术的望天田亩产达到 567.7 公斤，比同等条件同品种常规栽培增产 31.4%，842 公斤的最高亩产则创造了川中丘陵地区水稻单产最高纪录。

先进成熟的水稻丰产技术进村入户，三类技术推广模式功不可没。以简阳示范区为代表的"专家＋协会"模式，以广汉为代表的"专家大院"模式，以郫县为代表的"互动参与式"，让专家、技术人员、村社干部、农民连接成四位一体的利益新构架。（记者杨晓）

吕世华：我出生于成都平原，参加工作后的科研阵地也主要在成都平原，当 2003 年因实施"863"节水农业项目去到离成都市只有几十公里地处丘陵区简阳市时，我看到了真正的贫困，同时也看到了严重的面源污染。我观察发现，农民没有掌握科技使他们越种田越贫困，所以"科技能不能摘下贫困的帽子?"成为了我不得不回答的问题！用科技帮助农民摘下贫困的帽子成为我，一个国家培养的知识分子的使命！和我合影的这位农民朋友 2004 年开始采用我们的技术获得了丰收，据说他每次乘中巴车去简阳城里都会在车上宣传我们的技术。

四川日报

2005-12-08 民间力量挑战农技推广难

2 日，简阳、中江、长宁、温江等 10 多个县的 50 多名乡镇干部、村干部、农民赶到成都。在一家二星级饭店讨论两天之后，他们约定成立"四川省以农民为中心的农技研究推广网络"。缺少行政管理部门的参与，让本次约定颇显"民间性"。

50 多位参会人员，均为省农科院创立的新型农技推广模式"专家＋协会"的参与者。模式的策划人、省农科院专家吕世华长期在农村做科研试验，摸清了农技推广面临的困局。2003 年初，吕世华与简阳市东溪镇干部商量，首创"专家＋协会"模式：以农技站为依托，成立东溪镇生态农业科技产业化协会。农民自愿入会，退会自由，会员每年每户交纳 10 元会费；以专家为技术总监，镇农技站技术人员为主体技术队伍，协会对农民进行技术培训、指导。

运作不到两年，协会已在东溪镇发展粮油、水果、蔬菜、养殖等分会 10 个，会员达 2 180 余户。目前，"专家＋协会"模式已经延伸至省内 10 多个县。

这一模式生命力何在？农民为何愿意参与？东溪镇农业服务中心主任袁勇给出的解释很实在：专家的参与帮助农技人员实现知识的更新换代；协会又部分解决了农技人员的劳务费用问题；没有行政约束力，也让农技人员为农服务更主动。归结起来是一条：农民见到了效益——通过协会带动，2005 年全镇 80％以上的水稻种植采用新技术、新品种，预计全年全镇人均纯收入可增加 300～400 余元。

正是基于"专家＋协会"模式的成功运作，众人看好"联合起来"的前景，热情高昂地在寒冬赶到成都，研讨建立"推广网络"的可能性。规划显得雄心勃勃：在体系层面，建立大规模实施"专家＋协会"模式的创新平台；在操作层面，初期可以省农科院为龙头，利用地域分布广、成员来自不同层面、人心齐等优势，争取承担国家重大农业科研课题，建起"土专家"成长的摇篮。

吕世华对网络建设有更宏大的设想：整合各涉农部门各个层面的力量，将农业科技研究和推广队伍真正结合在一起。据悉，网络的具体管理规程，目前还在进一步制定中。（本报记者杨晓）

吕世华：这是激情燃烧的岁月！简阳探索的成功让我信心百倍地去往省内其他地方，找到志同道合者，一同有效地将农业科研与农业推广真正结合起来，促进农业增产，农民增收。

四川日报

2005-12-08 "网络"能替代传统体系吗

5日，省农业厅科教处处长陈圣伦评价"四川省以农民为中心的农技研究推广网络"（以下简称"网络"）时，认为这一网络的"概念有点大"。他说，仅就"专家＋协会"模式而言，就存在问题：全省有多少农技专家？省内5 000多个乡，专家能否一一兼顾？他认为，也许"网络"是个好典型、好模式，但不可能占主导地位。

省农业厅长期从事农技推广工作的周霖则与记者探讨：你觉得"专家＋协会"模式为何能够得到很好的实施？记者答：因为有效利用了基层的农技人员和"土专家"。周霖首肯：模式不可能抛开传统的农业部门、农技推广网络，这是"根"与"载体"的问题。

有更具体的佐证：即使在乡镇改革精简人员之后，全省在乡镇一级仍拥有包括农业服务中心、独立农技站和区域推广站在内的农技推广机构4 869个，推广人员10 753名，这还不包括县、市、省等各级的农技人员数量——这是一笔巨大的存量资源。

"没人能忽略最近几年农技推广网络'网破、线断、人散'的状况。"周霖介绍，通过几年的创新实践，我省各涉农部门摸索出"农业科技110"、"三百粮食示范工程"、"农业科技示范场"等农技推广服务方式，基层也涌现出"公司＋协会"、"公司＋农户"、各种农业专业协会等协作生产模式。"专家＋协会"乃至"网络"的出现，丰富了农技推广的实践。这些模式都有一个结合点：以基层农技推广队伍为基础。因此，如何更好地发挥好这笔存量资源的作用，是今后创新农技推广运行机制的核心问题。

当前基层农技推广中遇到的要害问题在于，无论是从农民自主意识的强化而言，还是从农业种植品种的多样性来讲，政府已经不可能"打包"推广技术。农民对技术的需求非常多样化，这考验着基层农技推广人员的素质和能力。

正是在这样的背景下，周霖认为，"专家＋协会"的闪光点毋庸置疑。这一模式强调高层次专家对"土专家"的培训，并可通过"网络"，让高层次专家随时掌握基层需求的实际技术。此外，这一模式还切中长期以来"农科教"三分离的要害，将科学研究与技术推广紧密结合，实际上把农业行政管理部门和科研院所"捆绑"在了一起。

当前，郫县正进行"全国农技推广运行机制试点"，省农业厅已与省农科院取得沟通，决定将"专家＋协会"模式放到郫县试点，从专业管理角度分析这种模式的运行规律。（本报记者杨晓）

吕世华：记者杨晓所采访的两位四川省农业厅的领导和专家说得很有道理。"研推网络"也许是个好典型、好模式，但不可能占主导地位。"专家＋协会"的闪光点毋庸置疑。这一模式强调高层次专家对"土专家"的培训，并可通过"网络"，让高层次专家随时掌握基层需求的实际技术。此外，这一模式还切中长期以来"农科教"三分离的要害，将科学研究与技术推广紧密结合，实际上把农业行政管理部门和科研院所"捆绑"在了一起。

2006 年

四川农村日报

2006-02-13 专家＋协会"东溪模式"欲破题

2月8日，简阳市东溪镇新胜村绿绿的油菜地里，十二组村民吴必贤欣喜地告诉记者："去年我种的这一亩二分地油菜增产增收已成定局，这块地光套种的马铃薯就收了900多斤，增收300多元。"一旁的镇农业服务中心主任、协会副理事长袁勇接过话茬："去年协会共推广油菜套种马铃薯1 000多亩，亩均增收300元左右。只要栽种了的协会成员，全部增产增收！"原来，袁勇所说的协会，是指2004年2月成立的农技推广组织——东溪镇生态农业科技产业化协会。

"花10元钱就能加入协会。协会为我们成员提供施肥、管理、治虫等技术。而以前，当地的农技人员一年到村上指导生产没有几次。"说起协会，吴必贤有些激动。

"线断、网破、人散"，2003年初，东溪镇的农技推广也和全国大部分农技部门一样举步维艰。当时镇上的9名农技人员，只领基本工资的40%，农技人员得靠卖种子等副业过活；农技人员中除了1名中专生和1名大学生外，其余7人都不是专业人员，无法承担基层农技推广任务。

2003年初，省农科院土肥专家吕世华到东溪镇进行科研工作，面对镇农技推广的被动局面及农户对农技知识的渴求，他与袁勇及镇村干部商定，于2004年2月由省农科院与东溪镇农业服务中心、东溪镇新胜村共同组建成立了农民技术协会——东溪生态农业科技产业化协会。

协会理事和骨干主要是省农科院专家、东溪镇农业服务中心农技人员、科技意识强的村、组干部和村民，入会的农民为会员。农民入会自愿，退会自由。协会会员每户每年缴纳10元会费，约100户会员配一名技术员，每月至少一次指导。协会为会员统购化肥、农药、农膜、种子等生产资料；请专家提供新技术，协会对会员定期或不定期举行技术培训和现场会；为会员统一销售农产品。

"专家＋协会"模式中，专家、农技人员、农户各得其所。专家通过镇村干部的协调服务和协会进行示范、推广，迅速将科研成果转化为生产力；乡镇农技人员参加协会的服务工作，不仅充分发挥作用，还能从服务中取得一定的工作经费；最得实惠的是农户，协会提高了农民科技种田素质，农民增产增收。两年来，协会帮会员增收400余万元，会员户均增收约 1 400 元。通过协会带动，今年该镇推广旱育秧和水稻大三围强化栽培达 5 600 亩，占全镇水稻面积的 80%。

观点：完善模式 需解难题

简阳市东溪镇这一全国首创的"专家＋协会"农业科技推广模式运行两年来，成效明显，但也存在着一些问题和不足。采访中，协会专家、农户、农技人员、镇干部各有看法。

问题一：资金投入不足。协会目前的日常运作和农机器具、药剂及化肥的购买费用，主要靠会员入会交纳的 10 元会费维持。据协会总理事长、东溪镇副镇长陈策介绍，协会中的专家没有报酬，甚至还倒贴钱。

建议：首先，上级政府应重视和扶持这一模式，给予财政拨款。其次，要加大对协会的宣传力度，吸引外来资金支持；完善协会机制，上报国家相关部门，争取立项，以获得专项资金支持。第三，与企业合作，积极开发农产品销售渠道，在增产的同时增加经济收入。第四，适当增加会员入会的会费。

问题二：人才缺乏。协会副理事长袁勇认为："人才也是问题，镇上专业人才太少"。目前，协会聘请的专家只有省农科院的吕世华教授，尽管吕教授不辞辛劳，尽心尽力，但面对有着 37 000 余名农业人口的东溪镇，显得势单力薄。同时，协会目前的技术人员主要分为两个层面，其一为该镇 6 名农业服务中心技术人员，其二为当地农户中的一些科技带头人。由于协会资金短缺，想要进一步吸引人才很困难。

建议：首先，协会需要改善工作条件和待遇，吸引人才。其次，倡议更多的高校科技人才、有识之士学习吕教授，从研究所、试验室走向农村，推广科研项目，为农民带来实惠。再者，加大对科技带头人、"土专家"的培训和指导，从而有效地带动农技推广。

问题三：在家农民学习能力差。由于青壮年农民大多外出打工，在家务农的多为老弱妇孺，他们对新技术的接收能力较差，部分农民看重短期利益，怕担风险，对新技术持观望态度，对专家、科技人员过分依赖，这便与科技人员精力有限形成了突出矛盾。

建议：协会应多举办宣传活动，让农民真正了解和认识协会。同时，加大培训力度。

（本报记者张卫佳）

吕世华：张卫佳记者在报道"专家＋协会"模式的成效时，也指出了存在一些问题和不足，同时也给出了非常好的建议，谢谢她。

四川省农业科学院

2006-03-17 构建平台 转化成果 实现增产增收

2 月 26-27 日，四川省农科院与"四川农业新技术研究与推广网络"（简称"网络"）联合举办的"四川新农村建设与农技推广研讨会"在成都召开。参会代表有我院党委书记王书斌、院长李跃建、副院长任光俊等领导和专家以及全省 15 个"网络"成员单位的县区农业主管部门负责人、乡镇干部、农技人员、农民代表等 100 余人。会议邀请了宁夏回族自治区扶贫与环境改造中心龙治普主任（2004 年国务院中国消除贫困奖获得者）和省、市有关部门的领导出席。四川电视台、四川日报、四川农村日报、四川广播电台等媒体作了新闻报道和专题采访。

会议结合中央 1 号文件和胡锦涛总书记在中共中央省部级主要领导干部"建设社会主义新农村"专题研讨班上的讲话以及省委省政府农村工作会议精神，探讨了农科院应如何在新形式下创新机制，构建成果转化绿色通道，从而为建设社会主义新农村提供强有力的科技支撑，实现农业增产、农民增收的目标。

会议由任光俊副院长主持。省农科院土肥所专家吕世华作了题为《四川农业新技术研究与推广网络的现状与发展》的报告，介绍了由他发起的"四川农业新技术研究与推广网络"的基本运作情况和取得的显著效果，体现了农科院在创新机制、加快成果转化方面所做的大量而卓有成效的工作，也为当前农技推广探索出了一条行之有效的途径。

会上，省农科院水稻、玉米、果树、蔬菜、植保、土肥等领域的专家和网络单位的农技人员做了农业新技术讲座。会议特邀专家龙治普研究员结合我省新农村建设和农技推广中存在的实际问题，作了题为《农民参与式研究与推广》的报告，该报告"自下而上，以农民为主体的参与式研究"的观点使参会代表深受启发，为我省新农村建设和农技推广工作提出了建议。

农技人员和农民代表分别作了典型发言。参会代表结合"网络"对当地农技推广所起的重要作用进行了广泛的交流，表示将更好的发展"网络"，通过网络这个有效载体，将在网络中发挥各自的作用，创造性的开展工作，为社会主义新农村建设作贡献。

出席会议的省、市有关部门领导也作了重要发言，对农科院和"网络"的做法和成效给予了充分肯定和高度评价，同时也提出了希望和建议。最后院党委书记王书斌作了会议总结，肯定了"网络"的工作，并表示将大力支持网络建设；对"网络"加强长效机制的研究，并针对我省农村人多地少、劳动力素质低的实际，推广简化高效的"傻瓜"技术提出了具体要求；就"建立成果转化绿色通道"的问题作了安排，希望在 3 个月左右完成有关的调研报告，提供给有关领导决策参考。

会议结合社会主义新农村建设工作，组织参会人员到锦江区三圣乡参观，考察了成都市城乡一体化及新农村建设。（合作处：段晓明、张颢）

吕世华：2005 年 12 月 2 日，我们与简阳、中江、长宁、温江等 10 多个县的 50 多名乡镇干部、村干部、农民在成都约定成立"四川省以农民为中心的农技研究推广网络"。2006 年 2 月下旬在准备这次会议时任光俊副院长建议我把研推网路的名称改为"四川农业新技术研究与推广网络"。于是，"四川农业新技术研究与推广网络"在这次会议上正式宣告成立。四川省农科院党委书记王书斌、院长李跃建、副院长任光俊等领导亲自出席会议并给予指导。会议特邀专家宁夏回族自治区扶贫与环境改造中心龙治普主任作了题为《农民参与式研究与推广》的报告，使参会代表深受启发。

四川省农业科学院

2006-04-03 土肥所组织专家在资阳试验站组织农民培训并成立生态农业科技产业化协会

土肥所为贯彻落实省委、省政府关于农业和农村工作的精神，推进社会主义新农村建设。3月15日至26日，陈一兵副所长带领吕世华、林超文等专家，在土肥所资阳水土保持试验站对当地农户进行了水稻"大三围"强化高产栽培技术培训，并于3月28日在试验区召开了水稻旱育秧和大田覆膜技术现场会。当地农户共有300余人参加了培训及现场会。

通过现场培训和现场指导，让农户能直观了解栽培要点，使农户更能接受并主动参与到这些技术的应用推广中来。同时，为促进试验区经济的发展和农民增收，土肥所还针对当地水土流失严重的实际，引进了9 000株青花椒，在当地推广经济植物篱技术。

目前，土肥所有关专家正与资阳政府一道，着力打造"资阳雁江镇响水生态农业科技产业化协会"，让"专家＋协会"和"专家大院"等农技推广模式在试验区开花结果，以促进农业科技成果迅速形成农业生产效益，为"三农"做出应有贡献。

吕世华：2003—2005 年在简阳示范区取得成功后我感到我们的水稻覆膜技术已经完全成熟，"专家＋协会"的农业推广机制和模式也较为完善。在这种背景下我们很有必要走出简阳，在更多的地区推广我们的技术。我首先想到的就是资阳市雁江区，因为该区的雁江镇响水村在原欧共体支持下建有一个水土保持试验站，我在建站前的1989 年在这里做过花生施用钛微肥的试验。我把想法向时任副所长水保站站长陈一兵汇报后得到了他的支持，于是3月15日他带着我和现任副所长水保站站长林超文到了试验站。当天晚上，我即用多媒体在试验站的院坝里做了技术培训并介绍了简阳东溪镇的协会，希望在村里也建一个协会。没有想到培训效果出奇的好！

四川日报

2006-08-17 同村同田效果迥异 这里的水稻黄灿灿一片

遭遇特大干旱，资阳市大春作物大幅度减产，该市雁江区雁江镇响水村却有250 多亩水稻，不仅不减产而且高产，预计亩产在550 公斤以上。

8月11日下午，38℃高温天气下，记者随省农科院专家吕世华研究员等一行，来到响水村一组，这是省农科院的新技术试验示范点。

这里的水稻田黄灿灿一片，稻穗沉甸甸，似乎一点也没受到大旱的影响。吕世华介绍，这些水稻采用抗旱性很强的覆膜节水抗旱栽培新技术，亩产在 550～600 公斤。

吕世华的说法在村民中得到证实。村民李俊卿说，他今年用这项技术种水稻 2.5 亩，预计总产量在 1 850 公斤左右。

记者看到，在一块一亩大的稻田里，两边用的新技术种植，估计亩产在 550 公斤以上，而中间 3 分地，采用的常规技术种植，许多长得像山上的丝茅草，很少有穗，且籽少，最多能收几十公斤谷子，与往年相比减产四五成。（记者周自狄、本报记者张红霞）

吕世华：2006 年在响水村示范水稻覆膜节水抗旱技术，我们也采用简阳市东溪镇的做法，农户交 10 元会费参加协会后才能得到协会和专家的服务。当年我们的预期是发动 70～80 户参加协会，示范面积达到 100 亩。没有想到大家踊跃参加协会，协会达到了 150 户规模，示范面积达到 280 亩（新闻报道用的数据是 250 亩）。这一年，川渝两地恰好遭遇百年不遇的特大干旱，水稻覆膜节水抗旱技术经受着了考验。响水村覆膜种植的水稻不仅没有减产还比常年增了产。这的确是科技带来的一个奇迹！

资阳日报

2006-08-18　"大三围"水稻栽培技术成了"香饽饽"

日前，本报报道了雁江镇响水村大旱之年，利用节水抗旱覆膜水稻栽培技术（又称"大三围"栽培技术），不仅没有减产，反而增产高产。这一科技治旱经验已得到市委、市政府的高度重视，并号召全市推广这一在世界水稻领域处于领先水平的栽培技术。

昨日上午，市委常委、副市长陈能刚在响水村主持召开了有各县（市、区）分管农业的县（市、区）长及部分涉农部门负责人参加的科技治旱现场会，听取省农科院研究员吕世华关于这项新技术的育秧、整厢、覆膜、栽秧一系列前期栽培与管理技术介绍。吕研究员说：这项新技术是成功的技术，在今年出现特大旱情情况，一般亩产超过 1 000 斤[①]，高的可达 1 400～1 500 斤，而正常年景亩产可达 1 600～1 800 斤，十分适合旱情频繁的资阳地区大面积推广。

响水村作为运用这项先进技术的基地，是市、区两级科技局与省农科院联合建立起来的。

试点示范证明，水稻覆膜节水抗旱栽培新技术非常成功，在今年特大旱情下不仅没有减产，反而比往年每亩增产 200 斤以上。虽然用农膜每亩需花 60 元，但节约了抽水的费用和锄草工时费等，远远超过购买农膜支出，因此，受到农民的普遍欢迎。

陈能刚在现场会上指出，我市十年九旱，如何解决高温伏旱、栽秧时低温影响等，一直是我市水稻种植的难题，而吕研究员的"旱育秧＋覆膜＋大三围"节水抗旱新栽培技术，其保温、节水、节种、节肥、节工、抗旱和增产效果显著，完全解决了这些大难题，因此具有

---

① 斤为非法定计量单位，1斤＝0.5千克。——编者注

十分重大的推广价值。明年开始要大力推广这项先进技术，保证水稻增产增收。各县（市、区）要把这项技术的推广作为防旱减灾的重要任务作为大事来抓，使之为农业和农民增收作出重大贡献。

在市召开现场会之前，雁江区政府也于8月16日在响水村召开了有乡镇及村干部参加的全区科技治旱现场会，向全区乡镇推荐这一先进技术。参观现场会的丹山镇磨盘村村支书周荣对记者说："这个技术太好了。它省种、节水、省工，成本低，增产效果又好，对缺水的地方特别适用。像我们那里，一般年景水稻亩产只有七八百斤，如果用上这技术，亩产增加四五百斤，农民就能增加收入300多元。"他还告诉记者说："明年全村500多亩水田，一定全部用这个新技术种水稻。"

雁江区政府通过这次现场会，要求各乡镇明年在全区大面积推广"大三围"水稻栽培新技术，每个乡镇要在一至二个村试点示范，全区推广面积至少在5万亩以上。区政府已将吕世华研究员增补为区科技顾问团成员，请他帮助指导这项技术的普及与推广。（本报记者周自狄）

　　吕世华：响水村呈现的科技奇迹在干部群众中产生强烈反响。资阳日报和资阳电视台报道后有不少老百姓骑着摩托跑到响水村参观。雁江区政府和资阳市政府分别于8月16日和17日在响水村召开现场会。会议将水稻覆膜节水抗旱栽培新技术评价为在世界水稻领域处于领先水平的栽培技术，这个评价当时我觉得有一点过。15年过去了，我却觉得当时的评价是客观公正的，因为到现在为止没有第二项技术能够在特大干旱的条件下获得水稻高产。雁江区和资阳市的现场会大大地促进了水稻覆膜节水抗旱栽培新技术的大面积推广应用。

四川省农业科学院

2006-08-23　土肥所"水稻覆膜节水抗旱栽培技术"现场验收效果显著

8月22日，四川省资阳市科技局主持并邀请省内资深水稻研究及推广专家共同组成现场验收小组，对四川省农科院土肥所吕世华副研究员主研的"水稻覆膜节水抗旱栽培技术"进行了现场考察和产量验收。四川省农科院党委副书记李迺荣、合作处处长段晓明、科技处副处长喻春莲、土肥所党委书记喻先素等均亲临验收现场。

当日，资阳市科技局召集的全市县、区科技局长会议也来到雁江区雁江镇响水村一组实施现场办公，让各县、区科技局长亲眼目睹科技增产实景，亲耳聆听农户"大旱之年仍有饱饭吃"的朴素心声。四川卫视新闻栏目组也选派记者进行了现场录制和示范农户采访。

验收专家组从300余亩示范区中选取了响水村一组刘水富的1.2亩承包田进行了挖方测产，结果表明，即使在今年水稻生长季节我省遭遇了五十年不遇的特大干旱情况下，该项技术的应用仍获得了比正常年份还高的产量，亩产高达 610.6 公斤。

专家组一致认为：水稻覆膜节水抗旱栽培技术是水稻旱育秧技术、稻田免耕技术、推荐施肥技术、水稻覆膜栽培技术、水稻大三围强化栽培技术等多项技术的集成优化，具有明显的节水抗旱、抑制杂草、稳产高产的显著效果。该项技术高效地利用了水资源，能显著提高缺水地区及缺水稻田的水稻产量和经济效益。在我省丘陵及盆周山区有很好的应用前景，建议有关部门加大对该技术的推广力度。（土肥所科管科）

吕世华：在雁江区的示范一开始就得到资阳市科技局陈文均局长和雁江区科技局局长熊焰的重视。8 月 22 日陈局长在邀请专家验收产量的同时还将资阳市县、区科技局长办公会搬到响水村开，让各县、区科技局长亲眼目睹科技增产的奇迹。验收 610.6 公斤/亩的产量确让所有人感到振奋！

四川省科学技术厅

2006-08-24 资阳市水稻覆膜节水抗旱技术科技示范成果通过专家组验收

8 月 22 日上午，省内农学及水稻栽培的知名专家，专程到资阳市区两级科技局建立在雁江区雁江镇响水村一社的科技示范点——四川省农科院土肥所研究的"水稻覆膜节水抗旱栽培技术"核心示范片，进行了现场考察和产量验收。

专家组选取采用节水抗旱栽培技术的响水村一社农户刘水富 1.2 亩承包田进行挖方测产验收，实收面积 57.1 平方米，稻谷湿重 69.7 公斤，折干率 75％（标准含水量 13.5％），折亩产 610.6 公斤。专家们指出，在今年水稻生长季节，我省遭遇了五十年不遇的特大干旱，而采用覆膜节水抗旱栽培技术的 300 余亩示范片（包括望天田）却获得了比正常年份还高的产量。这充分说明"水稻覆膜节水抗旱技术"是水稻旱育秧技术、稻田免耕技术、推荐施肥技术、水稻覆膜栽培技术、水稻大三围强化栽培技术等多项技术的集成优化，具有明显节水抗旱、抑制杂草、稳产高产的显著效果。

专家组一致认为，"水稻覆膜节水抗旱技术"高效地利用了水资源，能显著提高缺水地区及缺水稻田的水稻产量和经济效益，在我省丘陵及盆周山区有很好的应用前景，建议有关部门加大对该技术的推广力度。（资阳市科技局）

吕世华：水稻覆膜节水抗旱栽培技术第一次走上了四川省科技厅的网站。谢谢资阳市科技局！

资阳日报

2006-08-25　大旱之年　水稻亩产达600公斤

本报8月16日和18日报道过的"成功推广水稻覆膜节水抗旱技术的响水村"，8月22日迎来了省内农学及水稻栽培专家组。在资阳市科技局的主持下，专家们对该村推广的"水稻覆膜节水抗旱栽培技术"核心示范片，进行现场考察和产量验收。

水稻覆膜节水抗旱栽培技术是四川省农科院研究员吕世华研究成功的水稻抗旱节水增产技术，它集水稻旱育秧技术、稻田免耕技术、推荐施肥技术、水稻覆膜栽培技术、水稻大三围强化栽培技术等多项技术于一身，具有节水抗旱、抑制杂草、稳产高产的显著效果。

去年，市区科技局得知这项先进技术后，立即与省农科院联系推广事宜，双方一拍即合，并将雁江区响水村作为此项技术的科技推广示范点。推广中，市区科技局给予大力支持，吕世华研究员等省农科院专家从育秧到栽培、管理对村民进行技术培训，使村民很快掌握了这项先进技术。因此在今年我市遭遇50年不遇特大干旱的情况下，响水村250多亩水稻仍获得大丰收，平均亩产达到550～600公斤，超高产田可达700～750公斤，比正常年景产量增产100多公斤。不仅引来雁江区其他镇乡及村组到响水村学习经验，甚至中江、仪陇等县农业局干部及村干部，也闻讯前来学习考察。

据悉，经专家组选取采用节水抗旱栽培技术的响水村一组农户刘水富1.2亩承包田进行挖方测产验收，实收面积57.1平方米，稻谷湿重69.7公斤，折干率71%（标准含水量13.5%），折亩产610.6公斤。

专家们验收后认为，"水稻覆膜节水抗旱技术"高效地利用了水资源，能显著提高缺水地区及缺水稻田的水稻产量和经济效益，在我省丘陵及盆周山区有很好的应用前景，建议有关部门加大对该技术的推广力度。

这项技术得到了市区两级政府的高度重视，16、17日雁江区政府和资阳市政府分别在响水村召开了科技治旱现场会，掀起在全市推广这一先进技术的高潮。雁江区已决定明年在全区推广5万亩以上。（本报记者周自狄）

吕世华：资阳日报的周记者是第一个报道"响水科技奇迹"的记者，这是他的第三篇报道。谢谢他！

四川省农业科学院

2006-09-01 土肥所专家献科技高招 资阳市农民获丰产实惠

今年，四川乃至全国均遭遇了历史上罕见的高温、酷暑和干旱，报纸、电台及电视台报道的"天灾"减产消息不绝于耳，说到底传统农业还是一个靠天吃饭的产业。但是，在四川省资阳市雁江区却发生了奇迹，按当地科技局的说法是"大旱之年夺丰收，院区结合结硕果"。

雁江区地处丘陵，缺少水库、堰塘等蓄水设施，即便在风调雨顺的年景，由于农民按固守的传统作业方法种植水稻，不能很好地把握移栽时节、肥水管理及病虫害防控技术，亩产量也只能维持在700~800斤。

今年年初，省农科院土肥所带资金、带项目，水稻栽培、植物营养专家吕世华副研究员率课题组不分节假日，进村入户，以资阳市响水村为核心片区，以响水生态农业产业化科技协会为载体，以专家+支部+协会+农户的模式，推广应用了集旱育秧、免耕、推荐施肥、地膜覆盖、大三围栽培等为一体的"水稻覆膜节水抗旱栽培技术"。按吕专家的话说：他的初衷就是期望以科学技术摘下农民贫穷落后的帽子，让农民真正得到实惠。吕世华同志这种以科技推进社会主义新农村建设的举措得到了院、所领导的大力支持。院党委书记王书斌同院长李跃建、副院长任光俊、纪委书记官明家、各相关处室负责同志顶烈日、冒酷暑前往种植示范基地考察治旱增产情况。所党委书记喻先素和所长涂仕华在多次深入第一线调研的基础上，向院及相关领导竭力推荐吕专家的综合集成水稻高产栽培技术。资阳市至下而上风生水起，农民自发争相传颂吕专家的水稻先进栽培技术，从村长、支书到镇长、区长，再到市农业局、科技局，最后市委常委、副市长陈能刚亲临雁江镇响水村"水稻覆膜节水抗旱技术"试验示范推广现场，对农科院的科技推广成果给予了高度评价。

8月22日上午，在资阳市科技局局长陈文均的主持下，邀请省内农学及水稻栽培的有关专家，对四川省农科院土肥所研究的"水稻覆膜节水抗旱栽培技术"核心示范片，进行了现场考察和产量验收，专家组选取响水村一社农户刘水富的1.2亩承包田进行挖方测产，经田间收获、脱粒、称重、丈量面积、测定稻谷杂质及含水率等科学、严谨的环节，折合亩产1212.2斤。专家组一致认为"水稻覆膜节水抗旱技术"是水稻旱育秧技术、稻田免耕技术、推荐施肥技术、水稻覆膜栽培技术、水稻大三围强化栽培技术等多项技术的集成优化，具有明显的节水抗旱、抑制杂草、稳产高产的显著效果。该技术能高效地利用水资源，能显著提高缺水地区及缺水稻田的水稻产量和经济效益，在我省丘陵及盆周山区有很好的应用前景，建议有关部门加大对该技术的推广力度。

近日，吕专家指导的新技术增产增收的消息不胫而走，各地"取经"者纷至沓来，新闻媒体更是闻风而动，资阳日报，四川卫视和中央电视台的新闻栏目相继抵达资阳响水村，对示范现场的传统种植模式和新技术支撑模式进行了实景录制，一边是杂草丛生、收获甚微，一边是沉甸甸的稻穗金浪翻滚，即使是外行也赞叹不已：科学技术是第一生产力！媒体记者还对当地农户、验收专家和吕世华副研究员分别进行了现场采访，农民很朴素地说"今年我们采用了这套新技术，在大旱之年也能有饱饭吃了"！（土肥所科管科供稿）

吕世华：响水村的村民 2006 年开始示范水稻覆膜技术，一直到现在仍然使用这项技术种植水稻。原来他们每年都要买米吃，从 2006 年他们吃上了饱饭的同时年年都要往外卖黄谷。2006 年 8 月中央电视台记者施绍宇看到四川卫视的新闻后到响水村做了专题采访。他拍的新闻很快在四川新闻里播出了。

四川日报

2006-09-04 科技给水稻添"活"力

本报讯 骄阳似火，大片的水稻、玉米在烈日的炙烤下几近燃烧。面对有气象记录以来最为严重的一次旱灾，全省上万名农业科技人员深入抗旱减灾、生产自救第一线。科技，为减灾增产再立新功。

苍溪县未雨绸缪，在旱情显露苗头时就大力推广酿热温床双膜育苗、乳苗深窝覆膜栽培和秸秆覆盖栽培技术三项关键技术，目前已完成推广面积 30 余万亩，使该县农作物生产即使在大灾之年也喜获丰收。测产表明，苍溪玉米单产可达 400 公斤/亩，比上年每亩增加 15 公斤，为稳定全年粮食总产奠定基础。

为夺取秋粮秋菜丰收，巴中市狠抓关键技术。一是推广红苕增施裂缝肥和喷施磷酸二氢钾，确保红苕高产；二是推广洋芋催芽播种，小整薯带芽播栽，稻草覆盖，确保一次全苗；三是推广遮阴育苗技术，确保早育早栽。巴中市已落实秋粮秋菜 100 万亩，单位亩产有望创新高。

处于重灾区的资阳市雁江区雁江镇响水村，大力推广的具有节水保温、抑制杂草生长、抗旱能力强等优点的"大三围"水稻覆膜节水抗旱栽培新技术，节水六七成，使 250 多亩水稻未减反增。采用这项技术种植的水稻估计亩产均能超过 500 公斤，而用传统方法种植的水稻今年至少减产四五成。（许静、记者范英）

吕世华："大三围"水稻覆膜节水抗旱栽培新技术，节水六七成，使 250 多亩水稻未减反增。采用这项技术种植的水稻估计亩产均能超过 500 公斤，而用传统方法种植的水稻今年至少减产四五成。一增一减，真是效益明显！

四川省农业科学院

2006-09-06   大旱之年夺丰收

8月22日，资阳市邀请了由省农业厅、四川农业大学等有关单位的专家组成专家组对我院土肥所在资阳市雁江区响水村一社实施的"水稻覆膜节水抗旱栽培技术"进行了现场考察和产量验收。

今年我省川中丘陵区水稻生产遭遇了50年不遇的特大干旱，而在资阳市雁江区响水村却是一片丰收在望的景象，凡是采用了我院研制的覆膜节水抗旱栽培技术的300余亩示范片（包括望天田）获得了比正常年份还高的产量，初步估计平均每亩比正常年份增产200余公斤，而少部分未实施此技术的田块，却颗粒无收，该技术深受农民欢迎。专家组对该村的部分田块进行随机抽查，选取了响水村一组刘永富1.2亩承包田进行挖方测产验收，结果亩产达610.6公斤。

水稻覆膜节水抗旱栽培技术是水稻旱育秧技术、稻田免耕技术、推荐施肥技术、水稻覆膜栽培技术、水稻大三围强化栽培技术等多项技术的集成优化，具有明显的节水抗旱、抑制杂草、稳产高产的显著效果。

专家组在考察和验收后一致认为，该技术高效地利用了水资源，能显著提高缺水地区及缺水稻田的水稻产量和经济效益，在我省丘陵及盆周山区有限好的应用前景，建议有关部门加大对该技术的推广力度。

由于项目实施效果非常显著，四川电视台等新闻媒体都给予了报道。（合作处）

吕世华：遗憾找不到当年四川电视台的报道了！

四川省农业科学院

2006-09-07   省科技厅厅长唐坚一行来我院简阳试验基地考察并指导工作

9月5日，省科技厅厅长唐坚、副厅长韩忠成、机关党委书记罗治平等一行七人来我院简阳试验基地考察并参加项目论证会。我院党委书记王书斌、院长李跃建、副院长任光俊、科技处处长郑林用，省畜科院院长万昭军、副院长蒋小松，资阳市委常委兼简阳市委书记苟正礼、资阳市副市长吴显奎、简阳市代市长段成武等陪同考察。项目论证会由吴显奎副市长主持，李跃建院长作项目介绍，省农科院、省畜科院、资阳市、简阳市、资阳电视台、资阳日报等有关部门的领导和专家 40 多人参加了论证会。

唐坚厅长一行首先来到简阳东溪镇试验基地，听取了刘永红、吕世华研究员对我院承担的"863"计划项目——《南方季节性缺水灌区（四川）简阳节水农业综合技术体系集成与示范》实施情况和显著效果的介绍，参观了新型节水丰产保护性栽培技术现场、蓄水池自压高效补灌工程模式和农用水自动监测与调配信息系统，询问了"专家＋协会＋农户"技术推广模式的利益连接机制。在今年发生 50 年不遇的特大干旱情况下，简阳市采用我院研制的高效节水技术模式，使主要农作物水分利用效率提高 36.6％，水稻产量平均增产 50.3 公斤/亩，玉米平均增加 25.3 公斤/亩，果树产值增加 20％以上。随后，唐坚厅长一行考察了龙头企业简阳市瑞益牧业有限公司，鼓励通过发展循环经济把公司做强做大。

在项目论证会上，李跃建院长详细介绍了"川中丘陵区生态高效农业发展模式集成与示范"项目的立项背景、重要意义、主要内容、技术路线和经费概算等有关情况。王书斌书记、万昭军院长、蔡红副处长、韩忠成副厅长、苟正礼书记、吴显奎副市长等相继做了发言，大家充分肯定了实施该项目的重要意义，表示各自将作出最大努力搞好该项目；同时，对项目建议书提出了修改意见。

唐坚厅长在听完介绍和发言后，讲了以下几点意见：一是遵循"企业主体、产业布局、工程模式、集成推进"的工作思路，努力探索现代农业发展的路径和对策。今年把川西平原邛崃、川中丘陵射洪和简阳作为示范点，每点启动一项科技攻关重大项目。二是始终坚持科技与经济的紧密结合，围绕丘陵地区科技需求和农民增收，选准项目方向。在农业结构调整中，要"注重三个比例，实现三个过半"，即劳务输出收入与农民收入的比重过半，畜牧业产值占农业总产值的比重过半，经济作物产值占粮油作物产值比重过半。对于丘陵地区而言，在种植业、养殖业和加工业中，养殖业可能对当地农民的增收贡献更大，因此，要把着力点放在养殖业上。三是在项目的实施方式上分两步走，第一步先搞高效节水农业的技术集成与示范，因为节水农业的技术已经熟化，应当迅速推广；第二步探索和集成丘陵地区现代农业发展模式。四是在项目的实施过程中，要注重发挥"三个作用"，即企业、协会和农民的三重主体作用、科研单位的科技骨干作用、政府部门的政策引导作用。同时，建立科学合理的利益连结机制，因为技术创新依赖制度创新，而制度创新的核心是利益分配制度。无私奉献固然需要，但是，只有建立紧密的利益连结机制才能形成持久的长效机制。五是在组织方式上，由项目所在地政府有关领导担任项目领导小组组长，省科技厅有关领导任副组长，因为一个重大项目是人才、资金、技术、制度、政策等要素的集成，地方政府应当发挥统筹作用。（科技处）

吕世华：这是一条十分重要的信息！院里领导们安排我用展板向唐坚厅长一行汇报了简阳和雁江等地采用我们的水稻大三围覆膜技术在大旱之年获得大丰收的情况，引起了唐厅长的高度关注。他在会议上强调首先应该搞高效节水农业的技术集成与示范，因为节水农业的技术已经熟化，应当迅速推广，接着他要求简阳市政府写一个科技治旱的简报报送省里。之后，这个报告被省领导批示。于是便有了 2007 年 4 月 2 日在简阳召开的全省现代节水农业现场会。

四川党的建设（农村版）

2006-10-01　科学种田治服旱魔

——资阳推广"水稻覆膜节水抗旱新技术"的调查

水稻丰收，大旱之年创奇迹

骄阳似火。坡上的玉米干枯了，田里的水稻干枯了……

今年8月，记者随省农科院专家吕世华前往资阳市雁江区响水村的途中，旱魔肆虐的景象历历在目。然而，"十年九旱"的响水村，眼前的景象却令人惊奇：几乎每块田里的水稻都是黄灿灿、沉甸甸的，丝毫不见大旱的踪影。

吕世华带记者来到一块作对比试验的稻田前，只见右边田里的水稻金黄饱满，左边约0.3亩的水稻却像干枯的丝茅草，穗少籽也少。这是咋回事？吕世华笑笑说：左边的水稻是用传统常规技术栽种的，遇上今年的大旱，一亩能收四五百斤就不错了；右边的水稻是用"覆膜节水抗旱新技术"栽种的，平均亩产550公斤左右，高的可达650公斤以上！

水稻覆膜节水抗旱栽培新技术（又叫"大三围"覆膜栽培技术），是四川省农科院与中国农业大学合作8年研究成功的一项科研成果，响水村就是省农科院的新技术试验示范点。吕世华说："这个技术有四个特点，一是水稻采用旱育秧；二是稻田实行开厢免耕；三是实施薄膜覆盖，即把薄膜盖在厢面上，然后打孔栽秧；四是水稻栽植不是传统的密植丛栽或宽窄行，而是三角形稀植（俗称"大三围"），因此受光和通风更好，更有利于水稻生长。"

记者轻轻撩开沉甸甸的稻穗一看，果然下面覆盖着地膜，每三株水稻形成一个三角形。"这个技术还有五大好处，"吕世华介绍说，"一是地膜增温，更利于秧苗前期生长；二是对田间杂草有抑制作用；三是具有很强的节水抗旱能力；四是减少用工用种；五是减少了稻曲病等病害。"旁边的村民说："我们种了几十年水稻，地膜覆盖种水稻还是第一次。没想到就这一招，就把旱魔打败了！"

9月，水稻收获的季节。记者随吕世华再次来到响水村。喜获丰收的村民们围着吕世华感谢个不停。村民李素清高兴地对记者说："往年我家一亩水稻只能收七八百斤，今年采用地膜覆盖新技术，天还那么干，都收了一千三四百斤，而且只在栽秧时灌了一次水，稻谷又大又饱满，新技术的确让我们农民得到了实惠。"

村民李俊卿种了2.5亩，收稻谷1 800公斤（平均亩产720公斤）。他兴奋地说："不仅用种节约一半，还节约用水六七成，没有杂草，又节约了除草工时。我们这里是旱片死角，如果不是新技术，今年肯定颗粒无收。"村民李建斌也说："我的2亩田，平均亩产650公斤，虽然农用薄膜每亩花了60元，但节约了抽水的费用和锄草工时费等，远远超过购买薄膜的支出。"

村支书高兴地告诉记者，今年全村采用覆膜节水抗旱栽培新技术的水稻有将近300亩

（包括望天田），尽管是大旱之年，却获得了比正常年份还高的产量，平均亩产近 600 公斤。他连声说："新技术简直是太好了，太好了！"

现场验收，专家组一致肯定

8 月 22 日上午，在资阳市科技局局长陈文均的主持下，省内农学及水稻栽培的知名专家谭中和研究员、田彦华教授等，顶着烈日来到响水村"水稻覆膜节水抗旱栽培技术"核心示范片，进行现场考察和产量验收。

专家组选取采用节水抗旱栽培技术的响水村一组农民刘水富 1.2 亩承包田的水稻，进行挖方测产验收。实收面积 57.1 平方米，稻谷湿重 69.7 公斤，折干率 75%（标准含水量 13.5%），折合亩产 610.6 公斤。看着籽粒饱满的稻谷，专家和村民都露出了满意的神情。

专家们对全村水稻长势综合评估后指出，在今年水稻生长季节，我省遭遇了 50 年不遇的特大干旱，而采用覆膜节水抗旱栽培技术的 300 余亩示范片（包括望天田），却获得了比正常年份还高的产量，充分证明这项技术具有抗旱增产增收的显著优势。

专家介绍说，"水稻覆膜节水抗旱技术"，是集杂交种、全层肥、地膜盖、规模栽、湿润管等为一体的综合节水栽培技术，是水稻旱育秧技术、稻田免耕技术、推荐施肥技术、水稻覆膜栽培技术、水稻大三围强化栽培技术等多项技术的集成优化，在节水抗旱、抑制杂草、稳产高产方面具有显著效果。

专家组一致认为，"水稻覆膜节水抗旱技术"高效地利用了水资源，能显著提高缺水地区及缺水稻田的水稻产量和经济效益，在我省丘陵及盆周山区有很好的应用前景，建议有关部门加大对该技术的推广力度。

大力推广，"十年九旱"不再愁

资阳市"十年九旱"，如何解决高温伏旱、栽秧时低温影响等，一直是广大农民种植水稻的难题。在省农科院和资阳市科技局的大力支持下，吕世华研究员率课题组以响水村为核心示范片区，以响水生态农业科技产业化协会为载体，采用"专家＋协会＋农户"的模式推广"水稻覆膜节水抗旱栽培技术"。从 2006 年 3 月起，专家们对村民从育秧到栽培、管理等方面对村民进行了多种形式的系统技术培训，使村民很快掌握了这项先进技术。该核心示范片区推广示范近 300 亩，带动周边村组及镇乡示范 1 000 余亩。在今年资阳市遭遇特大干旱的情况下，平均亩产 550～600 公斤，超高产田达 700～750 公斤，比正常年份平均亩增产 150～200 公斤。

此项技术的推广引起了资阳市委、市政府的高度重视。8 月 16 日下午，市委常委、副市长陈能刚等考察了响水村示范推广和对比实验现场，给予充分肯定，要求在全市加大该项技术的推广力度，帮助农民增收致富，并当即责成市级有关部门于次日召开了各县（市、区）分管农业的县（市、区）长、农业局长和农技站长及部分涉农部门负责人参加的科技抗旱现场会，听取了省农科院研究员吕世华关于这项新技术的育秧、开厢、施肥、覆膜、栽秧一系列前期栽培与管理技术介绍，对全市下一步推广应用该技术进行了全面安排部署。随后，雁江、乐至、安岳等县（区）组织农技人员、种植大户和农民前往参观学习，也有不少农民自发徒步或乘车前往参观学习。

雁江区副区长吴建平表示，雁江今年因干旱受灾面积 118 万亩，成灾面积 61 万亩，大春损失严重。从响水村的情况看，这项先进技术非常值得在全区推广，明年推广面积在 5 万

亩以上，以后还要不断扩大……（本刊记者康琼）

　　吕世华：四川党的建设（农村版）记者康琼老师对资阳市和雁江区大力推广水稻覆膜节水抗旱栽培新技术做了深度报道。该刊物发行到四川的每一个自然村，为我们的水稻覆膜节水抗旱节水的快速传播起了十分重要的桥梁作用。我记得当时她去村里采访时有一个大婶拉着她到家里看新收的黄谷，并与往年的谷子进行比较，覆膜栽培的稻谷品质远远好于传统栽培的稻谷。遗憾康老师没有把这个内容写进她的这篇通讯里。

2007 年

四川农村日报

2007-03-02　春旱来势凶春耕咋个办

本报讯　记者昨日从省水利厅获悉，我省今年春季气温波动幅度大，气温明显偏高，降水偏少，土壤缺墒，将有明显春旱发生，丘陵缺水区还将偏重发生。

据介绍，我省虽然加大了提蓄水力度，但截至 2 月 27 日，各类水利工程总蓄水量也只占汛末的 78％。加上持续晴好天气加快冬囤水田里的水蒸发等因素，水利工程保栽、冬囤水田保栽、降雨保栽要完成计划可谓困难重重。

春节后，省农科院抗旱专家吕世华下了一趟乡，深感春旱逼人："从广安到南充，看到好多水库都缺水，仅广安区预计就缺水 20 多万亩。"

去年的持续干旱高温至今还让人心有余悸。今年春旱来袭，该如何应对呢？

"必须走科技之路，依靠科技治旱。"吕世华语气中透露着焦灼。他认为，对缺水的高塝望天田，农民应该抛却幻想，坚决走旱路，最好是永远走旱路，最稳当的是种玉米、海椒、茄子等；如果是沙田，还可以种花生、红苕。由于该类田又比较漏水，因此一定要修好防水设施，理深沟防涝排洪。

对介于水源田和干旱地之间的田块，吕世华提醒要特别注意排水防涝防湿害。如果选择旱路，可以种旱地作物，也可栽有经济价值的树木，栽果树就是一个不错的选择，比如长宁县将这部分田块用来栽竹子、柑橘，效果都很不错。如果走水路，就应该像盆周山区和丘陵地区一样，在水稻生产上必须采用水稻覆膜节水抗旱栽培技术，才能在干旱连续发生的情况下获得丰产。

"今年如遇持续干旱，农业生产问题最大的一块其实就是水稻生产。"为此，吕世华向农户大力推荐水稻覆膜节水抗旱栽培技术。据介绍，该技术将旱育秧、厢式免耕、地膜覆盖、节水灌溉等几个节水技术有机地结合在了一起，节水效率达 70％以上，有显著的抗旱效果，并可解决常年可见的倒春寒造成的低温坐苑死苗问题，还可抑制杂草，减少用工，避免施用除草剂造成污染，提高肥料利用率，减少稻曲病、纹枯病、稻瘟病的发生，有利于无公害水稻的生产。（本报记者杨勇）

吕世华：在 2006 年四川盆地遭遇严重夏伏旱后，紧接着 2007 年又遭遇了严重的春旱。

这篇报道说我建议"对缺水的高塝望天田，农民应该抛却幻想，坚决走旱路，最好是永远走旱路"，实际上与我长期以来的观点不符合。我的观点是要保护稻田，尽可能的种植水稻。因为稻田是地下水的补给器，如果大面积减少稻田就会使丘陵山区地下水不能得到及时充分的补充，在遭遇持续干旱后特别容易导致人畜饮水的困难。同时，因为稻田相比旱坡地排水困难，种植旱作时容易发生湿害。"水路不通走旱路"实际上是政府面临干旱的一个老调的说法，我认为在有节水抗旱效果显著的水稻覆膜节水抗旱栽培技术后，我们应该尽量多的种植水稻，少走旱路。

2007 年 3 月资阳市安岳县干旱龟裂的冬水田

四川省科学技术厅

2007-03-16 内江掀起科技抗旱高潮

——内江市召开全市水稻覆膜节水抗旱栽培技术现场会

为认真落实全市农村工作会议精神和市委、市政府惠民行动要求，结合我市春旱严重、春耕生产困难的实际情况，市科技局深入开展科技惠民行动。3月15日上午，市委、市政府决定在资中县银山镇燕子岩村召开全市水稻覆膜节水抗旱栽培技术现场会。会议由市科技局、市农业局牵头组织，市委常委、秘书长李发强出席了会议。全体参会人员参观了资中县银山镇燕子岩村、碾子湾村水稻覆膜节水抗旱栽培技术示范点；省农科院土肥所研究员吕世华现场宣传培训了水稻覆膜节水抗旱栽培技术。

市委常委李发强对我市科学抗旱工作提了五点要求：一、统一认识。各县（区）要进一步强化科技抗旱意识，认真对待目前农业受旱情影响严重的情况；二、明确任务。每个县

（区）要建立水稻覆膜技术节水抗旱示范片 1 000 亩以上，辐射带动全市发展 5 万亩以上；三、认真搞好示范和技术培训，为大范围推广做好准备。各县（区）有关职能部门要认真组织学习掌握节水抗旱栽培技术，确保示范成功；四、大力扶持。各县（区）、乡（镇）要马上行动起来，选好示范点，对示范点要给予大力支持；五、认真抓好当前抗旱工作。各地要全面掌握旱情，根据水源作好春耕科学布局，保证人畜饮水、播种育苗用水，作好科学调度。参加会议的有市科技局、市农业局和市水利农机局的领导，各县（区）分管农业的副县（区）长，各县（区）农业局局长、科技局局长、农技站站长，部分旱情严重乡（镇）的乡（镇）长、农技站站长等，共计 100 余人参加了会议。（内江市科技局）

吕世华：2007 年 3 月初我在资阳出差途中想到面对如此严重的旱情，应该尽快地将我们的技术从资阳辐射推广到其他区域，首先想到的就是旁边的内江市。资阳市科技局陈文均局长给了我内江市科技局吕芙蓉局长的电话。电话一通吕局长表示十分欢迎，于是就有了 3 月 15 日在资中县银山镇燕子岩村召开的全市水稻覆膜节水抗旱栽培技术现场会。内江市委常委、秘书长李发强出席了会议并做了重要讲话，使我们的技术很快在内江市大面积推广应用。

资中县银山镇燕子岩村水稻覆膜节水抗旱栽培技术示范现场

资阳日报

2007-03-22　　干旱迎来"及时雨"　水稻覆膜技术助农科学抗旱

本报讯　3 月 20 日下午，乐至县石佛镇唐家店村在家的村民都出动了，因为听到村委会通知说省农科院的专家要下村"传经送宝"，让大旱之年变丰收之年。经过现场展板、图

35

片、文字资料和专家解疑答难，让之前还认为是"奢望"和"天方夜谭"的村民彻底信服，"大旱之年仍有饱饭吃"。

村民口中的"宝"即是水稻覆膜节水抗旱栽培技术。在全省普遍春旱的情况下，乐至又是重灾区，为解决水稻田干旱无法正常育秧耕作问题，乐至县科技局联系四川省农科院两位水稻专家，对广大农民群众进行了"水稻覆膜节水抗旱栽培技术"的现场培训。该项目研究人员吕世华研究员介绍，覆膜水稻是针对我省广大丘陵稻区高田和"望天田"搞的集旱育秧、稻田厢式免耕、精量推荐施肥、地膜覆盖、节水灌溉、病虫害综合防治等先进技术的有机整合。其最大的特点是节水省工增效。与传统栽培相比，覆膜水稻可节水70％以上。覆膜条件下土壤养分活性的提高和根系吸收能力的增强，使肥料利用率明显提高，比传统栽培节省10％～15％的氮肥投入。由于采用这项新技术可提前栽秧，省去整地、栽秧、追肥、除草、灌水等环节，每亩可节约10个工以上。同时，该技术可减少稻曲病、纹枯病、稻瘟病的发生，解决常年可见的倒春寒造成的低温坐蔸死苗问题，无论在干旱年份还是正常年份都有明显的增产增收效果。统计数据显示，采用该技术在正常年份亩产一般增产100～150公斤，干旱年份普遍亩产增产150～200公斤，甚至更高。

据悉，该技术已先后在包括我市简阳和雁江的全省丘陵旱区的10余个县（市、区）示范推广均获得成功，并经受住了2006年我省特大旱灾的检验。吕世华说，"该技术适合于全省丘陵和盆周山区无水源保证和灌溉成本高的地区和稻田类型，也特别适用于冷浸田、烂泥田、荫蔽田等稻田类型。"（记者谢小英）

吕世华："传经送宝"的"宝"即是水稻覆膜节水抗旱栽培技术。谢谢乐至县科技局付锡三局长邀请我们到乐至县石佛镇唐家店村开展技术培训，给村民送"宝"！

乐至县石佛镇唐家店村水稻覆膜节水抗旱技术培训会

魅力宜宾　新华网四川宜宾分频道

2007-03-23　长宁：专家支高招，水稻不怕旱

　　3月22日，是世界水日。在这个特殊的日子里，记者随长宁县科技局、农业局的技术人员到该县下长镇狮子村采访，村民徐开明家的院子里聚集了几十号人，正在专心地听讲，原来，省科技厅的科技特派员、四川省农科院土肥所专家吕世华正起劲的给狮子、新宁两个村的农民讲着"水稻覆膜节水抗旱栽培技术"。

　　地处川南的长宁县，历来干旱现象严重，对传统农业优势项目——水稻的种植有较大的影响。为加强水资源保护，解决日益严重的水问题，今年，四川省科技厅专门在长宁县下长镇狮子村设立"水稻覆膜节水抗旱栽培技术"示范项目，以期通过示范，大面积地推广水稻覆膜节水抗旱栽培技术，用科学和技术实实在在地支农、惠农。据吕世华介绍，该项技术是他们一班人，从1998年开始研究并逐步推广应用的，项目最显著的优点是节水，其次，省工、高产、环保等优点也比较突出。省科技厅设在长宁县的"水稻覆膜节水抗旱栽培技术"示范项目，是宜宾市的唯一一个，计划建成面积1 284亩，涉及狮子、新宁两个村。长宁县科技局的李庄告诉记者：市级龙头企业，长宁县进华竹类食品有限公司，也热心地参与到这一项目示范工作中来，他们将免费为项目区示范户提供种植薄膜，并承诺以高于市场价或国家保护价的价格收购农民示范种植出来的余粮。

　　吕世华刚讲完，狮子10组的徐开成就迫不及待地与专家讨论起来：这"水稻覆膜节水抗旱栽培技术"，该怎么和自家的稻田养鱼相结合呢？狮子12组的刘厚英，家里6口人，主

长宁县下长镇水稻覆膜节水抗旱技术培训会

劳力都打工去了，就自己和年迈的婆婆、几岁的孙女在家里，听了讲座，她高兴起来："我家全部的田都要这样栽，还正愁找不到人犁田呢！"她拉住农技员的手："哎，明天就来指挥我整田吧。"（毛智）

吕世华：长宁县是我们在川南示范推广水稻覆膜节水抗旱栽培技术的重要基地。示范一开始就得到长宁县进华竹类食品有限公司的支持，也得到县科技局、粮食局和农业局的大力支持，这也使得我在长宁结实了不少的朋友。

四川日报

2007-03-27 今年主推 50 万亩覆膜水稻

本报讯 3月20日下午，乐至县石佛镇唐家店村在家的村民都出动了，省农科院专家下村推广水稻覆膜节水抗旱栽培技术。据悉，今年全省约有 50 万亩稻田使用这项被省科技厅定为主推项目的新技术。

据介绍，覆膜水稻是针对我省广大丘陵稻区高田和"望天田"搞的集旱育秧、稻田厢式免耕、精量推荐施肥、地膜覆盖、节水灌溉、病虫害综合防治等先进技术的有机整合。其最大的特点是节水省工增效。与传统栽培相比，覆膜水稻可节水 70％以上，且肥料利用率明显提高，每亩可节约 10 个工以上。采用该技术在正常年份亩产一般增产 100～150 公斤，干旱年份普遍亩增产 150～200 公斤。（记者谢小英、本报记者张红霞）

乐至县石佛镇唐家店村水稻覆膜节水抗旱技术培训现场

吕世华：由于唐坚厅长的重视，2007 年 3 月水稻覆膜节水抗旱栽培技术被省科技厅、农业厅和水利厅认定为"首批全省现代节水农业主推技术"。实际上成为全省主推技术非常不容易！至今我手机里还有科技厅韩忠成副厅长 2007 年 4 月 3 日发给我的短信："世华祝贺你！这次能推出你的技术很不容易，多数持反对意见，但我坚决支持。我从 2004 年就到你的基地看过多次，效果很好，农民很欢迎。不过务必彻底解决好薄膜回收，绝不能造成白色污染！！！这样你的技术才有强大生命力。韩忠成"

安岳政府网

2007-03-28　县科技局请来专家为烽火村村民进行水稻覆膜大三围栽培技术培训

　　2007 年 3 月 15 日晚上，石桥铺镇烽火村的村民没有像往常一样待在家中看电视，而是聚到了村小学的教室中。这是怎么一回事呢？

　　原来烽火村的村民们正在教室里听课。教室里，一位手持 DV 机讲课的老师叫吕世华，是县科技局从省农科院土壤肥料研究所请来的专家。他来到烽火村，是为了向村民们推广水稻覆膜大三围栽培技术的。这项技术又叫水稻覆膜节水抗旱栽培技术，是一种帮助我省丘陵和盆地周边山区在水稻种植中抵御干旱的技术。该技术从 2001 年开始在省内十余个县、市、区成功应用，并经受住了 2006 年特大旱灾的检验。

　　吕世华通过一部短片向烽火村的村民讲述了水稻覆膜大三围栽培技术在 2006 年特大旱灾中喜获丰收的事例，并通过幻灯片向村民讲解这项技术的技术重点，从育秧、开厢、施

在安岳县石桥铺镇烽火村的技术培训

肥、到移栽、追肥、病虫防治等方面都做了详细介绍。（安岳县广播电视局）

吕世华：3月15日上午我在内江市资中县银山镇燕子岩村做现场培训，晚上又到了资阳市安岳县石桥铺镇烽火村给村民讲解我们的技术，真是哪里有需要就出现在哪里呀！

四川省科学技术厅

2007-03-28　内江市开展水稻覆膜节水抗旱栽培技术示范

2007年3月6日，内江市科技局邀请省农科院土肥所研究员吕世华和专家袁小兵来内江开展水稻覆膜节水抗旱栽培技术示范。市科技局局长吕芙蓉、市农业局局长李尚平陪同省农科院专家深入资中县银山镇，选择旱情最严重的燕子岩村、碾子村50余亩示范片，及时召开了镇村社干部动员会和农户现场培训指导会。广大干部群众科技抗旱积极性很高，农技专家冒着细雨现场手把手教农民，银山镇首批50余亩示范点计划于3月10日前完成，威远镇、西镇等乡镇也正在积极规划、动员、落实节水示范基地，预计全市今年可示范推广该技术1万亩。

水稻覆膜节水抗旱栽培技术以地膜覆盖为核心技术，以节水抗旱为主要手段，集成旱育秧、厢式免耕、精量推荐施肥、地膜覆盖、"大三围"栽培、节水灌溉、病虫害综合防治等先进技术。实践证明，该技术具有节水、节肥、省种、省工、高产稳产等显著优点，特别适

袁小兵师傅讲起技术来头头是道

合丘陵、无水源保证和灌溉成本高的地区，也适于冷浸田、烂泥田、荫蔽田等稻田类型，在干旱年份普遍亩增产 150～200 公斤以上，亩节水 70%，其抗旱效果、经济效益十分显著。2007 年，全市将以抗旱新品种、新技术培训、示范和现场指导为科技下乡活动的重点，及时组织科技人员进村入户，促进节水栽培技术的示范推广，确保农业增产增收。（内江市科技局农村科）

吕世华：帮我开车的驾驶员袁小兵耳濡目染早已经是我们这项技术的专家了，因而在内江得到了充分肯定。

资阳日报

2007-03-31 资阳节水农业欲与天公试比高

科学制旱 引领抗旱新观念

去年的严重干旱，曾把资阳大地烤得够呛，不料，今年阳春三月，我市却再次亮起干旱的"红灯"。

资阳地处沱江、涪江分水岭，加之丘陵区坡土层浅薄，干旱频仍。近年来，市委、市政府及科技、农业等部门一直在探寻如何抗旱减灾夺丰收之路。

通过总结近几年来的抗旱经验与教训，市委、市政府认为，干旱的核心是因为缺水，然而，连年干旱，许多地方水少，甚至无水，或者有的地方虽然有点水，用水成本却让老百姓感到得不偿失，那么，是努力去找水侧重于"抗"旱呢，还是侧重于"避"旱与发展"节水"农业呢？分析论证后认为，在找水的同时，节水更是重要环节。

于是，市委、市政府及农业、科技部门提出节水治旱、技术治旱、科学治旱的应对之策，即狠抓现代节水农业技术的推广，从而带领全市人民上演了如何人与自然竞赛的好戏。

节水农业 与老天爷过过招

去年，资阳的特大干旱，让面积不小的水稻、玉米绝收和大幅度减产。然而，令人惊奇的是雁江区雁江镇响水村却有 250 多亩水稻，不仅不减产而且同样高产，平均亩产在 1 100 多斤，比常年还高 100～200 斤，而最高则达到 1 600 斤的超高产量。这奇迹来自何处？来自节水农业，来自科技制旱，推广省农科院的科研成果——水稻覆膜节水抗旱栽培新技术（又称"大三围"水稻栽培技术）。

这项运用地膜覆盖的抗旱节水技术，节水、省力、增产、增收，赢得了络绎不绝前往响水村参观取经的本市和外地上千村社干部、村民的赞叹。

这就是市科技部门的牵头建设成功的节水农业示范基地。不仅响水村，简阳市东溪镇在"863"计划项目下，示范推广这项水稻技术 18 000 亩，也在大旱之年喜获丰收，受到专家和农民的推崇。

今年再遇干旱，这项技术得到了广大农民的信任，目前许多农民正在整田育种，做好运用这项节水抗旱的"大三围"水稻技术的准备。市委、市政府已多次召开抗旱工作会议，要求推广这项节水新技术，以确保大旱之年再夺丰收。雁江区已决定在全区乡镇推广5万亩，其他县市也将大力推广，预计全市推广面积将达到10万亩左右。

市科技局负责人告诉记者，为了应对可能更严重的干旱，今年科技部门要示范、推广六大节水农业技术：一是水稻覆膜节水栽培新技术即"大三围"技术；二是玉米地膜、玉米膜侧栽培新技术；三是旱地垄播技术；四是旱地新三熟（小麦、玉米、马铃薯套作）示范、推广，五是水稻湿、晒、浅、间节水灌溉技术；六是山区集雨节灌技术等。预计示范、推广面积几十万亩。

农业部门则表示，将在地膜覆盖技术、旱育（抛）秧技术、抗旱保水剂、耐旱品种推广上下功夫，同时，以旱治旱，对高塝田着力推广地膜玉米、地膜蔬菜等节水新技术，推广抗旱能力强的玉米、水稻新品种，以抵御干旱的威胁。仅地膜玉米、膜侧玉米新技术推广就将达到60万亩，旱育（抛）秧技术推广计划120万亩，占全市水稻面积的80%，从而为今年大春丰收增加胜算。

增大投入　节水农业如虎添翼

节水农业已成为资阳各级党委政府解决农业抗旱减灾的重大议题。科技、农业部门更是纷纷利用自身优势，向上争取项目和资金，增加对节水农业的投入，以增强农业的抗旱能力和增收能力。

去年大旱，不算中央和省的下拨资金，单市县两级财政投入节水抗旱减灾资金达到480万元，为抗旱特别是晚秋生产提供了强有力的资金支持。除省拨资金外，今年市财政已拨90万元，用于技术示范与技术推广。而各县（市、区）还要相应配套更多资金，用于抗旱、节水农业，而随着时间的推移和旱情的持续，资金投入还可能进一步加大。

不仅是资金投入，资阳节水农业技术的投入更胜一筹。

全市与54所高校（院所）新建立了合作关系，实施科技合作项目56项。通过这些合作，这些高校和科研院所把他们的新技术、新品种拿到资阳来实验示范推广，打造资阳的节水农业、现代农业，促进资阳农业的发展。四川省农科院等院所是资阳农业的"智慧库"，他们的新成果不断向资阳输送，向资阳农民传送，收到了非常好的效果。

四川省农科院、四川省水利科学研究院等四家院所在简阳东溪镇实施的"'863'计划《南方季节性缺水灌区（四川）简阳节水农业综合技术体系集成与示范》，项目总投资达1 500万元，通过建设提水、输水、蓄水设施，改善了5 000余亩灌面，通过推广新品种及水稻节水新技术等，提高了该镇粮食单产，降低了生产成本，增加了农民收入，人均增收比实施项目前增加1 055元。

省农科院在雁江响水村示范推广的水稻节水技术也获得极大成功。市区两级党委政府还专门在此召开现场会，各县市区及周边和外地组织一批批乡镇、村社干部和农民都前往参观，十分折服地赞叹"这个技术太好了"，并在今年大面积推广这项技术。而这些专家及市县区的农业专家们，也直接到村社通过相应镇、村种植协会，对农民进行技术培训与指导。

在科研院所的支持下，简阳东溪镇和雁江响水村建立起了专家大院，给专家们长期提供物质条件和试验示范基地，使之把最先进的技术迅速送到村里来，帮助农民发展农业和增收致富。

市县科技部门每年组织上百人次的专家下乡指导技术，同时进行典型示范，带动周边农民学习技术；农业部门的科技人员则一方面试验示范，一方面对成熟技术大面积推广。县级农业技术人员还分片包干，进村入户指导、培训。据了解，常年培训农民达百万人次。最近市科技和农业部门联合印发技术资料 60 万份，免费赠送农民学习掌握。

3 月 16 日，市政府办公室又转发了市农业局《大春农业生产抗旱避灾指导方案》，把干旱下的玉米、水稻的技术措施详细地告知基层，再通过基层干部和科技人员，传达到广大农民群众，让技术掌握在农民手中。

……

据悉，2006 年，资阳因地制宜地推广节水农业技术，共节约用水 7 100 万方，水稻、玉米及经济作物节水面积达 300 万亩，节本增收 6 000 万元。广大农民在推广应用节水农业新技术中得到极大的实惠。

因此，资阳市政府有关领导总结评价道，资阳依托科技院所合作、政府加大投入引道、典型示范推进和优化技术服务，推动了节水农业科技研发和推广平台的建设，探索出了"专家＋协会＋农户"的农业科技成果转化新模式，提高了广大农民的科技意识与科学种植水平，促进了农业发展和农民的增产增收。

资阳有关部门及专家说，资阳会将节水农业进行到底，把连年干旱造成的损失降低到最小程度。（本报记者周自狄）

吕世华：资阳市抓现代节水农业的示范推广力度很大，值得称赞！

雁江区中和镇积极参与新技术培训的父老乡亲

四川日报

2007-04-01 田野里的"863"魔力何来？

专家在 20 余县推广节水技术

简阳市的一个村实施水稻节水栽培技术 4 年来，600 亩田年增收超过 37 万元。

3 月 28 日，简阳市东溪镇农民胡应林拿着长木条，在地里忙着栽插水稻。

他家稻田不一般，每五尺就是块泥土充满水分的"厢"，两厢之间有"厢沟"。在覆满白色薄膜的厢上，胡应林的长木条按过的地方，有 3 个组成三角形的小洞，秧苗就栽插在里面⋯⋯省农科院土肥所研究员吕世华说这是"水稻大三围强化栽培"和"水稻覆膜节水抗旱"的综合版，寻常年份可增收 20%，大旱之年节水率超过 60%。这也是国家 863 计划《南方季节性缺水灌区（四川）简阳节水农业综合技术体系集成与示范》项目的重要组成部分。

眼下，吕世华和省农科院其他专家正在全省 20 余个县推广水稻节水栽培技术。

600 亩田年增收超 37 万

2002 年起，简阳市东溪镇依托"专家＋支部＋协会"模式，推动 7 个村的农民和项目课题组专家"亲密接触"，走科学种田的路子。

项目组刚到东溪镇时，吕世华做了一块对照田，一边是传统耕作的水稻，一边是大三围强化栽培水稻。5 个月下来，两田产量相差一倍。农民信服了，这项技术被争相引入自家责任田。

新胜村共 600 亩田，实施水稻节水栽培技术 4 年来，每年增收超过 37 万元。该村村委会主任彭云飘说，由于此技术免耕、少除杂草，又不用担水，留守农村的老人和妇女也可胜任，解决了农村劳动力不足的难题。

找节水和效益俱佳的旱路

万古村是省农科院作物所玉米膜侧栽培技术的核心区。项目初期，专家研究普及多年的玉米覆全膜技术如何升级，因为全膜容易造成地温过高，易使玉米根早衰而亡。

农耕时节，作物所科技人员杨勤就站在地边指导村民栽玉米。见记者来访，农民王兴礼头头是道地说："薄膜保水，如果下雨，旁边的沟可以存住雨水。每亩地一年比传统方式节水约 60 立方米。"杨勤说："都说水路不通走旱路，我们在研究一条节水最佳、效益最大的旱路"。

乐至县很多地方比东溪镇更加缺水，推广水稻覆膜技术尚不到 1 000 亩。连吃水都困难，更何况农耕？目前我国每年约 5 500 亿立方米的用水总量中，70% 是农业用水，农业用水的 90% 是灌溉用水，利用率仅 45% 左右。吕世华认为，在四川，科技制旱节水增产潜力还很大。（记者谢小英、本报记者张红霞）

吕世华：一直到今天，我仍然认为在四川科技治旱节水增产潜力还很大，需要领导和相关部门高度重视。

四川日报

2007-04-02 "花花水田"快采用覆膜技术

本报讯 近日，省农科院研究员吕世华给记者打来电话："现在旱情严重，科技治旱手段要赶快用起来。"2月下旬至今，该院土肥所已在南充、广安、宜宾、内江等7个市14个县，建起22个"水稻覆膜节水抗旱栽培技术"推广示范点。

水稻覆膜节水抗旱栽培技术，是1998年省农科院和中国农大合作研究的技术。2001年开始，已在省内简阳、中江、富顺等10余个县（市、区）成功应用。去年9月，本报记者走访简阳市东溪镇新胜村看见，虽然遭受特大旱灾，全村580亩水稻运用该技术，最低亩产都有400多公斤。每亩虽增加地膜成本50元，但节水60%以上，这与周边大幅减产对比鲜明。

这项技术集成了旱育秧、翔式免耕、节水灌溉、地膜覆盖等，操作简单，老百姓一看就明白。3月6日，省农科院在资中县银山镇农技站半天培训后，当地农技员很快准确掌握并向农户推广，10余天就推广了数百亩。

吕世华呼吁，一些地方的冬水田马上要成倒旱田、浆坝田。田里还有点"花花水"的地方，应马上按照该技术规程，开始开厢、施肥、盖膜、旱育秧、移栽。"农技人员可以到22个示范点去学习，也可以到四川农经网去查询，还可以打我的电话。"吕世华公布了他的手机号码。

地膜覆盖是否会带来白色污染？吕世华认为不必多虑：地膜覆盖在田土表层，农民收了水稻后就可把膜捡走，不会留在田里。（记者杨晓）

吕世华：我省丘陵山区的冬水田到第二年水稻播种前后就会成为"花花水田"，对于这类稻田最好提前施肥开厢覆盖地膜保水，否则会进一步干旱开裂，影响水稻及时栽插。

四川省农业科学院

2007-04-03 四川省现代节水农业技术示范推广现场会在我院川中试验区简阳召开

2007年4月1~2日，四川省现代节水农业技术示范推广现场会在我院川中试验区和国家"863"现代节水农业研究基地（简阳）召开。副省长柯尊平主持会议，科技部副部长刘燕华和分管农业的副省长等出席了会议并作重要讲话，来自科技部、省级有关部门、科研教学单位和新闻媒体等单位的嘉宾和代表，以及市（州）科技局和农业局局长、县（市、区）分管领导和科技局局长近 500 人参加了会议。我院党委书记王书斌、院长李跃建、副院长任光俊和科技处处长郑林用作为产学研单位代表应邀参加了会议，院有关科技人员参与了会议的准备和现场的布置。

在大会上，我院和资阳市、南充市、巴中市、简阳市和大英县分别作了典型经验交流发言。李跃建院长在《面向生产需求，抓好创新示范》的发言中指出，长期以来，我院把节水农业技术研究作为优势学科给予了大力支持，在核心技术创新、技术体系集成和节水产品开发上取得了重要突破；主要做法是坚持"四个狠抓"，即增强服务责任感，狠抓公益性研究的科技创新；突破单项技术瓶颈，狠抓先进技术集成创新；坚持长期基层驻点，狠抓生产技术问题的解决；建立农科教企结合平台，狠抓技术成果示范推广。特别是"十五"以来，我院在节水农业上取得了巨大成效，如研制出了一批基本满足生产需求的先进实用节水技术，搭建了全省最先进和最完善的现代节水农业研究平台，促进了我院的栽培技术研究水平跨上了新台阶，创新了科技成果转化新模式，取得了巨大的经济社会效益。在会上，我院刘永红、赵燮京、林超文、吕世华、刘定辉、何文铸六位专家被聘为四川省节水农业科技特派员。

分管农业的副省长和刘燕华副部长在会上作了重要讲话。副省长从农业自身层面和经济社会发展全局阐述了节水农业的重要性，提出要抓好四个方面的工作：一是准确把握节水农业技术的研发方向，要在农艺节水、工程节水、生物节水、化控节水和管理节水上充分挖掘节水潜力；二是加快应用现代节水农业的主推技术，要抓好水稻覆盖保水栽培技术、玉米侧膜集雨节水栽培技术等八项主推技术的普及；三是科学选择节水农业技术的组装模式，要根据我省农业区划布局采取"节水改造＋农艺节水＋管理节水"等五类节水技术组装模式；四是切实加强节水农业科技服务体系建设，加快构建节水农业技术创新服务体系、节水农业示范推广体系和农业节水资源水环境监测体系。

刘燕华副部长在会上介绍了全国现代节水农业技术的现状和趋势，充分肯定了四川节水农业的发展模式，认为四川节水农业探索总结的"投资少、易掌握、见效快、效益好"的技术模式在全国具有典型意义，以科技特派员为核心的节水农业科技推广机制对全国推广运用节水技术具有借鉴意义。

会后，会议代表分三组参观了国家"863"现代节水农业研究基地和示范推广现场。我院专家刘永红、赵燮京、刘定辉、林超文、吕世华等分别对玉米集雨节水膜侧栽培技术、旱地垄播沟覆节水耕作技术、山丘陵区集雨节灌技术、小麦油菜稻草覆盖免耕栽培技术、养殖粪污处理循环利用技术、水稻覆膜保水抗旱栽培技术现场进行了解说。

吕世华：2006 年 9 月 5 日四川省科技厅唐坚厅长考察简阳后，简阳市人民政府将简阳在大旱之年依靠科技抗旱减灾的做法报送到了科技厅，科技厅随即又以"简阳市依靠节水农业技术抗旱减灾取得显著成效"为题在四川省科技厅《科技快报》2006 年第 53 期发表并报呈省领导。10 月 25 日时任省委常委、分管农业的副省长批示道："简阳市采用节水农业技术抗旱减灾的五点做法和经验很好，应予大力推广。"于是便有了 2007 年 4 月 1~2 日在简阳召开的"四川省现代节水农业技术示范推广现场会"。值得注意的是科技部刘燕华副部长在会上充分肯定了四川节水农业的发展模式，认为四川节水农业探索总结的"投资少、易掌握、见效快、效益好"的技术模式在全国具有典型意义。

全省现代节水农业现场会水稻覆膜技术示范引起了各地领导和专家的浓厚兴趣

四川日报

2007-04-03　节水农业在川"本土化"

昨（2）日，全省现代节水农业技术示范推广现场会第二天，科技部副部长刘燕华和分管农业的副省长带队，考察组一大早来到简阳东溪镇新胜村，参观节水农业试验田。

这个小小的浅丘村庄，"十五"期间承担了国家"863"计划节水农业专题，"十一五"又已经获得保护性耕作、抗旱节水和土壤保育等国家支撑计划项目，大量高精尖农业技术运用在了这里。玉米集雨节水膜侧栽培技术、山丘区集雨节灌技术……各项目负责专家——向考察组展示技术成果、讲解技术流程与要点。

借鉴以色列、法国、美国等发达国家的经验，简阳试验田中也引入了覆膜、滴灌、喷灌、自动控制、气候监测等现代农业技术手段，但直接从发达国家"拿来"，投入成本大、管理难度大，本地农民能接受吗？不少参观者都提出这类问题。

"我们研究的核心，就是更多地考虑了技术的成熟化、本土化问题。"省农科院研究员刘永红是玉米集雨节水膜侧栽培技术课题负责人。以往在地里进行"全膜"覆盖，确实成本较高，而且土壤集雨面少，到了6月份温度过高，还容易引起玉米根系早衰。专家们做了个小改动，只在玉米苗边缘进行部分覆盖，就起到了节水、增产、减少投入的多重效果：每亩比全膜覆盖节水 7.4%，增产 8.02%，节约地膜和用工投入 55 元。同样的，把用于滴灌、喷灌的固定钢管，改成可以拆卸、不同地面反复使用的橡皮管，也是专家们的"小改动"。

站在领导和记者面前的新胜村 12 组的吴必仲大爷（中）

"水稻覆膜保水抗旱栽培技术"要先覆盖地膜，再按一窝三苗打孔，呈"三角形"插秧，收割水稻后还需要收地膜，听起来非常麻烦。一直站在旁边看热闹的该村 12 组的吴必仲大爷挤到人群中，从解说专家手中抢过话筒："我晓得！"三角形打孔，不需要机器，用家里蒸饭的三角形支架；收地膜还不用亲自动手，收完水稻，很多农村"收荒匠"就到地里来捡地膜，"1 斤废地膜卖 1 角钱，1 亩地的要卖好几块钱喔！"从 2002 年吴大爷开始把自家土地当"试验田"使用新技术，最近 5 年，他家水稻最高收过 840 公斤/亩，最少也有 600 多公斤/亩。（记者杨晓）

吕世华：水稻覆膜节水抗旱技术被争议的一点是"白色污染"。当年在简阳示范推广这项技术时的确有"收荒匠"在水稻收获后到地里来捡拾地膜。

内江农业信息网

2007-04-04　隆昌县召开水稻覆膜节水抗旱栽培技术栽秧现场会

隆昌县主动应对当前严峻的干旱形势，积极采取"科技制旱、以旱制旱、节水抗旱"的工作措施，在全县推广应用水稻覆膜节水抗旱栽培技术，为确保各乡镇按技术要求实施好、示范好，隆昌县组织县级涉农部门、各乡镇分管农业的领导、农技中心负责人及县科技局、县农业局中层干部，于 2007 年 4 月 2 日在龙市镇甲子湾村召开了水稻覆膜节水抗旱栽培技术栽秧现场会。

隆昌县农业局技术人员现场介绍了水稻覆膜节水抗旱栽培技术和质量要求，龙市镇、县农业局、县农办负责人对此项工作进行了具体要求和安排。县农业局黄体元局长就当前农业工作进行了重点强调：今年农业工作的重点是确保满栽满插，因此，科技人员一定要深入农业生产的第一线，广大农户一定要及早抢水栽秧，干部群众一定要推广应用科技抗旱技术，尤其是新品种、新技术，一定要有大规模、高标准的示范片。

隆昌县政府副县长易铭鑫指出，完成 2007 年农业生产目标任务，当前的关键措施是应用科技抗旱技术，确保满栽满插。对推广应用水稻覆膜节水抗旱栽培技术和下步工作提出了五点要求：一是要认清当前面临的干旱形势。全县降水偏少，干旱还将持续，有水田持续减少，水稻实现满栽满插相当困难，因此，推广应用水稻覆膜节水抗旱栽培技术等新技术、新成果是当前大春生产的工作重点。二是要明确任务，抓好示范。龙市、迎祥、黄家、双凤、桂花井和界市 6 个乡镇要建立 200 亩相对集中成片的水稻覆膜节水抗旱栽培技术核心示范片，其余 12 个乡镇要建立 50 亩以上的核心示范片，带动和指导全县落实 10 000 亩的示范面积，县上将由县农办牵头，组织隆昌县农业局、县科技局等部门对各乡镇核心示范片进行检查验收。三是要认真搞好宣传。隆昌县广播电视台要对水稻覆膜节水抗旱栽培技术等农业技术进行广泛宣传报道，尤其是农业新技术要加大宣传力度。各乡镇要将县农业局制定的新技术印制成册，发放到村、社和农户，还要及时组织镇、村、社干部及示范农户对农业新技术进行现场参观学习，确保技术进村入户。四是要搞好农业新技术试验示范的观察记载，认真搞好总结，为来年推广应用奠定基础。五是要认真搞好小春病虫防治工作，确保小春稳产增产。（隆昌县农技站）

吕世华：内江市隆昌县农业局积极主动示范推广水稻覆膜节水抗旱栽培技术，易铭鑫副县长的部署安排周密具体。

资阳日报

2007-04-09 "土专家"活跃在节水抗旱第一线

4 月 4 日上午，雁江区雁江镇响水村农民刘水富和李俊清被市委宣传部送到安岳县鸳大镇，他们此行有一个任务，指导协助一向都是等水插秧的鸳大镇发展节水抗旱农业。

去年的大旱，省农科院专家们成功运用水稻覆膜技术让响水村粮食丰产的同时，也在当地培养了一批熟练掌握这门技术的"土专家"，刘水富和李俊清就是其中的两名。

"棚里的秧苗马上就插得了，但这么旱的天，到哪里去找水平秧田？"鸳大镇桅杆村二组村民王新英充满忧虑。最近，和王新英一样，桅杆村村民几乎都是愁容满面。听说村里来了农技专家，要推广新技术抗旱保收，王新英一下来了劲。

"水稻覆膜技术其最大的特点是节水省工增效，薄膜保水，如果下雨，旁边的沟可以存住雨水。每亩地一年比传统方式节约 2/3 以上的水。""记忆中传统种植最好的收成是每亩790 多斤，去年大旱，运用这个技术，我们村平均亩产量都达到 1 200 斤以上……"听到两位来自雁江区的农民"专家"现身说法，鸳大镇的干部群众都变得跃跃欲试。

接近中午 1 点了，鸳大镇镇长和农技站长还带着"专家"全镇跑，走村串户，找示范点。农技站长说："水稻覆膜技术我通过互联网了解了，非常适合我们镇的实际，亟须你们进行技术指导。"该镇镇长说，"我们希望你们协助我们，在全镇多找几个点作示范，让更多的农户看到该技术带来的成效。"

接下来的几个月，从整田开厢到水稻成熟，"土专家"都将留在鸳大镇，全程提供技术服务并对农民进行技术培训。

四川省农科院土肥所研究员吕世华告诉记者，在雁江区和简阳市推广水稻覆膜节水抗旱栽培技术过中，非常重视农村"土专家"的发现与培养，现在，这些掌握了一技之长的"土专家"不仅活跃在当地，而且深入到乐至县、安岳县，成为有效传播科技的"二传手"，加快了农业科技的推广应用。这些"土专家"率先采用新技术、新品种，实现低投入、高产出、高效益，对农民采用新技术起到引导、示范作用，"土专家"成为技术传播的辐射源，有效避免了农技传播过程中人员不足的问题，使农业科技成果得以顺利转化。（记者谢小英）

吕世华：在技术示范推广过程中我们十分重视"土专家"的发现和培养。刘水富和李俊清是我们发现和培养的土专家的典型代表。当资阳市委宣传部领导要我去他们联系的安岳县鸳大镇而我无法抽身时我立想到可以派他们去指导技术，后来鸳大镇的示范十分的成功。之后，我还叫刘水富和李俊清等土专家去其他地市以及贵州、海南等省示范推广我们的技术，都取得了非常好的效果。

在安岳县鸳大镇指导水稻覆膜节水抗旱技术的"土专家"刘水富（前者）

长宁县人民政府

2007-04-10　争项目局长社长一起上

　　4月5日上午8时，一辆轿车从长宁县政府大院疾驶而出，开车的是该县科技局局长李庄，车上还有农业局、粮食局、科协等单位的领导。因为车坐不下太多人，李庄只能自己开车。

　　8点30分，车停在下长镇政府，一行人和镇党委书记李伟简单地打了个招呼，径直来到三楼的小会议室。会议室已经坐满了人，都是下长镇新宁、狮子两个村的村社干部。

　　"争取这个项目，对提高农业科技含量有很大的帮助，但省上已经说了，哪个地方推广示范搞得好，这个项目就落户在哪里。今天把大家请来，就是请你们出主意，如何把1 000亩示范片搞起来。"李庄简明扼要道出了来意。

　　长宁县农业局副局长潘裕峰告诉记者，今年，省科技厅在全省推广水稻覆膜节水抗旱栽培技术，但每个地市只有一个县作为示范区。要想得到这个项目，必须有集中成片的示范片，不像过去争项目，现在是工作干得好才有好项目。

　　"这确实是个好技术，上个月吕博士到村里来讲课，有300多人来听了，都说好。"说话的是狮子村二社的社长宋永安，50多岁，精神得很。

　　"全球都在说温室效应，全国都在喊缺水，全省都在闹干旱，这个节水抗旱技术是很新鲜，但农民关心的是能不能增产、增收。"新宁二社的社长詹朝云是个年轻人，显然很了解当前形势。

　　"这是一项成熟的农业技术，在全省已经推广示范三年了。"潘裕峰赶紧给大家解释。"非常适合旱区种植，亩产比传统种植高10%，而且示范片的农田除免费提供地膜外，还每亩补助肥料款15元，绝对不会增加农民负担。"

　　"劳动力也是大问题。"狮子村村委会主任罗荣恒掐灭了香烟，"这个技术比传统技术的劳动强度大，技术要求也更精细，许多农户是有田无人。"

　　"要不把村上每亩5元的工作经费补助给农民，村上不要这个钱。"村支书罗远安的话让会场短暂沉默。

　　"既然这么难，干脆不干了"。"怎么能不干，好不容易有这样的机会，不能放过"……

　　激烈的讨论足足持续了半个小时，一直沉默无语的农业服务中心主任黄瑞平向大家做了一个暂停的手势。

　　"难度确实大，但也是考验我们的时候，这是为群众办好事，我们必须拿出奉献精神，认真去做。"李伟开始布置工作。"镇上抽调5个人配合村社干部搞宣传发动工作，帮助弱劳动力户完成插秧，即使不能争取到项目，也要让老百姓得到农业新技术带来的好处……"。

　　12点40分散会，记者来到时发现原先准备的三桌只坐了两桌。镇上的同志说，春播时间非常紧张，村社干部和农业服务中心的同志已经下乡去了。

吕世华：从这篇报道里可以看见，在示范推广新技术的过程中县里、乡里和村里的干部们付出了不少的心血！

新华网

2007-04-12　川中推广"节水懒庄稼"种植模式

新华网四川频道 4 月 11 日电　久旱的川中丘陵地区这段时间盼来了几场春雨，遂宁市大英县桅杆坝村村民廖朝富趁着泥土湿润，赶紧往小麦田里移栽玉米苗。廖朝富说，这种"小麦—玉米—豆子"的预留行间种模式省水又省力。

在"十年九旱"、劳动力大量外出的遂宁市，类似的"节水懒庄稼"模式正逐渐受到农民的欢迎。

据了解，"小麦—玉米—豆子"间种模式平均一亩地可节水 3 立方米，减少 6 天劳力，目前遂宁市已经推广了 23 万亩，预计几年内可推广到 50 万亩。在缺劳力、少水源、"靠天吃饭"的安居区双林桥村，村主任曾大洪说："农民种田需要水源，很需要节水、省力的栽培技术。"

像双林桥村这样的山村在遂宁还有很多。遂宁属丘陵地区，人均可利用水资源量仅为 300 多立方米，不到四川人均的 10%，一遇干旱就减产、绝收。当地农村 80% 以上的青壮年外出打工，有的耕地因此撂荒。这种现状迫使农业部门探索各种适合当地实际的节水、省力的栽培技术，引导农民调整种植技术。

在遂宁市船山区南垭村，村民陈舜尧第一次用地膜给自家的 1 亩 3 分水稻盖上了"被子"。这种"水稻覆膜节水抗旱栽培技术"可节约用水 70%，而且免耕，免除杂草，在田间管理上大大节省了劳力。遂宁市还在农村推广了 100 多万亩旱育秧、玉米地膜覆盖栽培、稻田固定厢沟双免耕等节水、省力技术，覆盖了全市 30% 的农村。（记者肖林）

吕世华：遂宁市船山区桂花镇南垭村是 2006 年 10 月温家宝总理考察过的村子。我在新闻里看见这个遭特大干旱的村子引起总理关注时，立马叫上袁小兵师傅开着他的小面包车直接到了桂花镇政府。由于我们的车看起来既上不了档次又破旧，分管农业的副镇长和农业服务中心主任把我们当成了骗子，经过几番确认才带我们去了南垭村。在我们拿出技术宣传展板给农民讲得头头是道时，他们才真正相信我们是农科院的专家。后来南垭村的示范片成为时任遂宁市委书记崔保华亲自参加的 2007 年遂宁市春耕生产现场会的考察现场。

遂宁市船山区桂花镇南垭村水稻覆膜技术示范现场

阿里巴巴

2007-04-13 四川江安县推广水稻覆膜节水抗旱栽培技术

近日，县农技站几名技术人员就来到怡乐镇公平村石砚社胡朝兵户的责任田，这时田埂上的秧盆里已经装好了健壮的旱育秧苗，十几名农户正在等着技术人员讲解覆膜节水抗旱的关键技术。

县农技站技术人员罗利和李德辉同志到了田边，二话没说就下到田间亲自示范操作起来，并详细讲解了起厢、覆膜、打孔、栽插和管水等关键技术。农户一边七嘴八舌的议论着，一边下田学习操作起来，通过手把手、面对面的示范和耐心的讲解，不到半小时在场的农户都掌握了各项技术要领。农户杨思成说："这个方法好，少用水不说，还可以防杂草和提高肥料利用率，我有一块半干田，明天我也这样干。"

据悉，由于今年的春旱较往年重，农业技术部门大力推广了旱地育秧和覆膜节水抗旱栽培等各项抗旱农艺措施，像水稻覆膜节水抗旱栽培技术就可以每亩节约生产用水 200～300 立方米，并可增产 50～100 公斤稻谷。今年全县推广了该技术 200 余亩，起到了积极的带动作用。

吕世华：希望有机会认识当年二话没说就下到田间亲自示范操作的江安县农业局农技站的罗利和李德辉同志。

四川省平昌县科技网

2007-04-13　水稻覆膜节水抗旱栽培技术在鹿鸣受青睐

杜忠德 1.2 亩田，向士红 8 分，向述德 8 分，

······

这是笔者 4 月 12 日在平昌县鹿鸣乡鹿山村一社目睹的场面。党委书记杜忠德、乡长胥英豪为解决该乡历年来水源奇缺问题，高度重视水稻覆膜节水抗旱栽培技术的试验，亲临每一个田块规划，书记杜忠德把自家 1.2 亩水稻田全部纳入该项技术的试验。

没有想到新技术推广这么受青睐，书记带头把自家的田拿来先作科技试验。鹿鸣乡党委政府如此重视水稻覆膜节水抗旱栽培技术，当场表态：在该村落实 50 亩水稻面积首推此项技术。

县科技局表示保证技术指导到位，并给予一定的科技经费补助，切切实实为老百姓办实事。（胥中木、戚进）

吕世华：没想到咱们的技术在巴中市平昌县这么受青睐，谢谢平昌县科技局及鹿鸣乡的领导们。

资阳日报

2007-04-18　覆膜水稻遍资阳

去年，水稻覆膜节水抗旱栽培技术在雁江区雁江镇响水村创造了一个神话，在水稻生长季节遭遇了 50 年不遇的特大干旱情况下，该项技术的应用仍使得示范区的农民获得了比正常年份还高的产量，亩产高达 600 余公斤。

今年，简阳、雁江两地尝到该项技术甜头的农民早动手，整地、平厢、覆膜、插秧；安岳、乐至两县也积极联系专家，争取该项目在本地的示范。

老示范点　尝到甜头早动手

4 月 15 日中午，雁江区雁江镇双槐村村民邓素华扛着少许农膜往家走，用一上午时间，她已经把自家田里铺上了薄膜，就只等做栽秧的活了。

"我把自己所有的田都盖了，不盖今年就只有收杂草！"去年，邓素华 1.8 亩地只收了 900 斤谷子，但同是本村村民的李良海大爷仅 1 亩地就达到 1 000 多斤的产量，原因就是运用了水稻覆膜技术。"这种技术不但抗旱增收，而且节肥、省种、省工······"邓素华说得头

头是道，等栽完秧，她就准备外出打工了。双槐村2组，在去年示范户李良海的带动下，全村民小组都采用了这项技术。目前，该村已经种植覆膜水稻1 000余亩。

进入响水村，开的开厢、铺的铺膜、栽的栽秧，田间地头，一派热闹的景象。响水村5组，村民卢水容夫妇正在整厢，说起这项技术，卢水容满脸笑容，一个劲地说好。指着前面的一块油菜地，她说："等这个田的油菜收了，我也要种覆膜水稻！"

据了解，由于响水村和双槐村去年的试点都取得成功，因此，今年这两个村的村民不用发动，自发地行动起来，积极性相当高。两个村目前的覆膜水稻种植情况进行得非常好。

新示范点　积极行动兴致高

安岳县石桥铺镇推广水稻覆膜节水抗旱栽培技术现场会上，当专家要一户村民揭开一厢薄膜采取传统种植作对比时，该农户面露难色。随后，在多方的劝说下，该农户好半天才不舍地揭开一厢。专家说，现在很多农民都已经相信这项技术的抗旱增收作用，要他们拿出一些地来做试验对照，他们都觉得可惜。

岳阳镇永兴村是安岳推广水稻覆膜节水抗旱技术的另一示范点，到14日，该村200多亩的示范田，整整齐齐的农膜已栽满了秧苗。示范户刘素群谈起这项技术，满脸幸福的笑容。鸳大镇相对集中成片的水稻覆膜节水抗旱栽培技术核心示范片的栽秧现场会也在14日召开，紧接着，该镇会有两个村共60亩的示范田运用该项技术。

在安岳县积极行动的同时，乐至县石佛镇也基本完成了小苗移栽工作。

除了在安岳、乐至两县发展新示范点外，雁江区的迎接镇、中和镇也相继开始该项技术的试点。（本报记者谢小英）

吕世华：印象很深的还是在安岳县石桥铺镇示范推广水稻覆膜节水抗旱栽培技术时，要示范户揭掉已经盖好的膜作为对照，该示范户面露难色的神情。从这里可以看出，示范户在覆膜过程中已经明白了覆膜栽培的显著效果。

资阳市安岳县石桥铺镇水稻覆膜技术示范现场

资阳日报

2007-04-18　示范田放飞农民增收梦

经过 10 天的准备工作，14 日下午，看着自己开好的厢上栽下第一株秧，安岳县鸳大镇鸳鸯村 5 组的康厚远脸上漾起幸福的微笑。在镇农业服务中心主任袁亮和来自雁江区的"土专家"刘水富的指导下，安岳县仅有的三个水稻覆膜节水抗旱技术示范点之一的鸳大镇着手栽秧工作。

虽然午后三点的阳光格外强烈，但鸳鸯村 5 组示范田周围却围满了群众，争取到示范种植的康厚远、康荣华、蒋国军、李生成、李生平、熊佑华等农户纷纷在专家的指导下，小心翼翼在薄膜上事先打好的呈三角形分布的孔里插下育好的秧苗。

"50 厘米×50 厘米的移栽密度、每窝三穴单苗呈等边三角形栽培，苗距 10～12 厘米，一亩田只栽 8 000 株秧苗。这种叫水稻'大三围'立体栽培技术！"一边栽秧，一边还有技术人员解说。对于这种新奇的栽秧方式，大家情绪高涨，田里的群众兴致勃勃，围观的群众更是跃跃欲试。

去年的大旱，让鸳大镇上下都非常重视水稻覆膜这项节水抗旱技术。据介绍，为了保证这项技术的成功示范，镇政府专门给今年参与示范的农户下拨了肥料和农膜款，给镇农业服务中心下死任务，务必全力做好。

从 4 月 4 日着手这项工作以来，镇服务中心的技术人员和从雁江区交流来的"土专家"一道，整田开厢、覆膜、撒施肥料、栽秧，自始至终为农户把好技术关。今年，鸳大镇除了在鸳鸯村 5 组集中示范种植 35 亩外，还在同是旱片死角村的桅杆村计划了 25 亩。"这 60 亩

"土专家"刘水富（右）在安岳县鸳大镇鸳鸯村的示范田里

田，期望今年能稳产高产；这项技术，期望通过今年的示范而成功掌握，以便来年在我们这个干旱严重的镇甚至全县大面积推广！"谈起全镇这 60 亩示范区，镇农业服务中心主任袁亮满怀希冀。（本报记者谢小英）

吕世华："示范田放飞农民增收梦"。资阳日报这篇报道的标题真好！

四川省情与政策网

2007-04-19 科技之花结硕果 农民增收有保障

中共四川省委政策研究室调研组

简阳市东溪镇建立的"专家＋协会"的农业科技推广模式，使专家的节水农业技术成果通过基层农技推广部门落实到一家一户的田块，确保了农民增产增收，值得研究和推广。

一、"专家＋协会"农业科技推广模式

2004 年 2 月，省农科院与东溪镇农业服务中心（原农技站）、东溪镇新胜村共同建立了"专家＋协会"的基层农业科技推广模式。协会的运作完全打破行政区划，根据区域生态经济条件建立分会开展工作。目前，已建立了包括稻油轮作、果树、蔬菜、养殖等专业方向的 10 个分会，发展会员 2 380 户。其具体运作方式如下：

一是机构设置。以农科院专家、镇服务中心农技人员、科技意识强的示范村、社干部和社员为协会理事和骨干，负责引进推广适合本地的新技术、新品种，始终保证会员所用技术的先进和品种的优良。同时，立足市场、结合实际做出协会生产计划和发展规划。入会农民即为会员，会员入会退会自由。

二是经费运作。协会会员每户每年缴纳会费 10 元，作为协会固定经费。同时，协会代销品质有保障并低于市场价的种子、化肥、农药，并将获取的部分收益作为创收收入。为吸引和稳定农技人才，协会从会费和服务创收经费中拿出一部分为会员提供必要的农机器具、药剂及化肥，为村、社一级协会理事和骨干增加津贴，并对增产增收显著的会员进行表彰和奖励。

三是培训服务。聘请农科院专家加入协会作为技术总监，专门负责协会技术队伍的建设。协会专家和农技人员对会员进行定期或不定期的技术培训，特别是重点培训村级分会技术骨干，约 100 户会员配备 1 名技术员，向会员提供产前、产中、产后的技术、农资、销售服务，每月至少一次辅导，做到服务到户，服务到田。

四是开拓市场。在提高粮食单产的基础上调整产业结构，引进经济价值相对较高的超甜玉米、辣椒等新品种。同时，积极开辟产品市场，既与企业合作，发展订单农业，保证企业以高于市场价 10%～15% 的价格收购产品，又与成都家乐福等大型超市建立稳定的供货渠

道,切实保障会员增产增收。

二、显著成效

一是完善了农技推广体系。目前,以政府主导的科技推广体系普遍面临投入不足,科技入户率低,基层农技推广"网破、线断、人散"的局面。以科研部门为主体的推广体系则存在研究成果和市场需求错位,科研单位和推广部门脱节的问题。"专家+协会"模式明确提出了"专家农户面对面,科研推广一条线",科研部门的专家和基层农技部门联手,主动把丘陵地区农民急需的先进节水农业新技术送到家门,有效弥补了现有农业科技推广体系的缺陷,受到农民的热烈欢迎。

二是壮大了农技人才队伍。2003年初,东溪镇原来的农技推广部门农技站的10名工作人员(除了1名相关专业的中专生和1名果树专业的大学生外,其余8人完全不懂农技知识)只领基本工资的40%,靠卖种子等副业维持运转,日常工作更是疲于完成政府布置的计划生育、驻村、检查等与年终考核挂钩的任务,既没有时间也没有能力从事农技推广的本职工作。协会成立后,在农科院专家的亲自指导下,这些人员很快掌握了农技知识。农技人员再对村级分会技术骨干进行定期培训,培养了大批掌握实用技术的农民"土专家",壮大了基层农技人才队伍。

三是普及了实用科学技术。水稻旱育秧和水稻覆膜节水抗旱栽培、水稻大三围强化栽培、稻田免耕等技术既省水省工,又能增产增收,特别适宜于我省丘陵地区的农业生产条件和农民生活习惯,能有效解决当地水资源不足、劳动力不足等问题。实践证明,运用新技术比传统方法每亩节约用水 $120\sim140$ 米^3,节水60%以上,节约秧苗用水费用60元/亩;地膜覆盖后不需要整理秧田,节约劳动力,技术易学易操作,特别适合留守农村的老弱家庭,每年节约劳动力10个/亩,仅这两项每亩秧田就节约生产投资260元(以每个工日20元计算)。为充分利用地力和空间,提高单位面积复种指数,在稻田免耕的基础上,开辟油菜行间稻草覆盖种马铃薯,可亩产马铃薯$800\sim1\,000$斤,亩增收可达$300\sim600$元。这些新技术既能抗旱增产,还能有效整合养分资源,减轻面源污染,使农民在短期内见到了成效,得到了实惠,主动学习科学技术的积极性越来越高。

四是实现了农民增产增收。农民群众最注重实际效果。东溪镇作为省农科院的粮食丰产科技基地,全镇推广水稻大三围立体强化栽培$5\,000$余亩,占全镇水田面积的70%,亩产达550公斤,比传统栽培技术亩增产$100\sim150$公斤,亩增收$140\sim210$元;推广水稻覆膜节水抗旱技术$2\,000$余亩,占全镇干旱田块面积80%,亩产达694公斤,比传统栽培增产25.4%;推广稻田油菜与马铃薯免耕套作栽培技术$3\,000$余亩,亩增收可达$300\sim600$元。通过这些实用新技术的推广应用,全镇仅水稻农民人均可增收$200\sim400$元,有效地躲过天灾伏旱,保持了增产增收。

三、困难与问题

一是专家人才匮乏影响推广范围。由于体制的问题,目前大多数科研院所的农业专家都更热衷于申请课题和申报成果,大部分科研项目都以获奖为研究目的,真正能符合农民需要的实用科研成果并不多,能深入农户,扎根农村的专家更是屈指可数。"专家+协会"模式成功的最大贡献者是省农科院的吕世华研究员，他既是协会的主要发起人，也是协会聘请的唯一专家。他不是当地政府人员，也不是农技干部，但他常年扎根在田间地头，不遗余力地向农民传授实用农业科学技术，但对于有 37 000 余名农业人口的东溪镇，显得势单力薄，更难以向全省扩大推广范围。

二是资金投入不足制约推广力度。东溪镇和全省大部分乡镇一样，政府财政困难，难以给予协会相应的资金支持，仅靠会员入会的 10 元会费维持协会日常运转和为会员提供必要的服务显得捉襟见肘。协会聘请的技术人员、镇村两级干部和农民带头人为协会工作几乎都没有报酬，在一定程度上限制了农技推广人员的工作积极性。在协会成立初期，省农科院专家甚至把自己实施农业新技术示范科研项目的经费补贴到协会，但短暂的补血不可能解决协会可持续发展的根本问题。

三是农民素质偏低限制推广质量。该镇农民普遍文化素质不高，绝大多数为小学文化，加上大多数青壮年都已外出打工，在家务农的多为老弱妇孺，思想保守，对新技术的接受能力较差，更不具备承担风险的能力。协会成立之初，大多数人都表现出对新技术的接受有所保留，在传统观念和新技术之间难以取舍。入会会员对专家和科技人员过分依赖，希望凡事都有科技人员操作，这样也和有限的科技人员资源形成了突出矛盾，进而影响新技术的推广质量。

四、思考与建议

一是统一认识，充分肯定。只要是能满足农民需要，符合当地自然条件，能实现农民增产增收的科技推广新模式，政府都应该给予肯定和支持。"专家＋协会"模式有机整合了专家、农技部门、农民的优势，解决了任何一方单方面都不能解决的难题，促进农民增产增收效果显著，是对现行推广体系的有益补充，特别是其在大旱之年发挥巨大作用的节水农业新技术，值得在全省推广。

二是高度重视，多方扶持。政府和各级农业部门应当高度重视和扶持这一新兴模式。首先，从政府财政或农业专项项目经费上给予补助，保障协会工作的正常开展；其次，加大宣传力度，吸引更多的社会资金投入农业生产；第三，搭建平台，鼓励企业与协会合作，积极开发农产品销售渠道；第四，协会在帮助农民致富的同时，要不断增强自身的造血功能，提高服务能力，扩大协会规模，形成良性循环。

三是加强沟通，形成合力。只有加强协调配合，整合部门优势，聚集行业人才，形成强大合力，才能真正实现科研推广一条线。科研机构要适应农村经济发展需要，根据农民需求有针对性地开展科研。农技推广部门和农业科研部门要加大协作力度，形成部门之间定期交流制度，农技推广部门应随时了解农业科研进展情况，使科研成果及时转化为生产力，帮助农民增产增收。

四是稳定人才，促进发展。农业科技转化，人才是关键。应不断完善机制，鼓励更多的专家从研究所、实验室走向更为广阔的农村，从逐步由以获奖为目的的科学研究转变为深入基层、服务农村的实用性技术研究。其次，应加大对农村科技带头人、"土专家"的培训和指导，探索多种形式、通俗易懂的教学方法，使更多的农民掌握科技知识，从被动接受到自发学习和推广农业科技，促进"专家＋协会"模式可持续健康发展。（负责人：任丁，执笔：

周卫红）

吕世华：这是中共四川省委政策研究室副主任任丁组长的调研报告。报告真实地反映了"专家＋协会"农业推广模式的运作方式、取得的成效和存在的问题，对该模式予以充分肯定的同时提出了进一步发展的对策建议。今天读起来仍然感到具有指导意义。

四川省科学技术厅

2007-04-24　科技抗旱　富民增收

——资阳市现代节水农业技术示范推广"遍地开花"

2006 年，似火的骄阳似乎要烤干资阳大地的每一滴水。面对 50 年一遇的特大旱灾，资阳市科技局依托四川省农业科学院，在雁江区响水村、简阳市新胜村示范推广了"水稻大三围覆膜栽培技术"，创造了科技抗旱的成功典范，受到了社会各界的关注和广大人民群众的推崇。2006 年 8 月 20 日，《人民日报》以"四川：运用科技手段应对肆虐旱魔"为题，报道了雁江区响水村依靠科技手段，提升抗灾能力，全村 250 多亩水稻不仅没减产，反而'逆势'增产，平均亩产达到了 550 公斤，而用传统种植方法的水稻却减产四五成。该村村民李俊卿家采用该项技术种植的 2.5 亩水稻，不但节约用水六七成，总产还超过了 1 850 公斤（平均亩产 740 公斤）。

2007 年，资阳再次亮起了干旱的"红灯"，市科技局及早着手，以省农科院为依托，以科技特派员为纽带，大力实施科技富民行动，全面开展现代节水农业技术的示范推广，轰轰烈烈地拉开了科技抗旱的帷幕，现代节水农业技术在资阳大地"遍地开花"。

科技抗旱　试与老天比高低

按照省科技厅安排部署，2007 年我市主要示范推广"水稻大三围覆膜栽培"、"旱地垄播沟覆节水耕作"、"山丘区集雨节灌"、"玉米集雨节水膜侧栽培"、"旱地新三熟麦/玉/豆模式"和"旱地规范改制"等八大技术。范围覆盖雁江区响水村、双槐村、罗汉村等，简阳市万古村、阳公村、新胜村、大河村等，安岳县永兴村、烽火村、鸳鸯村、桅杆村等，乐至县唐家店村、乐善村、石匣寺村等，示范推广面积达 5.3 万亩，辐射带动 10 万亩。4 月初，示范村已着手开始旱地育秧、开厢施肥盖膜。目前已有 60％的示范村移栽秧苗，田间地头一派热闹景象。

据了解，由于雁江响水村和简阳万古、新胜等村社的农户已从去年应用"水稻大三围覆膜栽培技术"中尝到了科技抗旱节水的甜头，许多农户自发地行动起来，试与老天比高低，争取在今年大旱之年再夺丰收。

科技服务　撑起抗旱"保护伞"

"专家＋协会＋农户"是我市在简阳实施国家"863"高技术计划"南方季节性缺水灌区

节水农业综合技术体系集成与示范（简阳示范片）"项目和"国家粮食丰产科技工程"过程中，由农业专家、地方农技人员和广大农户逐步探索总结出来的农业科技推广服务新模式。为此，市科技局率先在简阳东溪镇和雁江响水村建立起了"农业专家大院"，并从有限的科研经费中拿出一定资金，支持"专家＋协会＋农户"农业科技推广服务体系建设。通过专家、协会和农户的有机结合，搭建起了农业科技成果转化平台，也为农业新技术、新品种的快速引进提供了机遇，从而实现了双方的互利互惠，根本上促进了农业发展、农民增收。

为进一步增强农民依靠科技增收致富的能力，在省科技厅的大力支持下，我市组建了由9名科技特派员组成的省、市、县三级现代节水农业科技特派员服务团队，他们走村串户，活跃在节水抗旱第一线，面对面、手把手地指导农户掌握节水抗旱新技术。每到一处，围观的群众里三层外三层，生怕漏掉了一点技术细节。

"专家＋协会＋农户"农业专家大院和现代节水农业技术科技特派员服务团队的建立，推动了现代节水农业技术的推广和应用，大大提高了广大农民的科技意识和科学种植水平，为科技抗旱撑起了"保护伞"。

科技示范 培育农业科技"二传手"

2006年，"水稻大三围覆膜栽培技术"的成功推广，虽然让广大示范户粮食增了产，重要的是让更多的农民自觉自愿地接受了科技、接受了新技术，从而也培养了一批熟练掌握新技术的"土专家"。这些拥有"一技之长"的"土专家"，已成为我市示范推广现代节水农业技术的科技"二传手"，活跃在资阳大地。

4月初，简阳市"十佳村长"、东溪镇新胜村村主任彭云飘被邀请到乐至县唐家店村、乐善村，雁江区响水村村民刘水富、李俊清被邀请到安岳县鸳鸯村、桅杆村、烽火村等地"现身说法"，用他们自己的"专业术语"讲解节水技术，让农民自己教育自己，让农民与科技"亲近"、让科技与农民"零距离"。

2007年4月雁江区雁江镇双槐村农民自发采用水稻覆膜技术

资源有限，科技无限。以科技为支撑，发展现代农业是建设社会主义新农村的首要任务，全市科技管理部门将一如既往地走产学研结合的道路，以引进新品种、推广新技术为抓手，加大我市农业科技发展步伐。（资阳市科技局发展计划科）

吕世华：现代节水农业科技在资阳大地遍地开花除市委市政府重视外，资阳市科技局功不可没！这里，我也要感谢简阳市"十佳村长"、东溪镇新胜村村主任彭云飘作为"土专家"去乐至县唐家店村、乐善村帮助指导覆膜水稻的推广。

中国资阳公众信息网

2007-04-24 　安岳县试推水稻覆膜大三围栽培技术

近日，安岳县境内陆续开始种植水稻。但今年石桥铺镇烽火村、岳阳镇永兴村种植水稻所采用的方法和往年大不一样。县科技局从省农科院土壤肥料研究所引来的水稻覆膜节水抗旱栽培技术，又叫水稻覆膜"大三围"栽培技术。这项技术是一项以地膜覆盖为核心技术，以节水抗旱为主要手段实现大面积水稻丰产的综合集成创新技术，其显著特点就是节水抗旱，只需厢沟中有水便能保证水稻正常生长，比传统水稻节水70%。同时这项技术还有保温、保肥、抑制杂草、省工、省种等特点。

在烽火村水稻移栽现场，田块边上站满了老百姓，看镇助耕队的同志拿着特制的大三围栽培打孔器，在地膜上打孔，随后秧苗便被移栽到这些孔中。

据了解，这项技术虽然今年才被引进到安岳县，但已在其他市县成功应用近6年。安岳县今年只在石桥铺镇烽火村、岳阳镇永兴村搞了300亩的试点，待技术应用成熟再在全县大面积推广。

吕世华：不得不给安岳县科技局点赞致谢！

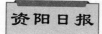
资阳日报

2007-04-24 　乐至示范推广水稻节水新技术

被省科技厅、农业厅、水利厅确定为全省20个现代节水农业技术示范点之一的乐至县，今年积极示范推广水稻覆膜节水栽培技术。日前，记者到示范村——石佛镇唐家店村采访，不少村民正冒着旱热天气，在覆盖了薄膜的田厢上移栽秧苗，积极性很高。

乐至县处于沱江和涪江两江的分水岭上，十年九旱，长期缺水，给农业生产带来了很大困难。特别是去年和今年以来，连续干旱，成了全市乃至全省重灾区。省农科院研究出的覆膜节水抗旱技术，在我市雁江、简阳试点推广，以其良好的抗旱、节水、省工、高产的效果赢得农民和专家的称赞。今年4月1日，省科技厅在简阳召开了现代节水农业及省科技工作会议，向全省推广这一先进技术。同时，乐至县唐家店村被确定为全省现代节水农业技术示范点。

一向受缺水之苦的乐至县，高度重视这一现代农业技术的示范推广工作。县、镇、村多次在有着示范推广新技术传统的石佛镇唐家店村召开动员大会，向村民讲解这项技术的好处及技术要领。省农科院专家也专程到唐家店村开展技术培训会，发放栽培技术资料。为搞好这个示范点，省农科院专家还专门委托有丰富经验的简阳东溪镇技术人员在唐家店村手把手地指导栽植。

这项新技术受到了群众的欢迎，村民纷纷按科技人员的指导栽培水稻。除没水的田块外，全村380多亩水田均采用节水技术栽种水稻，占总田块面积的60%。正在田里栽植秧苗的村民李成权告诉记者，他家3.5亩田都种植覆膜水稻，感觉这项技术好，节约用水、用种，而且省工、省时、好学。村支部书记胡国富说，全村的新技术水稻一个星期可以全部栽完。在此检查这项技术实施情况的县科技局局长付锡三说，作为省的示范点，我们搞就要搞好，真正起到示范作用，为明年大面积推广提供现场和经验。

其实，目前该村已开始起到示范作用。其他部分镇、村看到这种技术好，也主动前来学习这项新技术。

据了解，水稻覆膜节水抗旱技术节水在70%以上，节肥10%～15%，节种50%，省工10个以上，比正常年份增产200～300斤，具有显著的经济和社会效益，特别是在干旱之年效果更显著。

吕世华：在乐至县的示范表明，我们的节水高产新技术受到了群众的欢迎。该篇报道中村民感觉这项技术节约用水、用种，而且省工、省时、好学。

乐至县科技局付锡三局长（左）在石佛镇唐家店村考察指导

四川省科学技术厅

2007-04-24 宜宾市召开全市现代节水农业技术现场会暨科技富民推进行动工作会

为了更好地贯彻落实全省现代节水农业技术示范推广工作会和全省现代节水农业技术示范项目工作会精神，搞好现代节水农业技术在我市的示范推广工作，总结我市 2006 年和安排 2007 年科技富民推进行动工作，2007 年 4 月 20 日，宜宾市科技局在长宁县下长镇召开了全市现代节水农业技术现场会暨科技富民推进行动工作会。全市十区县科技局局长、分管局长，市生产力促进中心、宜宾自然免耕研究所负责人，宜宾市现代节水农业技术科技特派员，部分区县粮食局、农业局、水利局、农机局的领导和项目实施企业的负责人 50 多人参加了会议。并特邀了省农科院副研究员、我市现代节水农业技术科技特派员吕世华同志到会指导。

与会代表首先参观了长宁县下长镇狮子村省级现代节水农业技术示范现场，项目实施单位长宁县进华公司的技术人员现场给大家讲解了项目的实施情况，省农科院专家吕世华对与会人员进行了现代节水农业技术"水稻覆膜节水抗旱栽培技术"培训。

会上传达了全省现代节水农业技术示范推广现场会和全省现代节水农业技术示范项目工作会精神，安排部署了我市现代节水农业技术示范推广工作；长宁县科技局局长介绍了本县现代节水农业技术示范推广工作的做法；总结了我市 2006 年科技富民推进行动工作，对 2007 科技富民推进行动工作进行了安排部署，要求全市要紧紧围绕省科技厅"企业主体、产业布局、工程模式、整体推进"科技工作新思路来抓好科技富民推进行动方案的实施，通过几年的努力争取在林竹、畜禽、茶叶、粮食、蚕桑方面打造一批示范效果好，带动农民增收的项目。会上，市、县的领导为现代节水农业技术科技特派员颁发了聘书。

省农科院吕世华专家的培训，使参会人员受益匪浅，增强了推广现代节水农业技术的信心，会后不少区县都要求聘请吕世华专家为技术顾问，吕专家乐意并接受了聘请，对宜宾市高度重视现代节水农业技术示范推广感到非常高兴。

长宁县委常委宣传部部长周小平为大会致欢迎辞，市科技局副局长熊林海主持会议并总结讲话。强调：今年和今后一段时期，现代节水农业的推广工作将是科技工作的重要内容之一，请各区县会后要做好向县委、县政府分管领导的汇报，争取县委、县政府对现代节水农业技术示范推广工作的重视，加强与相关部门的协调、配合工作，认真总结经验，不断开拓创新，发扬侯光炯教授自然免耕理论，2007 年市科技三项费的安排向现代节水农业技术示范项目倾斜。要求在科技富民推进行动工作中，加强领导、强化责任，按照实施方案，狠抓落实。（宜宾市科技局）

吕世华：宜宾市是中国科学院侯光炯院士创立自然免耕理论及水稻半旱式栽培实践的地

方。我们的水稻覆膜节水抗旱栽培技术是侯老半旱式栽培的深化发展，更加有效地协调了稻田水热矛盾，对望天田和冷侵田均有更为显著的增产效果。宜宾市科技局在长宁县召开的这次全市现代节水农业技术现场会暨科技富民推进行动工作会，大大地促进了覆膜水稻在宜宾十个区县的推广应用。

技术培训

四川省食品药品监督管理局

2007-04-26　资阳市雁江局心系乡镇抗旱维稳工作

　　去冬以来的干旱少雨和近期的连续高温天气，给雁江区东峰镇带来了持续旱灾，也给该镇的信访维稳工作增加了难度。资阳市雁江局作为该镇的联系单位之一，心系东峰镇的抗旱和维稳工作，动员全局干部职工节约每一滴水、每一度电，在经费十分紧张的情况下，千方百计筹措资金，为该镇抗旱和维稳工作献爱心。

　　4月17日下午，雁江食品药品监管局党组书记、局长魏明远一行5人前往东峰镇，与该镇党政负责人一道，深入田间地头查看旱情，与打铁村、双龙村干部和部分村民进行座谈交流。当魏局长一行了解到该镇正在推行抗旱增收、节肥、省种、省工的水稻覆膜节水抗旱栽培技术急需资金时，决定向东峰镇和打铁村捐赠现金5 000元，帮助缓解燃眉之急。雁江局的捐赠行动，得到了当地群众的高度赞扬。

　　这是该局今年以来第三次到东峰镇开展调研帮扶工作。

　　吕世华：雁江食品药品监管局的领导也积极支持水稻覆膜技术的推广，让人感动！他们投入的5 000元在水稻收获时会变成5万元，这样的帮扶非常值得。

2007-04-29 市科技局到市中区指导水稻覆膜节水技术推广工作

4月28日，市科技局副局长蒋守仁一行到市中区指导水稻覆膜节水技术推广，对市中区的工作进展情况给予了充分肯定。

市中区科技局高度重视现代节水农业新技术的示范推广，在朝阳、永安、史家、凌家、伏龙等地已示范推广该技术1071亩。根据大春生产的要求及严峻的干旱形势，与农业局一起到全区各镇乡进行水稻覆膜节水抗旱栽培技术的宣传发动和技术培训6000余人次，发放技术资料9000余份。

在朝阳镇园山村、仆山村，近100亩的覆膜节水抗旱栽培技术示范田连成一片，非常壮观。看到田里的秧苗长势喜人，蒋守仁副局长连声称赞市中区抓水稻覆膜节水抗旱工作扎实有力，充分调动了镇乡和农民群众的积极性，有相当的推广意义。

由于该技术操作起来简单易行，每亩节水可达70%以上，又省去了锄草等工序，节省用工5个以上，非常适宜全区今年的干旱气候，因此备受老百姓欢迎。水稻覆膜抗旱技术很快表现出显著的抗旱效果，周围农民群起而效仿，表示即使以后没有今年这样干旱，他们也将采用这项技术进行水稻种植。

2007年4月30日李跃建院长、刘建军副院长和段晓明处长在
内江市中区考察覆膜水稻

吕世华：内江市中区的示范十分成功。我们高兴地看到，水稻覆膜抗旱技术很快表现出显著的抗旱效果，周围农民群起而效仿，表示即使以后没有今年这样干旱，他们也将采用这项技术进行水稻种植。

人民日报

2007-04-30　四川节水农业抗旱增收

去年应用节水技术三千多万亩次，今年将推广千万亩

本报成都4月29日电：面对干旱威胁，四川简阳市万古村300多亩玉米苗却满目葱茏。正在地头指导抗旱的农科院专家刘永红博士告诉记者，这些采用"集雨节水膜侧栽培"技术种植的玉米，不仅可节约灌溉用水约40%，增产17%以上，每亩还可节约成本百元左右。目前，四川有上万名刘永红这样的农业专家，在全省各地开展节水技术集成组装和示范推广。

去年，四川在大旱之年全力推广水稻覆盖保水栽培、旱育秧、玉米集雨膜侧栽培等一系列节水农业技术，累计应用面积3 100多万亩次，节水22亿立方米，增产124万吨，节支增收40多亿元。今年，四川计划再示范推广现代节水农业技术1 000万亩。

四川去年大旱，全省粮食损失超过30亿公斤。今年2月以来，四川盆地大部地区再度遭受不同程度的旱灾。同时，全省农业灌溉水利用率仅为40%。

四川省主管农业的副省长说，发展节水农业，是突破水资源束缚、建设高效农业的有效途径，是应对旱灾威胁、建设安全农业的治本之策。近年来，四川省组织科技部门开展节水农业技术的研究、试验和推广，先后在水稻覆盖保水栽培、玉米集雨节水膜侧栽培等8项实用技术方面获得重大突破。简阳市去年遭遇旱灾，传统方法栽种的水稻减产超过四成，而采用覆膜栽培技术种植的1.2万亩水稻平均亩产仍达500公斤，比传统栽培方法增产20%。

活生生的事实，激发起各地推广节水农业的积极性。南充市近年来推广31个节水农业项目，全市节水灌溉工程覆盖耕地230多万亩，水资源利用率提高20%以上。遂宁市70%的水稻田推广节水技术后，年增收粮食2 500万公斤。

今年，四川已确定在全省17个市、州的重点农业区域设立2万亩、辐射20万亩的现代节水农业新技术省级示范区，并在市、县两级设立示范推广基地，同时组织万名专家到生产一线开展节水技术集成组装和示范推广。（记者郑德刚）

吕世华：这是人民日报头版头条对四川省推广节水农业技术的报道。报道中的水稻覆盖保水栽培既包括水稻覆膜栽培，也包括秸秆覆盖栽培。文中提到简阳市2006年遭遇旱灾，传统方法栽种的水稻减产超过四成，而采用覆膜栽培技术种植的1.2万亩水稻平均亩产仍达

500 公斤，比传统栽培方法增产 20%。

四川日报

2007-05-03 "水田放了水，秧苗长得更好！"

——现代节水农业在安居

"捐献"后的惊喜

12 天前，遂宁市安居区三家镇马槽村主任邓孝智，半信半疑地把自家 1 亩 6 分水田的水放走了 2/3——区上要搞"水稻覆盖保水栽培技术"种植示范，要他先把田里的水基本放空。

4 月 25 日，记者随省现代节水农业示范督察组一行来到马槽村，邓孝智的那 1 亩 6 分田里，水稻长势好漂亮：绿油油的叶片分蘖数一般有四五棵，多的已有六七棵。

"水田不要水，农民哪里得干喔？"邓孝智回忆，当时镇上下了"死命令"，"哪管我是村主任啦，就当完成政治任务！"他拿自家田作示范，"田里提灌花了我 42 块钱水费，一下就放脱了 30 块！"

随后，邓孝智又带大家到 50 米外的一小块水田："这也是我家的，只有 6 分地，同一天插的秧。"但这里的秧苗就明显比前一块田的更矮小稀少，一般只有 2 棵分蘖。

同是一家人的田土，同一天插秧，长出来的苗子为啥不同？仔细一看，第一块田中，不但只有几厘米深的一层水，还覆盖着一条条 5 尺宽的地膜，秧苗栽插较稀，3 苗一窝，苗间间隔了 10 来厘米，每窝的摆布都像一个等边三角形；而第二块水田则按照老规矩蓄足了水。

"不要小看这 1 亩 6 分田，它至少运用了我省'十五'研究的两项最新栽培技术，水稻覆盖保水栽培技术和水稻大三围强化栽培技术。"国家"863"计划"南方季节性缺水灌区节水农业集成与示范"首席专家刘永红，跳到田坎上边看边给邓孝智出题目，"晓不晓得为啥放了水反而长得好些？"

邓孝智对答如流："晓得。前些天冷，地膜可以保温，肥效不容易流失，杂草也长得少。这个技术确实不费水，后期只要天上有点毛毛雨，就保证田里不干。"

"非示范点"的示范

旱地覆膜不是新鲜事，但把地膜用到水田，还是去年省农科院专家在简阳摸索出来的新方法。今年 4 月 1 日，全省在简阳召开"水稻覆盖保水栽培技术"推广现场会，要求全省20 个现代节水农业示范点尽快示范推广。

安居区没有被列为全省的示范点，但看到新技术节水超过 60%，参会的区科技局局长张羽非常兴奋，"我们和简阳有点像，全区有 60% 以上的高塝望天田，完全可以照着干！"

4 月 3 日回到区上，张羽立刻找领导汇报。4 月 10 日，安居区政府发出《关于大力发展现代节水农业、依靠科技减灾增收的紧急通知》。4 月 14 日，各镇相关负责人集中到马槽村，参观村主任邓孝智前一天刚刚用新技术栽下的秧田——技术指导就是张羽本人。

该技术有 4 个核心步骤：一是除草开厢，厢宽达 5 尺；二是施足底肥；三是覆盖地膜，栽秧时厢面不可淹深水，以免地膜浮起；四是注意移栽规格，按"大三围栽培技术"执行。张羽说得头头是道，刘永红很高兴："掌握得很准确。"

目前，安居区已有 17 个乡镇 33 个村 1 000 多亩田运用"水稻覆盖保水栽培技术"。

"我只提一个意见。"省科技厅农村处副处长何勇强说，按照新技术的规程，厢面不应当见水，只要保障土壤湿润就行，而马槽村的示范田中还有几公分的蓄水。邓孝智很不好意思："当时张局长喊我把水放空，我确实有点不放心，留了些水。现在晓得了，明年做就放干水！"（本报记者杨晓、陈岳海）

吕世华：这是一篇十分生动形象的报道，充分说明了水稻覆膜种植节水和增产的机理，覆膜种植有效地解决了丘陵山区水稻生长的水热矛盾。我也要感谢遂宁市安居区科技局原局长张羽对我们技术的重视，作为省里的非示范区也大力地示范推广我们的技术。

镇沅农业信息网

2007-05-04　电脑农业　水稻地膜覆盖抗旱栽培试验

镇沅县根据云南省电脑农业技术开发及推广应用合同要求，认真履行 2006—2007 年合同内容，在开展专家系统推广应用的同时，加强应用系统开发与研制、农情数据库搜集整理和作物新品种试验示范工作。2007 年，专门安排试验经费进行水稻地膜覆盖抗旱栽培试验，选择水利条件较差、农田灌溉无保证的田块进行试验，试验效果既能保水保肥，还能有效地节约农业用水，确保农业获得增产。

镇沅县有相当部分田块面积为二水田或雷响田，农田灌溉主要还靠天，开展此项试验，在农业生产中应用推广，可大面积提早栽插节令，解决眼前灌溉紧张矛盾，并能在旱灾年份尽可能减少粮食损失。

吕世华：云南省普洱市镇沅县 2007 年开始水稻地膜覆盖抗旱栽培试验，是源于他们在网络中看见我们在四川开展水稻覆膜技术抗旱技术示范并取得成功的消息。

宜宾日报

2007-05-08　老局长当科技特派员　节水抗旱技术到田间

"哎！田老师，干了三个多小时了，你还是休息哈，不要把自己整来累到了！"在宜宾县云丰村的一块干田里，该村支书对一个正在干田里劳作的老人说道。这个老人就是宜宾县科技局的老局长田兴友，虽然他早已退居二线并即将退休，但是他还是常年坚持在工作第一线。

这是发生在县科技局在双龙镇示范水稻覆膜节水抗旱栽培技术现场时的一个感人片断。据悉，宜宾县科技局充分联系到县南片常年干旱缺水的实际和预防大旱之年的水稻育苗困难，本着用心为民谋事精神，及时研究并决定在的东大片的合什镇、岷江片的蕨溪镇以及常旱区南大片的横江镇和双龙镇分别实施小面积水稻覆膜节水抗旱栽培技术示范，取得成效后，来年大面积推广，争取农民抗旱增收保收。

在栽培过程中，农民朋友纷纷前往现场观看，大家异口同声说："现在的政府部门真的时时想到我们农民的事了"。（虞斗、唐平）

吕世华：当年看到这篇报道我十分感动，现在再读这篇报道我仍然十分感动！我们的科技部门有田兴友这样的干部，实现乡村振兴自然不会太久远。

2007年8月16日我（前）终于在示范田边见到老局长田兴友（左）了

遂宁日报

2007-05-17　射洪"三抢"科技含量高

3 000亩覆膜节水水稻增收45万元

本报讯　5月13日，曹碑镇大田村9组。放眼望去，春风中一块块田野碧波荡漾；田边近看，这些苗壮成长的秧苗和其他田里的秧苗不一样，它们是从地膜里长出来的。

"不要小看这些膜，新科技栽培比传统栽培节水 70％，现在再靠土办法种庄稼是不行的了，还是得讲究科学……尤其在我们这个没有水源保证的地方！"村主任龚从吉说。

"这个新科技硬是好，既节肥又省工，既无公害又增产，好处太多了。"一看到县农业局专家来察看秧苗长势，周围的农民围上来。

被农民称为"新科技"的便是射洪今年新推广的水稻覆膜节水抗旱栽培技术，该技术是以地膜覆盖为核心，以节水抗旱为主要手段，水稻旱育秧技术、稻田免耕技术、推荐施肥技术、水稻覆膜栽培技术、水稻大三围强化、节水灌溉、病虫害综合防治栽培技术等多项技术集成优化的先进技术，特别适合丘陵、无水源保证和灌溉成本高的地区，也适合冷浸田、烂泥田、荫蔽田等稻田类型，在干旱年份普遍每亩增产 150～200 公斤以上，每亩节约用水 70％，其抗旱效果、经济效益十分显著。

"效果明显，传统栽培的秧苗现在只有 4～5 片叶，而采用覆膜节水抗旱栽培的长出了 30 多片叶，生育期提前了半个月。"县农业局副局长刘志成正蹲在田边细数秧苗分蘖。

据了解，水稻覆膜节水抗旱栽培技术是省农业厅、水利厅、科技厅今年联合推广的农业新技术。县委县政府高度重视，副县长王统良带队到简阳等地学习取经，县农业局局长蔡成银、副局长刘志成多次深入到青岗镇、曹碑镇新技术集中推广示范点发动群众，搞好技术培训和指导，免费向推广示范点送地膜，并进行田管指导。目前，青岗镇、曹碑镇各示范栽培 100 亩，全县推广 3 000 亩，种植农民增收 45 万元，近 3 万人受益。

在今年的"三抢"中，县农业局还依托项目，加强植保专合组织建设，建设村级植保专合组织 45 个，每个组织配备新型喷雾机具 3～5 台，有效地解决了田管中农民单家独户防病治虫难的问题。

科技的大面积推广落实，使全县"三抢"出现了又好又快的势头。截至 5 月 13 日，全县 39.5 万亩小麦，7 万亩油菜和 3 万亩大麦已全部收割结束。已栽水稻 10.7 万亩，占种植面积

中为刘志成副局长，右为陈明祥推广研究员

18.2万亩的58.6%；已栽棉花8.2万亩，占种植面积11万亩的74.5%。28.7万亩玉米已普遍追施了一次提苗壮秆肥，对部分早栽玉米，已追施了一次攻苞肥，追肥面积达19.4万亩。11万亩棉花已防治苗床和田间红蜘蛛1～2次，防治面积达9.5万亩次。（记者贾明高）

吕世华：遂宁市射洪县示范水稻覆膜节水抗旱栽培技术有一个故事，这里可以与读者朋友分享。当年，射洪县农业局承担了农业部的科技入户工程项目，3月初他们请我院任光俊院长回射洪做培训，任院长没有时间就推荐我去培训。到射洪后，我首先见到刘志成副局长，告诉他我第二天准备讲水稻覆膜技术并想在射洪推广这项技术。刘局长说你的技术能否推广要听我们局的专家陈明祥推广研究员的意见，他说行我们就推广。陈明祥老师晚上来到了我住的宾馆，我们一聊他就给予这项技术高度的肯定，并且说按照传统，一项技术要先做小面积示范，成功后才能大面积推广，你的技术在今年的旱情下应该直接大面积推广。他还说，他和局里会直接向县政府做出建议。第二天在培训会前分管农业的副县长王统良到农业局接见了我，并表示将带队到简阳等地参观学习。

四川省科学技术厅

2007-05-21　梓潼县召开水稻覆膜节水抗旱栽培技术现场培训会

5月15日，由梓潼县科技局牵头，县农办、县农业局、自强镇政府在自强镇共同组织举办了水稻覆膜节水抗旱栽培技术现场培训会。此项技术是县有关部门5月9日在简阳现代节水农业基地学习后，重点引进推广的一项新的节水栽培技术。会上，县现代节水农业科技特派员、农艺师罗华友讲解了水稻节水栽培的技术要点及效果，自强镇政府结合现场2.5亩覆膜水稻介绍了开展水稻节水栽培示范的具体做法及下一步打算。经过培训，县领导强调，一是解决推广中认识问题。要充分认识到这是一项成熟的农业节水新技术，已在我省简阳、彭山等地示范成功，每个乡镇要努力做好20亩以上的示范，为大面积推广应用打下基础；二是注意技术适用范围。要在潼江河以东的乡镇大力推广，尤其是高塝田、望天田及下湿田要大力推广应用，以切实解决本县十年九旱给农业生产带来的灾害问题。

梓潼县县长刘绍敏、县人大党组书记、副主任赵红钊和常务副县长郑志恒及梓潼县32个乡镇的党委书记、乡镇长及农技员、县级部门负责人共计130余人参加了会议，现场培训会还印发了水稻节水栽培技术资料200余份。（梓潼县科技局）

吕世华：绵阳市梓潼县科技局在全省现代节水农业现场会后还专门组织有关部门到简阳参观学习，把水稻覆膜技术作为全县重点引进推广的一项新的节水技术。现场培训会动静也不小，县长、县人大党组书记和常务副县长及32个乡镇的党委书记、乡镇长都参加了会议。

资阳日报

2007-05-27　覆膜水稻旱区的绿色生机

全市覆膜水稻 10 万亩，雁江占半壁

在今年遭遇了严重春旱又面临夏旱的情况下，如何使水稻获得丰收？雁江区的回答是：大力推广雁江镇响水村示范成功的水稻覆膜节水抗旱技术。目前，雁江已运用此技术栽植水稻近 4 万亩，占计划的 80%。全区还有许多群众正在运用覆膜节水抗旱技术栽培水稻。

雁江区今年水稻种植面积计划 30 万亩，其中推广水稻节水抗旱覆膜技术将达 5 万亩。全市今年推广覆膜水稻 10 万亩，为全省第一，雁江区占全市的一半，列全市第一。

去年，省农科院和市区科技部门在雁江镇响水村成功示范覆膜节水抗旱水稻新技术后，雁江区就在响水村召开了科学治旱现场会，要求各地今年大力推广这项节水、省工、省时、高产的水稻栽培技术。各乡镇组织乡镇和村组干部、村民代表到响水村参观学习。今年雁江区委、区政府把推广这项新技术作为一项重要工作来抓，区政府向各乡镇发出了推广水稻覆膜技术的文件，明确了目标任务，落实了工作措施。区上还在中和镇罗汉村召开水稻覆膜技术现场培训交流会，对相关干部和农技人员进行现场培训，然后由他们对村组进行再培训；区科技部门一方面做好覆膜水稻技术的典型示范，一方面积极邀请专家到乡镇现场指导；区农业部门成立了 4 支技术服务队，分片包干把技术送到老百姓手中。区委、区政府督查室、纪委、监察、农业等部门则组织人员到各乡镇实施督查，督促这项新技术的全面落实和目标完成。

今年 4 月以来，雁江推广水稻覆膜节水新技术进展非常顺利，效果十分明显。中和镇今年推广覆膜水稻面积 5 000 亩，占水稻面积的 20%，预计实际种植面积还将超过目标，目前已完成 4 000 多亩。雁江镇更是以响水村为榜样，凡是缺水的村都采用水稻覆膜新技术，推广面积已达到 1 400 亩，从而实现科技治旱，确保水稻丰收。

此技术的示范典型响水村，今年 360 亩水稻全部采用水稻覆膜技术。记者 5 月 23 日在该村看到，尽管有的田已干裂，栽得早的覆膜水稻，每窝仍分蘖出了 29 片，长得绿油的，煞是爱人。不仅如此，该村在省农科院专家的指导下，又在试验覆膜水稻直播技术，就是将育种发芽的稻种直接播在覆膜里，不再进行旱育种和移栽，又节省了更多工时，提早了播栽期。

响水村的示范经验不仅成为了全区全市乃至全省水稻节水抗旱的推广经验，而且对周边的河心村、双槐村、花椒村产生了辐射作用。这三个村有 1 000 余会员加入了响水村的生态农业产业化科技协会，接受其技术辐射，目前这三个村推广覆膜水稻 500 多亩。

记者在双槐村 2 组看到，稻田里早栽的覆膜水稻，长势非常好，刚刚才栽下的也已经转青。而在同一块田，农民也许为了做进一步对比，两厢水稻里分别用一小截作常规栽法，即没有覆膜。没有覆膜的一眼就看出远远差于覆膜水稻。

今年和去年一样，又是干旱连连，但由于水稻覆膜节水抗旱技术的大面积推广，现在已

显示出明显的优势效果，因此水稻不受干旱影响，显示出依然能获得高产的前景。（本报记者周自狄）

吕世华：雁江区快速实现大面积推广水稻覆膜技术抗旱技术的做法和经验很值得好好总结。

旱区的绿色生机

四川省农业科学院

2007-06-07 农科院土肥所水稻"覆膜节水"技术 彰显胜天法宝

去年，四川省遭遇了50年不遇的特大干旱，让面积不少的水稻减产甚至绝收，然而，令人惊奇的是资阳市雁江区响水村有250多亩水稻田却不仅不减少，反而比常年栽培亩增产100～200斤，平均亩产达1 100斤，最高达到1 600斤的超高产量。大旱之年喜获丰收的消息不胫而走，各地"取经"者纷至沓来，资阳日报、四川卫视和中央电视台相继报道了这一实况，四川省农科院土肥所水稻栽培专家吕世华声名鹤立，水稻"覆膜节水"技术彰显胜天高招！

今年，又一个特大干旱之年。6月5日，四川省农科院土肥所党委书记喻先素，科管科副科长熊鹰到资阳实地考察了吕世华副研究员的"覆膜节水"抗旱技术推广应用情况，资阳市科技局局长陈文均、雁江区副区长、区委常委徐力、雁江区科技局局长熊焰全程陪同，资阳电视台、资阳日报社也分别派记者前往。

现场考察组在资阳中和镇和雁江镇进行了多点观测，水稻"覆膜节水"栽培技术现已遍地开花、深入人心。从现场可以看到，不少因干旱和风力撕裂的地膜缺口就是最好的对照，长势显著逊色于有膜保护的地块，分蘖数也只有地膜保护苗的 1/3 到 1/2，沿途所到之处，满目尽见农科院土肥所科技成果的展示台。据资阳科技局领导介绍，资阳市年内曾多点、数次农膜销售告罄，造成农膜饥慌，农民自发争相应用和颂扬这种新技术，对不辞辛苦传授科技胜天法宝的农科院土肥所副研究员吕世华的赞誉之声更是不绝于耳。（土肥所科管科）

吕世华：这条信息中值得注意的是因为推广水稻覆膜技术"资阳市年内曾多点、数次农膜销售告罄，造成农膜饥慌，农民自发争相应用和颂扬这种新技术"。由此可见，当时水稻覆膜技术受到了多么广泛的欢迎！

所党委书记喻先素（左2）到资阳考察覆膜水稻，资阳市科技局局长陈文均（右2）、雁江区区委常委副区长徐力（右1）、雁江区科技局局长熊焰（左1）和中和镇党委书记杨杰（左3）陪同

四川农村日报

2007-06-07　覆膜水稻节水又肯长

本报讯　日前，笔者来到射洪县曹碑镇大田村九组，放眼望去，一块块田野碧波荡漾。田边近看，这些苗壮成长的秧苗是从地膜里长出来的。"不要小看这些膜，新科技栽培比传统栽培节水 70%。"村主任龚从吉说。被称为"新科技"的便是射洪今年新推广的水稻覆膜节水抗旱栽培技术。

今年春耕生产中，射洪县大力推广抗旱增产栽培技术，全县全力打造 5 000 亩大春玉米抗旱增收科技示范带，县政府给予示范带地膜玉米种植的农户每亩补助 10 元的购膜补贴，示范带动全县盖膜直播、移栽面积达到 13.7 万亩，占种植面积 47.7%。同时，该县示范推广水稻覆膜节水抗旱栽培技术，县政府免费为示范户提供薄膜。目前，示范片水稻生长旺盛，较常规种植生育期提早 15 天左右。县农业局局长蔡成银告诉笔者："射洪县推广该技术的田块有 3 000 亩，按照现在的长势，种植农民将增收 45 万元。"（贾明高）

吕世华：该报道中说"示范片水稻生长旺盛，较常规种植生育期提早 15 天左右"。这是地膜覆盖提高土壤温度带来的效果，也是本技术大幅度增产的重要原因。

资阳日报

2007-06-07 一样的田 不一样的绿
——亲历覆膜水稻的抗旱魅力

冬干春旱连夏旱，大部分农作物一片萧条，但在雁江区雁江镇、中和镇、简阳东溪镇、乐至石佛镇、安岳鸳大镇等地田间却闪烁着片片生机盎然的绿色。绿色所在之处，就是水稻覆膜节水抗旱技术的推广之地。

示范田边 生命力的对照

眼看都 6 月了，四个县（市、区）仍没下过一场透雨，大片水稻、玉米被灼成枯黄。但在安岳县鸳大镇鸳鸯村水稻覆膜节水技术示范田里，记者却看到另一番景象，秧苗繁茂，颜色黑绿。

在雁江区中和镇罗汉村 5 000 余亩的覆膜水稻示范田里，记者看到了更让人触动的情景：往往是同一亩田块，一头是郁郁葱葱长势喜人的水稻，一头却是稀疏泛黄的杂草。"多亏了这项技术，不盖地膜的早都死完了！" 21 组老农苏德刚如是说。

在该村一块水源较好的示范田里，专家们现场对覆膜水稻和未盖膜的水稻进行了比对。覆膜水稻一窝分蘖 50 片以上，而未覆膜的水稻每窝仅分蘖 20 余片。由于持续高温干旱，罗汉村几乎所有的田块都出现裂口，而同一块秧田，覆膜水稻所在的土裂口仅一两根指头宽，而未覆膜水稻所在的土裂口能容得下一个拳头。

"真的不能小看了科技，干旱的时候能救命！"现场的群众啧啧道。

覆膜水稻 大春主要的希望

"好不容易以为把雨盼来了，以为土里的玉米、花生有救了，哪知道刚下了几滴就没了"，6 月 5 日早晨少得可怜的降雨，让广大农民的希望再次落空。

"土里的作物基本上是无收了，现在就指望着田里的水稻了！"玉米、花生收获无望，雁江镇响水村李俊清谈起覆膜水稻却是满脸笑容。在响水村，田和土形成了鲜明的对比。坡上黄色的土块仅有零星几点绿色点缀，而坡下的田里则是一望无际的深绿。

去年的试点，带动了全村老百姓今年全部运用水稻覆膜节水抗旱栽培技术。目前，原本就缺水的响水村，见其他农作物抢救无望，都一门心思花在了保水稻上。"凭去年的技术，估计今年也能稳住去年每亩 1 200 斤的产量！"李俊清踌躇满志。据统计，今年我市已经有

左为在雁江区雁江镇响水村采访的记者谢小英

40余个乡镇，60余个村推广了此项技术，推广面积达16.14万亩。

记者感受　科技制旱的魅力

现在，4月栽下的秧苗已经进入迅速分蘖生长季节，但记者却在采访途中看到，在收完油菜和小麦的地里，还有农民陆续运用水稻覆膜这项技术进行水稻移栽，争先买地膜。

从起初不相信、排斥到慢慢接受，再到大面积推广，农民抢着栽，响水村只经历了一年的推广历程。正如同行的省农科院专家所说，"农技推广要带，农民都是眼见为实。"

只有通过大面积的试验示范带动，让农民看到实实在在的实惠，才能让这些好的技术真正派上用场。走访灾区，很多农民将覆膜水稻的原理用在了更多的农作物上，"盖上一层地膜，可以减少蒸发量，节水抗旱！"覆膜的玉米，采取覆膜方式种植花生，科技力量正在往旱区渗透，农民争相学习新技术，弥补旱灾损失。（记者谢小英）

吕世华：还是感叹这样的新闻标题——"一样的田，不一样的绿"，形象生动地说明了覆膜水稻技术超强的节水抗旱效果。

四川省平昌县科技网

2007-06-08　县科技局真心帮扶惠民联系点

——水稻覆膜新技术试验基地纪实

6月3日，县科技局局长王述成率副局长胥中木、农村股股长，陪同市科技局农村科科长冯以文，一行四人深入鹿鸣镇鹿山9社水稻覆膜新技术科技试验基地调研。今年以来，科技局着力找准帮扶切入点，大力引进农业科技成果，主推水稻覆膜节水农业新技术，真心实意开展惠民联心行动。

"没有想到今年平昌县科技局新引进水稻覆膜栽培新技术在这里落户试验，效果这样好！"市科技局冯科长，一边赞叹，一边观看地膜覆盖栽培新技术试验现场。

王局长说："我们今年引进，首先在水源奇缺的鹿鸣镇先试验55亩，目前秧苗长势旺盛，单株分蘖7～21株不等，节水、保肥、节种和省工，是严格按照新技术要求栽培的！"

"五一假期了，栽的秧苗刚30天，现在分蘖效果相当好，过去这里旱象时常发生。"鹿鸣镇党委书记杜中德接过话匣子，"确实水稻覆膜技术与过去常规栽培比能够节约水、省工、节约种子，还能增产，效果凸显！感谢科技局送来这样的实用技术！"

"老百姓接受新技术开始不习惯，只要尝到甜头，就会慢慢的接受！"王局长耐心作细致工作，并对附近的向述德老人问起"今年栽秧的感受。"

老农微笑着，"多亏你们科技干部，我们过去要抽水，今年栽秧用水量很小，只是保证沟里的水就可以了，况且不长草，我还节约了两斤种子！"

……

不用争论，事实胜于雄辩。看见绿油油的、嫩嫩的、分蘖旺盛的秧苗，我们一边记录数据，一边分析，人群中间早已沸腾起来。

吕世华：平昌县的示范使鹿鸣镇党委书记杜中德认识到"确实水稻覆膜技术与过去常规栽培比能够节约水、省工、节约种子，还能增产。"向述德老人说"我们过去要抽水，今年栽秧用水量很小，只是保证沟里的水就可以了，况且不长草，还节约了两斤种子。"

四川省农业科学院

2007-06-11　农科院党委书记王书斌视察资阳"水稻覆膜节水"技术推广成效

2007年6月8日，农科院党委书记王书斌在土肥所党委书记喻先素、科管科副科长熊鹰陪同下，前往资阳市雁江区视察了吕世华副研究员的"水稻覆膜节水"推广情况。

由于其他公务，车抵资阳已是晌午时分，王书记要求不打扰、不惊动地方官员，我们一行四人先到了中和镇的罗汉村，沿途随机视察了多个现场，后来村支书及镇农技推广员闻讯赶来向王书记汇报了当地的推广情况，对农科院土肥所的"水稻覆膜技术"赞不绝口。惯于求真务实的王书记不满足于听汇报、看现场，他借故取道走进路边一农户家中，希望了解更多普通民众的反响，结果不期而遇的是一位已退役多年的抗美援朝优秀机枪手，他叫卓进贤，今年77岁，现在是一位独自带着10岁孙儿的空巢老人。王书记亲切地与他拉家常，还向老人了解了这些年他和他周围邻里的水稻栽培情况，老人指着路边的覆膜稻田，朴素地说："感谢政府，感谢农科院教给我们'水稻覆膜'这样的好技术，它不用除草，虫害也大大减少，产量要比原来提高很多，您是哪里来的领导？我们需要这样的好技术，我们希望您多派农科院的专家来给我们传经送宝。"

下午，我们一行去了成果推广的核心示范区雁江区雁江镇响水村，雁江区副区长彭玉秀、杨均、资阳市科技局局长陈文均、农业局局长魏碧仙、雁江区科技局局长熊焰等闻讯赶到，陪同王书记一道踏着泥泞、冒着细雨视察了多个推广示范现场。吕世华副研究员还在品比试验现场向王书记汇报了180多个水稻品种的抗旱选育宗旨和时下的苗期试验结果，王书记对此提出了一些建设性的意见。

当我们车至雁江区松涛镇红岩子村时，一对夫妻正在覆膜，准备插秧。由于时节已过芒种，按常年应处于相对丰雨期，农业局局长魏碧仙希望求证农膜此时的效用是否降低，产量的增加能否收回农膜的成本，她建议钟心财夫妇用两厢不覆膜，比较一下今年的产量，可夫妇俩异口同声地反对："不行！那样会无收或产量很低。"最后，在课题组承诺赔偿试验损失的情况下，他们才同意以两厢不盖膜进行对比。由此可见，"水稻覆膜技术"在当地已家喻户晓，深入人心。

在沿途的视察过程中，市、区相关部门领导分别向王书记汇报了"水稻覆膜节水"技术惠及资阳老百姓以及现在群众的自发运用和传播情况。王书记恳切地希望他们在赞誉该技术的同时，更多地发现和找出它的不足，以进一步改进和完善该技术。他还详细地询问了地膜覆盖的成本增加情况，当地"关秧门"时期水稻直播的可行性，地膜回收与否及回收时期等成本效益和环保问题。他殷切地希望吕世华副研究员：推广业绩不要满足于目前一个区的几万亩，全省的几十或几百万亩，应该着眼于重庆、云南、贵州等西部省份乃至全国。

临别前，当地领导表示，他们和广大资阳民众一样都热切期望农科院能给他们更多的技

王书斌书记与抗美援朝优秀机枪手卓进贤（左）不期而遇

术支撑，建立长期、持续的研究院所与地方结合的技术推广模式。王书记也不失时机地表示，除了这项技术外，农科院还有很多的好品种、好技术期待着与他们合作，共同推进成果的转化，造福资阳的一方百姓。（土肥所科管科）

吕世华：四川省农业科学院党委王书斌书记是水稻覆膜技术坚定的支持者，这种坚定来自于他多次深入生产一线的考察和调研。很高兴我们的技术也帮助到了最可爱的人——抗美援朝优秀机枪手卓进贤！

南充日报

2007-06-14 抗旱水稻覆膜栽培在我市示范推广

水稻覆膜节水抗旱栽培技术是以地膜覆盖为核心，以节水抗旱为手段，实现大面积水稻丰产的综合集成创新技术，是旱育秧、厢式免耕、节水灌溉、病虫害综合防治等先进技术的有机整合

本报讯 一种栽秧时间比传统栽插方式提早 20 天的水稻覆膜栽培技术，今年开始在我市示范推广，这是省农科院针对缺水地区研究的节水高产栽培技术，即使在缺水乡村也可实现栽秧。

据市农业局梁颖林介绍，2007 年，市、县两级农业部门共示范推广水稻覆膜栽培技术 3 000 余亩。从田间调查情况看，比传统方式栽植的水稻早生快发、抗旱性强。西充县中岭乡一村二组农民张芝文对记者说："既不长草也不怕旱，提前栽秧还可避开 5 月份因抢收抢种造成的劳力打挤。"

记者在深入到仪陇县复兴镇万兴村、度门镇任家沟村等地看到，当地农民通过推广应用水稻覆膜栽培新技术，今年已栽植水稻近 1 000 亩，目前，水稻长势良好，该项新技术深受当地农民欢迎。

据了解，水稻覆膜节水抗旱栽培技术以地膜覆盖为核心，以节水抗旱为手段，实现大面积水稻丰产的综合集成创新技术，是旱育秧、厢式免耕、节水灌溉、病虫害综合防治等先进技术的有机整合。该技术具有节水、增温、除草、省肥、省工、增产的作用，由于能很好地促进秧苗分蘖，提高成穗率，使水稻提早成熟，亩增产 200 公斤左右，特别适合二三台位浆粑田、冷浸田，且能与小春生产很好地衔接起来。明年我市将大面积推广抗旱水稻覆膜栽培新技术。（记者夏新）

吕世华：南充市西充县参与示范的农民朋友意外体会到了水稻覆膜栽培的另外一个好处，即覆膜栽培可以提前 20 来天栽秧，从而避开 5 月份因抢收抢种造成的劳力打挤。将过去的"大战红五月"变成"轻轻松松过五月"！

2007 年 5 月 28 日西充县中岭乡一村覆膜水稻长势

四川省农业科学院

2007-06-18 "四川省水稻节水抗旱栽培技术现场会暨推广经验交流会"在资阳市召开

6 月 15 日，四川省农业科学院和资阳市人民政府共同主持，由四川省农科院科技合作处、四川省农科院土肥所、资阳市科技局、四川农业新技术研究与推广网络承办的"四川省水稻节水抗旱栽培技术现场会暨推广经验交流会"在资阳市召开。参加会议的有省科技厅、省委政研室等省级部门领导，省水科院、中国农业大学、西南大学等专家、学者以及来自成都、资阳、内江、宜宾、遂宁、南充、巴中、德阳、绵阳、广安、眉山等 11 个市州及 21 个县区的主管领导及科技局、农业局等部门负责人、企业家、协会等 40 多家单位的代表以及 8 家省、市新闻媒体的 120 余人出席了会议。我院党委书记王书斌、副院长刘建军以及资阳市及雁江区等政府领导出席了会议。

会议代表首先考察了资阳市雁江区中和镇水稻覆膜节水抗旱技术大面积应用现场。

会议由我院副院长刘建军主持，资阳市政府副秘书长林俐致欢迎词。

该项技术研究的首席专家吕世华副研究员汇报了 2007 年全省水稻覆膜节水抗旱栽培技术推广情况，资阳市、内江市、南充市、宜宾市的代表分别代表川中地区、川东北地区、川南冬水田地区就大面积推广水稻覆膜节水抗旱栽培技术作了经验介绍，资阳市雁江区毛绍百区长等以及四川农经网也在会上作了典型经验交流。

水稻栽培老专家谭中和研究员对水稻覆膜节水抗旱栽培技术及其应用情况给予了充分肯

定，并建议进一步加强对该技术的功能、应用条件进行定位并完善技术规范。

省科技厅农村处的粟洪处长肯定了该技术的成效，同时还介绍了全省节水农业新技术示范效果，并对今后进一步推广节水农业新技术提出了建议。省委政研室谭文劲处长也作了重要讲话。

最后，院党委书记王书斌作了丘陵地区现代农业建设思考的精彩学术报告，并总结本次会议是一次针对性强、质量很高的会议，从各地交流情况看，水稻覆膜节水抗旱栽培技术将会是一项很有生命力的技术。（科技合作处、土肥所）

吕世华：我省水稻栽培的权威专家谭中和研究员在对水稻覆膜节水抗旱栽培技术应用情况给予充分肯定的同时，建议进一步加强对该技术的功能、应用条件进行定位并完善技术规范。一开始，我们认为水稻覆膜技术仅仅适用于缺水的高塝望天田和低温冷浸田，后来的实践证明，在四川盆地丘陵山区所有的稻田类型上水稻覆膜种植均具有显著的增产增收效果。

四川省科技厅农村处粟洪处长对水稻覆膜节水技术的成效予以充分肯定

四川农村日报

2007-06-20　农田年年喊渴，节水抗旱技术却难以进村入户

资阳模式破题农技推广

"过去这些槽冲田亩产也就 700～800 斤，而运用水稻覆膜节水抗旱栽培技术，亩产在 1 000 斤以上。"6 月 16 日，资阳市雁江区罗汉村老农祝进贤高兴地告诉记者，"像今年这样

的干旱，如果还用传统方法栽秧子，根本没有收成！"

我省是水资源大省，但水源分布很不均匀，作为主要农区的丘陵，每年春播几乎都在喊渴。记者从当天召开的四川省水稻节水抗旱技术现场会暨推广经验交流会上了解到，我省水稻种植面积3 000万亩，有近2 000万亩缺水。然而，2001年开始在省内10余个县（市、区）成功应用的水稻覆膜节水抗旱栽培技术却步履维艰，据科技厅统计，到今年全省仅推广100多万亩。

一边是农田喊渴，一边却是节水抗旱栽培技术推广难。如何改变这种状况？资阳的做法可圈可点。

地处丘区的资阳市，就常年因季节性干旱有近50万亩稻田不能适时栽秧。该市通过培养"土专家"、补助地膜费等办法强力推广水稻覆膜节水抗旱栽培技术，今年该市水稻覆膜面积达16万亩，比去年净增10万亩，保守估计亩增产稻谷300斤，总增产达3 000万斤。

职能部门重视很关键

去年干旱，资阳市运用该技术的6万亩水稻仍获丰收，当地农民很感谢两个人：一个是该市市委常委、副市长陈能刚，还有一个是市科技局局长陈文均。

2004年，刚从上海挂职锻炼回来的陈文均偶遇水稻覆膜节水抗旱栽培技术研究首席专家吕世华，两人一见如故。当时陈文均即向吕世华建议："搞科研不能搞纯研究，而应将新技术拿出来推广，再在推广中搞科研。"接受此建议的吕世华，去年春，在等水栽秧的老旱区响水村建了个300亩的核心示范区。

去年川中百年一遇的大旱让该项技术经受了考验，苗期其秧苗的长势与周围常规种植形成鲜明对比。陈文均兴奋至极，一边组织人参观，一边及时向陈能刚汇报。

陈能刚听取汇报后，随即赶赴现场，效果让他非常满意，当场叫市农业局长第二天通知分管农业的副县长、农业局长、农技站长等来开会，并迅速落实相关措施进行推广。

"领导重视与否对农技推广非常关键。在领导重视的地方，效果明显要好得多。"吕世华由衷感慨。

培养"土专家"当"二传手"

该项技术由国内外8项新技术组装而来，里面技术环节很多，要掌握好也非易事。专家精力有限，农技推广部门现在也是人手短缺，怎么办呢？

"在实践中，我们善于培养热爱科学的种田能手来当'二传手'，让他们成为新技术的传播者。"陈文均很为这招得意。

建一个示范点，在当地农民中培养一批"土专家"，他们在掌握新技术后，不仅主动向自己的亲戚、朋友宣传，还被县上请来，作为新建示范点的培训老师，当专家的"二传手"。响水村村民刘水富、李俊清就被邀请到安岳县"现身说法"，用他们自己的切身感受让更多的农民亲近科技、相信科技、应用科技。

"'土专家'把专业术语转变成他们自己的话进行讲解，农民更易于接受，有时比我这个专家去讲效果还好！"吕世华对此做法也很满意。

新推广区域保证投入

在推广新技术方面，资阳市的支持也很实在：全市共投入现代节水技术示范推广经费522万元，在新推广区，每亩补助地膜60～70元。

有了资金支持，该项技术的推广工作在该市风风火火地展开。今年春播期间，该市组建了由 9 名科技特派员组成的省市县三级现代节水农业科技特派员服务团队、10 名科技"二传手"服务队,走村入户,在示范区推广"统一购种、统一购膜、统一育苗、统一整厢、统一覆膜、统一栽秧、统一施肥"的栽培模式,切实解决农民的后顾之忧。

"这样扶持,新推广农户在推广新技术过程中,可以说是零风险。"陈文均说。(本报记者杨勇)

吕世华:15 年过去了,我仍然会感叹"领导重视与否对农技推广非常关键。在领导重视的地方,效果明显要好得多。"资阳模式值得总结。

雁江区中和镇罗汉村祝进贤老人告诉记者:"像今年这样的干旱,如果还用传统方法栽秧子,根本没有收成!"

四川省科学技术厅

2007-06-25　全省水稻节水抗旱栽培技术现场会及经验交流会在资阳市召开

6 月 16 日,由四川省农业科学院和资阳市人民政府主办的全省水稻节水抗旱技术现场会暨推广经验交流会在资阳市召开。省农科院党组书记王书斌、副院长刘建军,省科技厅农村处处长粟洪,以及来自中国农业大学、西南大学以及全省 11 个丘陵地(市、州)科技、农业、粮食部门的领导、专家、学者,部分县(区)、乡镇主要领导等 120 余名代表参加了此次盛会。

与会代表参观了我市水稻覆膜节水抗旱技术推广示范点之一的雁江区中和镇罗汉村。推广经验交流会上,资阳、内江、南充三地科技局分别就该技术在本地推广的基本情况、主要做

2007年6月16全省水稻节水抗旱技术现场会暨推广经验交流会在资阳召开

法、成效及建议向大会作了报告。省农科院水稻专家也对今后这项技术的研究、推广、示范等工作提出了宝贵意见。省科技厅农村处处长粟洪在会上通报了全省现代节水农业技术示范推广情况，充分肯定了水稻节水抗旱栽培技术在资阳市推广所取得的显著成效，并要求全省各地要进一步加大现代节水农业技术的推广力度，为农业抗灾夺丰收提供强有力的科技支撑。

王书斌在作总结时表示，这次会议是针对性很强、质量很高的一次会议，为促进农业可持续发展积累了宝贵的经验。对总结交流各地水稻节水抗旱栽培技术的经验，以此扩大此项技术的推广、应用和完善起着举足轻重的作用。与会代表评价说：水稻覆膜节水抗旱技术的研究、运用和推广，将对解决全球气候变暖带来的问题起到了积极作用。（资阳市科技局发展计划科）

吕世华：在这次"全省水稻节水抗旱技术现场会暨推广经验交流会"上四川省科技厅农村处粟洪处长充分肯定了水稻节水抗旱栽培技术在资阳市推广所取得的显著成效，并要求全省各地要进一步加大现代节水农业技术的推广力度，为农业抗灾夺丰收提供强有力的科技支撑。王书斌书记表示，这次会议是针对性很强、质量很高的一次会议，为促进农业可持续发展积累了宝贵的经验。

四川日报

2007-06-25　农村技术骨干呼唤直接补贴

让土专家在推广新技术和培训农民上发挥更主动的作用

本报讯　农技推广有偿服务对一些土专家来说似乎不那么"名正言顺"。16日，资阳市雁江区雁江镇响水村农民代表刘水富在全省水稻节水抗旱技术现场会暨推广经验交流会呼吁：对农村技术骨干给予直接补贴，使他们在推广新技术和培训农民上发挥更主动的作用。

2006年大旱，雁江区很多农户的稻田大幅度减产，但刘水富家的水稻亩产达到1 000斤。今年春季抗旱，刘水富被周围村请去介绍经验，成了地道的土专家。

而在雁江区，像刘水富这样的土专家还有很多。刘水富认为，由同是农民的土专家带动农民，有时比技术人员更容易让农民接受。

刘水富所在的响水村，除了生态农业科技协会，还有粮食、果树、养殖、蔬菜等10个农技分会。这些协会中的骨干会员，也成为带动农民的重要力量。

省农科院专家吕世华认为，正是有这些协会和土专家，国家"863"计划节水农业项目产生的诸多新成果，得以优先在雁江区等地推广，到今年在整个资阳市推广了16万亩，这也使当地农技推广体系步入良性循环。

但在实际工作中，像刘水富这样对农技推广抱有很大热情的土专家却也面临着困难。正如刘水富在介绍经验时所说：如果给予适当补贴，我会干得更好！

"今年4月初，我接到吕专家电话，喊我到安岳去指导。当时是农忙，我心中不太乐意，没谁付我一分钱的务工补助和车费，凭什么跑那么远给人服务？"刘水富最终碍不过情面，还是去了。现在那里水稻长势不错，刘水富觉得有自己的功劳，但当时的矛盾和犹豫如今还是挥之不去。

为调动农技人员参与推广的积极性，简阳市一些协会在为农民代购种子、化肥、农药时，赚取部分利润，部分地解决了农技人员的劳务费用问题。但为土专家提供劳动补助，为骨干协会会员学技术、用技术、推广技术提供更多资助，目前还没有很好的办法。

省农科院党委书记王书斌主持的《建设新型农业科技推广绿色通道的调研》里给出的对策中，第一条就是推动农技推广主体多元化发展，建议将一些适合实行市场化运作的农技推广服务项目进行有偿服务。

还有就是对农民使用先进农技进行直补。省委农办政策调研督察处调研员周承江介绍，西方国家对农业的补贴，很多都补到了合作社、农业协会。（实习生杨猛、记者杨晓）

> 吕世华：建设现代农业，推进乡村振兴，农民土专家队伍是一支十分重要的力量。我们应该创新体制机制充分发挥"土专家"在推广新技术以及带动农民增收致富上更加主动的作用。

四川省农业科学院

2007-08-27　川中丘陵旱区大灾之年水稻喜获丰收

——省农科院水稻覆膜节水抗旱栽培技术示范效果显著

2007年8月24日，我院在遂宁市安居区和资阳市乐至县举行了"四川省水稻覆膜节水抗旱栽培技术考察验收会"。省农业厅、部分市（县、区）的分管领导、农业局和科技局的负责人等 50 余人出席了会议。我院王书斌书记、李跃建院长、任光俊副院长和刘建军副院长及有关处（所）参加了会议。会议由刘建军副院长主持，会议期间，省科技厅委托遂宁市科技局和资阳市科技局组织专家对四川现代农业（乐至）示范区和国家粮食丰产科技工程（四川安居）示范区重点示范推广的由省农科院与中国农业大学共同研究成功的"水稻覆膜节水抗旱栽培技术"进行了现场考察和产量验收。

安居区和乐至县在川中丘陵老旱区具有典型代表性，两个示范区内采用水稻覆膜节水抗旱栽培技术大面积水稻均表现出较高的产量水平。专家组选取采用节水抗旱栽培技术的安居区安居镇青山村六组胡光凤农户的承包田和乐至县石佛镇唐家店村 10 组农户蒋显富的承包田分别进行挖方测产验收，两示范户实收面积分别为 69.9 平方米和 86.4 平方米，稻谷湿重分别为 75.5 公斤和 109.2 公斤，折亩产分别为 607.1 公斤和 745.4 公斤。

李跃建院长在会议总结发言中指出，今后要做到三个"加强"：一是要进一步加强该技术的示范推广力度，特别要加快在干旱严重地区以及盆周山区等适宜区域的推广；二是要加强宣传工作，一方面宣传该技术的示范效果，另一方面要对该技术应用后可能存在的"白色污染"问题的重视，要像过去推广"地膜玉米"、"地膜蔬菜"等旱地作物地膜覆盖技术一样，重视对地膜的"回收"工作；三是加强研究，对技术进一步规范，进行长期定位试验，研究覆膜对土壤肥力和环境的影响等，以便科学地指导该技术的进一步推广；同时，还要研究解决地膜回收的有效技术措施和办法。（科技合作处、土肥所）

吕世华：李跃建院长三个"加强"的意见非常好！对抗旱增产效果如此明显的技术加强推广理所应当，对技术示范效果及地膜回收加强宣传十分必要，对技术进一步优化发展的确需要加强研究。我们 1999 年和 2004 年分别在成都平原的温江区和川中丘区的简阳市开始了稻—麦和稻—油轮作体系水稻覆膜种植对土壤肥力和生产力影响及环境效应的定位试验，2010 年又在资阳市雁江区开始了冬水田体系的定位试验。相关研究发表了一系列的 SCI 论

时任乐至县副县长的郭启太（右 1）在仔细读称

文，对技术的优化发展也起到了重要作用。另外，我们后来也研究完善了稻田农膜回收的技术措施并找到了与这项技术配套的全生物降解地膜，有效地破解了"白色污染"的难题。

四川省科学技术厅

2007-08-20 资中县水稻覆膜节水抗旱栽培技术受到农民群众普遍好评

今年夏季，资中县遭受了严重旱灾，在对全县大春水稻生产造成严重危害的情况下，部分镇（乡）示范运用水稻覆膜节水抗旱技术栽培的稻谷不仅长势喜人，而且确保能增产增收，受到农民群众的普遍好评。目前主要在银山镇碾子湾、燕子岩、观音寺等村示范推广，栽植面积达 400 余亩。

水稻覆膜节水抗旱栽培技术是由四川省农业科学院、中国农业大学共同研究开发的一项现代节水农业新技术，是今年省科技厅、省农业厅、省水利厅共同确定的首批现代节水抗旱重点推广技术。它的运用，加快了现代节水农业新技术、新产品在全县的示范推广，解决了夏季因干旱缺水给水稻等农业生产造成损失的难题，很大程度上保证了农业增产、农民增收。

该技术与常规种植水稻相比有明显优势：一是节水。水稻是农业用水"大户"，占农业用水总量 70%；运用水稻覆膜保水技术与旱育秧、厢式免耕、地膜覆盖和节水灌溉等技术相结合，节水效果达 70% 以上。二是省肥。在地膜覆盖下，土壤养分活性和根系吸收能力增强，使肥料利用率大大提高，覆膜栽培比传统栽培节省氮肥 10%～15%。三是省工。覆膜栽培抑制杂草生长，省却栽秧、整地、灌水、除草、追肥用工。四是增产。据实地观察了解，大旱之年覆膜栽培水稻亩产较常年种植也有提高，有的亩增产预计达 200 余斤。（资中县科技局办公室）

吕世华：资中县的示范表明，应用覆膜栽培技术在大旱之年水稻产量较常年亩增产可达 200 余斤。

四川省农业科学院

2007-08-23 土肥所老专家到资阳考察水稻覆膜节水抗旱技术推广情况

8 月 21 日，土肥所老所长胡思农研究员等 9 位老专家前往资阳市雁江区雁江镇响水村等地考察了土肥所和中国农大合作建立的水稻覆膜节水抗旱技术推广应用情况，对土肥所和年轻专家取得的新成绩予以充分肯定。

这次老专家考察活动由我所年轻专家吕世华同志发起，其初衷是感谢老专家们对《探索的足迹——四川省农业科学院土壤肥料研究所老专家文选》出版工作的热情支持，并听取老专家们对其科研小组下一步工作的建议。

老专家们顶着烈日先后到雁江区松涛镇红岩子村和雁江镇响水村考察了水稻覆膜节水抗旱技术推广情况。老专家们亲眼目睹了这两个村在今年前期遭受特大干旱条件下采用水稻覆膜节水抗旱技术推广实现满栽满插，以及同田新技术与传统技术的显著对比效果，听到了村社干部和广大社员对农科院专家发自肺腑的感谢，并且了解到了今年这两个村农户全是自己花钱买微膜应用新技术的情况，大家十分高兴，并且对水稻覆膜节水抗旱技术的节水抗旱效果和增产增收效果予以充分肯定，建议进一步加大该技术的推广力度。

雁江镇响水村是土肥所原欧共体水土保持科研项目试验研究基地，也是典型的丘陵旱山村，去年该村280余亩稻田采用水稻覆膜节水抗旱技术在80年不遇的特大干旱条件下获得了比正常年份还高的产量，创造了科技治旱的"响水奇迹"。去年8月下旬资阳市人民政府和雁江区人民政府先后在响水村召开技术推广现场会，促进了这一技术的大面积推广。据了解，今年响水村90％以上的稻田采用了这项新技术，雁江区今年的推广面积达到了6万余亩以上。

雁江区科技局熊焰局长和区农业局农技站李彬站长、土肥所办公室贾纯主任等陪同考察，并在水保试验站新装修完工的会议室与老专家们进行了座谈。熊局长充分肯定了土肥所老专家和年轻专家过去和现在对雁江区农业发展的贡献，介绍了资阳市科技局和雁江区科技局依托土肥所专家在响水村建设农业科技专家大院的实施情况和下一步打算，

向老专家们报告水稻覆膜节水抗旱技术的研究与推广情况

希望得到老专家、土肥所和农科院的大力支持。老专家们对吕世华科研小组坚持理论与生产实践紧密结合，围绕现代农业建设开展科研选题和攻关的思路予以高度评价，并鼓励其和当地有关部门加大合作促进成果转化，同时对下一步工作提出了一系列的宝贵建议。出生在雁江区的老专家童云霞在座谈会上特别建议家乡政府进一步改善响水村的交通条件。

资阳电视台和资阳日报社派记者采访报道了本次老专家的考察活动。（土肥所肥料室）

吕世华：这是本人策划的一个活动，简报也是我写的。土肥所老专家们求真务实的精神鼓舞我坚持理论与生产实践紧密结合服务"三农"的决心。现在我已进入"老专家"的队伍，我只愿求真务实的精神能够在我们研究所薪火相传！

四川省人民政府

2007-08-24 内江市中区对应用覆膜节水技术的水稻进行测产

8月22日，市科技局副局长蒋守仁率农业科技专家对市中区采用覆膜节水抗旱栽培技术的水稻进行了现场测产，对比采用新技术与传统技术的水稻产量。

为节约水资源，提高水稻应对干旱的能力，提高农业综合生产能力，推动农业生产方式的转变。今年，市中区科技局以"试点先行，以点带面"为策略，在干旱形势较为严重的镇乡开展了水稻覆膜节水抗旱栽培技术的试验示范，栽培面积达1 070亩。

蒋守仁率专家一行到市中区朝阳镇和伏龙乡的水稻节水覆膜抗旱栽培技术示范区，顶着烈日，深入到田块，拉软尺，算株数，数穗粒，仔细记录下相关数据。

据农业专家介绍：实施覆膜节水抗旱栽培技术的水稻，前期长势良好，茎秆粗壮，叶片茂盛；中期分蘖能力明显增强，在严峻的干旱形势下仍然郁郁葱葱，没有萎蔫现象；后期抽穗长，穗粒多而饱满，总体生长周期缩短，具体产量，将在谷穗晒干后，进一步计算才能得出，但总体估计效果较为突出。

在田地里，一些农户正在收割水稻。蒋局长走上前亲切地询问他们产量如何，对此项新技术有什么看法。大家都说：新技术的确让他们在大旱之年尝到了甜头，明年他们将自发将此技术进一步推广应用。（内江市中区科技局）

吕世华：一项技术在示范后老百姓愿意第二年自发采用，就说明这是一项成功的技术，政府更应该花更大的力气大面积推广。

四川省农业科学院

2007-08-27 李跃建院长率队参加乐至县现代节水农业技术示范项目测产验收会

根据省科技厅的安排，2007 年 8 月 24 日"乐至县现代节水农业技术示范"项目进行了田间测产及验收。四川省农科院院长李跃建研究员、副院长任光俊研究员、刘建军研究员参加了现场验收。参加此次活动的还有我院土肥所负责该县的科技特派员林超文副研究员、水稻覆膜节水强化栽培技术专家吕世华副研究员、乐至县人民政府副县长郭启太、乐至县科技局局长付锡山等专家和相关领导。受科技厅委派，资阳市科技局副局长张进安同志全程监督了测产验收过程。

验收专家组组长为重庆市农业厅副厅长张洪松研究员，副组长为四川农大田彦华教授、四川农科院谭中和研究员及内江农业局李尚平高级农艺师，成员包括农业厅粮油处刘代银研究员、四川农大马均教授、四川农科院郑家国研究员、射洪县农业局陈明祥高级农艺师及南充市农业局黎德富高级农艺师。

验收专家组选取采用节水抗旱栽培技术的代表性田块，唐家店村 10 组农户蒋显户的承包田进行挖方测产，实收面积 86.4 平方米，稻谷湿重 109.2 公斤，含水率 22.1%（标准含水量 13.5%），折亩产 745.4 公斤。

专家组认为：乐至县示范区位于乐至县石佛镇唐家店村，在川中丘陵老旱区具有典型代表性，为无任何灌溉条件的冬水田区。由于受 2006 年遭遇八十年不遇的特大干旱和 2007 年春夏旱的持续影响，示范区周边村社稻田大面积栽不上水稻，因旱导致大幅度减产。而示范区 500 余亩稻田因采用水稻覆膜节水抗旱栽培技术实现了满栽满插和适期栽插，并且均表现出较高的产量水平，在同田对比中，专家组观察到采用水稻覆膜节水抗旱栽培技术比传统栽培至少提前 7 天成熟，且显著增产，充分证明该技术具有显著的节水抗旱及增产效果。经访问，示范区广大农户表示今后将继续采用水稻覆膜节水抗旱栽培技术。另外，专家组也证实了示范区稻田农膜回收情况，总体效果令人满意。

由于示范区位于遂（宁）乐（至）两侧，交通方便，过往群众目睹了该技术的良好效果，纷纷表示明年将主动采纳此项技术，该项技术的示范取得了非常良好的效果。（土肥所林超文）

吕世华：我所林超文研究员是当时乐至示范区的科技特派员。他的简报记录了示范区乐至县石佛镇唐家店村在川中丘陵老旱区具有典型代表性，为无任何灌溉条件的冬水田区。由于受 2006 年特大干旱和 2007 年春夏旱的持续影响，示范区周边村社稻田大面积栽不上水稻，大幅度减产。而示范区 500 余亩稻田因采用水稻覆膜节水抗旱栽培技术实现了满栽满插和适期栽插，比传统栽培至少提前 7 天成熟，且显著增产，充分证明该技术具有显著的节水抗旱及增产效果。另外，专家组也证实了示范区稻田农膜的回收情况，总体效果令人满意。

中为四川省农业科学院院长李跃建研究员

四川省科学技术厅

2007-08-27 乐至水稻覆膜节水抗旱栽培技术推广项目通过专家组验收测产

8月24日，资阳市科技局受省科技厅委托，组织四川、重庆两地16名有关水稻专家，对乐至县石佛镇唐家店村实施的"水稻覆膜节水抗旱栽培技术"进行了验收测产。

在验收测产现场，项目技术负责人省农科院副研究员吕世华、乐至县副县长郭启太向省农科院院长李跃健和专家组汇报了该技术推广示范工作情况。这次测产面积为0.13亩，扣除25%的水分，产量为193.8斤。据此计算，亩产可达1491斤。该水稻属香米类品种，每斤的售价为1.8元，扣除每亩工时费250元、地膜60元，产值达2373元，比未采用这项栽培技术的每亩多收入573元。

这项技术的推广实验，深受群众欢迎。许多在场农民畅谈了对水稻覆膜节水抗旱栽培技术的感受，对其省工节肥、节水抗旱、产高质优等赞不绝口。（资阳市科技局）

吕世华：资阳市科技局的简报计算出了采用水稻覆膜技术的经济效益，每亩达到573元。同时指出，这项技术深受群众欢迎。

四川日报

2007-08-28 百万亩节水稻田增产有望超 20 万吨

专家认为覆膜水稻抗旱效果好，可在丘陵及盆周山区推广

本报讯 8 月 24 日，乐至县石佛镇唐家店村的稻田间，专家对 10 组村民蒋显富家 86.4 平方米稻田的测算显示，其亩产水稻达 745.4 公斤，比正常年份增产 300 公斤。此前一周在各地考察节水抗旱技术推广的专家吕世华由此推算：今年我省采用节水抗旱技术栽培的 100 余万亩水稻，经受住了旱灾考验，亩产增收平均超过 200 公斤，总增收量超过 20 万吨。

唐家店村民苏成云因地膜不够，留下的半分稻田无意中成了覆膜水稻的"对照田"。覆膜地里水稻黄熟，沉甸甸压弯了腰；未覆膜地里水稻还是绿色，且稻穗不够饱满，分蘖数少。

苏成云和乡亲们所处的地区，是无任何灌溉条件的老旱区，示范田外，水稻栽不上秧，大面积减产成定势。而示范田内，不仅满栽满插、适期栽插，而且提前 7 天成熟，显著增产，充分证明水稻覆膜技术有明显抗旱效果。

受省科技厅委托，"水稻覆膜栽培技术"验收专家组当日认真走访多户农民后，专家组组长张红松在鉴定书上郑重写下结论：根据该技术各地的实践，专家组成员一致认为该技术是先进、可靠的节水农业技术，在丘陵及盆周山区均值得推广。（黄玉洁、记者张红霞）

重庆市农委副主任张洪松研究员（左）在乐至产量验收现场

吕世华：重庆市农委副主任张洪松研究员也是著名的水稻专家，他对这项技术的高度认可也为该技术在重庆市的推广应用奠定了基础。

四川省科学技术厅

2007-08-31 遂宁市水稻覆膜节水抗旱栽培技术通过省级验收

8月24日，受四川省科技厅委托，遂宁市科技局组织川、渝两地相关专家，对在安居区示范推广的由四川省农科院土肥所和中国农业大学等单位研究的水稻覆膜节水栽培技术进行了现场考察和产量测产，顺利通过了专家组的验收。

安居区是典型的川中丘陵农业大区，水资源十分匮乏，传统栽培因受到干旱而经常减产；而示范区内的200亩稻田因采用水稻覆膜节水抗旱栽培技术，实现了满栽满插和适期栽插，在同田对比中比传统栽培明显提前成熟且显著增产，示范区内亩产约607公斤，比非示范区内增产约20%左右。

根据本次现场验收结果和专家组部分成员对该技术在省内其他地区的示范推广实践，认为水稻覆膜节水抗旱栽培技术是先进可靠的节水技术，在我省丘陵及盆地山区值得推广，并一致认为该技术通过省级验收。（安居区科技局）

国家粮食丰产科技工程（四川安居）示范区采用水稻覆膜技术获得丰收

吕世华：遂宁市安居示范区 200 亩稻田因采用水稻覆膜节水抗旱栽培技术，实现了满栽满插和适期栽插，在同田对比中比传统栽培明显提前成熟且显著增产，示范区内亩产约 607 公斤，比非示范区内增产约 20％左右。

中国农大新闻网

2007-09-01　十年磨一剑：我校稻田养分资源综合管理技术助川治旱

——以抗旱节水和高产高效为目标的稻田养分资源综合管理技术现场会在四川召开

烈日炎炎下，在遭遇特大干旱的四川省资阳市雁江区响水村的两块稻田里出现了反差极大的景象：一块农民习惯栽培的稻田里一派萧条，水稻就像干枯的茅草，而另一块应用了新技术，覆盖了地膜的稻田里，稻穗却金黄饱满，长势喜人。在村民李俊清大爷眼里，这项由专家带来的新技术实在是太"神奇"了。

2006 年，在这个四川盆地遭遇 80 年不遇的大旱之年，李俊清家由于采用了这种"神奇"的技术，水稻平均亩产达 720 公斤，"我们这里是旱片死角，如果不是新技术，大旱之年肯定颗粒无收。"李大爷非常兴奋。他也将这种愉悦传递给了周围的村民，正是这样村民们自发的宣传和看得见的例子，使得越来越多的村民用上了这种技术。在 2006、2007 年连续两年四川遭遇特大干旱的时候，这种技术的优势更是充分得以显现。据统计，两年间，在传统管理方式近乎绝产的情况下，运用新技术栽培的稻田不但获得了丰收，而且每亩平均增产达 150～300 公斤。这在当地引起了轰动，各地农民纷纷来看，地方政府领导自行参观，各方媒体也争相报道。

8 月 31 日，在我校资环学院和四川省农科院组织下，"以抗旱节水和高产高效为目标的稻田养分资源综合管理技术现场会"在资阳市召开。全国人大农业委员会副主任、农业部原副部长、可持续发展专家路明教授，江苏省原副省长、水稻栽培著名专家凌启鸿教授，四川省农科院、水科院，扬州大学，西南大学，四川农业大学等院校国内知名专家学者以及来自四川省成都、内江、资阳、绵阳、宜宾、南充、遂宁、广安等十余个市及其管辖县政府各级负责人来到了田间。示范现场，试验田对比鲜明，村民们交口称赞。通过农民自己介绍，专家提问和点评以及现场观察，专家们也对此项技术予以了充分的肯定。

这究竟是怎样一种"神奇"技术呢？一直参与这项技术创新和研究推广的四川省农科院吕世华研究员介绍说，这项以节水抗旱和高产高效为目标的稻田养分资源综合管理技术，是四川省农科院土肥所与中国农业大学资环学院从 1994 年开始合作研究所取得的重要成果之一，其核心就是将养分管理、水分管理、覆膜栽培与大三围栽培等技术综合集成。

"只有综合才能创新，才能解决问题"。现场会上，张福锁教授系统总结了这项与四川省农科院长达13年的合作成果，说明这是理论前沿和生产实际问题紧密结合的研究成果，是一步一个脚印、扎扎实实通过理论研究的深化实现技术上突破，最终发表出SCI论文而解决农民实际问题的成果。早在1994年合作之初，张福锁教授研究团队与吕世华研究员就已经针对四川丘陵和盆周山区稻田生产中养分资源利用不合理、季节性缺水和频繁发生干旱等主要问题开展了针对性的研究，先后在养分管理、覆盖栽培、大三围高产栽培等理论和技术上取得突破，形成了成套技术，并在技术扩散传播过程中，还针对农技推广困境，积极进行农技推广模式的创新，建立和实践了"专家＋协会＋农户"的农技推广模式，在这一基础上又建立了"四川农业新技术研究与推广网络"，得到四川省委、省政府、农民和专家的多方肯定。

从20世纪90年代初的水旱轮作系统作物施肥，到1998年在成都市温江区的"水稻覆盖旱作"试验，到大三围高产栽培技术的创立，再到多项技术的综合集成创新，研究团队不断实现研究和实践方面的双丰收，2001年，他们又将研究范围从成都平原区进一步扩展到广大的丘陵山区。经历了在中江县富兴镇开始的丘陵区应用研究、2002年在富顺县富士镇的初战告捷和2003年在简阳市东溪镇的轰动后，这项技术基本成熟。2006年的特大旱灾检验了这项技术，为大面积应用奠定了良好的基础。2007年，四川省科技厅、农业厅、水利厅便共同将这项技术确定为现代农业节水抗旱重点推广技术，应用推广面积超过100多万亩，取得了节水、抗旱和增产、增收的巨大效益。

一直工作在基层并积极推广此项技术的简阳市东溪镇农技服务中心主任袁勇算了一笔账：使用这项技术后，平均每亩稻田增加投入为薄膜70元；减少的投入为除草90元，翻耕50元，农药10元，抽水80元；增产100公斤以上，增收160元以上，这样一算，平均每亩增加收入为270元以上，加上油菜免耕稀植技术和马铃薯/油菜免耕套作技术，农民每亩每年最少增收600元以上，推及到全省，增收的数量则相当可观！

专家们冒雨在响水村考察

"十年磨一剑"张福锁教授说,"10多年来,这项合作研究培养了5位博士、2位硕士,发表了10多篇国际论文,又为农民增产增收做出了巨大贡献,真正做到了既将论文写在大地上,也不断地发表SCI论文,理论与实践双丰收。这次'亮剑'充分证明了理论与实践相结合的道路会越走越宽。"(桂熙娟)

吕世华:2007年8月31日在资阳召开的"以抗旱节水和高产高效为目标的稻田养分资源综合管理技术现场会"上,水稻覆膜抗旱技术得到农业部原副部长、可持续发展专家路明教授及江苏省原副省长、水稻栽培著名专家凌启鸿教授的高度肯定。张福锁院士也用"只有综合才能创新,才能解决问题"为题系统总结了这项我们与中国农业大学长达13年的合作成果,我们真正做到了将论文写在大地上!

四川省农业科学院

2007-09-04 "以抗旱节水、高产高效为目标的稻田养分资源综合管理技术现场会"在资阳召开

2007年8月31日,由四川省农科院与中国农业大学院共同主办的"以抗旱节水、高产高效为目标的稻田养分资源综合管理技术现场会"在资阳市雁江区成功召开。

会议邀请了全国人大常委、农业和农村委员会副主任,中国作物学会理事长路明教授,原江苏省副省长、中国作物学会栽培委员会主任凌启鸿教授和扬州大学杨建昌教授以及省内资深专家余遥、朱钟麟、朱兴明、杨文元研究员等。出席这次现场会的还有农业部农业技术推广中心土壤肥料处高祥照处长、省农业厅土肥生态处冯云清处长、省科技厅农村处冯壮志以及内江市、资阳市、南充市、宜宾市、绵阳市、遂宁市、巴中市的部门领导和一线技术骨干;中国农业大学、西南大学、四川农业大学相关领域专家也应邀出席了会议;中国农业大学资环学院院长张福锁教授,四川省农科院院长李跃建研究员、副院长任光俊研究员,土肥所党委书记喻先素女士以及院科技处、合作处的相关领导均亲临现场会。

稻田养分资源综合管理技术是中国农业大学资源环境学院与四川省农业科学院土壤肥料研究所自1994年以来合作研究所形成的以抗旱节水、高产高效为目标的稻田利用成套新技术,包括水稻覆膜节水抗旱技术、水稻大三围强化栽培技术、油菜免耕稀植技术以及油菜/马铃薯免耕套作技术等。31日上午,与会者冒着大雨考察了资阳市雁江区响水村"水稻覆膜节水抗旱技术"大面积应用现场,新技术和传统种植效果真可谓泾渭分明,一边是金浪翻滚,显山露水沉甸甸的稻穗摇曳,另一边是那些有意或无意的"对照",低矮的身躯羞涩地隐躲着。李俊清大爷以其亲身经历向参观者讲述了运用新技术获得的增产增收实惠,他朴素地说:"要是不采用新技术,我们这片稻田这两年肯定是颗粒无收!"

考察结束后，在资阳市蜀亨大酒店，项目组向领导和专家进行工作汇报，会议由省农科院副院长任光俊研究员主持。资阳市人民政府副市长郭永红致欢迎词并介绍了该市大面积推广稻田养分资源综合管理技术的概况；土肥专家吕世华作了"多方合作共同把'SCI 论文'写在巴蜀希望的田野——关于稻田养分资源综合管理技术体系的研究与应用"的多媒体汇报；技术推广代表简阳市东溪镇袁勇作了"稻田养分资源综合管理技术推广的体会与建议"的报告；宜宾县科技局蒋勤玖局长介绍了水稻覆膜节水技术今年在当地的应用情况；中国农业大学张福锁教授作了"综合才能创新、才能解决问题——以抗旱节水和高产高效为目标的稻田养分资源综合管理技术研究与推广的启示"的精彩报告。路明部长、凌启鸿教授对多学科综合创新，实现稻田抗旱节水、高产高效目标的研究创新予以充分肯定，他们认为四川省农科院与中国农业大学院长期合作形成的国家综合大学研究团队—地方科研队伍—基层农技推广部门三位一体的合作模式，为国家农业科技创新体系建设提供了经验。农业部土壤肥料处高祥照处长强调了养分资源综合管理在确保国家粮食安全和生态安全中的作用和意义，肯定了以抗旱节水、高产高效为目标的稻田养分资源综合管理技术的先进性和实用性，表示将大力推广这套技术。

省科技厅冯壮志、省农业厅冯云清处长分别肯定了项目研究和推广对四川农业的重大贡献，并表示将继续支持、完善和推进成果的转化。最后，四川省农科院李跃建院长对会议进行了总结，并对来自方方面面的关心和支持表示由衷的感谢。

本次会议吸引了四川卫视、四川人民广播电台、四川日报、四川农村日报、四川党的建设、四川科技报、资阳电视台和资阳日报等 8 家媒体前往采访报道。（土肥所科管科、肥料室）

中国农业大学张福锁教授以"综合才能创新、才能解决问题——以抗旱节水和高产高效为目标的稻田养分资源综合管理技术研究与推广的启示"为题做了精彩的学术报告

吕世华：我在"以抗旱节水、高产高效为目标的稻田养分资源综合管理技术现场会"上的报告题目是"多方合作共同把'SCI论文'写在巴蜀希望的田野——关于稻田养分资源综合管理技术体系的研究与应用"，仅仅这个题目就应该给当年的自己点一个赞！另外，简报中说路明部长、凌启鸿教授对多学科综合创新，实现稻田抗旱节水、高产高效目标的研究创新予以充分肯定，他们还认为四川省农科院与中国农业大学院长期合作形成的国家综合大学研究团队—地方科研队伍—基层农技推广部门三位一体的合作模式，为国家农业科技创新体系建设提供了经验。而农业部全国农业推广服务中心土壤肥料处高祥照处长在会上强调了养分资源综合管理在确保国家粮食安全和生态安全中的作用和意义，肯定了以抗旱节水、高产高效为目标的稻田养分资源综合管理技术的先进性和实用性，表示将大力推广这套技术。后来成为全国农业推广服务中心首席专家的他在全国适宜省（市、区）大力推广我们的技术。

资阳大众网

2007-09-05　安岳县水稻覆膜节水抗旱栽培技术试验田获得丰收

当前正是安岳县水稻收割季节，今年首次在安岳县推行的水稻覆膜节水抗旱栽培技术也到了验收成果的时候了。近日，记者与县农业部门一同前往岳阳镇永兴村和石桥铺镇烽火村两个示范点实地查看。

安岳县石桥铺镇烽火村覆膜水稻丰收在即

一来到田间，我们就看见稻田里一片金黄，沉甸甸的稻穗密密麻麻的。记者初步数了一下，每一窝水稻基本上都有十几片蘖片，远远高于采用传统技术栽种的水稻，按每一穗水稻产籽100多粒计算，采用覆膜节水抗旱栽培技术的水稻亩产在千斤以上。今年参与技术试点的农户水稻在先遭干旱、后受虫灾的情况下仍能实现亩产一千多斤。

不仅是广大农户认可了水稻覆膜节水抗旱栽培技术，村干部们也见识到了这项技术在水稻抗灾、增产方面所展现出的实力。

吕世华：很遗憾找不到写这篇报道的记者的大名了。

珙县电子政务外网

2007-09-05 珙县：田坎上的研讨会

9月4日，珙县石碑乡红沙村航远强等3个农民正在自家田里打谷，忽然村主任余汝奎带着一群人，围在他的稻田周围，指着他的稻谷评头品足，议论纷纷。

"这就是使用了大三围栽培技术种植的水稻，大家看看效果如何，再听红沙村主任余汝奎介绍一下情况。"县府办副主任唐平话音刚落，余汝奎就开始介绍："今年，珙县粮食局向我们村推荐了一项水稻种植新技术，就是水稻全覆膜大三围立体栽培技术，并请来技术发明者四川农业大学的吕世华博士现场讲授技术要领，我们村共搞了30亩试验田，大家可以看到使用了这项技术增产效果明显……"

"你不要光说效果好，我用这个技术两年了，我觉得这个技术优点多，缺点也多。"来自该县率先推广此技术的仁义乡罗家村的老大爷刘廷凡抢过话茬说："优点就是节水、保肥、产量高、不锄草，缺点就是打厢费工程，每亩地膜要增加50多元的投资，另外是第二年地膜没有腐烂，并在田里压得紧，不好取出来。""还有不好把握的技术是根据田土的肥瘦来决定施肥量，肥料过多或过少都会造成减产。"仁义乡的青年农民吴开昌接着说。

参加"田坎研讨会"的县级部门领导和试点的仁义乡石碑乡的农户代表们围绕"大三围"到底好不好，有无推广价值展开了激烈争论。

农业局长杨启金说："农业局农业技术推广站对粮食局引进的这项新技术的两个试点村进行过测产调查，石碑乡红沙村每亩增产110.8公斤，增幅30%以上，仁义乡罗家村亩增产在80～250斤之间，使用这项技术增产是肯定的，增产的原因主要是由于使用地膜达到保温、保养、保肥作用，同时，使用"大三围"技术增加了水稻密度。但是，如果采用旱育秧、小苗早栽、厢式半旱式、稻田免耕、平衡施肥等技术同样可以取得增产效果，而这些技术比"大三围"技术便于操作，因此，建议要因地制宜，让大家自由选择。"

副县长刘晓中说："大三围"技术是用地膜串联起来的多种农业技术的运用，确实增产效果明显，这项技术是县粮食局牵头引进的，其他涉农部门要向粮食局学习，把工作的链条进一步拓宽，把所有涉农部门的技术力量整合起来，建立一支强大的农业专业技术服务队伍，工作重心下移，深入基层，服务农村，大力宣传和推广各项先进的农业科学技术，为农民增产增收出把力。

县委副书记肖苏国说："珙县的农业技术推广与相邻的长宁、江安等地比较差距很大，希望不能再畏首畏尾，要下大决心，用最大力度来加强农业技术的推广，要鼓励农民大胆尝试新技术，要通过农村专业技术人员和科技示范户的带动，促进农民提高科技意识，及时掌握这项农业科学技术，提高劳动生产率，从而加快社会主义新农村的建设步伐。"（江鹏、李元元）

吕世华：宜宾市珙县在田坎上开的这场研讨会开的很有意义，不同的人发表了不同的观点，其中农业局局长的观点最值得关注也值得探讨。2009 年珙县粮食局两位领导针对农业局局长的观点写的发表在《四川农业科技》上的论文"用科学眼光认识水稻'大三围'栽培技术"值得一读。感兴趣的朋友可以在网络上找来看看。田坎会上两位县领导的讲话很有见地。

珙县石碑乡红沙村覆膜水稻丰收在即

四川农村日报

2007-09-05 水稻亩产量两年当三年

抗旱节水新技术帮了忙

本报讯 "过去正常年份亩产七八百斤。如果像去年那样干旱，很多田块颗粒无收。而现在种水稻，两年的产量要当过去正常年份的 3 年。" 8 月 31 日，资阳市雁江区雁江镇响水村一组村民刘水富沉浸在喜悦之中。据测产，他的水稻平均亩产在 1 000 斤以上。

当日，一批水稻专家在雁江区雁江镇响水村至松涛镇红岩子村一带，参观了我省实施水稻覆膜节水抗旱、水稻大三围强化栽培等九大新技术的成果。

这批专家是来自资阳市参加全省以抗旱节水和高产高效为目标的稻田养分资源综合管理技术现场会的。资阳市今年水稻和玉米示范推广现代节水农业技术共 491.9 万亩，有效抗击了春旱夏旱对大春作物的影响。

省农业厅土肥生态处冯云清对这些新技术也推崇有加。据他介绍："我省今年在水稻上共推广 100 多万亩。采用大三围立体强化栽培的亩均增产 100 公斤以上，采用大三围加地膜覆盖的每亩增产 200 公斤左右。"（本报记者 杨勇）

吕世华：袁隆平院士在 2007 年提出"种三产四"丰粮工程，是利用超级杂交稻的技术成果，用 3 亩耕地，产出用常规技术种植的 4 亩耕地的粮食。同一年，采用水稻覆膜种植技术的农民兄弟发现，在干旱年份种植 2 年的产量可以当过去正常年份 3 年的产量，实现了"种 2 产 3"，充分说明了良种良法相结合的重要性。

四川日报

2007-09-05　一层薄膜能否保旱区有粮吃？

——专家三问"水稻大三围覆膜栽培技术"

8 月 31 日，大雨中，一列车队泥行乡间。来自北京、江苏及省内各地的专家、领导来到资阳，到雁江区雁江镇响水村观摩"水稻大三围覆膜栽培技术"。

"水稻大三围覆膜栽培技术"是省农科院于 2003 年开始在简阳东溪镇探索的抗旱节水技术，今年已运用于全省 100 万亩稻田中。干旱年景采用覆膜技术，比正常年份节水 60% 以上，采用大三围技术，可增产 100 公斤。再加上地膜覆盖后，增产可超过 200 公斤。

专家们此行就是从实效、农民自愿、环保三个方面进行论证——水稻覆上的这层地膜，能否"保证大旱之年有饭吃"。

亩产千斤　是否常态

雨中撑伞看技术，专家们兴致十足。

响水村去年有 280 亩农田采用了"水稻大三围覆膜栽培技术"，创造了大旱年景亩产 650 公斤的好收成。田地边，农民李全友说："今年我家田每亩可能要收 700 公斤以上的谷子。"而旁边未覆膜的地里，水稻长势明显差得多。

宜宾县科技局局长蒋勤久在一旁说："我们算了一下，这项技术节支、增收带来的效益每亩至少在 180 元。假如用上联合收割机，效益就更好了。"宜宾县是主动试验这项技术的，4 个乡镇 50 亩，测产后平均亩产 540 公斤，最好的达到 600 公斤。而在简阳市东溪镇，该技术的"摇篮"地，阳公村一社李显金 0.68 亩田地中，今年亩产新创 742 公斤！

宜宾县试点田中，有9亩稻田使用了联合收割机，因为田干又平，适合机械作业，农民因此每亩收益达到380元。"这是了不起的成绩，农业增收不容易"，蒋勤久说，这项技术可以用上所有当前正在推广的技术——旱育秧、抛秧、免耕秸秆覆盖、覆膜、大三围以及机械收割。

接不接受这项技术

2004年，这项技术刚在简阳市东溪镇推广时，只有31户农民抱着"试试看"心理，栽了26亩。当年，新胜村12组吴居潭的0.59亩水稻获得了亩产842公斤的超高产。看到了实效，2005年又有280户农民加入，面积增加到320亩。而去年，参与农户达到2 180户，采用全套技术栽种2 200亩，带动全镇6 000余亩水稻。

今年，响水村90％以上的村民都自觉选择了这项技术。宜宾县50亩示范田的丰收效应，使更多的农民主动地选择使用这项技术。在乐至县石佛镇唐家店村，有5个村民小组试用该技术，丰产后引起上千农民效仿。农民们纷纷说，自己掏钱也要搞地膜水稻。在遂宁、南充、自贡、巴中等地，农民一样表现出极大的热情。

中国作物学会栽培委员会主任凌启鸿认为，今后农业的发展要将品种、栽培、植保、土肥、技术推广等结合在一起，这项技术代表了这个方向。从算账看，投入产出后的综合收益能达320元/亩；从劳动力看，免耕、不生杂草、少病虫害、少施肥等，都适应农民劳力非老即少的现状；从地利条件看，它很适合四川丘陵多、山区多、旱区多的现实。

是否形成"白色污染"

在课题组试验的四年间，有关地膜是否形成"白色污染"的质疑从来没有停止过，这也因此影响了该技术的推广。有专家认为，地膜伴随水稻生长一季，会变脆易碎，不易回收，因其不可降解而伤及土地。

雁江区中和镇负责人介绍，中和镇今年栽培5 000亩覆膜水稻，收割后地膜可揭起，个别破碎的地方用铁篙扒一下即可清除干净。他特别强调，如果用再生地膜可能存在这个问题，用质量级别一级的地膜则可无忧。蒋勤久认为，地是免耕的，不会因翻地而使地膜进入土壤中。

凌启鸿是全国知名的栽培专家。他介绍，从20世纪80年代以来，中国覆膜栽培量居世界首位，最初应用于高海拔、高纬度地区的旱作物，是为了用地膜防止水分蒸发，效果明显。

全国人大农村和农业委员会副主任路明则提醒，要吸取20世纪90年代推广的地膜小麦，不到10年就踪影全无的教训。要想使这项技术可持续发展，还要继续研究解决覆膜水稻追肥难题，达到让农民采用起来简易化、低成本。（本报记者张红霞）

吕世华：参加会议的宜宾市宜宾县科技局蒋勤久局长介绍的采用覆膜技术的稻田因为田干又平，适合机械作业，用上了联合收割机，进一步减少了水稻收获的人工成本。后来，在许多推广覆膜水稻的地方都用上了联合收割机。可以告慰路明教授的是15年过去了，覆膜水稻仍在大面积应用。另外，近年的研究发现，全生物降解地膜的应用可以有效破解传统地膜覆盖追肥难的问题，能够进一步提高水稻的产量。

地膜回收情况良好

资阳日报

2007-09-06 科学种田1.2亩 增收千斤谷

眼下正是水稻的收获季节，简阳市东溪镇凤凰村10组村民刘子山心里乐开了花。年过六旬的他，怎么也没有想到，投入的时间、精力比往年少，自己1.2亩稻田却收获了将近1 000斤稻谷。

刘老汉家的1.2亩水田是吊坎田，哪怕反复抽水到田里，总是蓄不住水。由于长期缺水，他家的水稻每亩产量从未超过500斤。从2004年开始，我市遭遇连续干旱，硬是愁煞了这位以种地为生的庄稼汉：水稻年亩产量逐年下滑，最甚时产量跌到了200多斤，连投入的成本都收不回来。

今年上半年，镇上来了省级农业专家。"免耕开厢"、"三围栽植"、"覆盖地膜"……第一次听到这一系列新名词，刘老汉傻了眼，一时无法接受地膜覆盖栽种水稻这种新方式。"种地嘛，哪个不会？薄膜这个东西，没用。"其实刘老汉并非一味否定新科技，他暗暗地算了一笔账，心里存有疑虑：每年产出300斤谷子，打成米之后只有150斤，以市场价每斤一元钱计算收获150元，除去前期投入的肥料，农药费用，仅余100元收益。若使用专家介绍的科学技术栽种，光购买薄膜这一项就得投入50多元，况且今年异常干旱，极有可能血本无归。刘老汉的担心代表了凤凰村绝大多数村民的心思，他们计算着成本，有些犹豫不定。在市农业局农业专家的反复宣传和镇领导的极力劝说下，整个凤凰村最终全部采用地膜覆盖栽种水稻。

由于广泛推广科学种田，东溪镇今年采用地膜覆盖方式栽种水稻 1 200 余亩，估计亩产在 1 100 至 1 200 斤，目前最高亩产达到了 780.7 公斤，较常规栽培每亩增产 200 至 300 斤，节水 50％以上。作为省科技厅、省农科院选定的四川省粮食丰产科技工程、现代节水农业示范园的凤凰村 700 多亩水稻全部获得大丰收，每亩平均增收 500 斤以上。"不用费力扯野草，也不必反复施肥，又省工来又省钱。"、"收成顶呱呱。"……体会到地膜覆盖栽种水稻带来的便利，村民们喜悦之情溢于言表。（张雪）

吕世华：作为省科技厅、省农科院选定的国家粮食丰产科技工程，全省现代节水农业示范区的简阳市东溪镇凤凰村 700 多亩水稻全部获得大丰收，每亩平均增收 500 斤以上。"不用费力扯野草，也不必反复施肥，又省工来又省钱。"我们高兴地看到了村民丰收的喜悦！

测产验收专家组在国家粮食丰产科技工程简阳示范区考察覆膜水稻

中国资阳公众信息网

2007-09-10 中和镇水稻抗旱新技术促增产

"我家今年的水稻亩产随便达到 1 300 斤，就是明年政府不喊我们这样做，我们也要实行这种新技术栽秧。"雁江区中和镇罗汉村的陈升明一说到目前水稻丰收的事，脸上就乐开了花。8 月下旬，市农技推广中心、雁江区农业局和区科技局对中和镇实施覆膜节水抗旱栽培新技术水稻示范片进行测产后，对陈升明的说法给予了证实。

据悉，为了确保今年大旱之年不减收，中和镇党委、政府组织实施了科技惠民行动，投入近6万余元，积极推广水稻覆膜节水抗旱、省肥栽培新技术，全镇新技术推广面积达到5 000亩。8月22日至23日，市区农技部门和区科技局对实行了水稻覆膜节水抗旱、省肥栽培新技术的12个点和未实施此新技术的12个点进行了现场测产。结果显示，实施了水稻覆膜节水抗旱栽培新技术的罗汉、巨善等村的水稻有效分蘖在11至15穗之间，穗粒数在240至270粒之间，最多的一穗达到330粒，按科学评估千粒重26克计算，实行了水稻覆膜节水抗旱栽培新技术的示范片水稻平均亩产1 210斤，最高的达到1 400斤，而按传统方式栽培的水稻平均有益分蘖为8穗，最少的只有5穗，穗粒在130至210粒之间，最高亩产也只有800斤。

据统计，该镇今年实行新技术栽培的5 000亩水稻，平均每亩增产500斤，全镇增产250万斤，增收200万元，人均增收40元。

吕世华：时任雁江区中和镇党委书记叫杨杰，2006年他是雁江区雁江镇的镇长，在雁江镇工作期间他就十分重视我们在响水村的示范工作。2007年他到中和镇主持工作就把我们新技术的推广作为全镇党委、政府的中心工作来抓。还在当年的3月份把我请到中和镇罗汉村进行田间技术培训。同时，镇里还投入近6万余元来推广技术。

科学时报

2007-09-11　稻田综合管理技术　大旱之年保丰收

本报讯　养分资源利用不合理、灌溉水短缺、频繁发生干旱是四川丘陵和盆周山区水稻生产中面临的主要问题。近年来，四川盆地连续遭遇了80多年来最严重的干旱，不少稻田因干旱缺水导致水稻减产甚至绝收。中国农业大学的"稻田养分资源综合管理技术"在旱区稻田推广后，水稻田不仅没有减产，反而"逆势"增产，实现历史性突破。据统计，在过去的两个旱灾间，在传统管理方式近乎绝产的情况下，运用新技术栽的稻田不但获得了丰收，而且每亩平均增产达150～300公斤。

一直参与这项技术创新和研究推广的中国农业大学资源与环境学院院长张福锁教授和四川省农科院吕世华研究员介绍说，这项以节水抗旱和高产高效为目标的稻田养分资源综合管理技术，其核心就是将养分管理、水分管理、覆膜栽培与大三围栽培等技术综合集成。今年，四川省科技厅、农业厅、水利厅共同将这项技术确定为现代农业节水抗旱重点推广技术，应用推广面积超过100多万亩，取得了节水、抗旱和增产、增收的巨大效益。（桂熙娟、何志勇）

吕世华：这项以节水抗旱和高产高效为目标的稻田养分资源综合管理技术，其核心就是将养分管理、水分管理、覆膜栽培与大三围栽培等技术综合集成。的确，正如张福锁院士所说"综合才能创新，才能解决问题"。

2007 年 8 月 16 宜宾市长宁县水稻覆膜节水抗旱技术现场会

科技日报

2007-09-11　中国农大技术神奇　大旱年水稻仍增产

本报讯　"往年我家一亩水稻只能收七八百斤，现在采用了新技术，就是天干旱，也收了一千三四百斤，稻谷又大又满！"8 月 31 日，炎炎烈日下，在遭遇特大干旱的四川省资阳市雁江区响水村的两块稻田里出现了反差极大的景象：这边，一块农民习惯栽培的水稻像干枯的茅草。另一边，村民李俊清大爷家应用了"稻田养分资源综合管理技术"的田里，稻穗金黄饱满。

养分资源利用不合理、灌溉水短缺、频繁发生干旱，是四川丘陵和盆周山区水稻生产面临的主要问题。近年来，四川盆地连续遭遇 80 多年来最严重的干旱，不少稻田因干旱缺水导致水稻减产甚至绝收。中国农业大学以抗旱节水和高产高效为目标的稻田养分资源综合管理技术在灾区推广后，水稻田不仅没有减产，反而"逆势"增产，实现历史性突破。

李俊清家去年就采用了这种技术，他的水稻平均亩产达到 720 公斤。"如果不是靠新技术，肯定颗粒无收。"李大爷说的事情，很快在周围村民中传开，村民争着用这个技术。

四川连续两年遭遇特大干旱，稻田养分资源综合管理技术的优势充分显现。仅简阳市东溪镇就有 6 000 余亩稻田因采用此项技术而免于旱灾。两年间，在传统管理方式近乎绝产的情况下，运用新技术栽培的稻田不但获得了丰收，而且每亩平均增产达 150～300 公斤，2007 年，部分田块亩产达到 794 公斤。这在当地引起了轰动，各地农民纷纷前往观看。

据参与研究推广的中国农业大学资源与环境学院院长张福锁教授和四川省农科院吕世华研究员介绍，这项以节水抗旱和高产高效为目标的稻田养分资源综合管理技术的核心是将养分管理、水分管理、覆膜栽培与大三围栽培等技术综合集成。

从 20 世纪 90 年代初的水旱轮作系统作物施肥，到 1998 年在成都市温江区的"水稻覆盖旱作"试验，到大三围高产栽培技术的创立，再到多项技术的综合集成创新，研究团队不断实现研究和实践方面的双丰收。2001 年，他们又将研究范围从成都平原区进一步扩展到广大的丘陵山区。经历了在中江县富兴镇开始的丘陵区应用研究、富顺县富士镇的初战告捷和简阳市东溪镇的成功后，技术基本成熟。8 月 31 日，国内知名专家在四川省资阳市雁江区响水村参观后给予了充分肯定。

今年，四川省科技厅、农业厅、水利厅共同将这项技术确定为现代农业节水抗旱重点推广技术，应用推广面积超过 100 多万亩。

简阳市东溪镇农技服务中心主任袁勇算了一笔账：使用这项技术后，平均每亩稻田增加投入为薄膜 70 元，减少投入除草 90 元，翻耕 50 元，农药 10 元，抽水 80 元；增产 100 公斤以上，增收 160 元以上，这样一算，平均每亩增加收入为 270 元以上，加上油菜免耕稀植技术和马铃薯/油菜免耕套作技术，农民每亩每年最少增收 600 元以上。（桂熙娟、何志勇）

吕世华：没有 1994 年开始与中国农业大学张福锁教授的合作就没有我对四川农业发展做的贡献，感谢时代给予我的机会！

2007 年 8 月 17 日乐至县丰收在即的覆膜水稻

农民日报

2007-09-12 旱年水稻说丰收

——中国农业大学"稻田养分资源综合管理技术"
在四川成功推广

"往年我家一亩水稻只能收七八百斤，现在采用了新技术，天再干旱，按照去年的行情，我估计收一千多斤也不成问题！" 8月31日中午，炎炎烈日下，在今年遭遇特大干旱的四川省资阳市雁江区响水村的两块稻田里有着截然不同的景象：这边一块农民习惯栽培的稻田里一派萧条，水稻就像干枯的茅草；而另一侧农民李俊清的稻田里，稻穗金黄饱满，长势喜人。何以出现如此大的反差？李俊清说，他的秘诀就是采用了一种新技术——稻田养分资源综合管理技术。

两方合作出成果

"稻田养分资源综合管理技术的核心就是将养分管理、水分管理、覆膜栽培与大三围栽培等技术综合集成。" 一直参与这项技术创新和研究推广的中国农业大学资源与环境学院院长张福锁教授、四川省农科院吕世华研究员介绍说，该技术以节水抗旱和高产高效为目标，是四川省农科院土肥所与中国农业大学资环学院从1994年开始合作研究所取得的重要成果之一。

从20世纪90年代初的水旱轮作系统作物施肥，到1998年在成都市温江区的"水稻覆盖旱作"试验，到大三围高产栽培技术的创立，再到多项技术的综合集成创新，这项技术的研究团队不断实现研究和实践方面的双丰收。2001年，他们又将研究范围从成都平原区进一步扩展到广大的丘陵山区。初战告捷后，这项技术基本成熟，2006年的特大旱灾使该技术经受住了考验。

8月31日，全国人大农业委员会副主任路明和江苏省水稻栽培专家凌启鸿等国内知名专家在雁江区响水村参观后，对此项技术给予了充分肯定。

旱年逆势增产

养分资源利用不合理、灌溉水短缺、频繁发生干旱是四川丘陵和盆周山区水稻生产中面临的主要问题。近年来，四川盆地连续遭遇了80多年来最严重的干旱，不少稻田因干旱缺水导致水稻减产甚至绝收。然而稻田养分资源综合管理技术在灾区推广后，水稻不仅没有减产，反而逆势增产，实现历史性突破。

李俊清在2006年就采用了这种技术，虽然当年遭遇80年不遇的大旱，他家的水稻平均亩产却达到720公斤。"如果不是靠新技术，肯定颗粒无收。"李大爷兴奋地说。他相信科技、依靠科技获丰收的事实，很快在村民中传递开来，如今越来越多的村民都用上了这项技术。

从去年至今，四川连续两年遭遇特大干旱，稻田养分资源综合管理技术的优势得以充分显现。仅简阳市东溪镇就有6 000余亩稻田因采用此项技术而免于旱灾。据统计，两年间，在传统管理方式近乎绝产的情况下，运用新技术栽培的稻田不但获得了丰收，而且每亩平均增产达 150～300 公斤，2007 年部分田块亩产达到 794 公斤。

在川推广逾百万亩

今年，四川省科技厅、农业厅、水利厅共同将这项技术确定为现代农业节水抗旱重点推广技术，应用推广面积超过 100 多万亩，取得了节水抗旱和增产增收的巨大效益。

一直工作在基层并积极推广此项技术的简阳市东溪镇农技服务中心主任袁勇算了一笔账：使用这项技术后，平均每亩稻田增加薄膜投入 70 元，但减少除草投入 90 元、翻耕投入 50 元、农药投入 10 元、抽水投入 80 元；平均亩增产 100 公斤以上，增收 160 元以上。"这样一算，平均每亩增加收入为 270 元以上，"他说。

"数据最能说明问题。我相信，随着这项技术的不断完善，它将在很多地方得到大力推广，将为农民增产增收做出巨大的贡献。"张福锁教授如是说。（黄朝武、志勇、熙娟）

吕世华：稻田养分资源综合管理技术的核心就是将养分管理、水分管理、覆膜栽培与大三围栽培等技术综合集成。反过来说，水稻覆膜技术节肥综合高产技术是典型的综合集成创新技术，也是高效的稻田养分资源综合管理技术。

南充市西充县丰收在即的覆膜水稻

四川省农业科学院

2007-09-14　中共中央委员、全国人大常委张中伟到我院邛崃基地调研粮经复合型现代农业项目

9 月 13 日中共中央委员、全国人大常委、农业与农村委员会副主任、原四川省省长张

中伟同志到我院邛崃基地调研粮经复合型现代农业项目，对我院科技创新和成果转化方面取得的成绩予以充分肯定，并强调发展现代农业要通过抓"三育"（育土育种育人）促"三高"（高产优质高效）。

在院党委书记王书斌、院长李跃建和邛崃市市委书记高志坚等的陪同下，中伟同志首先听取了邛崃市国田公司负责人关于依托省农科院发展规模化集约化粮经复合型现代农业，实现企业增效农民增收的情况汇报，然后又饶有兴致地到粮经复合型现代农业项目核心区实地考察了设施农业发展蔬菜和食用菌生产的情况，项目首席专家李跃建研究员和土肥所食用菌专家甘炳成副研究员分别作了介绍。

在下午的座谈会上，李跃建院长用多媒体向中伟同志重点汇报了我院近期在科技创新和成果转化方面的新进展和新成绩，也介绍了在成都市科技局和四川省科技厅支持下通过实施粮经复合型现代农业项目与邛崃市开展"院市合作"的情况。

中伟同志对我院"创新转化一条线，专家农民面对面"的成果推广模式，推进城乡统筹促进全省现代农业建设的发展思路给予充分肯定。在讲话中他指出，发展现代农业要依靠现代科学技术，问题是如何真正把科技转化为生产力，关键是体制、机制创新，要充分发挥专家、企业和农民三个方面的积极性。农科院提出的成果转化新模式"专家＋协会＋农户"以及"专家＋企业＋农户"是很好的探索。

中伟同志特别强调发展现代农业要通过抓"三育"（育土育种育人）促"三高"（高产优质高效）。他指出，我们对土地的数量要有危机感，在土壤的质量上更要有紧迫感；无论种植业还是养殖业良种都非常重要，良种的繁育要与地方结合，品种布局要因地制宜并根据市场需求；育人是讲通过成果推广和培训提高广大农民的科学文化素质，农科院在简阳搞农民协会是一种非常好的做法。今后现代农业的建设"育土"是基础，"育种"是关键，"育人"是根本。他殷切地希望省农科院为全省现代农业建设做出更大贡献。

院科技合作处段晓明处长、科技管理处何希德副处长、唐静科长、院土肥所甘炳成副所长、土壤肥料专家吕世华等也随同参加了此次调研活动。（合作处供稿）

吕世华：2007年1月张中伟同志辞任中共四川省委副书记、省长，当年2月担任第十届全国人大农业与农村委员会副主任委员。2007年9月10日在我院李跃建院长的陪同下，他到位于简阳市东溪镇万古村的"863"节水农业实验基地调研。在去简阳的路上，他就在问覆膜水稻的事情，特别关注这项技术的投入和产出。东溪镇农业服务中心主任袁勇给中伟同志算了覆膜水稻的投入和效益。他对专家加协会也很关注，在听取汇报后指出，现在农村面临粮食安全，劳动力减少，灾害严重的情况，发展现代农业要考虑产量质量和农民的效益。要求农科院要进一步通过科研、示范和推广，加速科技成果转化为现实生产力。9月11日，中伟同志又在我院院长李跃建、省粮食局局长李益良等陪同下，到广汉市连山镇"四川省农业科学院川西实验区"进行调研。在听取汇报后他强调，当前省委提出由传统农业向现代农业跨越，单就提高农业综合生产能力面临三大难题需要破解，一是粮食安全，二是农民增收，三是防灾减灾，这些都需要现代农业科技作为支撑，希望农科院的专家们在这些方面有所作为。从这些情况分析，9月13日带着我随同中伟同志到邛崃市调研粮经复合型现代农业项目应该是李跃建院长的主意。

张中伟（左4）同志在邛崃市调研粮经复合型现代农业项目

四川省农业科学院

2007-09-14　土肥所专家吕世华向中共中央委员、全国人大常委张中伟同志汇报工作

9月13日我院土肥所土壤肥料和水稻栽培专家吕世华在随同中共中央委员、全国人大常委、农业与农村委员会副主任、原四川省省长张中伟同志邛崃调研现代农业过程中，向中伟同志当面汇报了他的科研小组的工作，中伟同志给予了充分肯定。

中伟同志在近期的农村调研过程中多次提到大三围、水稻覆膜、专家加协会。作为水稻大三围强化栽培技术、水稻覆膜节水抗旱栽培技术的主研人员和"专家＋协会＋农户"农技推广模式的探索者吕世华同志十分高兴，准备了一系列的文字材料、图片和声像资料向张省长汇报，也面呈了他2004年4月写给张省长的公开信。

中伟同志对吕世华科研小组的工作予以充分肯定，表扬吕专家的科研创新和成果推广既避减旱灾又实现粮增产农民增收，同时培养了一批新型农民。他表示回去后将仔细研究有关材料，适当时间也将专程到吕专家科研示范基地考察。

在座谈会上听了中伟同志关于抓"三育"（育土育种育人）促"三高"（高产高质高效）促进现代农业建设的全面论述后，作为土肥专家的吕世华深受鼓舞，深感责任重大，表示将继续努力工作，服务社会。（科技合作处）

吕世华：很感谢时任院党委书记王书斌和院长李跃建带着我去见刚卸任省长的张中伟同志。能够见到他并与他交流真是让人激动！事先我准备了一系列的资料，其中包括2004年

4 月因为激动在深夜写给他的未发出的"2004 年春天一名土肥科技工作者写给省长的公开信"。中伟同志是从乡干部成长起来的领导，十分懂农业农村工作，还曾担任了 5 年省农业厅厅长。在座谈交流会前他一边翻着我给他的资料，一边与我交谈。当李跃建院长和川农大校长文心田教授向他汇报完工作后他发表了重要讲话。会议结束后，我把他的讲话录音进行了整理发表在《四川农业科技》2007 年第 9 期上。我的体会是中伟同志的讲话至今对我省现代农业的建设都具有指导意义，这里分享如下：

抓"三育"促"三高"，推动我省现代农业发展

——张中伟同志在邛崃市调研现代农业建设时的讲话

看了四川省农科院、川农大与邛崃的"院市合作"、"校地合作"，感受颇多。中央高度重视"三农"工作，要求按照科学发展观为指导，推进城乡一体化，在建设社会主义新农村中发展现代农业。"院市合作"、"校地合作"在这方面都取得了成效，也进行了有益探索。现在发展现代农业我认为应破解三大难题，即从提高农业综合生产能力上考虑一是粮食安全问题，二是农民增收问题，三是防灾减灾问题，这三个问题中核心是农民增收。

四川省农科院、川农大与邛崃的合作已进行了多年，邛崃农业综合生产能力每提高一步都有科技人员的贡献。四川省农科院提出"创新转化一条线，专家农民面对面"以及川农大提出"既要顶天又要立地"，这些思路都是非常好的，应该说要发展现代农业就要依靠现代科学技术。

现在我们落实科学发展观建设社会主义新农村，实际上是在因地制宜地实践小平同志的理论。小平同志曾讲过：中国社会主义农业改革与发展从长远观点看，要有两个飞跃。第一个飞跃是废除人民公社，实行家庭联产承包为主的责任制，这是个很大的前提要长期坚持；第二个飞跃是实现科学种田和适应生产社会化的需要，发展适度规模经营，发展集体经济，这又是一个很大的前提，当然这要走长远的路子。

当前，如何把千家万户分散的农户和千变万化的大市场联结起来，既要确保粮食安全，又要确保农民增收，还要增强防灾抗灾能力，最根本的就是按"中央 1 号文件"上指出的基本途径来发展现代农业。要发展现代农业就要真正转变农业的发展方式，全面落实科学发展观，真正转到依靠科学技术发展农业的轨道上来。农科院、川农大和邛崃在实践中共同提出来了"两个提高"，一是提高农业综合生产能力，二是提高农业综合经济效益。这"两个提高"非常重要，要达到这"两个提高"就必须向科技要生产力，向科技要生产力就必须抓好体制、机制创新来促进科技发展，促进农民增收。

在发展现代农业上，我认为现在的农业科学技术上的潜力很大。现在的问题是如何把科学技术、农业科技成果真正转化为现实生产力，这里面大有文章可作。现在我们面对的一是千变万化的大市场，二是千家万户的小农户。一方面要增强农民的组织化程度，增强农民的竞争力。今后要着眼于进一步提高农业的综合生产能力和综合经济效益。但不管走什么路

子，就专家也好，企业也好，农民也好，这三部分力量要结合起来就要调动这三个方面的积极性。首先要调动农民的积极性，再一个要调动专家的积极性，也要调动企业的积极性。只有三个方面的积极性都结合起来了，才能加快科技成果的转化。过去在计划经济时代，一门新技术政府出面就推广了，现在必须要有企业和农民的积极性。市场经济讲的是效益，增强市场竞争力才有好的效益。大家在合作中要围绕发展现代农业，通过在体制、机制上创新来促进科技成果的转化，解放和提高农业的生产能力和水平，从而实现粮增产、钱增收。

在科技成果转化方面，过去我和农科院、川农大的许多专家多次交换过意见。农业上是多学科，广阔天地大有可为，上顶天下立地什么学科都用得上。现代农业要的是综合效益，做好这篇文章是多学科的问题，涉及面很广。但农业科技转化为现实生产力说起来也很简单，我认为关键要把"育土"、"育种"、"育人"三个环节抓好。

发展现代农业第一个环节就是"育土"。邛崃结合实施"金土地"工程，通过工程措施把土地平整了，但是更要注重培肥地力，要在这方面多下功夫。现在大家认识到农业的标准化势在必行，没有标准化就没有产业化，要搞产业化，就必须标准化。现在全社会对食品安全呼声很高，现在的食品安全实际上是粮食安全。粮食安全是基础，食品安全是表现。抓食品安全就要抓标准化，也就是要提高科技含量。抓标准化要把土壤中重金属污染和农药残留等问题弄清楚。弄清楚了优化资源配置就大有文章，特别在我们四川省人多耕地少，光热资源上三季不足两季有余，要提高全年的产出和效益，做好时间、空间上的优化配置很重要。优化资源配置一方面要面向市场按经济规律办事，另一方面也要按自然规律办事。

现在"测土配方"、因土种植很重要，培肥地力不光是平整土地这样的工程措施，更包括肥料的科学施用和作物的合理轮作技术。我没有详细研究过，今天在座有搞土肥的同志，如果配置好了，比如在稻田上一季种蘑菇一季种水稻，既减少了化肥的使用同时也增加了土壤有机质，对土壤肥力水平提高和生产效益提高都有好处。老祖宗马克思在他的《资本论》中谈级差地租时指出，由于交通条件改善、农产品离市场更近和土壤肥力水平提高而增加了效益。

现在我们农业上是所有权和经营权分离，家庭承包肥力水平不一样收入不一样，作物配置不一样，经济收入也不一样。现在对土地问题在数量上我们有危机感，我们国家人多耕地少，所以温总理讲了18亿亩的底限不能突破，但控制得再严，数量肯定还会继续减少。另外，在土壤质量上我们更要有紧迫感，特别是随着工业化和城镇化步伐加快，面源污染还会加重，重金属对土壤的污染还会加重。

我们在"育土"方面要有远见，要下决心减轻污染，提高肥力水平。要在"测土配方"、因土种植上下功夫提高农业综合效益。我们与北方不同，北方一年通常只种一季小麦或者一季玉米或者一季棉花，四川是多熟种植，大家现在提出小春找钱，大春种粮，但怎么配置作物要从土壤抓起。

第二个环节是"育种"。无论种植业、养殖业、水产业，都必须从种源抓起，农业生产跟工业生产是不一样的，它是经济再生产与自然再生产相结合的，要和有生命的东西打交道就得抓良种，把良种的繁育和推广结合起来。农科院和川农大要把育种上的成果用来支持地方。实际上抓良种的繁育和推广就是在抢占商机。一个好的品种就能开拓一个好的市场。品种布局一定要根据土壤和气候条件来因地制宜，也要考虑市场需求来布置。

第三个环节是"育人"。我们说的栽培技术，包括我们专家的"大三围"以及在简阳搞的节水农业八大技术都要通过人去实施。"育人"就是要抓好对农民的培训，我们的专家住在"专家大院"，最终是要把你们的先进实用技术传播给农民。只有农民掌握了技术，才能够转化为现实生产力。对农民普及实用技术的培训针对性要强，既要简便易懂，还要便于操作。像书斌同志说的一样"明白纸不要变成糊涂纸"。给农民的技术资料要让农民看得懂。

农科院在简阳组织农民技术推广协会，通过"专家＋协会＋农户"传播技术以及在邛崃搞"专家＋企业＋农户"都很好。总之，现在我们在农业科学技术推广方面的潜力很大。根据现有科研成果来确保粮食安全，确保农民增收及防灾减灾，应该说大有可为。关键问题是如何把那些已经成功的技术让农民完全掌握到。我建议充分发挥现有"专家大院"在"育人"方面的作用。川农大和农科院合作把邛崃作为学生的实习基地，既为学农的大学生将来创业创造了条件，也有利于为地方培养一批新型农民。现在无论是建设社会主义新农村还是发展现代农业，最根本的就是要培养有文化、懂技术、会经营的一代新型农民。

所以这"三育"，"育土"是基础、"育种"是关键、"育人"是根本。通过抓"三育"来促"三高"，高产、高质、高效，提高单产、提高质量、提高效益。从"三育"促"三高"，就是要抓农业的标准化。资阳在畜牧业发展过程中提出了标准化问题，当时我把质检部门、畜牧部门、农业部门组织起来列了几个标准，抓了标准化，从龙头企业到农户，从田间到餐桌都实行标准化。邛崃现在抓"电子猪"就是在通过标准化把分散的农户饲养通过龙头企业变成规模效应。不是只有大型养猪场才有规模效应。

我希望大家在推进现代农业过程中，在"三育"方面作点文章。通过抓"三育"、抓标准化来促进科技成果的转化。特别高兴的是在"育土"上大家都重视了。原来我在主持工作时组织过几次讨论形成了共识，在金土地工程上全省抓一千万亩，邛崃也是试点之一，农业部门在搞"测土配方"，国土部门在搞土地资源普查。

土壤培肥周期当然较长，但这个事情再不重视、再不抓，我们将来就会面临严峻的问题。

在座谈会上张中伟同志听取四川农业大学、四川省农业科学院和邛崃市领导汇报后发表重要讲话

在土壤培肥方面，除了少施化肥、增施有机肥外，作物的配置也很重要。所以传统农业向现代农业的跨越，我认为这个过程实际上是对传统农业的扬弃。传统农业中的一些好东西要继续发扬，这才有利于现代农业的发展。特别是在邛崃这类地方，由于田间生态环境要比成都近郊好得多，如果把"三育"抓好了，农业的综合生产能力和综合效益就会得到很大提高。

巴中日报

2007-09-26　水稻覆膜栽培：亩均增产100公斤以上

"我家今年采用覆膜技术栽种了1.1亩冈优725，稻谷籽粒饱满，每亩比去年多收230斤。"平昌县鹿鸣镇鹿山村九组村民向仕红满脸笑容地对笔者说。

65岁的向述德老人说："我也试种了1.3亩优质稻，亩均比去年多收150斤。"

村主任向君德告诉笔者："今年我们村里共试种55亩水稻，试种农户都增产了，尝到了科技带来的甜头，明年我们将扩大种植面积。"

今年，鹿鸣镇鹿山村一些农户应用省科技厅、农业厅、水利厅联合推广的八大农业节水技术之一——水稻覆膜大三围强化栽培技术种植55亩优质水稻，试验结果如何？近日，平昌科技局组织科技人员到该村对试验田进行测产。

测产表明，该技术显示出较好优越性：一是节水30%～40%，每亩节约肥料15～20斤，亩均节约种子0.5斤；二是提前5～7天分蘖，分蘖能力强，单株分蘖13～15株；三是盖膜防杂草；四是成熟稻谷籽粒饱满，秕壳少；五是增产明显。通过优质稻宜香3003和常规杂交稻冈优725覆膜品比试验，抽样测出宜香3003产量为575.03公斤/亩；抽样常规杂交稻冈优725产量为633.37公斤/亩；覆膜栽植平均亩产604.18公斤，比普通栽法亩均增产100～115公斤。（胥中木、戚进）

吕世华：覆膜栽植平均亩产604.18公斤，比普通栽法亩均增产100～115公斤，所以水稻覆膜栽培技术受到了农民群众的肯定。

四川省科学技术厅

2007-09-27　梓潼县水稻覆膜节水抗旱栽培技术现场验收效果好

作为全省20个现代节水农业示范区之一，梓潼县在抓好省科技厅确定的三项主推技术示范工作之外，结合梓潼县十年十旱实际，组织相关部门专程到简阳市学习了水稻覆膜节水抗旱栽培技术，并由县科技局牵头组织在双板、自强两个乡镇进行示范。经过几个月的努力，水稻长势良好，示范效果显著。

9月25日，受省科技厅委托，绵阳市科技局在梓潼县双板乡召开了"水稻覆膜节水抗旱栽培技术现场验收会"，组织有关专家进行了现场考察和产量测产。结果表明：示范田亩有效穗15.4万粒，结实率86.8，千粒重28克，理论产量624.7公斤，实地收打0.12亩，稻谷折干亩产607.5公斤。据该田承包人介绍，此田块为冷浸田，常年水稻产量仅有250～300公斤，今年是他们承包土地20多年来产量最高的一年。

专家组认为，水稻覆膜节水抗旱栽培技术具有节水、增温、保肥、防草、增产增收、操作方便等特点，在丘陵区特别是老旱区有很好的应用前景。(绵阳市科技局)

吕世华：示范田经过专家测产验收亩产为607.5公斤。该田承包人介绍，此田块为冷浸田，常年水稻产量仅有250～300公斤，今年是他们承包土地20多年来产量最高的一年。当年积极推动水稻覆膜技术示范在梓潼县示范推广的是县科技局局长尹安国，我们结下了很好的友谊，很久没有联系，今天一联系才知道他已经退休到成都带孙子了，愿我们早日相见。

积极推动水稻覆膜技术在梓潼县示范推广的县科技局局长尹安国

四川省科学技术厅

2007-09-30 平昌县科技局实施水稻覆膜栽培技术试验:亩均增产100公斤以上

9月14日，平昌县科技局组织县农技、科技情报技术人员通过对科技局在鹿鸣镇鹿山村九社试验的 55 亩测产表明：亩均增产 100～115 公斤。

科技局根据全省水稻覆膜栽培技术会议精神，结合我县实际，在常年旱灾水源奇缺的鹿鸣镇鹿山村 9 社，引进水稻覆膜节水抗旱新技术试验。

根据此项技术要求，为使该项技术试验成功，制定了试验方案，成立了新技术栽培试验领导小组，派出了分管农业科技的副局长和农村股股长驻扎在鹿鸣镇进行指导，镇村落实了专人负责。入镇后，召开了 5 次村社干部、群众代表、党员座谈会，多形式、大张旗鼓宣传此项技术，并到田间地头授课，做到技术人员到户、技术推广到田、技术要领讲到人，举办技术培训班 4 期，培训农民 250 人次，累计发放新技术科普资料 3 500份，实地帮扶缺劳户 17 户。又从拮据的工作经费中挤压 3 万余元，为试验农户投入试验物资，为基地送去专用超微膜 350 公斤、300 公斤微肥等，实现了全镇科技推广面达80% 的良好局面。

经 9 月 14 日，科技局抽派农技、科技情报技术人员实行梅花取样挖方测产，测产表明：该技术栽培显示出较好优越性：一是节水 30%～40%，每亩节约肥料 15～20 斤、节约种子0.5 斤；二是分蘖早，能提前 5～7 天分蘖；分蘖能力强，单株分蘖 13～15 株；三是盖膜能防杂草；四是稻粒饱满，秕壳少；五是增产明显。通过优质稻宜香 3003 和常规杂交稻冈优 725覆膜品比试验，抽样测产宜香 3003 产量为 575.03 公斤/亩；抽样常规杂交稻冈优 725 产量为633.37 公斤/亩；覆膜栽植平均亩产 604.18 公斤，比普通栽法亩平增产 100～115 公斤。

试验表明：对容易干旱的旱山区来讲，对提高水稻单产有一定的推广价值。

巴中电视台、《巴中日报》、平昌电视台、《平昌周末》等均已作过专题报道。（平昌县科技局）

吕世华：示范成功后的宣传报道对于技术大面积的推广十分重要。平昌县科技局的宣传工作值得充分肯定。

平昌县政府门户网站

2007-10-04 "天关田"不再由天管

——平昌县推行水稻覆膜大三围强化栽培技术

"我家用覆膜技术栽种了 1 亩 1，是冈优 725，比去年每亩要多收 230 斤！"鹿鸣镇鹿山村九社村民向仕红满脸笑容。

"我家有 2 亩水稻，也试验了 1 亩 3 的优质稻，亩均比去年要多收 150 斤，此技术好哦！"同社 65 岁的向述德老人也高兴地说。

"我今年栽了 1 亩 8，全村栽了 55 亩，平均每亩增产 180 斤左右，大家都想明年多种一些……"鹿山村村主任向君德介绍道。

这是省科技厅、农业厅、水利厅联合推广的八大农业节水技术之一——水稻覆膜大三围强化栽培技术在鹿鸣镇鹿山村试验对比现场农户发出的肺腑之言，为了把此项技术在山区丘陵和缺水干旱地区大力推广，近日，县科技局专门组织了县农业局、科技情报所科技人员深入平昌县鹿鸣镇鹿山村对水稻覆膜大三围栽培技术试验田测产。

通过对"水稻覆膜节水抗旱栽培技术"试验，实行梅花取样挖方测产，测产表明：该技术栽培显示出较好优越性：一是节水30％～40％，每亩节约肥料15～20斤、节约种子0.5斤；二是分蘖早，能提前5～7天分蘖；分蘖能力强，单株分蘖13～15株；三是盖膜能防杂草；四是稻粒饱满，秕壳少；五是增产明显。通过优质稻宜香3003和常规杂交稻冈优725覆膜品比试验，抽样测产宜香3003产量为575.03公斤/亩；抽样常规杂交稻冈优725产量为633.37公斤/亩；覆膜栽植平均亩产604.18公斤，比普通栽法亩平增产100～115公斤。该项技术深受试验区农户普遍欢迎。试验表明：对容易干旱的旱山区来讲，对提高水稻单产有一定的推广价值。

吕世华："'天关田'不再由天管"这个标题特别好，很形象，很生动。

剑阁县人民政府信息资源网

2007-10-09　毛坝乡率先试验"水稻旱栽"技术取得成功

十年九旱是剑阁县最大的自然灾害。毛坝乡党委、政府按照县委、县政府提出的"以旱制旱、以技制旱、以旱制旱"等战略决策，积极探索避旱农业新措施。在农业局通力协作下，该乡农业服务中心主任谢保辰，租用了百花村二组王桂英的1亩旱田，搞起了水稻旱育旱田旱栽的实践，在我县率先进行了"水稻覆膜节水抗旱栽培技术"的试验，取得了成功。

水稻覆膜节水抗旱栽培技术是以地膜覆盖为核心技术，以节水抗旱为主要手段实现大面积水稻丰产的综合集成创新技术，是旱育秧、厢式免耕、精量推荐施肥、地膜覆盖、"大三围"栽培、节水灌溉、病虫害综合防治等先进技术的有机整合。

由于这项技术采用了"大三围"栽培，因而又叫水稻覆膜"大三围"栽培技术。水稻覆膜节水抗旱栽培技术将水稻旱育秧、厢式免耕、地膜覆盖和节水灌溉等几项节水技术进行有机结合，使其节水达到50％以上，因而具有显著的节水抗旱效果；其节肥效果在覆膜条件下土壤养分活性的提高和根系吸收能力的增强，使肥料利用率明显提高，覆膜栽培比传统栽培节省10％的氮肥投入；其省种效果是由于该技术采用三角形稀植栽培（大三围栽培），用种量不足0.5公斤，省种量在50％左右；其省工效果是能错开农忙季节，提前栽秧，且生产用工明显减少，采用水稻覆膜节水抗旱栽培技术节省栽秧、整地、灌水、除草、追肥用工合计在10个以上。能让农民有更多的时间从事其他生产或外出打工；其无公害和环保效果由于地膜覆盖减轻稻曲病、纹枯病等的发生，有利于无公害生产，采用本技术抑制了杂草生长，也避免了施用除草剂带来的污染，同时，肥料利用率的提高，可有效减轻氮磷化肥对水环境的面源污染；其增产增收效果是由于地膜覆盖具有显著的增温效应，从根本上解决水稻生产中长期存在的移栽后低温坐苑问题，促进秧苗早发、多发。据谢保辰测产计算，采用水稻覆膜节水抗旱栽培技术，亩产为550公斤，比大田常规栽培增产100~150斤。

通过试验证明，水稻覆膜节水抗旱栽培技术具有节水、节肥、省种、省工、无公害和环保、高产等效果，可在我县各地进一步试验示范推广。（剑阁县农业局）

吕世华：剑阁县农业局高度重视水稻覆膜节水抗旱栽培技术的示范推广，也充分发挥乡农技员的引领带动作用。毛坝乡农业服务中心谢保辰主任在示范推广中还发明了一个机械开沟的工具，获得了专利。

四川省农业科学院

2007-10-11 国家自然科学基金委员会罗晶处长到资阳考察土肥所基金项目实施情况

国庆前夕，国家自然科学基金委员会生命科学部五处罗晶处长到资阳市雁江区考察了土肥所专家吕世华负责的基金项目"水稻强化栽培体系氮素高效利用机理研究"的实施情况，对四川省农科院、中国农业大学水旱轮作科研小组理论与实践相结合解决粮食生产关键问题的思路和成绩予以充分肯定。

到达科研基地响水村后，罗晶处长首先与当地村民座谈。他了解到该村在连续两年的特大干旱条件下采用项目组研究成功的新技术夺得大丰收的情况，甚是高兴。接着，项目负责人吕世华用展板向罗处长汇报了他从90年代中期获得第一项国家自然科学基金项目资助以来在水旱轮作的基础研究、技术创新和成果转化方面的进展，重点分析了在自然科学基金资助下，科研小组对水旱轮作体系和稻田水肥资源综合管理所取得的科学认识在技术创新中的重要作用。

罗晶处长对四川省农科院和中国农业大学合作，从水旱轮作体系水肥高效利用机理研究到稻田高产高效技术创新这一理论与实践相结合，解决四川盆地粮食生产关键问题的思路和所取得的成绩予以充分肯定。他指出，国家自然科学基金委员会十分重视支持与生产实践问题相结合的基础和应用基础研究项目，省级农业科研机构在这类项目的争取上实际很有优势，希望课题组进一步凝练科学问题申请基金项目。（土肥所肥料室）

吕世华：在我的科研生涯中申请过3次国家自然科学基金，中了2次。这两个基金项目的实施为我们创新水稻大三围强化栽培技术以及水稻覆膜节水抗旱栽培技术起了十分重要的作用。这里我要特别感谢国家基金对我们工作的资助，也要感谢罗晶处长对我们工作的肯定和指导。

2007 年 9 月 22 日国家自然科学基金生命科学部罗晶处长（右）在雁江区响水村考察

2008 年

2008-03-26 栗子乡:推广水稻覆膜三围栽培技术

鬼城丰都网讯 近日,县农业局粮油技术推广站联合栗子乡农业服务中心技术人员,前往该乡双石磴村 1、2、5 社,推广水稻覆膜三围高产栽培示范片 200 亩。

据悉,此项技术在高寒山区推广能躲过后期低温冷露天气,并能节水省工,减少杂草病虫危害,实现增产增效。其具体措施是:统一品种、统一供种、统一播种时间、统一育秧技术,育秧全部采用旱地育秧或抛秧。据介绍,实施此项技术,每亩可减少犁田成本 80 元、除草剂 10 元、农药投入 20 元,亩增 300 斤,每亩增效 300 元。

吕世华:重庆市丰都县推广水稻覆膜大三围栽培技术应该是 2008 年 3 月初重庆市农委相关负责同志带领一些区县农业局同志来简阳和成都考察学习后的一个行动。

2008-03-27 宜宾县推广节水春耕 旱区农民不再靠天吃饭

中新四川网 3 月 27 日电 春耕时节,宜宾县水稻覆膜节水抗旱栽培技术插秧现场会开到了喜捷镇云丰村的水田里。田里面七八个农户正在县农技站技术人员手把手示范下,学着平田、挖沟、施肥、铺膜、栽秧,周围的田坎上早已围满了前来学技术的老百姓和各乡镇的农技员们。

宜宾县科技局长蒋勤久介绍说,宜宾县现有田 54.28 万亩,其中高坂望天田、无水源保证的田、冷浸田、深脚田、草害严重田就达 24 万亩。部分乡镇在前两年的严重干旱中,农户无法抽水保秧,致使田抛荒。为此,去年宜宾县专门派出科技特派员,开展水稻覆膜节水抗旱栽培技术试验工作,从开展示范情况看效果良好,平均增产 20% 以上,每亩增加效益至少在 180 元以上。今年，提前做好规划，在蕨溪、安边、横江等六个乡镇建核心示范区，计划每个乡镇新技术推广百亩以上。

水稻覆膜节水抗旱栽培技术是一个集水稻旱育秧、免耕规范开箱、地膜覆盖、旱育小苗大三围栽培为组成技术要素，以地膜覆盖为核心，以节水抗旱为主要手段实现大面积水稻丰产的综合集成创新技术。通过推广覆膜节水抗旱栽培，亩产可由常年的 500 公斤提高到 700 公斤左右，既节水抗旱，又增产增收。

学会了节水抗旱栽培技术的云丰村村民李刚告诉记者："我这块田水源差得很，往年全靠天老爷吃饭，自从去年实行新技术后，当真是节约了肥料、除草、水源等好几样种田成本，并且少了很多工序，产量也不错。今年专家到地头来手把手教我们，给我们示范，今年的产量会比往年更高"。（滕春颖、王德明）

吕世华：宜宾县 2008 年有田 54.28 万亩，其中高坂望天田、无水源保证的田、冷浸田、深脚田、草害严重田就达 24 万亩。由此可见，水稻覆膜节水抗旱栽培技术值得大力推广。

2008 年 3 月 27 日宜宾市宜宾县水稻覆膜节水抗旱技术插秧现场会

宜宾新闻网

2008-04-09　八年奋战，为农民找到抗旱"金钥匙"

——水稻覆膜大三围栽培技术节水省工增产

4 月 9 日，在川南珙县召开的川渝丘陵山区水稻高产技术研讨暨 07 年覆膜水稻示范推广会透露，四川农科院与中国农业大学合作，通过 8 年研究试验，已经解决水稻和玉米如何抗旱保产增产的技术难题。

在会上，研究推广水稻覆膜大三围栽培技术的四川农科院博士吕世华用激光投影向来自川渝各市、县农业、科技、粮食部门的领导和参加过试验的专家和农技人员展示和讲解了该技术的增产原理和操作办法以及从 2002 年到 2007 年各地试验的效果。

会上讨论热烈，大家对水稻覆膜大三围栽培技术，有效解决抗旱缺水问题一致公认。珙县石碑乡党委书记唐金同说："去年，我乡红沙村进行了试点，效果明显，采用新技术的每亩增产 110 公斤以上，而且每亩节省工时 10 个，很受农民欢迎，今年全乡已经大面积推广应用这项新技术了。"

最先试验此项技术的简阳市东溪镇农技员谈起这项技术更是津津乐道，赞不绝口。他说："这项技术，节水、保温、保肥、抑草、省工、增产的效果非常好，通过算账对比，每亩可为农民增收 235 元以上。"

据了解，大三围（天围、地围、人围）技术，操作并不复杂，主要是水稻采用旱育秧，稻田实行开厢免耕，用薄膜覆盖，用自制木板打孔器或者蒸饭用的三角支架打孔栽秧，水稻移栽三角形稀植，这样受光和通风更好，且保温、保肥、无杂草，利于水稻生长，达到了节水、省肥、省工、省时、增产的目的。这项技术在四川宜宾、绵阳、简阳、巴中和重庆的 30 多个县均进行了大量试验，受到广大农民的喜爱，特别是需要外出务工的农民和农村劳弱户最喜欢这一省工、增产的技术。

在会上，记者还获悉，玉米集雨节水膜侧栽培技术可以解决玉米抗旱问题，该项技术也已经被四川农科院研究试验成功。

参加过水稻覆膜大三围栽培技术试验的红沙村农民余如江说："用这个办法种水稻安逸，每亩增产 200 至 300 斤，还少花费 10 多个工程。"

吕世华博士把该技术的具体操作方法刻成光碟，免费赠送给了与会人员，他说："我希

会议现场

望通过进一步的宣传和推广，让广大农民都熟练掌握这一新技术，运用这一新技术，缓解和消除旱灾对粮食生产的影响，使广大农民年年增产增收。"

珙县县委常委、宣传部长李雪洁，对这一技术给予了高度评价和肯定，并表示将在全县进一步地宣传和推广这项技术。（江鹏）

吕世华：这是第一届丘陵山区水稻高产技术研讨暨07年覆膜水稻示范推广总结会。会议邀请了重庆市农技推广总站的领导和专家参加。会上珙县石碑乡党委书记唐金同说："去年，我乡红沙村进行了试点，效果明显，采用新技术的每亩增产110公斤以上，而且每亩节省工时10个，很受农民欢迎。"关于覆膜种植是节省用工的技术，在应用该技术前许多人是想不明白的，后来我将地膜比作"稻田保姆"，许多人一下就明白了。

宜宾新闻网

2008-04-10　科技惠农　长宁将新技术"打捆"送下乡

4月7日，长宁县古河镇新伍村3组一处稻田边站满了人，该县农业局和科技局正在进行大三围覆膜抗旱栽培推广。"薄膜要压紧，不能留空气！""一定要注意间距，要严格按照标尺的距离打孔！"该县农业局种子站站长恭顺华一直站在田边指导农民对覆膜进行打孔。只见水田里整齐地铺着薄膜，两个村民抬着强化栽培打孔器在前面打孔，两个村民在后面按照孔的位置插秧。每株栽好的秧苗间距几乎完全相等，一眼望去，整齐而规范。

村民把薄膜压平，以免留下气孔

"今天除了推广'大三围'，我们还同时进行了宜香优10号推广和节水农业示范，将三个技术打捆推广，让老百姓同时学到多门技术。"该县科技局负责人说。据悉，为集合技术优势，节约成本，也提高推广现场会的质量，让农民在最少的时间里了解更多的技术和新产品。在春耕时分，长宁整合项目资金，将相关的项目打捆送下乡，带给农民最大的实惠。新伍村3组的丁必宽说："今年几个新技术都同时在我的田里搞，县上还免费送来了种子、薄膜和化肥，技术老师更是有问必答，我对今年增收很有信心。"

"大三围"种植打孔演示

"大三围"覆膜抗旱栽培推广现场，两个村民抬着强化栽培打孔器在前面打孔，两个村民在后面按照孔的位置插秧。

据悉，今年长宁计划在全县推广大三围覆膜抗旱栽培2 000亩，辐射带动4万亩。计划在全县示范推广宜香优10号100亩。"许多农业项目都有共通之处，放在一起，示范效果更加明显，同时节约了推广成本。接下来我们准备把油菜和马铃薯栽培技术打捆推广，让更多的村民同时把这两样栽培技巧学精！"恭顺华介绍说。（杨容、本网记者刘希蒂文/图）

吕世华：长宁县在新技术推广中部门协同，技术打捆推广，项目经费整合的做法值得总结。

重庆农业技术推广信息网

2008-04-11 丘陵山区水稻高产技术研讨会在四川珙县召开

为探索川渝丘陵山区水稻高产技术，推动水稻覆膜节水抗旱技术的推广应用，促进丘陵山区的水稻生产和农民增收，四川省农业科学院和四川农业新技术研究与推广网络于2008年4月8~9日在宜宾市珙县召开了"丘陵山区水稻高产技术讨论会暨07年覆膜水稻示范推广总结会"，四川省部分市、县（区）农业部门和科技部门负责人及相关专家，四川农业新技术研究与推广网络成员单位代表及新闻媒体记者参加了会议。我市农技推广总站和荣昌县农业局专家受邀参加了会议。

会议就四川及重庆丘陵山区水稻高产面临的共性和区域性问题进行了分析，交流了四川及重庆各地近年示范推广的水稻高产技术和高产栽培经验，总结了水稻覆膜节水抗旱技术推广应用效果。

会议认为以地膜覆盖为核心技术的水稻覆膜节水抗旱栽培技术，集成优化了水稻旱育秧、稻田免耕、推荐施肥、覆膜节水、大三围强化栽培等多项技术，具有明显的抗旱节水、抑制杂草、促进水稻稳产高产的效果，实现了水资源的高效地利用，能显著提高缺水地区及缺水稻田的水稻产量和经济效益，在丘陵及山区有较大的应用前景。（刘丽）

吕世华：感谢重庆市农技推广总站和荣昌县农业局领导和专家来四川参加我们的会议，与我们共同探讨四川及重庆丘陵山区水稻高产面临的共性和区域性问题，交流四川及重庆各地近年示范推广的水稻高产技术和高产栽培经验。

四川新华网

2008-04-13　干部百姓齐上阵　农业技术快推广

"镇干部卷裤管下田，挥舞锄头掏沟除草。"这不是在作秀，而是雁江区石岭镇长沟村进行水稻"大三围"试点工作时的情形。水稻"大三围"的推广是石岭镇今年的农业工作重点之一。石岭镇党委、政府为了贯彻落实中央1号文件精神，响应温家宝总理的"手中有粮、心中不慌"的口号，高度重视农业新技术的推广，确保老百姓增产增收，决定在长沟村集中搞100亩高产示范田，从各部门抽调40名镇干部，分成20个组，每2名镇干部包5亩示范田，做好群众的宣传发动、技术指导和督促工作，务必确保顺利完成水稻"大三围"的试点工作，从而带动全镇10 000亩高产水稻的覆盖栽培。

4月8日下达任务后，被抽调的镇干部积极响应，庚即来到长沟村，督促指导村社干部和老百姓进行田间作业。由于面积较大，任务较重，镇干部亲自下田参加劳动，掏沟、除草一样不含糊。这种不怕累不怕脏、全心全意为人民服务的精神鼓舞了广大老百姓的干劲，长沟村的水田里一派忙碌的景象，老百姓感叹地说：共产党真好，共产党的干部真好！

3天下来，示范田的掏挖平整工作已经接近尾声，同时，农业服务中心还为示范田提供了肥料和薄膜，为第二阶段的覆盖栽培做好了准备。据农业专家介绍，采取水稻"大三围"栽培，每亩可增收200斤，全镇10 000亩可增收200万斤。

吕世华：一边是不参加会议，一边是干部卷裤管下田，挥舞锄头。两个画面带给人的启示是思想问题、认识问题是最为重要的问题。老百姓感叹共产党真好！是因为共产党的干部真好！

四川省农业科学院

2008-04-14 "丘陵山区水稻高产技术讨论会暨07年覆膜水稻示范推广总结会"在珙县召开

2008年4月8～10日，由四川省农业科学院和四川农业新技术研究与推广网络主办，四川省农科院土肥所、院合作处及宜宾市珙县人民政府共同承办的"丘陵山区水稻高产技术讨论会暨07年覆膜水稻示范推广总结会"在宜宾市珙县僰都大酒店召开。会议由四川省农科院土肥所甘炳成所长、科技合作处朱永清副处长共同主持。四川省和重庆市部分市、县（区）农业部门和科技部门负责人、水稻栽培专家、乡镇干部、水稻种植户，以及四川农业新技术研究与推广网络成员单位，共80余名代表到会。四川省农科院党委书记王书斌、四川省农业厅粮油处樊雄伟研究员、重庆市农技推广总站郭凤研究员、珙县县委常委李雪洁、副县长刘晓忠、县政协副主席郑永成等应邀出席会议。四川农村日报、四川人民广播电台、四川党的建设等多家媒体记者也闻讯赶赴会场。

会上，四川省农科院土肥所专家、四川农业新技术研究与推广网络负责人吕世华作了"四川盆地丘陵山区水稻生产问题与技术对策"的专题报告，图文并茂地诠释了水稻"大三围"技术是水稻旱育秧技术、稻田免耕技术、推荐施肥技术、水稻覆膜栽培技术、水稻三角形稀植强化栽培技术等多项技术的集成优化，是"天围、地围、人围"的真正内涵。简阳市东溪镇农业服务中心主任袁勇通过多媒体向与会者展示了近年来吕专家等创新和推广的水稻高产技术在我省丘陵山区谱写和编织的"春天的故事"；十多位不同地区、不同部门的专家、技术推广人员及农户代表在会上饱含激情的佐证了水稻"大三围"技术使本地水稻增产、农民增收的实际效果，由衷地颂扬吕专家不辞辛劳、深入田间地头，言传身教带领广大农户科学种田的精神；珙县县委常委、宣传部长李雪洁更是将自己对这项技术从怀疑它浮夸造假—到眼见为实—再到极力推崇的心路历程在会上作了剖析；吕专家被与会代表誉为"吕教授"、"吕博士"、"吕研究员"，任何一个身临其境的人都会真正感悟到"无冕之王"的魔力。对于颇有争议的"白色污染"问题，会上代表们都表示只要使用的地膜质量符合要求、揭膜时机得当、一季多收了二、三百斤稻谷的农户是不会吝啬一、两个工来回收农膜的，因此"白色污染"不应成为该项技术推广应用的障碍。

省农科院党委书记王书斌对吕世华近年来的科技推广成绩给予了高度肯定。同时，他指出："今年是省农科院建院七十周年，我们将打破传统的庆祝方式，以'科技推广再出发'为号令，促进我院科技成果的转化和推广，吕世华只是农科院科技推广先进人物的一个缩影，我们农科院还有很多很多的好品种、好技术和致力于服务'三农'的农业科技工作者，希望大家会后能多沟通、多接洽，我们农科院承诺将无偿并不遗余力地为粮食增产、农业增效、农民增收进行技术传播和服务……"。四川省农业厅粮油处樊雄伟研究员介绍了全省水稻生产形势，对本次会议的成功召开予以充分肯定，认为将有力推动2008年全省粮油优质高产创建活动。樊雄伟研究员对水稻大三围强化栽培技术（水稻超高产强化栽培技术）和水稻覆膜节水抗旱栽培技术在山丘区的应用前景予以肯定，建议省农科院向省相关部门提出建言，争取获得专项推广经费的支持，也表示将力促省农业厅和粮油处把水稻覆膜节水抗旱技术列为全省"三百工程"和"粮油优质高产创建活动"目标考核主要内容，促进山丘区水稻生产。

会议期间，四川省农科院还向2007年积极示范推广水稻覆膜节水抗旱技术，取得优异成绩的内江市农业局等26个先进集体和陈文均等47个先进个人进行了表彰。（土肥所科管科、院科技合作处）

吕世华：值得关注的是出席会议的四川省农业厅粮油处樊雄伟研究员对本次会议的成功召开予以充分肯定，认为将有力推动2008年全省粮油优质高产创建活动。他对水稻大三围强化栽培技术和水稻覆膜节水抗旱栽培技术在山丘区的应用前景予以肯定，也表示将力促省农业厅和粮油处把水稻覆膜节水抗旱技术列为全省"三百工程"和"粮油优质高产创建活动"目标考核主要内容，促进山丘区水稻生产。

王书斌书记讲话

四川农村日报

2008-04-14 用新技术旱区水稻丰产

本报讯 "要保证粮食安全，就必须依靠科技提高单产。目前最突出的技术就是大三围超高产强化栽培技术和水稻覆膜技术。"4月9日，省农科院"丘陵山区水稻高产技术研讨会暨 07 年覆膜水稻示范推广总结会"在珙县召开，省农业厅研究员樊雄伟对两项技术作了高度评价。

干旱是水稻生产最大的制约因素。我省 3 000 万亩水稻，其中有 1 000 万亩缺少水源，且主要分布在盆周山区和丘陵地区。在这些地方试验新技术后，盆周山区解决了前期气温来得迟，后期秋雨来得早的难题，提前 10～15 天成熟，亩均增产 100 公斤；丘陵地区则解决了高磅望天田等雨栽秧、季节较迟的问题，亩均增产 60 公斤。在去年、前年的干旱中，运用这两项技术的农户均获得丰产。

"省农科院和地方合作推广农业新技术是公益事业，不会收一分钱。"省农科院党委书记王书斌郑重承诺。（本报记者杨勇）

吕世华：杨记者在这篇报道里写的"丘陵地区则解决了高磅望天田等雨栽秧、季节较迟的问题，亩均增产 60 公斤"与实际差距大了一点。

四川农村日报

2008-04-14　点名时县农业局无人喊到

珙县 9 日召开的水稻技术推广会上，出现尴尬一幕

"县农业局来人了吗？……局长来了吗？……科长来了吗？……"台下，一片沉默。

4 月 9 日，省农科院"丘陵山区水稻高产技术研讨会暨 07 年覆膜水稻示范推广总结会"在珙县召开。会场上出现尴尬一幕：珙县县委常委、宣传部长李雪洁在点名时发现，县农业局居然无人参会！

据该县分管农业的副县长刘晓中介绍，珙县 42 万人，只有 12 万亩稻田，且半数以上缺水欠收，每年粮食缺口好几万吨，需从外面调进。该县粮食局局长张华测算，如果该县 65％适宜稻田采用这些技术，可有效解决农村用粮问题。

在迫切需要推广这些技术的珙县，作为农技推广主体的农业局为何缺席？记者随后进行了采访。

对缺席的原因，珙县农业局负责人解释说：一是因为没有受到邀请，二是他们对这些技术也存在不同看法。

这"不同看法"是什么呢？从李雪洁部长那里，记者找到了答案。据她介绍，2004 年县粮食局为了帮扶联系村，也为了培植粮源，请来省农科院的专家在石碑乡红砂村搞水稻大三围覆膜高产抗旱试验，效果非常好。开始她还不相信，结果现场参观后发现："水稻真的从来没有长得这么好过！"

欣喜万分的李雪洁很快找到县农业局负责人，商量技术推广一事。但对方却回答说，这些技术还没有通过国家审定，不能进行推广。

那么，农业新技术是否要通过审定才能推广呢？

参会的中江县农业局农技站站长刘继先告诉记者，农业上只有种子新品种必须通过国家审定后才能推广，技术是综合性的，只要适合这个地方，能解决生产中的实际问题，就可以推广。

"技术只要在一个地方试验取得成功，就可以进行推广。从来没有要什么机构审定才能推广的说法。"对珙县农业局负责人的这种说法，省农科院专家吕世华也感到很吃惊。

农业局不愿推广农业新技术，是否还另有隐情？

"现在基层农业技术推广部门是'有钱养兵，无钱打仗'。"刘继先说，下乡、搞试验等新技术推广先期工作样样都需要钱。由于经费奇缺，在推广过程中如果没有政府补助，工作根本无法开展。

但记者在采访中了解到，珙县政府十分重视水稻高产技术的推广，县科技局、县粮食局也在积极行动，全力配合。（本报记者杨勇）

记者手记：最可怕的是思想缺位

仅凭农业局一局之力，在目前要进行农业新技术推广，确实比较困难。但珙县农业局在政府高度重视，科技局、粮食局大力支持的良好氛围中，不能因势利导，迅速找准位置、进入角色，确实令人感到遗憾。

而更可怕的是，一些人的思想缺位，会不会让他们从农业新技术的推广主体蜕化成推广的阻力呢？

吕世华：珙县会议生出来的故事刊在了四川农村日报的头版头条，让习惯一上班就读各大报纸头版头条的时任县委书记很是吃惊的。记者的手记问得很好，一些人的思想缺位，会不会让他们从农业新技术的推广主体蜕化成推广的阻力呢？

四川日报

2008-04-15 推广水稻覆膜大三围栽培技术 干旱之年农民也能增产增收

本报讯 9日，在宜宾珙县召开的川渝丘陵山区水稻高产技术研讨暨07年覆膜水稻示范推广会透露，省农科院与中国农业大学合作，通过8年研究试验，已经解决水稻和玉米如何抗旱保产增产的技术难题。

研究推广"水稻覆膜大三围栽培技术"的省农科院专家，向来自川渝各市、县农业、科技、粮食部门的有关专家和农技人员，展示和讲解了该技术的增产原理和操作方法以及试验效果，得到与会专家和学者的认可。"去年，在石碑乡红沙村采用新技术的每亩增产110公斤以上，而且每亩节省工时10个，今年全乡已经大面积推广应用这项新技术了。"珙县石碑乡党委书记唐金同欣喜道。"用这个办法种水稻安逸，每亩增产200至300斤，还少花费10多个工。"红沙村农民余如江说。最先试验此项技术的简阳市东溪镇农技员袁勇认为，这项技术，节水、保温、保肥、抑草、省工、增产的效果非常好，每亩可为农民增收 200 多元。

大三围（天围、地围、人围）技术，主要是水稻采用旱育秧，稻田实行开厢免耕，用薄膜覆盖，用自制木板打孔器或者蒸饭用的三角支架打孔栽秧，水稻早移栽三角形稀植。这项技术在宜宾、绵阳、简阳、巴中和重庆的 30 多个县均进行了大量试验，受到广大农民的欢迎。（江鹏）

吕世华：大三围技术本来是三角形稀植栽培的简称。在珙县的这次研讨会上我把"大三围"解释为天围、地围、人围，是说水稻的高产高效需要同时关注气候、土壤和栽培措施，而水稻覆膜节水抗旱栽培技术做到了这点。

简阳市东溪镇农业服务中心主任袁勇在会议上报告水稻覆膜技术示范推广成效

四川省科学技术厅

2008-04-18　省农科院专家一行到雁江区调研水稻覆膜节水栽培技术示范推广情况

4 月 15 日，资阳市科技局长陈文均及市区两级科技部门相关人员、雁江区农业局农技人员陪同中科院成都生物研究所肖亮副研究员、省农科院吕世华副研究员，深入到雁江区中和镇、石岭镇及雁江镇响水村调研水稻覆膜节水栽培技术示范推广情况。所到之处，村民们正在田间平整秧田、施肥、盖膜、栽秧苗等干得热火朝天，好一派热闹的景象。当村民们听说是市区科技局领导和省农科院专家来调查了解水稻覆膜节水栽培技术示范推广情况时，村民们情绪高涨，个个争先恐后表达自己的心情。村民们都说：非常感谢市区科技局和省农科院专家给他们示范推广了这么好的水稻节水栽培新技术，让农民实实在在得到了实惠。归纳起来有以下几大好处：一是节水 70%～80%；二是节省劳力 50%左右；三是不扯杂草；四是增产幅度大，一般在 200～500 斤；五是省肥；六是少打浓药；七是能错开农时季节，有效解决了农村劳动力紧缺的问题等。特别是响水村有两兄弟正在田间平秧田，当问及他们推广此项技术时，他们都非常激动，十分感谢市区科技局领导和省农科院专家在响水村示范推广这么好的技术，他们说：现在种的那田块，原来年年干旱，无水栽秧，几乎年年颗粒无收，全靠买米吃。如今推广此技术，每亩要收 1 200 多斤，天天吃白米饭，家里储柜谷子都是装得满满的，那种高兴劲简直是难以言表。由于响水村属于旱山村，年年干旱严重，正常年景最好一亩只能收 400 斤左右，现在推广这项新技术后基本能保证每亩 1 200 斤以上，大家都非常高兴！

该项技术在雁江区示范推广 2 年来，由于效果显著，老百姓纷纷主动要求推广该技术。如石岭镇是雁江区比较偏僻的一个镇，老百姓积极性很高，镇村领导为了不耽误时季还先垫钱给老百姓买地膜，今年该镇集中示范片达到 300 亩，示范推广近 2 000 亩；中和镇在去年示范成功的基础上，今年示范片达到 5 000 亩，示范推广达到 10 000 亩以上；雁江镇响水村村民说今年全村都在主动积极推广。当问及此项技术是否造成白色污染问题时，村民们都说，只要水稻收获时及时回收地膜，基本上不会产生白色污染问题，而且一亩地只要一个工就能全部回收。他们说：如果不回收第二年将会影响产量，所以都很重视地膜回收，只要按专家要求购买质量过关的地膜，回收起来是不存在问题的。有一位农村妇女说，她土里的地膜过去从未回收过，但推广水稻覆膜节水栽培技术后，意识到不回收地膜对土地有影响，特别是影响第二年的产量，所以她除了把田里的地膜及时回收干净外，还自发地把土里的地膜都及时进行了回收，所以说此技术的推广不但增产增收，还同时增强了村民们的环保意识！当问及如果怕造成白色污染，不让大家推广此技术时，群众都特别激动地说：如果政府不让推广，他们要求政府必须每年每亩给他们补贴 500 斤粮食，否则坚决不答应。广大农民认为这是一项给老百姓带来实惠的好技术，不会造成白色污染，根本不用政府担心。

雁江区区长毛绍陌对市区科技局和省农科院示范推广水稻覆膜节水栽培技术，促进雁江区粮食增产表示衷心感谢！他说：这项技术在雁江示范推广以来，深得农民接受和喜爱，显示出了很多优越性，广大农民群众自发地示范推广，区委区政府也非常重视。去年区政府投入了 10 多万元支持该项技术示范推广，其中用于表彰奖励先进的经费就达 5 万元。今年将加大支持力度，全区预计在去年 5 万亩的基础上，今年示范推广面积将达到 10 万亩以上。希望市科技局和省农科院继续大力支持雁江区的科技示范推广工作，促进雁江区农业科技进步。（资阳市科技局农村科）

吕世华：这个消息总结了水稻覆膜技术的几大好处：一是节水 70%～80%；二是节省劳力 50%左右；三是不扯杂草；四是增产幅度大，一般在 200～500 斤；五是省肥；六是少打农药；七是能错开农时季节，有效解决了农村劳动力紧缺的问题等。同时对技术是否造成白色污染的问题进行了调查。调查发现，农民会在水稻收获时及时回收地膜，不会产生白色污染问题，而且一亩地只要一个工就能全部回收。因为田是农民自己的，政府根本不用担心白色污染的事。

雁江区中和镇水稻覆膜插秧现场

四川省农业科学院

2008-04-28 土肥所3位专家被评为四川省科技特派员工作先进个人

土肥所吕世华、谭伟、刘定辉等3位专家吃苦耐劳，下乡进村，长期深入农村生产第一线，基于他们对农业、农村和农民极强的使命感、责任心和奉献精神被四川省科技厅评选为科技特派员先进个人并予以表彰。（土肥所科管科供稿）

吕世华：遗憾就当了这么一次先进个人。

仪陇在线

2008-04-30 仪陇县推广水稻节水抗旱栽培新技术

4月29日，笔者在仪陇县双胜镇群利村看到，该地老百姓正在铺满薄膜的稻田厢面上栽插秧苗，栽插秧的速度看起来比传统栽插方式要快得多，且横看竖看均呈一三角形状。对这项新技术的运用，笔者感到很是好奇，于是采访了正在田埂边给老百姓传授技术的县农技站站长赵文军同志，据他介绍，此项新技术全称为"水稻覆膜节水抗旱栽培"，已于去年在我县度门镇任家沟村、复兴镇万兴村等地被老百姓掌握和运用，且收效甚好。水稻覆膜节水抗旱栽培可以解决因干旱缺水给水稻生产造成减产绝收等难题，该技术与常规种植水稻相比具有明显优势：一是节水。运用水稻覆膜栽培与旱育秧、厢式免耕、地膜覆盖和节水灌溉等技术相结合，节水效果达70％以上；二是省肥。覆膜栽培比传统栽培节省氮肥10％～15％；三是省工。覆膜栽培抑制杂草生长，省却栽秧、整地、灌水、除草、追肥用工；四是增产。据去年在实地测产调查的数据看，大旱之年覆膜栽培水稻亩产较传统种植亩增产150公斤以上，扣除生产过程中增加的成本费用，亩均增收达80元左右。

赵站长还介绍，据气象部门预测，今年四川盆地内降水总体偏多的可能性不大，高温热浪和洪水灾害将可能交错出现。因此，我县各地农技部门要动员老百姓在农业生产上要科学避灾，积极推广运用水稻覆膜栽培等节水抗旱新技术。今年，全县计划推广种植水稻覆膜栽培面积3万亩以上，比去年增加近2万亩。（周骥）

吕世华：南充市仪陇县2007年实地测产数据表明，大旱之年覆膜栽培水稻较传统种植亩增产150公斤以上，在扣除生产过程中增加的成本费用，亩均增收只有80元左右，这里应该有误，因为实际增加的成本只有地膜成本，每亩50元。同时，覆膜栽培减少了肥料、农药和灌溉水的投入，也显著地节约了劳动力的投入，所以亩均增收应该远远多于80元。

四川省农业科学院

2008-05-16 土肥所专家将技术和全国青年土壤—植物营养科学工作者的爱心带到重灾区

2008年5月10～12日第11届全国青年土壤科学工作者暨第6届全国青年植物营养与肥料科学工作者学术讨论会在陕西杨凌西北农林科技大学召开，出席这次会议的土肥所专家吕世华在12日下午6点左右举行的简短闭幕式上发起对四川灾区献爱心活动，共收到与会代表的捐款3 550元。在西安至成都的交通恢复后，吕世华于14日上午带着全国青年土壤—植物营养科学工作者的爱心回到了四川，随即直接奔赴此次地震灾害的重灾区——什邡市湔氐镇中和村，将爱心捐款献给了村委会。

今年4月18日，吕世华曾应邀请在中和村举行水稻覆膜节水技术培训，当看到因灾失去家园的村民在痛苦中来到田边看到长势奇好的水稻露出了一丝微笑时，吕专家深感欣慰。

在不时发生的余震中，吕专家向村民提出了灾后抓好生产的技术意见，并表示今后将把省农科院培育的良种和研究的良法带到灾区农村，让干部群众对抗灾自救充满了信心。（土肥所肥料室）

吕世华：估计我是"5.12"特大地震后在学术会议上发起募捐的第一人。感谢 2008 年 5 月 10～12 日在杨凌西北农林科技大学参加第 11 届全国青年土壤科学工作者暨第 6 届全国青年植物营养与肥料科学工作者学术讨论会的老师和朋友献出的爱心！

上图为 2008 年 5 月 12 日下午闭幕的"青土会"，下图为将爱心捐款送给地震重灾区什邡市湔氏镇中和村

四川农村日报

2008-05-23　雁江农民向什邡伸援手

灾区插秧　我们来帮你

"示范户种的水稻长得好好哦，这次雁江区中和镇农民要来帮助什邡市湔氐镇中和村农民插秧，真是太感谢了！我们现在劳力缺乏，倒塌的菇棚到今天都还有一大半没有收拾，3 亩田的水稻根本来不及种。" 5 月 21 日，正同家人一道忙乎的什邡市湔氐镇中和村十组菇农赵顺珍，听说资阳市雁江区中和镇组织的农业科技服务队要来义务帮忙科学栽秧，紧张的心情得到很大宽慰。

在中和村，同赵顺珍一起遭受重大损失的菇农有近 100 户；全村 2 200 多亩稻田，45％ 没有栽下。

农时不等人！

5 月 20 日，省农科院迅速同推广大三围技术多年的雁江区中和镇联系，该镇党委政府非常支持，迅速组织起一支 22 人的农业科技服务队，21 日一早赶赴中和村进行支援。

中和村地处都江堰灌区尾水旱片，加上这里是油砂土，渗漏严重，不保水、不保肥。地震前，该村支书罗顺涛看到很多关于省农科院专家吕世华研究的水稻大三围免耕覆膜抗旱技术效果好的报道，于是请他来做试验。

吕世华提出先进行旋耕防渗，再实施覆膜大三围栽培。21 日，记者在试验田看到，秧苗长势齐整，分蘖较多，同旁边传统种植方式下田土干裂、长势参差不齐的稻田形成鲜明对比。

"试验田没有干裂，我的田都干裂了。我还有一亩稻田一定要这样栽。"三组农民张庭会感受强烈。看到科技服务队员来了，她热情地前去迎接。

"大地震对农业破坏很大，会造成不少地方灌溉渠系毁坏和水源供应不足，严重影响水稻生产。吕专家研究的这项技术，非常适合当前部分灾区农业生产实际。省农科院把该村确定为灾后重建科技示范村，就是要以此来带动、提高灾区灾后重建、恢复生产的科技含量。"省农科院副院长黄钢说。在他看来，在全球粮食紧张的大背景下，恢复粮食生产事关灾区稳定和发展。

我们也来帮忙！

"在电视上看到重灾区的惨况，心里非常悲痛，一直想去帮上一点忙。"来自中和镇罗汉村的苏永雄，为自己这次能到重灾区参与农业新技术推广，帮助当地农民栽秧倍感自豪。他暗下决心，一定要把这几年推广新技术的经验全部传给灾区农民。

作为服务队的组织人，中和镇党委书记杨杰也有同样的心愿。接到吕世华的求助电话后，他不仅迅速组织起服务队，党委政府还决定向中和村捐赠现金 2 000 元，并请来两名科技人员和镇农技站技术骨干一道，由该镇分管农业的副镇长苏文带队，确保这次帮扶的质量。

"我们那里受灾很轻，能够有这样的机会帮助重灾区是我们的荣幸！我们准备用一个星

期的时间，帮他们完成大春栽插。"为尽量不给重灾区添麻烦，服务队员还自带被盖和干粮。（本报特派记者杨勇）

吕世华：2008年5月14日西安飞往成都的航班恢复后我回到成都放下行李就直接去了什邡市湔氐镇中和村。之所以去这里是因为我在电视里看到温家宝总理去了什邡市湔氐镇，这里的龙居小学在地震中伤亡严重。当时我把"青土会"上的爱心捐款带给了受灾严重的村民，同时看到地震前种植的覆膜水稻长势喜人，而地震后大面积的水稻还没有栽插，灌溉水又缺乏，我立刻想到请雁江区和简阳市掌握我们水稻覆膜技术的农民兄弟来灾区帮助插秧。电话里与雁江区中和镇党委书记杨杰联系后他十分支持，于是就有了这个（雁江区）中和镇帮助（什邡市）中和村的故事。

雁江区中和镇副镇长苏文（右）在灾区帮助灾民插秧

什邡在线

2008-05-25　节水抗旱技术助灾区农民增收

"栽下田的秧苗，现在分蘖强，长势好，很适合灾后农业生产的需要。"23日，湔氐镇中和村13组村民罗顺涛看着刚栽插的2亩秧苗，像是又看到了来年的希望。这一切得益于省农科院专家为灾区送来的水稻覆膜节水抗旱栽培技术。

水稻覆膜节水抗旱栽培技术每亩能节约70%的用水。产量正常的情况下，每亩可增产100至150公斤。遇干旱的情况，每亩能增产150至400公斤，每亩可增加农民经济收入300元。田间操作上不需要大量劳动力，特别适宜于灾后大量劳动力参与抗震救灾、壮劳力不足、水源匮乏的地区。

"湔氐镇水源较匮乏是个大问题。"省农科院专家吕世华说，该镇农田土壤层较浅，保水性能差，地下水埋藏很深，农业抗风险能力很低。为了帮助湔氐镇尽快恢复农业生产，增强农业抵御风险的能力，省农科院专门邀请广泛应用该技术的资阳市雁江区罗汉村的农民到我市传授操作技术。

目前，该技术已在湔氐镇综合村推广栽种 60 余亩，预计最终可达 500 余亩，可节约 1 000 个劳动力，有力地支援了灾后重建。（曾征、记者张伟）

吕世华：湔氐镇中和村属于成都平原的尾水灌区，农田土壤层较浅，保水性能差，地下水埋藏很深，水稻种植中也存在较为严重的缺水干旱问题。

什邡市湔氐镇中和村覆膜水稻长势良好

四川省农业科学院

2008-05-28　组织土专家和自愿者支援重灾区恢复生产

土肥所专家吕世华在院所领导的支持下，组织了资阳市雁江区中和镇和简阳市东溪镇 42 名土专家和自愿者到"5.12"地震灾害的重灾区——什邡市湔氐镇中和村示范推广水稻覆膜节水抗旱栽培技术，受到了灾区人民的欢迎和好评。

什邡市湔氐镇中和村位于成都平原西北部，为典型的山前平原自流灌溉的尾水区，加之土壤以沙土和沙壤土为主保水性差，水稻生产受干旱缺水影响较大。该村今年积极主动示范推广水稻覆膜节水抗旱栽培技术，5 月初实施的示范田在特大地震灾害发生后已表现出明显效果，许多灾民纷纷表示要采用这项技术恢复生产。为确保技术到位和水稻尽量早栽，吕世华得到了资阳市雁江区中和镇党委政府、雁江区农业局和简阳市东溪镇惠民生态农业科技合作社的积极响应，共组织了 42 名土专家和自愿者于 5 月 21 日赶到什邡市湔氐镇中和村示范推广水稻覆膜节水抗旱栽培技术。

土专家和自愿者均下田为灾民开厢、施肥、覆膜、打孔、栽秧，经过整整 1 周的连续战斗，到 5 月 27 日共为 120 余户灾民示范推广了近 200 亩覆膜水稻，受到了灾区人民的欢迎和好评，也为地震灾区农业生产的恢复提供了经验，探索了道路。（土肥所肥料室）

吕世华：在推广水稻覆膜节水抗旱技术过程中我们培养的"土专家"招之即来，来之能战。记得在中和村帮助灾民插秧时有不少土专家和志愿者在田间劳作时受伤，大家都是轻伤不下火线！

5 月 22 日简阳市东溪镇惠民生态农业科技合作社理事长黄松（右 3）带着队伍到什邡市湔氐镇中和村增援

经济日报

2008-06-17　有农科专家相助,我们重建家园的信心更足了

见到廖方福时，他家正在自己搭建的简易棚里准备午饭。"家"里有一个八仙桌，一个沙发，一张床，一台电视。电早就通了，电视上正播着中央电视台第 7 套节目的《致富经》

栏目。老廖的女儿廖明波一边择着空心菜一边冲记者一笑,"我们家以前就爱看这个节目。只要人在,就啥都能有,现在就是要想尽办法恢复生产。"

廖方福是汶川大地震重灾区什邡市湔氐镇中和村村民,家里的房子虽说没完全垮塌,但也毁得没法住了。震后第2天,他就领着全家用塑料布搭起棚子,摆上从房子里抢出的家什安顿下来。第3天,全家就开始"抢耳子"了。

"抢耳子"就是抢种木耳。用湔氐镇农民的话说,"水稻是饱肚子的,木耳是挣票子的"。这个有着国家级食用菌基地称号的乡镇,黄背木耳栽培量达到1.7亿袋,特色农业使这里的农户走上了致富之路。这次地震震倒了80%以上的木耳棚,一袋袋刚刚生发的木耳被掩埋在废墟之下。

如今,廖方福家抢出的3万袋木耳大部分已经搁进了重新搭建的大棚里。"原来一个架子有9层,每层要隔20厘米,现在摆布不开,一层层只好摞起来放。"廖明波举起一袋木耳仔细看了看,"这个长得还不错!"

出了大棚,种了8年木耳的廖方福介绍说,"往年一袋能长3两至5两。现在抢出来的那些耳子,有10天没能喝上水,一袋只能产2两。""你莫急,吕教授说了,今年要给我们换更好的种,明年收成就上来了。"村党支部书记罗顺涛在一旁安慰说。

村里人都熟悉的吕教授叫吕世华,是四川省农科院研究员,地震后来村里住了7天。从5月16日开始,四川省农科院派来的专家加上随他们而来的志愿者,前前后后有80多人到村里来指导恢复农业生产,抢耳子、搭大棚、补种秧苗……

眼下,廖方福想得最多的就是他的木耳和稻田,往后全家的生活都得靠这些劳动成果。"我想现在把明年的木耳种先订上,你帮我再给吕教授带个话。"廖方福托付罗顺涛说。

"行,我这就过话给他,过两天他还会来的。"罗顺涛边说边用手机拨通了吕世华的电话。声音很清晰,吕教授在电话里介绍完木耳新品种,又对罗顺涛谈起了他的想法,"你们

廖方福家丰收在望的覆膜水稻

放心，还有好多增产措施，下一步水稻的施肥、病虫害防治，我们都会跟踪做技术指导。木耳 10 月份就能收，到明年 4 月，大棚还有好几个月的空闲，我考虑是不是可以种金针菇。还有，中和村以后可以再多种些小麦，一方面可以解决粮食，另一方面麦秸是过渡安置期搭建草房的好材料……"

中和村只是四川地震灾区正抓紧恢复农业生产的无数乡村中的一个。小麦、油菜等小春作物抢收完成后，四川省农业厅组织省、市、县、乡镇各级农业技术人员，赴灾区指导推进农业生产的恢复，截至 6 月 11 日，已经完成了 58 万亩粮食作物、5 万亩蔬菜等经济作物的改种。

廖明波对记者说："你们放心吧，有农科专家相助，我们重建家园的信心更足了。抓它几个好收成，就能把地震灾害的损失夺回来！"（本报记者鲍晓倩）

吕世华：我可不是食用菌专家。但是，我们所里的食用菌专家个个都很棒！后来，我所副所长黄忠乾也带着食用菌专家及志愿者来帮助中和村的灾民恢复木耳生产。

四川省农业科学院

2008-07-08　吕世华同志抗震救灾先进事迹

吕世华，男，44 岁，四川省农业科学院土壤肥料和水稻栽培专家。该同志在"5.12"四川汶川特大地震灾害发生后，以高度的责任感和使命感积极投身到抗震救灾的工作中，取得显著成绩。其主要事迹如下：

一、第一时间发起募捐并将爱心捐款送往灾区

"5.12"地震发生时吕世华同志正在陕西杨凌参加第 11 届全国青年土壤科学工作者暨第 6 届全国青年植物营养与肥料科学工作者学术讨论会。本次会议邀请他主持 5 月 12 日下午 14 点 30 分的讨论，14 点 28 分突如其来的地震使会议被迫提前结束。当获知这次地震发生在家乡四川省且灾情严重时，吕世华在当日下午 18 点举行的简短闭幕式上发起了对四川灾区献爱心募捐活动，许许多多他所认识和不认织的老师和青年朋友纷纷捐款，共收到与会代表的捐款共计 3 550 元。由于 5 月 12～13 日西安至成都的交通因地震完全中断，14 日航班恢复后他带着全国青年土壤—植物营养科学工作者的爱心回到了四川，不顾家人的劝阻放下行李即奔赴此次地震灾害的重灾区——什邡市湔氐镇中和村，将爱心捐款送交给村委会。之所以选择将捐款送至中和村是因为 13 日晚他在电视上看到了温家宝总理亲临该村所在的湔氐镇视察了当地严重的灾情，也因为他曾应邀在这里进行过一次技术培训，认识这里团结奋斗、崇尚科学的村干部和纯朴的村民。虽然全部捐款对一个已完全失去家园的村庄仅仅是杯水车薪，但灾后第一时间带回的爱心捐款足以让广大村民对未来充满信心。在回所后，吕世华同志又积极参加了单位组织的捐款活动。

二、多次前往灾区开展灾后农业生产恢复调研工作

从 5 月 14 日至今，吕世华同志多次冒着余震危险，顶烈日冒雷雨单独或在院、所领导的带领下前往什邡、绵竹、彭州等灾区开展调研，为灾后农业生产恢复积极出谋划策。针对灾区化肥短缺和有机粪肥露天存放不利于控制灾区疫情的问题，他提出了"大春生产要重视有机粪肥施用的建议"；针对灾区土壤普遍偏砂供钾能力差的问题，他提出了"重视钾肥和三元复合肥投入的建议"；针对灾后水库和灌溉渠系损毁带来灌溉水严重不足问题，他提出了"开采地下水和实施节水农业技术的建议"；针对灾后家园重建过程中建筑材料短缺和农民资金不足问题，他提出了"小春季在重灾区及周边地区扩大小麦种植面积多收小麦秸秆来建房的建议"。上述灾后农业生产建议来自于他多次到灾区的实地调研，也来源于他多年的研究工作积累，有很强的针对性和实用性，既有利于灾后农业生产恢复，也有利于灾区的卫生防疫和家园重建。

三、组织土专家和自愿者到重灾区示范推广新技术

什邡市湔氐镇中和村是"5.12"地震灾害的重灾区，该村常年水稻生产就受干旱缺水影响，地震灾害更加剧了干旱缺水问题。该村今年积极主动示范推广吕世华同志主研成功的水稻覆膜节水抗旱栽培技术，5 月初实施的示范田在特大地震灾害发生后已表现出明显效果，许多灾民纷纷表示想采用这项技术。为缓解当地劳力的短缺、确保技术到位，争取水稻早栽、实现高产，吕世华同志向资阳市雁江区中和镇党委政府、雁江区农业局和简阳市东溪镇惠民生态农业科技合作社请求支援，共组织了 42 名土专家和自愿者成立四川省农科院抗震救灾专家服务团新技术示范突击队，于 5 月 21 日赶到该村示范推广水稻覆膜节水抗旱栽培技术。在他的组织和带领下，全体队员发扬"特别能吃苦，特别能战斗，特别能奉献"的优良作风，每天早晨 7 点 20 左右开始工作到中午 12 点，下午 2 点至 7 点继续工作，一天工作超过 10 小时，1 天、2 天、3 天……7 天，先后有 10 人受伤，没有一个队员退缩，不少同志

什邡市科技局领导来湔氐镇中和村看望我们

纷纷说道："在家里我们也没有这么认真干过，目的只有一个，那就是尽量地为灾区人民多插一颗秧，秋天多收一粒米"。而被强烈的紫外线晒脱了一层皮肤的吕世华却说："能把新技术示范推广到灾区，值！"。经过整整 1 周的连续战斗，到 5 月 27 日共为 120 余户灾民示范推广了近 200 亩覆膜水稻，受到了灾区干部群众及当地新闻媒体的一致好评，也为今后地震灾区大面积推广这项新技术奠定了基础。

吕世华同志在此次抗震救灾工作中表现积极主动，非常优秀，以其一贯的服务"三农"为己任的作风投身到科技救灾的行动中，发挥了他的知识、才能和专长，展现出了一名科技工作者的爱国热忱和情怀，特推荐他为抗震救灾先进个人。

吕世华：早已经忘记被紫外线晒脱一层皮的事情了，只记得我被中共四川省委统战部表彰为"四川省统一战线抗震救灾先进个人"。获得的证书和绶带至今仍然放在我的书柜里。

四川省农业科学院

2008-08-06 院区科技合作显奇效，"覆膜水稻收获日"掀高潮
——大安区青年村的新故事

去年，也是盛夏，四川省农业科学院党委书记王书斌的一篇自贡市大安区牛佛镇青年村访察札记——"青年村里的'青年'故事"，娓娓道出了一个令所有读者震撼和扼腕的故事：已到收获季节，红薯枝蔓尚不能盖土；野稗长得比水稻"好"；一个玉米棒子上只有 27、28 个颗粒；一路走过，其情其景，不见生机，难见盎然。究其元凶竟然是因常年干旱，对近在咫尺的沱江只能隔山听涛，无缘近水。因为"穷"，青年村里的 79 户困难户竟有 15 户没门；因为"穷"，30 岁以上的 767 个成年男性中竟有 159 个"光棍"；因为"穷"，耄耋之年的陈晓河、陈秉河哥俩除了老母亲外，一辈子没有摸过别的女人的手；还是因为"穷"，这里的女人外嫁，男人他乡入赘，剩下的只有困守着一方贫困。这是一个亟须要外力救护的村……该札记被送呈省领导后，省委副书记李崇禧、副省长郭永祥也非常震动，当即批示："摸清情况、逐个解决"。

时隔近一年，2008 年 8 月 2～3 日，应土肥所之邀，院党委书记王书斌第 3 次率队踏上这片土地，专程视察土肥所积极响应科技帮扶号召后取得的成果并参加"省农科院大安区覆膜水稻收获日"，院机关党委书记刘超，科技处副处长何希德，合作处副处长朱永清及土肥所党委书记喻先素、副所长陈一兵等陪同前往，四川日报、四川电视台和共产党人杂志社的记者们闻讯也纷纷恳请随行。"水稻覆膜节水技术"专家吕世华还邀请了农科院原副院长、水稻专家谭中和研究员，水稻所知名专家徐富贤研究员等一同前往大安区进行考察测产。

一年的时间，这里已悄然改变。王书记笔下那通往青年村那弯弯曲曲的毛坯路已被水泥浇

铸成蜿蜒通达的公路，车至青年村村委会，周边的农民闻讯三三两两聚集到院坝，带着憨厚的笑容，感激而友善地向我们点头，胆大一点儿的还不断重复着"感谢农科院！感谢政府！"的话语。在村民的带领下，王书记一行视察了村委会南头的一个示范点。水稻覆膜栽培和传统栽培的标志牌显眼地立在田埂边缘，其实，即便没有标牌，单就长势也能一目了然，覆膜栽培的稻田里水稻植株高、穗子长，"鹤立鸡群"般张扬着它的优越，微风吹过，黄澄澄的稻穗，扭动着它丰腴的身姿，期待着农民的收割，常规未覆膜栽培的水稻收期至少还得等上一周。随意间，问起身边的几个农民兄弟怎么看吕专家的这项技术，他们都说："好，这技术巴适！现在少说每亩也要多打 300～400 斤谷子，吕专家说还能收割再生稻，那还不知能增产好多斤了，明年我们会继续干"。与此同时，在红旗村的另一个示范点，谭中和、徐富贤和大安区农林局的 3 名专家在农户曾元帅的稻田里紧张有序地进行挖方测产，而大安区和牛佛镇组织来的 200 多名乡镇干部和社员代表在参观示范田后竞相估产，并与吕专家进行面对面的交流。

最后，在牛佛镇红旗小学召开了本次"覆膜水稻收获日"的总结暨颁奖大会。曾元帅代表示范户发言，他言语不多，但质朴实在，"这个技术好，节水、不长草、病虫害少，产量高，还能多产再生稻，明年继续干"。大安区牛佛镇李华平镇长介绍了 2008 年全镇的水稻示范情况："今年，全镇在以青年村为主的 10 个村示范推广了水稻覆膜节水技术约 120 亩，平均比常规栽培增产 201.65 公斤，明年计划在 15 个村推广该技术 1 000 亩，2010 年全镇推广面积在 3 000 亩以上"。专家组组长谭中和宣布了测产结果："挖方 0.127 亩，稻谷湿产为 870 公斤/亩，折干率 78%，亩产为 678.6 公斤，由于头季稻收割早，为再生稻的高产奠定了很好的基础"。随后，省农科院对估产与实测产量接近的农民颁发了一、二、三等奖，共 80 位农民朋友获得奖励，其中获得一等奖第一名的牛佛镇水井村支书张洪玉的估产仅与实测产量相差 0.6 公斤，他较其他 9 名一等奖获得者额外多得了一个具有象征意义的"水瓶"。

王书斌书记代表省农科院作了重要讲话，谈到了他三次青年村之行的感慨，指出农科院的办院宗旨是坚定不移地为"三农"服务，指导思想是把农科院办成农民的科学院，让农民兄弟们与我们一起来为农业科研作贡献，在实践中感悟科学技术是第一生产力，科技能够脱贫致富；希望我们的专家把科学技术再简单化、傻瓜化，以适应现在农村劳动力的知识和技术水平；他还祝愿农科院与大安区的合作更上一个台阶，祝福大家生活得更好。

大安区未也书记代表"四大班子"表达了对王书记和农科院专家的感谢，对获奖的农户表示祝贺，他指出，大安区农业的发展最缺的就是科学技术，农科院送良种、教技术，手把手帮助农民挣票子，下一步我们将继续加强与农科院的合作，走好科技兴农、市场链接、龙头带动的路子，让农民朋友的生活如芝麻开花节节高。最后，他还代表区党委、政府、人大、政协和 45 万大安区民众热烈祝贺农科院建院 70 周年，感谢水稻覆膜节水技术专家的无私奉献和帮扶……

此次活动受到了自贡市大安区的盛情接待，自贡市委副秘书长左志，大安区区委书记未也，大安区区长詹勇、副区长刘义、区委常委嘉东坡及相关部门领导们迎来送往并全程陪同，农科院人备受感动和鼓舞，纷纷表示要继续努力用自己的才智为农村脱贫致富尽心竭力。由于时间关系，这次活动没能回访王书记笔下的"光棍"们，农科院人和媒体记者带着遗憾和挂念踏上归途。（土肥所科管科）

吕世华：这是我所才女科管科科长熊鹰研究员亲自写的简报，讲述了自贡市大安区牛佛镇青年村的"新故事"。青年村应该是我省丘陵旱山村的一个典型代表，农民在传统种植下种植庄稼越种越穷。2008年的示范证明，采用水稻覆膜技术在"青年村"这样的旱山村完全可以大幅度提高水稻的产量和种植收益。时任中共大安区委书记未也同志十分重视科技扶贫工作，对我们科技人员也给予鼓励和关照。2009年春天我在自贡出差，他专门到我住的宾馆请我出席大安区的党代会，让我一个无党派人事感到无上荣光！

2008年自贡市大安区覆膜水稻收获日活动

四川日报

2008-08-08　农民估产比赛　寓教于乐推广农技

"700公斤站得住！""我估计650公斤！""不对，起码有750公斤！"……

3日，自贡市大安区牛佛镇红旗村二组，160名临近村组的老把式围着村民曾元帅的稻田，估算亩产量。

这是当地"水稻收获日"的一个趣味活动：估产比赛，看谁有眼力。牛佛镇33个村都派出了最有经验的代表。

"我们是旱山村，往年，天不干的时候亩产500公斤上下，好的550公斤，天干了经常颗粒无收。"红旗村支书章华明说，省农科院实施科技扶贫示范，送来二优602和中优177水稻新品种，土肥所专家吕世华更是蹲点驻村，手把手地教授水稻覆膜节水抗旱新技术。

新技术难不难？曾元帅给大家当起了师傅：就是把施足底肥的田块整理成厢式，盖上农用地膜，拿家里蒸饭的三角蒸格当打孔机在地膜上打孔，然后栽秧苗。这让稻田水分蒸发和肥料流失减少，既节水抗旱，还能抗倒伏、抗稻瘟病等。

周边村代表觉得还有个新鲜处：红旗村比周边地区的收割期早了10来天。吕世华解释："地膜覆盖的土壤温度提高，肥料分解加快，能促头季稻早熟，有利于再生稻生长。"代表们分别填答案：预估产量、对新技术新品种的认识。

经过收割和挖方测产，省农科院谭中和研究员揭晓答案："一亩678.6公斤！"比当地往年亩产量高出近200公斤。

水井村的张洪玉乐坏了，他估的678公斤，误差不过0.6公斤。他获得了一等奖。

"这种技术干得，明年都来干！"听到各村代表都这么说，省农科院党委书记王书斌很高兴："通过这种寓教于乐的方式，帮助农民提高学习科学技术的积极性！"（江峰、本报记者杨晓）

吕世华：这里值得注意的是覆膜水稻比传统水稻增产200公斤的同时，还提早10来天收获头季稻，这就为再生稻的高产创造了条件。

收获日活动的颁奖环节

镇沅信息网

2008-08-13　云南省镇沅县振太乡水稻测产迎秋收

8月11日，振太乡农业综合服务中心组织技术人员到水稻覆膜抗旱节水栽培示范田，对水稻进行产量测试。目前，部分水稻已经开始收割，丰收在望。

今年，振太乡首次对水稻覆膜节水抗旱栽培技术进行试点，在小寨村和文索村种植水稻覆膜抗旱节水栽示范田 142 亩，品种为宜香 305、沅优 409 等，政府每亩补助地膜、锌肥、防病药剂费共计 80 元。此次测产调查结果显示，沅优 409 单产达到 357 公斤，宜香 305 单产达 375 公斤，比常规栽培每亩平均增产 69 公斤。

"水稻覆膜节水抗旱栽培技术"是水稻旱育秧技术、稻田免耕技术、推荐施肥技术、水稻覆膜栽培技术、水稻大三围强化栽培技术等多项技术的集成优化，具有明显的节水抗旱、抑制杂草、稳产高产的效果。随着该技术的应用推广，将有效控制干旱造成的水稻减产，确保振太乡水稻稳产高产，促进农民增收。

吕世华：这条消息印证了 2007 年 5 月 4 日镇沅信息网报道的镇沅县在实施电脑农业项目过程中示范推广的技术，的确是我们的水稻覆膜技术抗旱技术。振太乡水稻产量水平低，采用水稻覆膜技术亩增产 69 公斤，增产率为 23.2%。

宜宾日报

2008-08-16 休道技术懒 旱田谷增产

本报讯 "听说用这个覆膜技术后能节省抽水，这块田我今年就真的一点水也没有抽。没有想到不仅苗子长得很好，不长草，还比往年少施二三十斤化肥，能节约 7、8 个劳动力，产量估计要比往年增加 300 多斤。" 8 月 13 日，在省农科院和市科技局联合组织的宜宾县水稻覆膜节水抗旱技术测产验收现场会上，蕨溪镇大坪村村民牟修言不断地向省市专家们夸奖这项技术。

现场会上，省市专家采用精密的仪器，对牟修言和附近未覆膜村民洛龙涛家的稻田分别进行了测产，发现牟修言家的稻田亩产达到了 1 127 斤，而洛龙涛家的为 730 斤。

自称"懒人"的牟修言告诉专家们，去年，由于无法保证水源，他也懒得种上水稻，这块田的草长到了大腿深。今年，蕨溪镇的科技特派员江西凯向他介绍了这个技术，他才半信半疑地将秧苗栽了下去，此后也没有怎么管理，但没想到收成却让他很满意，"这个技术让我更'懒'了，可以省下时间出去做泥水工。明年即使不送地膜，我还要这样种。而且亲戚们看到这个技术好，也都说要这样干。"

"2006 年和 2007 年，宜宾县高温伏旱严重，横江镇就有一些组整组整组的没有开秧，有一个村的村支书告诉我，他们家水稻没有收成，吃的是苞谷粑、麦粑，也不是没有钱买，就是舍不得花钱买大米吃。"一旁的宜宾县科技局局长蒋勤久告诉记者，2007 年 4 月，省科技厅在简阳市召开现代节水农业现场会，推出了 8 项节水技术准备在 20 个县进行试点，水稻覆膜节水抗旱技术是其中一项。这种技术特别适合高塝望天田、阴山冷浸田、草害严重田等田块，是可以在非淹水条件下实行旱管或湿润管理的一种水稻覆盖栽培。虽然当时宜宾县并不是试点县之一，但他们敏感地意识到这项技术可能适合宜宾县。

县科技局通过对全县 26 个乡镇、500 多个村进行调研，统计出共有 10 多万亩田适合这项技术。于是他们在 4 个乡镇，开展了 50 亩水稻覆膜节水抗旱技术试验，结果每亩增产

20%以上、增加效益至少在180元以上，试验工作得到了省农科院该项目首席专家吕世华研究员的充分肯定。去年省上开小结会的时候，还特邀了宜宾县进行交流发言。这次的测产验收现场会，也是省上的专家主动要求到宜宾县进行考察的。

"在推广中，只有让老百姓看到了实实在在的好处，老百姓才会从'要我干'变为'我要干'。"蒋勤久说，今年在农户自愿的基础上，该县又在安边、蕨溪、喜捷、横江等13个乡镇示范了1 150余亩。

这些乡镇的科技特派员也到了测产验收现场会，他们一个劲地称赞水稻覆膜节水抗旱技术好，最高能让"旱田"里的水稻每亩增产五、六百斤。（记者李晓琴、实习生田密）

吕世华：记得在宜宾县开展的覆膜水稻产量验收结果（亩产563.5公斤）出来后，主持验收工作的宜宾市科技局领导对这个产量结果不是很满意，而这个稻田的主人牟修言却十分高兴，因为这个产量已经创造了他这个田的历史最高产量。值得夸赞的是宜宾县科技局局长蒋勤久，他十分敏锐的看好水稻覆膜技术在宜宾县的应用前景，开展了大量卓有成效的示范推广工作。

自称"懒人"的宜宾县蕨溪镇农民牟修言站在自己的责任田里
说 水稻覆膜技术让我更"懒"了，可以省下时间出去做泥水工

四川省科学技术厅

2008-08-18　内江市市中区水稻覆膜节水抗旱技术顺利通过省专家组验收

2008年8月14日，应内江市科技局邀请，省农科院纪委书记官明家、省农科院原副院

长谭中和研究员、省农科院土壤肥料研究所所长甘炳成等 8 人组成的专家组，深入内江市市中区全安镇吼冲村参加水稻覆膜节水抗旱技术指导和测产验收。内江市科技局局长吕芙蓉主持测产验收会，市农业局局长李尚平、市科技局纪检组长黎晓东、市中区政府副区长司马进、市中区科技局、市中区农业局及部分乡镇有关领导和农技人员共 60 余人参加了会议。会上，内江市中区科技局局长王昭夏向专家组汇报了市中区水稻覆膜节水抗旱技术推广情况。内江市科技局局长吕芙蓉介绍了全市优化节水农业技术集成模式，促进现代节水农业新技术、新产品、新模式示范推广的主要做法和取得的成效。自 2007 年资中县、市中区分别被列为全省、全市现代节水农业示范县（区），2008 年资中县、威远县被列入科技部国家科技支撑计划项目《四川季节性干旱区粮食作物综合节水技术研究与示范》确定的示范区以来，各级高度重视，加强领导，强化宣传，迅速启动了示范推广工作。聘请了省农科院土肥研究所副研究员吕世华等 120 名科技特派员参与节水农业技术指导和推广。全市已建成 5 个现代节水农业技术示范区和 20 个示范点，水稻覆膜节水抗旱栽培技术核心区示范面积 1 万亩，辐射带动农民发展 4 万亩。显著提升了农业灌溉用水的利用效率，提高了粮食产量，增强了农民科技致富意识，创新了科技服务模式。

专家组现场选取了采用水稻覆膜节水抗旱栽培技术的内江市市中区全安镇吼冲村农户稻田进行测产验收，结果为亩产达 729 公斤，较正常年份该地区未覆膜水稻亩增产 200 余公斤；预计蓄留再生稻亩产 150 公斤，较未覆膜再生稻亩增产 50 余公斤，合计覆膜水稻亩增产 250 余公斤，增收 450 余元。专家组认为，通过在内江市组织实施水稻覆膜节水抗旱技术示范，反映出该技术具有显著的增温、保湿、抗旱、抑制杂草、早熟和增产效果，有利再生稻高产，在我省常年干旱缺水的丘陵及盆周山区有广阔的推广应用前景。专家组希望内江市科技部门和农业部门加大该技术推广应用步伐，努力促进农业增产、农民增收。（内江市科技局农村科）

2008 年内江市中区覆膜水稻验收现场

吕世华：水稻覆膜技术在内江市市中区及内江市的大面积示范得到了两位科技局领导王昭夏局长和吕芙蓉局长的高度重视，也得到当地农业部门的重视和大力支持。验收出来的产量为729公斤/亩，较正常年份该地区未覆膜水稻亩增产200余公斤，并且提前收获了头季稻，为再生稻的高产创造了条件。

四川新闻网

2008-08-18 雁江区十万亩覆膜水稻丰收在望

本网讯 雁江区狠抓科技治旱，积极示范推广以覆膜水稻为主的现代节水农业技术。经3年努力，覆膜水稻技术今年全区推广应用面积已超过10万亩，目前采用新技术的水稻已进入灌浆成熟阶段，丰收在望。

覆膜水稻是省农科院和中国农大研究创新的水稻覆膜节水抗旱栽培技术的简称，该技术2007年被认定为全省首批现代节水农业主推技术。2006年省农科院在雁江区雁江镇响水村示范覆膜水稻280亩，创造了大旱之年水稻丰收的奇迹，引起全区上下对该技术的高度重视。2007年开始，区政府将该技术列为农业增产、农民增收的核心技术在全区重点推广，当年面积即达6万亩。今年降雨和田间蓄水虽然较往年好，但区委、区政府推广覆膜水稻的决心没有动摇，采取系列措施加大推广力度，加之广大农民对这项技术的高度认同和自发采用的积极性，今年示范推广面积超过了10万亩，覆盖面已占全区稻田面积的50%以上。

8月4日，四川省科技特派员、省农科院专家吕世华在资阳市科技局刘晓副局长、刘胜全科长和雁江区科技局熊焰局长等的陪同下，冒着烈日到雁江区考察了覆膜水稻的应用效果。所到之处，采用覆膜水稻技术的水稻和采用传统技术的水稻在邻田和同田均形成了显著对比，覆膜水稻亩产可达600公斤以上，较传统栽培亩增产150公斤左右。所遇见的农民都纷纷感谢省农科院专家和市、区科技局领导。专家认为在今年这种降雨较多的年份，采用覆膜水稻仍获显著增产效果，表明水稻覆膜节水抗旱栽培技术是水稻生产中的一项突破性的综合节水、增产技术，在全省丘陵山区和我国南方类似地区有广阔应用前景。在大面积推广覆膜水稻技术的同时，雁江区还注重对农民进行"白色污染"的宣传教育和稻田农膜高效回收技术的配套推广，保障了覆膜水稻新技术在全区又好又快的推广。（陈春和、陈清松）

吕世华：2007年开始雁江区政府将覆膜水稻技术列为农业增产、农民增收的核心技术在全区重点推广，当年推广面积即达6万亩。2008年示范推广面积超过了10万亩，覆盖面已占全区稻田面积的50%以上。2008年是一个降雨较多的年份，水稻覆膜技术较传统栽培仍然具有显著的增产效果，说明该技术不仅是抗旱的技术，也是增产的技术。还有雁江区在大力推广水稻覆膜技术的同时，还注重对农民进行"白色污染"的宣传教育和稻田农膜高效回收技术的配套推广，保障了覆膜水稻新技术在全区又好又快的推广。

资阳市科技局刘晓副局长（右2）、刘胜全科长（右1）等领导与我一道考察丰收在望的覆膜水稻

四川省农业科学院

2008-08-18 资深专家把脉"水稻覆膜节水综合高产技术"

近年来，土肥所研究推广的水稻覆膜节水综合高产技术已从星星之火，渐燃渐旺，巴蜀部分市、县（区）农业部门和科技部门负责人、农技推广人员以及广大农民朋友都经历了一个质疑浮夸—冷眼旁观—眼见为实—积极推崇的过程。我省水稻资深专家谭中和研究员近日在宜宾市和内江市考察测产后，呼吁在全省大力推广这项技术。

时下正值水稻收获季节。四川省农业科学院土壤肥料研究所邀请省农科院原副院长、水稻资深专家谭中和研究员，四川省农业厅粮油处专家樊雄伟研究员和院纪委书记官明家、院合作处副处长张顗、院科技处处务科科长李文白前往宜宾县和内江市对我所研究推广的"水稻覆膜节水综合高产技术"进行现场考察，土肥所所长甘炳成、党委书记喻先素陪同前往。

8月13日，在宜宾市科技局主持下，谭中和为组长的5人专家对宜宾县科技局实施的1 000余亩"水稻覆膜节水综合高产技术"核心示范区进行考察，选择蕨溪镇大坪村6组农户牟修颜种植的0.8亩水稻田进行了挖方测产，实测面积171.6平方米，湿谷重201公斤，折干率 74.4％，亩产 546.3 公斤。8 月 14 日，在内江市科技局主持下，谭中和任组长的 7 人专家组对内江市中区的 2 200 亩"水稻覆膜节水综合高产技术"核心示范区进行考察，选取了全安镇吼冲村 7 组农户陈大远的稻田作为代表性田块，进行挖方测产，挖方 0.125 亩，湿谷重 229 公斤，折干率 70％，亩产 729.4 公斤。

从测产看，两地单产相去甚远，但户主和该技术的其他践行者却同样地表示出十二分的满意。宜宾的牟修颜说他是一位泥水工，常年在外打工，他的田已撂荒两年，杂草丛生，今年是在村镇领导的一再"催逼"下才把草翻耕搅碎后采用这项盖膜技术种植的，也是这一示范片中最后栽秧的一位种植户，专家们发现，他的稻田虽然穗子长，籽粒饱满，但移栽密度太稀，而且被螟虫危害的"白穗"不少，一问才知道，户主为了省事，一亩只种了 2 200 窝，而且一直没有抽水灌过田，整个生育期只打过一次药，泥水匠的活已让他筋疲力尽，哪有时间来管稻田，用他的话说，"我这人懒，种的也是'懒庄稼'"。问他对今天这块田产量收获的感受，他说："以往，天老爷顺心的年份，每亩可以打个 800～900 斤，去年和前年的干旱基本上没有收成。今年的这个产量我已经非常非常满意了！"。此次同行的四川农村日报记者杨勇随机地访问了公路边几个妇人，最健谈的是蕨溪镇大坪村 6 组的太婆李优华，她也证实了该技术在当地很受欢迎，一亩田可以增产两、三百斤稻谷，还可以不抽水、不除草，最大的希望是明年政府能再多送一些膜给她们，如果不送膜自己买膜也要这么干。

内江市市中区户主陈大远面对今年的丰收笑得一脸灿烂、心满意足自必不说。核心示范区参观途中，我们与全安镇吼冲村支书李素英及 6～7 位中老年妇女进行了交谈，她们也异口同声称赞这项技术的增产效果，虽然现在还有部分没有收割，但平均增产 200 斤左右不在话下；问及该技术是否使用起来麻烦，她们七嘴八舌予以否认，她们认为该技术虽然要覆膜，但可以不再牵绳插秧，每厢种 4 行就能很标准地达到每亩 11 000～12 000 株（4 000 窝），现在主要干农活的就是她们这帮老娘们，她们已能熟练地进行覆膜、抠洞、插秧，而且该技术的使用还能让她们减少中后期的管理，无需灌水，不用除草，减少肥料投入，现在还能多收再生稻，更让她们欢喜；当问到地膜的回收问题时，她们说她们都是第一年种，但为了以后的高产，土地是她们自家的，她们会尽力去回收的。

两地科技局测产的同时，还组织了各镇、乡负责人、农技干部和农户代表与吕世华专家面对面进行交流，除个别乡镇农技人员担心白色污染外，我们听到的几乎是清一色的颂扬声，他们普遍认可该技术干旱年份可增产 300～400 斤，风调雨顺的年景也能增产 150～200 斤。在自贡的总结会上，谭中和研究员以他近年来对该技术的跟踪观察，直言不讳地道出了他的肺腑之言，他说："这项技术是非常具有推广前景的，它在增产增收上的效果也是显而易见的。但在此我提三点建议：第一、因地制宜进行选择性推广。水稻覆膜具有保水抗旱、增温、抑制杂草的功能，所以首选地区应是那些常年受旱的丘陵、山区的高榜田、望天田、易坐兜的冷浸田、烂泥田，而有自流灌溉条件的地区可以不推广。第二、水稻覆膜节水综合高产技术是一项集成创新技术。该技术是在覆膜基础上涵盖了水稻优良品种选择、旱育秧、强化栽培、病虫害综合防治、测土配方施肥等技术的综合运用，部分农民朋友仅把这项技术理解为单纯覆膜是错误的，长此以往会对我们技术的生命力和影响力造成不良影响。第三、膜的回收是我们必须正视的问题。该技术多年来一直在学术界颇有争议，最核心的问题是白色污染问题，我们不要回避，比如，通过提高膜的质量和厚度，虽然每亩的用膜成本可能要提高到 80 多元，但我们可以通过增加单产来解决产出效益的问题，另外，还可制定或采取一定的措施来确保膜的回收。"（土肥所科管科）

吕世华：我省著名的水稻栽培专家、我院原副院长谭中和研究员从我 1998 年开始研究水稻旱作他就十分支持我的研究工作，在 2001 年开始我们在丘陵区示小面积示范以后他一直跟踪考察。他对水稻覆膜技术的充分肯定是科学严谨的，他关于该技术推广的三点建议至今都具有指导意义。

谭中和研究员（中）在内江市中区全安镇吼冲村仔细核算产量数据

四川农村日报

2008-08-19 新技术＋传统种植管理

因旱撂荒田块重现生机

下一阵雨又晴一阵，这是今年我省气候的主要特征，在省农业厅专家看来，"今年是风调雨顺的一年，我省水稻平均亩产比往年增加 20 公斤以上没问题。"

在这样的气候条件下，临近岷江的宜宾县干旱却在持续。8 月 13 日，蕨溪镇大坪村六组李优华大娘回忆，"前段时间干旱的时候，田裂开的口子，脚都放得进去。"所幸的是，宜宾县科技局今年初从省农科院引进水稻覆膜节水抗旱技术，与当地传统种植管理经验相结合，形成新技术常态推广，让那些因旱撂荒的田块重现生机，让 13 个乡镇的 1 150 亩高塝望天田、冷浸田喜获丰产。

撂荒田亩产超过 1 100 斤

"亩产超过 1 100 斤！这是我这块田有史以来的最高产量。"得知省农科院专家的测产结果后，自称"懒人"的大坪村六组农民牟修严开心地笑了。这里是典型的山区，常年干旱是这里的气候特点。虽临近岷江，但海拔直线高差 500 多米，提灌成本相当高，加上草害重、难清理，这里不少高塝望天田都成了撂荒田。由于近几年干旱、草害太厉害，牟修严前年起干脆放弃水稻种植，专心致志当他的泥水匠。

今年开春，镇上农技干事找到他，说有个新技术可以解决他稻田干旱、草害重的难题，三次劝说后，他半信半疑按农技干事的指导将长满杂草的稻田弄平，把秧苗栽了下去，后来由于太忙，只打过一次药就迎来了收割。

"过去我们这里雨水最好、管理最认真的年份一亩才打 700～800 斤，这次这样干旱我只施了底肥，才打一道药，就收了 1 100 多斤，这个技术真是太神奇了！"牟修严喜不自禁。

常态推广新技术办法好

宜宾县稻田面积 54.28 万亩，其中近 15 万亩因干旱、冷浸原因，正常年份亩产 700～800 斤，干旱情况下亩产只有 300～400 斤，由于种植效益低，不少田还被撂荒。得知省农科院土肥所专家吕世华研究成功的水稻覆膜节水抗旱技术能有效解决这里的生产难题，该县科技局局长蒋勤久考察后决定引进。

农村现在是"稻田找粮，打工找钱"。在这种情况下如何推广新技术？蒋勤久寻思很久，最后他决定进行常态推广，按他的说法就是："现在农村劳动力一般都外出，加上水稻种植效益不是很高，农民管理不可能像省农科院做试验那样精细，于是我们在采用抗旱覆膜技术时，技术要百分之百到位，而日常管理就按我们这里的传统方法来。"

吹糠见米、见水脱鞋，农民要的就是实在。蒋勤久的常态推广法受到乡镇农技干事和农

中为在宜宾县蕨溪镇大坪村采访的四川农村日报记者杨勇

民的欢迎。让大家高兴的是，全县 13 个乡镇通过常态推广的 1 150 亩覆膜稻田均获得前所未有的高产，最好的田块亩产达 1 400 多斤。

"水稻覆膜抗旱技术确实好，明年就是政府不补助，我们自己也要买来搞。"大坪村六组李优华等几位农民这样表态。（本报记者杨勇）

吕世华：在我省前些年因干旱导致不少稻田撂荒，近些年许多好田因为种植水稻的效益差也被撂荒。整治撂荒田，需要应用科技提高农民的种粮收益，更需要政府制定好的政策充分调动种粮农民的积极性。

四川省农业科学院

2008-08-19　用科技点燃贫困山村的希望之光

尊敬的各位领导、各位专家、各位来宾：大家上午好！

我是来自恐龙之乡盐都自贡市大安区牛佛镇青年村的党支部副书记王海，受我们全体村民的委托，今天来到这里，对省农科院建院 70 周年表示热烈的祝贺，同时，对省农科院给予我村的无私支援、科技帮扶表示衷心的感谢！

青年村是自贡市最贫穷落后的村之一，2007 年末全村 2 305 人，其中 35 岁以上未讨到老婆的"光棍"就多达 159 人，是远近闻名的"光棍村"；全村农民人均纯收入不足 1 500元，其中：人均年收入低于 830 元以下的绝对贫困户多达 143 户。青年村交通极为不便，水利设施极端落后，传统的种养业解决村民的基本生活都十分困难，根本无法脱贫致富，因此青年村就成为了各级领导和社会各界十分关注的绝对贫困村。

自 2007 年盛夏，省农科院王书斌书记了解到青年村的情况后，不辞辛苦，先后 4 次带领院的有关领导和专家深入我村考察调研、送科技下乡，慰问贫困群众，为我们分析贫困原因，帮助我们寻找脱贫致富的路子。王书记还满怀深情地撰写了"青年村里的青年故事"调研报告，省委副书记李崇禧、副省长郭永祥同志对此作出过重要批示。根据省领导的指示，省农科院从去年 11 月开始不仅给我们送来了优良的水稻种、小麦种、大蒜种，取得了从来没有的好收成，同时还积极向社会各界发出呼吁，和我村结成科技扶贫帮扶对子。

一年多来，省农科院专家们经常深入到我们青年村的田间地头、农家院坝，为我们送来了先进实用的种植技术，也为我们送来了最新的科研成果，现场为村民传授科技知识，亲身示范科学种植技术，指导村民改变传统种养殖方式，调整种养殖结构，你们的帮扶在这一年里已取得了很好的成果。

2008 年 3 月 3 日，省农科院党委书记王书斌、副院长刘建军率领 20 多位专家再次来到青年村，给我们村送来了 1 000 公斤水稻、玉米、蔬菜等优良种子，其中，有 7 位专家还专门为我们牛佛镇 200 多农民作了水稻、小麦、水果、蔬菜等科技讲座和科技咨询等服务，当日下午，水稻专家吕世华还带领资阳、简阳的 7 位土专家进驻青年村，为当地农民现场示范讲解水稻旱育秧技术和水稻覆膜节水抗旱栽培技术，手把手的教我们技术，使我们村今年的水稻取得了好收成！

彭云良博士不仅送来了最新的大蒜种子，还亲自给村民传授种植、管理和包装方法，今年大蒜喜获丰收，平均单产比传统种蒜增产近 200 斤；吕世华专家传授的水稻地膜覆盖抗旱栽种技术，不仅解决了我村缺水稻田的栽插问题，还为村民节约了抽水费，减少了田间管理劳力的投入，产量也由原来的 450 公斤增加到 680 公斤，增产近 380 斤，而且收获时间提前了近 10 天，为再生稻增产打下了坚实的基础，农民由此每亩增收近 500 元；邓家林专家传授的水果栽培技术，为村民调整种植结构找到了出路，今年我村发展水果近 500 亩。还有一大批专家来帮助我们，你们送来的小麦良种川麦 42、川麦 44 也在青年 2 组试种成功，产量大幅增产；你们送来的优良玉米、油菜、辣椒、南瓜等蔬菜种子，让村民看到了科学科技的种奇力量；你们送来的 300 余册科技书籍和上千份科技资料，现在也成了村民最爱看的书，改变了村民传统的种养殖观念。

在你们真诚的帮扶，真心的帮助，以及各级党委、政府和社会各界的支持、援助下，今年我村已修通了水泥路 8.6 公里，泥碎路 3.2 公里，并建起了 17 口山平塘，26 口囤水田，14 口蓄水地，两座电力提灌站也得到了改造。

特别是在这一年里，通过新品种的推广，新技术的运用，粮食产量大幅提高，农民收入大幅增长，让村民尝到了甜头，绝大部分村民基本实现了脱贫目标。更可喜的是这一年你们的言传身教，各种新技术、新品种的运用，让村民的观念得到了很大改变，这也为全村脱贫致富创造了条件。我们相信，在今后的工作中，有了各级党委、政府的支持，有了社会各界的帮助，特别是有了省农科院的无私帮扶，我们青年村一定会很快彻底脱贫，并迅速走上致富的道路。

最后，我再次代表全村 2 305 名乡亲祝省农科院生日快乐！再次向省农科院各位领导、专家道一声谢谢！为表达感谢，我带来了乡亲们特意做的一面锦旗，送给我们农民最欢迎的朋友——省农科院！

谢谢大家！

吕世华：这是自贡市大安区牛佛镇青年村党支部副书记王海参加我院建院 70 周年庆祝活动的书面发言稿。我们高兴地看到了水稻覆膜技术带给贫困山村村民增收的喜悦。

四川省农业科学院

2008-08-19 感谢农科院帮助我村恢复生产重建家园

尊敬的各位领导、各位专家、同志们：上午好！

我是来自 5.12 大地震极重灾区——什邡市湔氏镇中和村的一名村支书，今天，我非常荣幸地来参加四川省农科院水稻新品种新技术现场展示会暨建院 70 周年庆祝活动，心情特别激动。在这里，我要衷心地感谢省农科院的领导和专家们对我们中和村给予的大力支持和帮助，特别是 5.12 地震灾后发生以后，是你们在第一时间来到我们村，不仅给我们带来了急需的生产物资，而且派来了多位专家，为我们带来了技术，及时帮助我们恢复生产重建家园，对此，再次表示衷心的感谢！

我们村是一个旱情较重的村，水稻产量一直较低，每年一到大春用水季节，各种用水矛盾、纠纷不断，村组干部更是昼夜奔波，协调灌溉。特别是近年来，旱情更加严重，如何克服大水漫灌，合理用水，节约用水，一直是我们感到头痛的问题。

当我参加了什邡市委党校举办的支部书记学习班，听到了省农科院吕世华专家所讲的水稻覆膜节水抗旱栽培技术，我感到这正是一项节水增产的好技术，我对这项技术产生了浓厚的兴趣。我通过短信与吕老师取得联系，把我们中和村的情况和我的想法告诉他，并邀请他到中和村讲授这门技术。4 月 18 日，吕老师来到了我村给村民们进行了培训和现场示范指导，之后短短几天，水稻覆膜节水抗旱栽培技术就在我们村陆续推广开了。

正当我们进行"双抢"的关键时期，5.12 特大地震发生了，顷刻间房屋垮塌，家园被毁，木耳架垮塌，人员伤亡严重。党中央、国务院高度重视我镇灾情，5 月 13 日，温总理亲临我镇视察灾情，他老人家深情地安慰我们，鼓励我们，给了我们无穷的力量和战胜困难的信心。

救援物资源源不断地送到了，生活问题基本解决了，可是，我们却面临着一系列急需要解决的问题：水稻秧苗急需栽插，木耳架急需扶起，大蒜需要收获，灾民需要安抚……我们面临着前所未有的困难和无助。

农时是不能误的，此时不抓紧，一年的收成就没了！5 月 14 日，吕世华老师来了，眼前的灾情让他心酸难过，他回去后立即把我们这里的灾情向农科院领导作了汇报。农科院的领导非常重视，冒着余震不断的危险，王书记、李院长、黄院长、甘所长、段处长、刘处长、李所长、金地公司黄总、吕专家及院里的科源种业、川种种业的领导多次来到我们村指导和帮助抗震救灾，恢复生产。

为帮助我们抢种抢收，农科院还出资组织了两批由 93 位农科院水稻、食用菌专家和资阳、简阳镇村干部和农民志愿者组成的抗震救灾科技突击队，带着我们急需的农用薄膜、消毒水、铁丝、喷雾器来帮助我们"双抢"。经过突击队一个多星期的奋战，终于帮助我们村栽插完了 200 多亩覆膜水稻，抢回了 20 多万袋木耳，把我们的损失降低到了最低限度。要知道水稻和黄背木耳可是我们村及我们这个地区农民的"口粮"和"钱袋子"啊！

之后，农科院继续帮助我们灾区恢复生产重建家园。"六一"儿童节，农科院服务中心王书记和幼儿园领导带来了学生的礼物——文具、书包等；端午节带来了月饼、盐蛋等。总之，我们一遇到问题时他们总是第一个出现在我们这里，我们的大蒜卖不出去，农科院就帮助想办法，为了帮助我们今后增产增收，农科院还主动帮助我们出谋划策、制定规划、引进企业……，所有这一切，不仅帮助了我们恢复生产，而且也温暖了我们的心，使我们增添了恢复生产，重建家园的信心和勇气。

千言万语，难以表达我们的感激之情，尽管之前我们村献给了农科院和土肥所 2 面锦旗，分别绣上了"自然灾害无情，人间援助有义"和"众志成城，抗震救灾，大爱无疆，情留中和"，以表达我们的谢意，但是，今天在这里，我还要代表我们中和村全体村民向农科院的各位领导、各位专家、同志们道一声"谢谢！你们辛苦了！"。我相信，你们今后会一如继往地支持和帮助我们中和村恢复生产，重建美好家园。

今天，是农科院建院 70 周年的日子，长期以来，农科院坚持以服务"三农"为己任，要把农科院办成我们农民的科学院，不断地给我们农民带来一批批优良的新品种、新技术，把农科院的科技成果真正推广到了我们农民的田间地角，帮助了我们增产增收，为我们四川农业的发展做出了重要的贡献，深受我们四川广大农民群众的尊敬和爱戴，我向院领导和专家们付出的辛勤劳动深表敬意，我和全村的父老乡亲真诚地祝愿四川农科院明天更加美好！

谢谢大家！

什邡市湔氏镇中和村村支部书记　罗顺涛

2008 年 8 月 16 日

吕世华：这是什邡市湔氏镇中和村村支部书记罗顺涛同志在参加我院建院 70 周年庆祝活动的书面发言稿。该文真实记录了在特大地震发生后我们农科院领导和广大科技人员积极参与伟大的抗震救灾的过程。

四川省农业科学院

2008-08-20　水稻覆膜节水抗旱技术在宜宾、内江示范成功

8 月 13～14 日，四川省农科院纪委官明家书记率领院科技合作处、土肥所的负责人及水稻专家一行 13 人，参加了宜宾市科技局和内江市科技局分别在宜宾县蕨溪镇和内江市市中区全安镇组织的水稻覆膜节水抗旱技术现场考察和测产验收会。考察和测产结果表明，我院研究创新的这项节水增产技术在宜宾和内江两市示范很成功！

在宜宾和内江两地的示范现场考察表明：该技术具有显著的节水抗旱、早熟早收、抑制杂草和增产增收效果。示范区内采用水稻覆膜节水抗旱技术的水稻长势良好，增产已成定局，还可较传统栽培提前 7 天左右成熟，从而为再生稻高产奠定了基础。

2008 年宜宾县水稻覆膜节水抗旱节水栽培综合技术在安边蕨溪、喜捷、横江等 13 个乡镇示范面积达 1 150 亩。大面积亩产量达到 600 公斤左右，最高达到 700 多公斤，较常年亩增产 20％以上。专家组选取技术未完全到位习惯种懒庄稼的蕨溪镇大坪村 6 组农户牟修言 0.8 亩承包地挖方测产验收，亩产为 564.3 公斤。

内江市市中区在全区 7 个乡镇示范该技术面积达 1.2 万亩，大面积亩产量达到 550～650 公斤，其中，在吼冲村 7 组农户陈大远的 2.0 亩责任田测产亩产达到 729.4 公斤。经访问，该技术深受示范区内广大农户的欢迎，纷纷表示今后将继续采用水稻覆膜节水抗旱技术进行水稻生产。

在两市的现场考察验收会上，内江市及其市中区和宜宾市及宜宾县科技局的领导、乡镇村

干部、农技人员和示范户分别在会上进行了水稻覆膜节水抗旱技术示范推广经验交流。我院水稻专家吕世华在会上强调了这项技术是综合集成创新技术以及今后推广中应注意的问题。

专家组组长、水稻栽培专家谭中和研究员肯定了这项技术的先进性和良好的推广应用前景，也提出了推广中应该注意的三个问题：一是要突出该项技术具有的 3 大功能：节水抗旱、增温早发、抑制杂草；二是要确定其适宜推广的地区，优先在丘陵旱区和盆周山区应用；三是要针对存在的白色污染问题，在推广时强调地膜回收，并选择质量较好的地膜。

会上，官书记代表农科院感谢宜宾市、内江市各级领导和相关部门及农技人员长期以来对四川农科院科技示范工作的通力合作与大力支持，尤其感谢在示范推广水稻覆膜节水抗旱技术中的付出和努力。他还充分肯定了我院以吕世华同志为代表的长期奋战在生产第一线的科技人员的辛勤劳动和做出的成绩。

四川农村日报、宜宾和内江市及其县区的记者随行作了现场报道。（科技合作处、土肥所）

吕世华：领导的鼓励和肯定是我坚持奋战在生产第一线的动力。谢谢官明家书记！

左 3 为中共四川省农业科学院纪委官明家书记

四川日报

2008-08-26 请及时清理稻田残膜

本报讯 22 日，内江市市中区史家镇石梯村 120 亩采用水稻覆膜抗旱技术栽培的稻田收割完毕，相对于其他未采用该项技术的稻田，每亩增产 200 公斤左右，收成期提前了至少一周。然而，笔者在该村看到，大多数已收割的稻田里残留着白色的薄膜。史家镇农办主任余健生告诉记者，市中区今年共有 7 个镇乡推广水稻覆膜抗旱技术，示范面积达 2 200 亩，比去年增加一倍。"这个技术好。抗旱，田里干净，没得杂草，给我们省了不少事。"全安镇吼冲村村民陈泽书竖起拇指。

不过，稻田收割后，村民没有及时清理残膜，让人担心。"薄膜太薄了，很不好取。"全安镇吼冲村村民李淑英表示："厚点的膜可能要好取点，但是要贵得多，划不来。"同村的曹学平告诉笔者："等下点雨，田里水多了，膜应该就会飘起来，那时候再取吧。""正忙着呢，等空了再说吧。"村民西利民表示清理残膜不是当前的重点。全安镇村民黄先玉说，"去年我家也是用了薄膜的，没有去取，今年一样高产。"

对此，余健生呼吁村民要及早收取田里的残膜，他说："这季稻子一收割，再生稻马上就开始长了。如果不及时取出薄膜，对再生稻的补肥工作很不利，将影响再生稻的产量。残留的薄膜还会造成白色污染，使田的种植能力下降。"（刘星、曾晓平）

吕世华：史家镇农业服务中心主任余健生是乡镇农技人员中积极示范推广水稻覆膜技术的一个典型代表。他在大力推广水稻覆膜技术的同时，也呼吁村民要及早收取田里的残膜，从而避免了在获得丰收时造成土地的"白色污染"。

四川省农业科学院

2008-08-29 吕火明副院长参加仁寿县覆膜水稻产量验收会

8 月 19 日吕火明副院长应邀前往仁寿县参加了由省科技厅委托眉山市科技局组织的水稻覆膜节水综合高产技术产量验收会。在现场考察和听取情况汇报后，他强调要加强院地合作进一步促进成果转化。

仁寿是四川省首批现代节水农业示范县。2007 年 4 月，到简阳市参加全省现代节水农业现场会的仁寿县科技局局长杨运良一看到土肥所创新集成的水稻覆膜节水综合高产技术，便意识到了该技术对仁寿县的意义。在科技厅示范方案未特别要求的情况下，仁寿县一开始就将水稻覆膜节水综合高产技术列为该县重点示范内容，并多次邀请土肥所专家吕世华到仁寿进行技术指导。

8 月 19 日，省、市、县相关专家组成的专家组在仁寿县珠家乡黑虎村 300 余亩示范片进行测产，示范户廖列兵水稻亩产达 760.3 公斤，较传统栽培增产达 200 公斤左右。座谈会上，杨运良局长向与会领导和专家汇报了示范工作情况，强调了水稻覆膜节水综合高产技术显著的节水和增产效应在仁寿县 60 万亩水稻（其中灌区 40 万亩、非灌区 20 万亩）生产中的意义，指出仅仁寿县全面推广该技术后就可至少多解决 30 万人的吃饭问题。

吕火明副院长在现场考察和听取情况汇报后指出，现场验收的产量结果定人鼓舞，再一次证明科学技术是第一生产力，农业最终还是要靠科技来解决问题。他认为水稻覆膜节水综合高产技术对我省丘陵和盆周山区农业发展和农民增收具有重要的现实意义，强调要加强院地合作，进一步推进覆膜水稻这类技术上先进、生产上可行、经济上合理的技术的应用促进成果转化。他还感谢眉山市和仁寿县有关方面对我院工作的支持。

科技合作处处长段小明、土肥所所长甘炳成同志陪同参会。（土肥所肥料室）

吕世华：当年的吕火明副院长是我院现任党委书记，作为从西南财经大学走出来的专家型领导他的站位很高。他在现场考察和听取情况汇报后说农业最终还是要靠科技来解决问题。他强调要加强院地合作，进一步推进覆膜水稻这类技术上先进、生产上可行、经济上合理的技术的应用促进成果转化。仁寿是我省首批现代节水农业示范县，省里安排仁寿示范别的技术，当时参加简阳现场会的县科技局局长杨运良一看到我们的水稻覆膜技术，便意识到了该技术对仁寿县的意义，一开始就把水稻覆膜技术列为该县的重点示范内容。从这条消息开始，水稻覆膜技术的名称由"水稻覆膜节水抗旱栽培技术"变更为"水稻覆膜节水综合高产技术"，强调了技术的综合性和高产作用。

2008年8月19日时任四川省农业科学院副院长吕火明教授（左2）在眉山市仁寿县参加覆膜水稻产量验收

四川省农业科学院

2009-09-02　资阳市雁江区10万亩覆膜水稻喜获丰收

2008年9月1日从资阳市雁江区传出喜讯，该区今年推广的10万亩覆膜水稻近日喜获丰收。

覆膜水稻是我院土肥所和中国农大创新集成的水稻覆膜节水综合高产技术的简称。2006年我院土肥所在雁江区雁江镇响水村示范覆膜水稻280亩，创造了大旱之年水稻丰收的奇迹，引起雁江区全区上下对该技术的高度重视。2007年开始雁江区政府将该技术列为农业增产、农民增收的核心技术在全区重点推广，当年面积即达6万亩。同年，该技术又被省科技厅、农业厅和水利厅认定为全省首批现代节水农业主推技术。今年降雨和田间蓄水虽然较往年好，但雁江区委、区政府推广覆膜水稻的决心没有动摇，采取系列措施加大推广力度，加之广大农民对这项技术的高度认同和自发采用的积极性，今年示范推广面积超过了10万亩。

9月1日，受四川省科技厅委托，资阳市科技局组织专家组对雁江区水稻覆膜节水综合高产技术核心示范片进行了现场验收。我院刘建军副院长、科技合作处段小明处长和土肥所甘炳成所长出席了会议。资阳市科技局胡德忠局长和资阳市雁江区李兴华副区长到会并讲话。资阳市科技局刘晓副局长主持会议。

四川省农科院谭中和研究员担任专家组组长、四川农业大学水稻研究所马均教授任副组长，成员包括四川省农科院水稻所熊洪研究员、资阳市农业局杨晓为高级农艺师和雁江区农业局戴高星高级农艺师。

专家组选取采用覆膜节水综合高产技术的雁江镇响水村1组3位农户承包田进行挖方测产验收。测产表明，陈生富承包田亩产达767.7公斤，李俊清承包田亩产达780.1公斤，杨华承包田亩产达668.0公斤，3个验收田平均亩产为738.6公斤。58岁的李大爷说自己种了40年水稻，只有最近3年才"整对了！"，过去一遇天干就无收，风调雨顺才能收七、八百斤，现在一年就收到了原来二年的产量。他说响水村的村民都十分感谢政府、科技部门和省农科院。针对大家担心的白色污染问题，他下田很快就回收了一大片地膜，并说农民自己的责任田，不用喊都会回收的。他肯定地说，"覆膜水稻是丘陵山区的好技术！"

刘建军副院长在讲话中指出，水稻覆膜节水综合高产技术是很成功的技术，它在雁江区成功推广10万亩要感谢资阳市和雁江区的各级领导和有关部门的重视和支持。他肯定了课题组在农膜回收技术方面取得的进展，也要求结合农民的实践经验尽快对这项技术规范化和标准化，以推动全省大面积水稻生产。

刚从资阳市环保局调任市科技局的胡德忠局长认为经过现场考察，可以打消对覆膜水稻白色污染的疑虑，要求进一步加大覆膜水稻好处的宣传。他认为覆膜水稻的推广有利于农业的减排，覆膜技术由于肥料利用率的提高，可以显著减少小流域总氮、总磷的排放，利于农村面源污染的治理。胡局长表示，会后市科技局将加强与市农业局、市环保局的联系，要在政府人员中打消白色污染的疑虑，进一步促进这项技术在资阳市的推广。

资阳市雁江区李兴华副区长感谢省农科院专家将覆膜水稻带到雁江区示范推广，介绍了2008年雁江区10万亩覆膜水稻的推广情况，也表示区政府将进一步采取措施，加大覆膜水稻技术在雁江区的推广力度，促进粮食生产和农民增收。（土肥所肥料室）

吕世华：我院分管科技合作的刘建军副院长长期关注支持水稻覆膜技术的示范推广。雁江区实际是他的老家，我们的覆膜技术在雁江成功地大面积推广应用，帮助到他家乡的农民兄弟也是我们对刘院长的一个报答。资阳市科技局新任局长胡德忠同志从环保局局长调任，作为一个环保人他十分关注农田的"白色污染"问题。现场考察后他认为可以打消对覆膜水稻"白色污染"的疑虑。同时，他还认为水稻覆膜技术由于肥料利用率的提高，可以显著减少小流域总氮、总磷的排放，利于农村面源污染的治理。

2008年资阳市雁江区水稻覆膜节水综合高产技术示范验收会

四川省科学技术厅

2008-09-03 资阳市雁江区水稻覆膜节水综合高产技术核心示范片通过省专家组验收

9月1日，受四川省科技厅委托，资阳市科技局组织专家组对雁江区水稻覆膜节水综合高产技术核心示范片进行了现场验收。

覆膜水稻是省农科院土肥所和中国农大创新集成的水稻覆膜节水综合高产技术的简称，该技术2007年被省科技厅、农业厅和水利厅认定为全省首批现代节水农业主推技术。2006年省农科院土肥所在资阳市雁江区雁江镇响水村示范覆膜水稻280亩，创造了大旱之年水稻丰收的奇迹，引起雁江区全区上下对该技术的高度重视，2007年开始雁江区政府将该技术列为农业增产、农民增收的核心技术在全区重点推广，当年面积即达6万亩。今年降雨和田间蓄水虽然较往年好，但雁江区委、区政府推广覆膜水稻的决心没有动摇，采取系列措施加大推广力度，加之广大农民对这项技术的高度认同和自发采用的积极性，今年示范推广面积超过了10万亩。

专家组选取采用覆膜节水综合高产技术的雁江镇响水村1组3位农户承包田进行挖方测产验收。刘建军副院长指出，水稻覆膜节水综合高产技术是很成功的技术，它在雁江区成功推广 10 万亩要感谢资阳市和雁江区的各级领导和有关部门的重视和支持。他肯定了课题组在农膜回收技术方面取得的进展，也要求结合农民的实践经验尽快对这项技术规范化和标准化，以推动全省大面积水稻生产。

资阳市科技局胡德忠局长认为经过现场考察，可以打消对覆膜水稻白色污染的疑虑，要求进一步加大覆膜水稻好处的宣传。他认为覆膜水稻的推广有利于农业的减排，覆膜技术由于肥料利用率的提高，可以显著减少小流域总氮、总磷的排放，利于农村面源污染的治理。胡局长表示，会后市科技局将加强与市农业局、市环保局的联系，要在政府人员中打消白色污染的疑虑，进一步促进这项技术在资阳市的推广。（资阳市科技局）

吕世华：十分遗憾这条发布在科技厅网站的消息没有写出产量验收的结果，这里补上来：3 个测产田陈生富承包田亩产达 767.7 公斤，李俊清承包田亩产达 780.1 公斤，杨华承包田亩产达 668.0 公斤，平均亩产为 738.6 公斤。实际上当时有一个田的产量超过了 800 公斤，有一个专家和我沟通后技术性地压了一点下来。

左为四川省农业科学院副院长刘建军研究员，右为资阳市科技局局长胡德忠

四川日报

2008-09-09　资阳 10 万亩覆膜水稻均产超 650 公斤

一年收成抵过原来干两年

本报讯　进入 9 月以来，省科技厅在资阳市雁江区支持推广的 10 万亩覆膜水稻陆续收获，均产在 650 公斤以上，创造了旱山村、典型低产区大面积种植的产量纪录。其中，

5 000亩核心示范片的均产达到738.6公斤。

在省科技厅支持下，作为全省首批现代节水农业主推技术之一，水稻覆膜节水综合高产技术2006年在雁江区雁江镇响水村示范种植了280亩。当年四川大旱，但当地水稻喜获丰收。2007年雁江区政府在全区推广面积达到6万亩。今年当地自发采用的种植面积超过10万亩。

最近，受省科技厅委托，资阳市科技局组织专家组现场验收，专家组选取雁江镇响水村1组3位农户承包田进行挖方测产验收。测产表明，采用了水稻覆膜技术，陈生富承包田亩产达767.7公斤，李俊清承包田亩产达780.1公斤，杨华承包田亩产达668.0公斤，3个验收田平均亩产为738.6公斤。58岁的李俊清大爷说自己种了40年水稻，"现在才整对了！以前一遇天干就没收，风调雨顺也只能收七八百斤，现在干一年相当于原来干两年。"

今年化肥大幅涨价，而采用水稻覆膜技术的田块，由于提高了肥料的利用率，还产生了明显的增收效益：传统生产对氮肥的利用率只有30%左右，水稻覆膜后，氮肥的当季利用率提高到了60%左右。以往一般每亩施肥50公斤，现在只需一半左右的量，相当于每亩增收100元。（记者杨晓）

吕世华："现在才整对了！以前一遇天干就没收，风调雨顺也只能收七八百斤，现在干一年相当于原来干两年。"这是我们的"土专家"李俊清李大爷的土话，也是真话。2008年他58岁，过去了14年，他现在72岁，仍然在用我们的技术种植水稻。

中为参与雁江区覆膜水稻产量验收的四川农业大学水稻研究所马均教授（中）

2008-09-11 奇迹 干田湾长出优质稻

"川内无好米！"——对于不少粮食加工企业来说，由于四川大多地方夏天高温高湿、光照较低，要想在这片土地上找到粒形和口感均得到保证的优质米，很难！而要想资阳市雁江区产出人们理想中的优质稻米，更是难上加难。因为这里十年九旱，水稻每年能否及时栽插，都是个问题。

然而，奇迹竟然就在雁江区中和镇罗汉村发生了：该村种植的优质稻，成为了粮食加工企业追捧的对象。他们的秘诀就是：水稻覆膜节水抗旱栽培技术！

9月9日，该区杨老九植保合作社理事长杨勇兴奋地告诉记者："我们这里种的5 000亩优质稻，平均亩产550公斤以上没问题。目前已有一家资阳的粮食加工企业来找我们谈，开出的收购价每公斤要比市场价高出两角。"

从没见过这么好的优质稻

割下一把水稻抱在怀中，只听到稻穗沙沙作响，中和镇罗汉村21组的周翠芳心里乐开了花："谷子长得很籽实，估计一亩打600公斤没问题。"

同组的张德火仔细检查稻穗，不住啧啧赞叹："我反复看了下，没有空壳，只有两个青谷子。我还没见过表现这么好的优质稻！"

罗汉村古来人称"一碗水"，是个有名的干田湾。哪怕就在今年这样风调雨顺的年份，"夏旱时田照样干裂，邻村一家没有搞地膜覆盖的，亩产最多200公斤。"记者一行随杨勇进行参观，但见这个昔日的干田湾，被金黄、茁壮的水稻覆盖，有的农户已开始收割。

"推广水稻覆膜节水抗旱栽培技术后，每亩可增产稻谷150公斤以上。而把一般杂交稻换成优质稻，一公斤又可以多卖两角钱，农民一亩可以多收入100多元。"见此情景，杨勇甚感欣慰。

创新应用新技术出奇效

今年是这项技术在中和镇推广的第三年。与过去不同的是，今年这里规模种植的都是优质稻。

"第一年试验成功后，大家就琢磨着，要让这项技术的增产增收效果更明显。于是在第二年，镇上试种了100亩优质稻。"提起往事，该镇副镇长苏文仍记忆犹新，"结果我们惊奇地发现，优质稻在这种技术条件下表现出良好的丰产性。粮食加工企业闻讯前来取样，化验结果让他们非常满意，米的品质达到国家二级米标准。"

对此，水稻覆膜节水抗旱栽培技术研究人、省农科院专家吕世华解释说："光照不足一直是我省优质稻生产的瓶颈。通过覆盖地膜，可以增加积温，从一定程度上弥补光照不足的影响，让水稻能均匀灌浆，提高品质和产量。"

为实现大面积增产、大幅度增收，中和镇今年在应用这项技术时又进行了创新：按照粮食加工企业要求，规模种植一个优质稻品种；按无公害水稻生产标准，施肥统一采用水稻专用配方肥；每亩农户交 15 元，由合作社用低毒高效农药进行病虫害统一防治。（本报记者杨勇）

特别提示

对水稻覆膜节水抗旱栽培技术的好处，记者介绍了这么多，就是希望有更多的农民朋友能利用它增产，挣到更多的票子。

那么，要想熟练运用这项技术，究竟要掌握哪些关键环节？请看今日三版。

吕世华：估计是记者杨勇采访杨勇的第一次。雁江区中和镇杨老九植保合作社理事长杨勇是一个很有头脑的农资经销商，他把水稻覆膜技术、优质水稻、统防统治结合起来推广，并以合作社的形式发展优质水稻的产业化，为企业增效、农民增收探索了路子。

杨勇采访杨勇

四川农村日报

2008-09-11　三大环节助推种植技术"升级"

水稻节水丰产　其实不难

省农科院专家吕世华研究集成的水稻覆膜节水抗旱栽培技术，通过在全省丘陵、平原、山区的望天田、冷浸田、灌区尾水旱片等缺水田的试验、示范，证明该项技术最高可节水 70%，不仅增了产，而且还提高了品质。

资阳市雁江区雁江镇响水村的刘水富，早在 2006 年省农科院推广这项技术时，就特别上心，很快成长为名副其实的"土专家"。

9月9日，记者对吕世华和刘水富进行了专访。

新技术新在哪里

"这套技术是由多项农业技术组装的，比如也要求用我们推广多年的旱育秧技术，只是这项技术要求培育嫩秧，以促进分蘖。"刘水富由于平时爱钻研技术，当这项新技术引进时，他没有像别人那样觉得很难，而是很快找到与新技术的结合点。

过去用的水稻种植技术其实也是个组合技术，为什么不能抗旱丰产呢？"是因为其中某个环节出了问题，比如抗旱的问题就不能解决。而吕专家的这项技术，同过去技术的最大区别，就是增加了旱育嫩秧、厢面覆膜和大三围强化栽培。"刘水富通过比较找到了答案。

吕世华进行详细解答："厢面覆膜解决了抗旱的问题，而旱育嫩秧、大三围强化栽培则解决了高产的问题。"

在实践中刘水富还有很多新发现，"这项技术不仅节水抗旱高产，由于实行免耕一亩还省工10个左右，并且减少肥料施用量，田间也没有杂草，还错开了农时季节，农活不打挤。"

盖好膜才能成功抗旱

现在在雁江区，看到到处长势繁茂的水稻，很多人可能难以想象过去是怎样的情形。

路边一块注明没有扯草的试验田，里面是杂草丛生，水稻稀疏生长，稗子比人还高；在一块注明常规情况下，扯过两次草的田块，里面也还有不少杂草，水稻长势很差，同周围进行覆膜的稻田形成鲜明的对比。刘水富向记者介绍："没有覆盖薄膜前，就是这个样子。"

"经过多年推广，大家对旱育嫩秧等技术都基本掌握了。而抗旱要取得成功，关键是要盖好膜，这应该是这项技术取得成功的基础。"多年的实践对比，刘水富感触颇深。

保护土壤、便于回收。他提醒大家在选膜时一定要选厚度为0.004厘米以上的好膜，不要贪便宜选用废塑料加工的膜。那样不但效果难以保证，而且不好回收。还有，一定要开好边沟、厢沟和腰沟，用水浸泡一下，用铁钉把把厢面刨平，去除杂草。一次性亩施用水稻专用配方肥20～25公斤，将地膜平整地覆盖在厢面上，使地膜紧贴厢面，再将地膜四周扎于厢沟泥中，确保盖膜严实。

"在推广技术中我们发现，有的农户没有去除杂草，有的没有泡田，有的没有把薄膜盖严等，这些都会直接影响到抗旱、抑草的效果。所以在推广这项技术时，首先要盖好膜。"刘水富解释。

大三围栽培是高产保证

水稻大三围强化栽培是我国从国外引进并经研究本土化的技术，也是水稻覆膜节水抗旱栽培技术要达到高产，集成的一项重要技术。

这样一项复杂的技术怎么让农民接受呢？

拿出一个钉着一组三个木钉的板子，刘水富骄傲地介绍他的发明：用板子在盖好膜的厢面上压一下，一排栽培孔就打好了，大家只需在一个孔里栽上一株水稻小苗就行。"高科技，其实有时就这么简单！"

如此简单实用的土工具却是严格按大三围强化栽培的要求进行设计。吕世华拿出一个卷尺，边量边介绍："你看，这行窝距是标准的 40 厘米×40 厘米，这是我们多年试验总结出的适合于我省的最佳行窝距。还有，你看这窝与窝之间呈等边大三角形，而每窝又是以小等边三角形方式摆栽 3 株，株距 10 厘米。"

农户种田要的就是简单！没想到这无法同农户去讲的复杂栽法，在吕世华的指导下，让刘水富开动脑筋研究出的这个简便的标准打窝器给解决了，并且深受农户欢迎。

"只要做好选膜盖膜和大三围强化栽培，在有条件的情况下，保持沟中有水，膜面无水，其他按老办法去进行管理，要获得丰产高产根本不成问题。"刘水富最后说。（本报记者杨勇）

吕世华：杨记者很好地总结了"土专家"刘水富的实践经验。需要指出的是覆膜解决了抗旱的问题，同时也解决了土壤温度的问题，促进了秧苗的分蘖，也是获得水稻高产的一个重要原因。

四川省农业科学院

2008-09-16 科技救灾覆膜水稻收获日暨院市合作签字仪式在什邡市中和村田间举行

2008 年 9 月 11 日由四川省农科院、中国农科院、什邡市人民政府共同主办，院土肥所、合作处和什邡市农委、科技局、农业局联合承办的科技救灾覆膜水稻收获日暨灾后重建院市科技合作签字仪式在什邡市湔氐镇中和村田间举行。出席此次活动的有院党委书记王书斌、院长李跃建、副院长黄钢及院土肥所、合作处、产业处和科源公司的相关负责人，中国农科院的代表陶龙兴研究员，什邡市人民政府副市长马万伦及相关部门负责人，还有来自四川省农业厅、德阳市农业局、资阳市雁江区和简阳市东溪镇等各方关爱灾区、情系灾民的领导、专家和志愿者代表。

会议由省农科院黄钢副院长主持。李跃建院长向与会者简要阐述了省农科院科技救灾背景及此次活动的宗旨。土肥所专家吕世华向与会领导和专家汇报了在地震灾区什邡市中和村开展覆膜水稻示范的相关情况。接着，以李跃建院长任组长，陶龙兴研究员和胡强副处长任副组长的 7 人专家组对什邡市湔氐镇中和村 220 亩"水稻覆膜节水综合高产技术"核心示范区进行考察，选取了 5 月末才采用节水综合高产技术的 13 组农户赵道华的 4.9 亩责任田，进行挖方测产。实收面积 0.312 亩，稻谷湿重 217.5 公斤，水分含量 22.7％，亩产达 640.0公斤。这一产量水平较该地区正常年份正常季节传统栽培亩增产 150 公斤。

在田间座谈会上，中和村 13 组组长魏方平作为农户代表对"水稻覆膜节水综合高产技术"发表实践感言，他说："我的 5 分田已收割，干谷重 582 斤，这让我非常满意。我的责任田土层很薄，常年收成只有 400 多斤，今年遭遇'5.12'特大地震，严重缺水且迟栽情况下，试用吕专家指导的覆膜水稻技术，取得了历年来的最高产量，说明种田不走科学道路不行。"

什邡市人民政府马万伦副市长和德阳市农业局雍兴文局长分别向省农科院表示诚挚的感谢，他们认为如果没有省农科院组织资阳、简阳等地自愿者组成"救灾突击队"，帮助灾民恢复信心、传授技术，就不可能看到今天极目尽现"黄金亮色"的丰收景象。省农科院科技人员常年深入田间地头，与农民朋友心往一处想、劲往一处使，让科技之花开遍了巴山蜀水，使"三农"工作得到了很好的发展。雍局长祝愿省农科院与什邡市的科技合作进一步深化，期望双方合作无论是外延还是内涵都更加深入，通过以点带面，全面推进德阳市与省农科院的合作，也使什邡市成为全省农业和农村经济发展高地的排头兵。

省农业厅经作处胡强副处长盛赞省农科院专家不辞辛苦，把科研成果展示在田间地头。他对省农科院在抗震救灾中一马当先的垂范，为解决人增地减带来的粮食安全问题和提高人民生活水平所做的不懈努力表示敬意。他建议把农科院的食用菌、果蔬等方面的科技成果也纳入推广应用。

中国农科院的代表陶龙兴研究员认为水稻覆膜综合高产技术推广前景很大，它具有节水、抑制杂草、显著提高产量的功效，该技术对灾后重建、恢复灾民生产自救的信心大有裨益，而且水资源短缺问题是中国正在面临和还将面临的重大问题，他认为该技术也适合在北方一些缺水地区推广。

随后，省农科院党委书记王书斌和院科源公司负责人向中和村赠送了 200 亩油菜种子。中和村党支部书记罗顺涛接受捐赠并代表全村人民向省农科院致谢。

在李跃建院长的主持下，黄钢副院长和马万伦副市长在与会者的掌声和欢呼声中完成了"四川省农科院和什邡市人民政府灾后重建科技合作协议"的签字。

最后，王书斌书记对这次活动作了总结性讲话，他说："今天来同大家一起分享丰收的喜悦，心情很激动。今年也是我院建院 70 周年，生日怎么过，年初我们党委、行政班子就商议决定，不在办公室、不在会议室搞庆典，不请客送礼，不大吃大喝，通过把农科院的科研成果和论文展示在田间地头来庆祝自己的庆日。'5.12'特大地震发生后，抗震救灾的斗争以及灾后重建的工作，深入检验了我们农科院人的意志和品质，5 月 14 日，我们第一时间奔赴什邡、都江堰、彭州等灾区，后来我们与中国农科院的专家一起又再度深入灾区共商救灾对策。就以吕世华同志为例，地震发生时他在西安开会，会上他立即发起了募捐倡议，由于交通阻断，西安—成都停飞，14 日他辗转回到成都，放下行李没顾得上与家人照面就赶赴什邡灾区，第一时间送上西安会议的捐款，第一时间了解灾情并向院、所领导汇报，第一时间组织助农'突击队'。我们农科院人具有高度忘我精神，他们不顾灾后余震，少吃短喝，身体力行，义无反顾地投入抗震救灾的战斗中，涌现出了一大批可歌可泣的动人故事。今天的测产结果比起我们在广汉的 850 公斤/亩水稻，500 公斤/亩的小麦，不算高，但我看重的是农民兄弟的评价，'这技术好！我们的口袋重了。'"听到这样的话我就放心了，就满意了，因为各地的自然条件、土壤条件不一样，产量潜力肯定不一样，而且，我们今天取得的成果是与灾难相伴而行的，我相信，只要大家齐心协力，一定能再创佳绩。重建的任务很重，千头万绪，首先我们得把生产搞上去。服务三农、科技兴农是我们的天职，我们责无旁贷，我们将竭尽所能地发挥我们的光和热。最后，祝院市合作的道路越走越宽广。

此次活动还吸引了四川电视台、《四川日报》、《四川农村日报》和《共产党员》杂志社等媒体前往报道。（土肥所科管科）

吕世华：水稻覆膜技术在平原尾水区的应用效果在地震灾区得到证实。在赵道华的4.9亩责任田亩产达640.0公斤，该产量水平较该村正常年份正常季节传统栽培亩增产150公斤。在魏方平土层很薄的0.5亩责任田亩产达到582公斤，比常年收成亩增加182公斤。中国水稻研究所陶龙兴研究员在现场会上对水稻覆膜技术给予高度评价，认为该技术具有节水、抑制杂草、显著提高产量的功效。在水资源短缺日益严重的背景下该技术的推广具有重要意义。

科技救灾覆膜水稻收获日暨院市合作签字仪式现场

四川农村日报

2008-09-17 亩产640公斤 村民终于笑了

在科技志愿者的帮助下，什邡市湔氏镇
中和村迎来震后水稻大丰收

本报讯 "没想到，一亩增产200多公斤，我们这些开荒田也能丰产……"11日，当省农科院的专家宣布随机抽查验收的稻田亩产是640公斤时，什邡市湔氏镇中和村村民李代江兴奋不已。

同村的罗应芳也露出了笑容："有粮食就有保障，就有了重建的信心。"地震使她失去了美丽聪慧、正在读小学六年级的女儿，"当时我们全家都沉浸在巨大的悲痛之中，什么活都不想干了，是农科院的专家组织科技救灾突击队来帮我们，看到他们都下田干活、示范覆膜栽秧，大家都被带动起来，很快恢复了生产。"

中和村一带都是开荒田，土层厚度不足一尺，当地农民称这种田为"三跑田"——跑水、跑肥、跑土。加上这里地处灌区尾水旱片，用水高峰水源紧张，用水期矛盾大一直是该村的老问题。该村支书罗顺涛是个有心人，去年他从《四川农村日报》上看到水稻大三围免耕覆膜抗旱技术效果很好的报道，就主动想办法同该技术的研究人、省农科院专家吕世华取得联系，请他前来指导。

今年4月，吕世华来到中和村，在认真研究该地土壤结构后，提出先进行旋耕防渗，再实施覆膜大三围栽培技术，并在罗顺涛等几户农户的田里做了10多亩试验。

然而让人无法预料的是，"5.12"特大地震，使中和村90%以上的房屋严重受损，30%的房屋垮塌。得知中和村受灾的消息后，吕世华立即赶到救灾第一线，帮助村民研究恢复生产的办法。从地震中逐渐恢复过来的村民，看到试验田的秧苗在水渠震断、稻田缺水干裂的情况下，长势、分蘖都那么好，纷纷要求推广。

5月21日，由吕世华在资阳市雁江区中和镇推广该项技术时培养的22名土专家组成的"科技救灾突击队"来到中和村，突击一周，帮助该村农户完成200多亩规范的覆膜大三围栽培示范。在他们的带动下，中和村很快完成了大春水稻栽插。

现在，水稻丰产了，从地震中逐步恢复起来的中和村，随处可以看到久违的笑脸。（本报记者杨勇）

吕世华：用我们的技术，用我们的真情付出帮助地震灾区的农民朋友从灾难中走出来，积极地开展灾后重建是我们科技人员的责任与担当。

我们与地震灾区的农民共享丰收喜悦

四川省农业科学院

2008-09-23 国家粮食丰产科技工程简阳示范区再传覆膜水稻丰收喜讯

2008 年 9 月 19 日四川省科技厅委托资阳市科技局组织省内有关专家组成专家验收组，对四川省农科院土肥所和简阳市人民政府共同实施的国家粮食丰产科技工程"四川盆地单季籼稻丰产高效技术集成研究与示范"项目简阳示范区 2008 年实施情况进行了现场验收。验收现场再次传出了覆膜水稻获丰收的喜讯。

覆膜水稻是四川省农科院土肥所和中国农业大学资环学院历经 10 年合作，研究形成的水稻覆膜节水综合高产技术的简称，由于具有显著的节水抗旱效果，这项技术又叫水稻覆膜节水抗旱技术。简阳示范区 2003 年开始示范覆膜水稻，恰逢当地几十年不遇的特大干旱，当年在东溪镇阳公村 5 组所示范的 20 余亩覆膜水稻在大旱之年夺得了丰收。在国家粮食丰产科技工程、节水农业项目和"948"项目等的推动下，这项技术不仅在简阳市得到大面积应用，而且也在省内广大丘陵山区和重庆、云南、福建等省（直辖市）得到推广应用。2006年全省范围的特大干旱检验了这项技术，在大面积水稻因干旱显著减产的情况下，简阳市和资阳市雁江区一些采用覆膜水稻的村却获得了比过去降雨正常年份还高的产量。2007 年因省科技厅的重视，这项技术被列为全省现代节水农业主推技术。2008 年是风调雨顺的一年，覆膜水稻的效果如何，值得关注。

根据省农科院、省科技厅和一些地市科技局组织的专家测产验收表明，2008 年采用水稻覆膜节水综合高产技术各地均获高产，例如，自贡市大安区验收产量为 679.7 公斤/亩，宜宾县蕨溪镇验收产量为 546.3 公斤/亩（去年的抛荒田），内江市中区全安镇验收产量为729.4 公斤/亩，仁寿县珠家乡验收产量为 760.3 公斤/亩，遂宁市安居区西眉镇验收产量为732.4 公斤/亩，乐至县石佛镇验收产量为 782.9 公斤/亩，资阳市雁江区雁江镇 3 个代表性田验收产量分别为 780.1、767.7 和 668.0 公斤/亩，什邡市湔氏镇验收产量为 640.0 公斤/亩。种植覆膜水稻普遍比当地传统栽培增产 200 公斤以上，充分证明了这项技术具有显著的节水作用和增产效果。

2008 年 9 月 19 日在资阳市科技局刘晓副局长的主持下，以粮丰工程咨询组专家谭中和研究员任组长，四川农业大学水稻研究所马均教授任副组长的专家组对简阳市东溪镇凤凰村10 组农民自发采用水稻覆膜节水综合高产技术的 3 个代表性田块进行挖方测产，结果发现农户刘子杰责任田亩产为 787.7 公斤，农户李同映责任田亩产为 694.9 公斤，农户张兴福责任田亩产为 632.9 公斤。凤凰村 10 组组长刘治平介绍，这一片吊坎田共 30 多亩，过去每年要抽三四次水，花抽水费 2 000 多元，水稻亩产也仅 400 公斤左右，去年开始采用覆膜技术，天很干也只灌了 2 次水，花了 1 000 多元水费，当年的亩产量就普遍达到了 700 公斤，今年因为地震 5 月底才栽秧，只灌了 1 次水，花了 720 元水费，而水稻产量还是在 700 公斤左右。刘治平和同村村民直言，覆膜水稻的确是节水丰产值得推广的好技术，他们今后会继续买地膜种植覆膜水稻。

针对覆膜栽培可能存在的白色污染问题，专家组对采用水稻覆膜节水综合高产技术稻田农膜的回收情况进行了实地考证，发现总体回收情况良好。综合有关情况，专家组认为，四川省农科院土肥所在国家粮食丰产科技工程简阳示范区创新集成和示范成功的技术增产增收效果显著，建议有关部门进一步加大该技术在简阳市和全省类似地区的推广应用力度。（土肥所肥料室）

吕世华：简阳市东溪镇凤凰村10组的30多亩稻田在采用水稻覆膜技术前每年要抽三四次水，花抽水费2 000多元，亩用水费近70元，水稻亩产400公斤左右。2007年采用水稻覆膜技术，天很干也只灌了2次水，花了1 000多元水费，亩用水费不到35元，亩产却达到700公斤。2008年降雨较多只灌了1次水，花了720元水费，亩用水费不足25元，水稻亩产还是在700公斤左右。所以，镇凤凰村的村民体会到了覆膜水稻的确是节水丰产的好技术。

2008年简阳市东溪镇凤凰村覆膜水稻收获现场

中国农业信息网

2008-10-08 水稻覆膜节水抗旱技术增产增收

四川省农科院和四川省简阳市政府共同在简阳示范区实施国家粮食丰产科技工程"四川盆地单季籼稻丰产高效技术集成研究与示范"，最近通过专家验收。专家组认为，四川省农科院在该示范区创新集成和示范的技术，增产增收的效果显著，建议大力推广。

覆膜水稻是四川省农科院土肥所和中国农大经过10年的研究形成的"水稻覆膜节水综合高产技术"的简称，具有显著的节水抗旱效果。这项技术也在四川省广大丘陵山区和重庆、云南、福建等省（直辖市）得到推广应用。2006年，在大面积水稻因干旱显著减产的情况下，四川省简阳市和资阳市雁江区一些采用覆膜水稻的村却获得了比过去降雨正常年份还高的产量。专家验收时发现，今年采用该技术，内江市全安镇、仁寿县珠家乡、遂宁市西眉镇等地，普遍比当地的传统栽培方法增产200公斤以上。简阳市东溪镇凤凰村的农民自发采用水稻覆膜节水综合高产技术，亩产分别达到787.7公斤、694.9公斤和632.9公斤。凤凰村的这片田过去每年要浇三四次水，要花抽水费2000多元，水稻产量也仅为400公斤左右；去年，他们采用覆膜技术，天很干时也只灌了2次水，花了1000多元水费，当年的亩产量就普遍达到了700公斤。由于地震，今年5月底才栽秧，只灌了1次水，花了720元水费，水稻亩产还是达到700公斤左右。（土肥）

吕世华：没有想到我写的这条简讯在我们的院网发布后被国家农业部的网站转载。

四川省农业科学院

2008-10-14　土肥所吕世华同志获四川省统一战线抗震救灾先进个人称号

2008年10月13日四川省统一战线抗震救灾先进集体、先进个人表彰大会在成都市金牛宾馆隆重举行。土肥所专家吕世华同志作为无党派人士，在"5.12"汶川特大地震发生后，积极投身到抗震救灾的工作中，临危不惧，无私奉献，为抗震救灾取得阶段性胜利作出了积极贡献，被中共四川省委统战部授予抗震救灾先进个人称号，在会上受到了表彰。（土肥所办公室）

吕世华：作为党和国家培养的科技人员，能够参与伟大的抗震救灾，为国家和人民做一点事情感到无上光荣。

第一次身披绶带

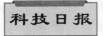

2008-12-19 吕世华："错位"专家

基层科技人物素描

五风十雨信难求，万载秋，靠天收。民食稼穑，多少圣贤愁。漫道有心无心事，举大白，贺神州。

杞人配词调寄《江城子》

微型车、"傻瓜"机、明信片，吕世华的每一件"宝贝"都沾满了清新的泥土气，他用它们亲近农村，帮助农民，守望农业。他是错过了一些表面的虚华，却在农民心里充实了科技的地位。——编者

初见吕世华，他刚从北京参加全国学术研讨会归来，"这些年要么蹲田坎，要么参加学术会议，不在'上面'就在'下面'，成都很少待。"言语急促干练，有着四川人特有的淳朴与乐观。

吕世华出身农村，1985 年从四川农业大学农业化学系毕业进入四川省农科院，20 多年的科研生涯充满着"错位"的收获。

作为土肥专家，他从水旱轮作土壤小麦缺锰问题入手，却研究出水稻大三围强化栽培、水稻覆膜节水综合高产技术等一系列栽培技术，被誉为作物栽培界杀出的一匹"黑马"，四川省农学界的老前辈余遥、谭中和都把他视作年轻的农学家，倍加爱护。

作为农业专家，他却热衷于农技推广，探索的"专家＋协会＋农户"农技推广模式家喻户晓，连续 3 年被写入四川省委、省政府"一号文件"和省委最近的《关于统筹城乡开创农村改革发展新局面的决定》。

作为科研人员，他 5 年时间行遍全省主要农区，手把手教农民科学种田，屡次在旱山村创下水稻亩产七八百公斤的高产神话，改写了四川丘陵山区长期靠天吃饭的历史，使近 10 万农户尝到了新技术的甜头。

收获如此多的"错位"惊喜，与吕世华身上特有的韧性和闯劲密不可分。

他的水稻覆膜节水综合高产技术 2003 年就已基本成熟，在简阳市东溪镇应用引起了轰动，但推广却成了难题。他不信邪，新技术推广没人管，就自己想法推广；农民不愿意用，就自己示范给他们看。

5 年的农技推广中，吕世华身边有三件"宝"。

一是那辆破微型车。车内随时载着投影仪、扩音器、宣传展板和资料画册，他靠这辆车行遍四川 50 多个县，近 20 万公里。2007 年 3 月他来到遂宁市船山区桂花镇宣传新技术，跳下车就找镇领导和农技干部问产量、谈技术。因车太破旧，也无上级介绍，一开始镇干部怎么也不相信他是省里来的专家。有人劝他换辆好的，他不，"好看不好看无所谓。好车里哪能搁得下我那些东西？哪能跑得了山里的路？"

二是"傻瓜"照相机。这是吕世华随身带的一部数码照相机，行走在乡村，随时拍下新发现的生产问题，既是科研资料，也是给农民和农技人员做培训的鲜活素材。他还用这部数码相机记录下无数四川农民的生活镜头，被同行誉为"农村摄影家"。几年前，在成都一个全国农业学术会议上，他还搞了一个"关注三农"小型的个人影展，反响很好。

三是明信片"名片"。这是他自己设计的"名片"，上面除了单位、联系方式外，还印满了新技术简介、推广前后的对比图片和近年取得的增产效果，一目了然。不仅在全国学术研讨会会场、农村田间地头广为散发，逢年过节，他还写上地址寄给同事和远方的好友。

有很多人不理解吕世华，"做土肥研究搞得好好的，干嘛还要做栽培技术研究？""做农业专家舒舒服服，干嘛还费那么大劲搞技术推广？"

"因为农民对科技的渴望。常年在农村跑，时刻都能感受到农民兄弟依靠科技、丰收致富的淳朴愿望。"吕世华说，"如果科研人员不关注农技推广，既对不注自己付出的心血，也对不起国家"。

随着新技术推广的不断深入，从不固守常规的吕世华最近又动起了"歪"脑筋，亲自编了一本不是书的"书"。

全书约15万字，是他5年来新技术推广运用情况的一个投影。书中收录基层科技、农业部门和农技推广员、种植户、农业记者等文稿近百篇，从拉家常、牢骚话到丰收报喜，从买地膜、施肥量到鼓励感谢，无所不包，末了还配上图片和近几年来自己收到的百余条工作短信。"就是记录这几年的工作状态，自己看着好玩。"他说。

书中有一篇资阳市雁江镇中心校六年级小学生刘毅的作文《我的故事》，讲述了小刘毅向同学、老师宣传新技术时，被大家误解、嘲笑，最后又获得认可的故事。孩子纯真地写道："我觉得农科院的技术是一种能让人吃饱饭的好技术……是科学让大家喜悦，是科学让大家满足，我长大以后也一定要当科学家，为人民服务"。（本报记者盛利）

吕世华：时间过的真快！小刘毅早已经读完了小学读中学，读完了中学读大学。从中国人民解放军第二军医大学毕业后，他去军舰当军医了。而所谓的"错位"专家离退休也很快了！二十多年的"错位"让我愈加坚信水稻覆膜技术在保障国家粮食安全、促进生态环境保护中的重要作用。今后，即使退休了我仍然会坚守初心，继续推动其应用。

2009 年

四川省农业科学院

2009-02-23 四川农业新技术研究与推广网络 2009 年工作会在成都召开

2009 年 2 月 21 日 "四川农业新技术研究与推广网络 2009 年工作会" 在成都市河畔酒店召开。我院王书斌书记和刘建军副院长出席会议并作重要讲话。来自宜宾、内江、资阳、德阳、广元、遂宁、巴中和眉山市的 "研推网络" 部分成员单位以及中科院成都生物所、四川农大资环学院、四川省烟草公司、四川新禾丰和成都市河流研究会等研推网络的合作单位的同志共 40 余人出席了会议。我院土肥所甘炳成所长出席会议并致欢迎辞。院科技合作处段晓明处长和土肥所喻先素书记也出席了会议。会议由吕世华同志主持。

四川农业新技术研究与推广网络是我院在推进科技创新与成果转化，加强院地合作、院企合作过程中由我院土肥所专家吕世华同志在 2006 年春天发起成立的民间机构，旨在促进农业科研与农技推广的紧密结合，发现和培养基层优秀农技推广人才和乡土人才，共同促进农业发展和农民增收。会上，吕世华总结了 "研推网络" 2008 年的工作，报告了 2009 年的工作计划。之后 "研推网络" 成员单位的负责人争先发言，肯定了 "研推网络" 近年重点示范推广的以水稻覆膜节水综合高产技术为代表的系列新技术、新品种和新产品对当地农业发展和农民增收所起的显著作用，也表示将加强和农科院的合作，以农科院为龙头，创新体制机制共同推动 "研推网络" 的发展。

刘建军副院长在听取了吕世华同志的工作报告和 "研推网络" 成员单位负责人的发言后指出，2008 年水稻覆膜节水综合高产技术示范推广取得显著进展，在全省产生了非常大的影响，"研推网络" 功不可没。"研推网络" 也参与了伟大的抗震救灾行动。"研推网络" 是新时期农技推广的组织创新和机制创新。它没有专项经费也没得专职的干部，靠着大家对 "三农" 工作的责任心、事业心和感情，流血流汗地工作，这是十分可贵的。搞得轰轰烈烈，联系了众多的国家、省市、地方专家和农民土专家，在促进成果转化方面取得的成果鼓舞人心。他认为水稻覆膜节水综合高产技术示范推广的实践证明，这项技术将在促进省委、省政府最近提出的新增一百亿斤粮食生产能力中发挥重要作用，应坚定不移地促进其应用。

最后，王书斌书记作了重要讲话。他指出，把四川农业新技术研究与推广网络的工作放在汶川特大地震灾后重建，从中央要求加快农业增产、农民增收和目前全球金融危机三个大的背景下看，"研推网络"具有创新意义和现实意义，虽然它的工作面对了一些不同的声音，但机制创新确保了它的生命力。他希望"研推网络"把事情做得更好，成为我国多元化农技推广的典范，为农业增产、农民增收做出新的贡献。他说，省农科院和地方合作从来不讲对象大小，不讲等级，只要农民朋友需要，即使是一个村，我们也可以签订合作协议，只想做事。农科院专家吃苦精神很强，加强成果展示推广仍然是农科院新一年工作的目标任务，希望与会单位和农科院携手落实好今年的"中央一号文件"，满足农民群众的期盼。（院合作处、土肥所）

吕世华：四川农业新技术研究与推广网络是我在示范推广覆膜水稻等技术过程中发起成立的民间机构，旨在促进农业科研与农技推广的紧密结合，发现和培养基层优秀农技推广人才和农民土专家，共同促进农业发展和农民增收。从这篇简报可以看出我院领导对"研推网络"的机制创新和工作给予了高度肯定。

出席会议的王书斌书记、刘建军副院长和段晓明处长

四川省农业科学院

2009-02-26   我院专家积极投身农业科技"三大行动"

2009年2月24日四川省春耕生产现场会暨粮油高产创建和农业科技"三大行动"启动仪式在南充市西充县召开。省委常委、副省长钟勉出席了这次会议，土肥所专家吕世华同志随同黄钢副院长也参加了这次活动。在启动仪式现场吕世华专家向广大农民朋友传授技术、赠送资料，并表示将积极投身于省农业厅主抓的农业科技大培训、大示范、大推广"三大行动"中，为农业增产、农民增收建功立业。

西充县是吕世华负责的川东北农业科技示范项目点，从2007年开始他与南充市农业局和西充县农业局合作，重点示范了由他主研成功的水稻覆膜节水综合高产技术，取得成功，被当地有关专家评价为破解了南充市水稻生产难题，受到了广大农民朋友的欢迎。在"三大行动"启动仪式前后举行的科技现场会上，吕世华与当地基层干部、农技人员探讨了促进这项技术在西充县大面积应用的措施和办法，向广大农民朋友介绍了这项技术的突出优势、要点和注意事项，向大家赠送了最近在《四川农业科技》发表的相关资料，并约好了近期现场培训的时间。

在这次会议上，省委常委、副省长钟勉做了重要讲话。他指出，"粮油高产创建和农业科技'三大行动'是确保农业和粮油生产稳定发展的中心工作，是实现新增100亿斤粮食生产能力的重要支撑，务必要抓好、抓实、抓出成效"。作为农业科技人员的吕世华同志深受鼓舞，深感责任重大，会议期间他向钟省长和省农业厅厅长任永昌等领导同志简要地介绍了山丘区水稻生产的突破性技术——水稻覆膜节水综合高产技术，并当面递交了加快这项技术示范推广，促进我省粮食增产和农民增收的建议。（土肥所肥料室）

吕世华：黄钢副院长带我参加了2009年2月在南充市西充县召开的四川省春耕生产现场会暨粮油高产创建和农业科技"三大行动"启动仪式。在启动仪式现场我向广大农民朋友传授水稻覆膜技术，并将刊发了大量水稻覆膜技术科技资料的《四川农业科技》杂志赠送给钟勉副省长、任永昌厅长等相关领导，期望他们重视水稻覆膜技术在我省的推广应用。

在农业科技"三大行动"活动现场向广大农民介绍水稻覆膜节水综合高产技术

四川农村日报

2009-03-02 水稻覆膜栽培效果好

巴中市巴州区近日总结水稻栽培技术，认为覆膜栽培效果好。

覆膜栽培是节水抗旱综合集成技术，区农科所经过两年试验示范，增产增收效果明显。今年打算请各乡镇农技站结合当地生产实际引进、示范，探索应用条件，完善配套技术，作好技术储备，为推广提供科学依据。水稻覆膜节水抗旱栽培技术要点是：培育旱育壮秧、厢式免耕（前茬油菜田栽油菜时作好厢；收水栽秧时只搅边，厢面不耕耙）、精量配方施肥、地膜覆盖、"大三围"栽培、节水灌溉、病虫综合防治。

通过试验示范观测记载，该技术具有七大优势。

一是节水抗旱，亩节水 50％以上。收水时只需对照田的 30％用水（能搅边就行），加之覆膜后，水分蒸发少，能耐旱、抗旱，并比对照田每季少抽两次水。今年雨水较充沛的情况下，5 月底天旱少抽一次水。

二是肥料利用率高。示范田水少，肥料溶于土壤中，避免了大雨串灌和水分蒸发造成的肥料流失。

三是省种、省工。由于采用"大三围"栽培，亩用种 0.5 公斤，比对照田省种 50％，覆膜后厢面无杂草，可节省追肥和除草用工。

四是成熟早。采用该技术水稻分蘖早生快发（示范田水稻 4 月 26 日分蘖、5 月 15 日分蘖 13 个，5 月 25 日平均分蘖 23 个，6 月 8 日每亩最高苗达 20 万，7 月 20 日齐穗，8 月 25 日成熟，对照田 7 月 20 日开始抽穗，9 月 2 日成熟），植株粗壮，抗逆性强，病虫害发生轻，农药用量少。

五是增产增收效果明显。两季田（稻—油）水稻亩有效穗多 14.7％（覆膜 16.146 万，对照 14.082 万），穗实粒数基本持平（覆膜 140.3 粒，对照 141 粒），千粒重高 1.8％（覆膜 29 克，对照 28.5 克），亩产增产 16％（覆膜 656 公斤，对照 566 公斤）。冬水田亩产 708 公斤，比对照 582 公斤增产 21.6％。

六是合理配套接茬，提高复种指数。水稻收获后，两季田规范开厢（厢宽 1.5 米）种油菜，为水稻覆膜开厢作准备。利用水稻能够提早成熟的优势，秋季可套作稻草覆盖洋芋，促进洋芋、油菜增产增收。

七是此项技术能在大旱之年，常规种植水稻绝收时，覆膜水稻亩产可达到 700～800 斤，是一项抗灾避灾紧急应对技术。（特约记者王旭）

吕世华：巴中市巴州区通过两年的实践总结了应用水稻覆膜技术具有的七大优势，也是在省内其他地方应用该技术的共同感受。

四川省农业科学院

2009-03-10 省委常委、副省长钟勉对院土肥所专家吕世华撰写的"对我省农业科技'三大行动'的几点建议"作出批示

3月6日，省委常委、副省长钟勉对院土肥所专家吕世华撰写的"对我省农业科技'三大行动'的几点建议"作出批示如下：农科院吕世华同志所提建议很好，请永昌同志研究，各级农业系统认真采纳，政府加强协调支持。（院办公室）

附：

对我省农业科技"三大行动"的几点建议

2009年2月24日"四川省春耕生产现场会暨粮油高产创建和农业科技'三大行动'启动仪式"在南充市西充县召开。我们有幸作为省农科院的专家代表出席了这次会议，在启动仪式现场既感受到了省委、省政府对农业增产、农民增收的高度重视，也感受到了广大农民群众对农业科技的强烈渴望与期盼。我们认为省农业厅倡导和主抓的农业科技大培训、大示范、大推广"三大行动"，抓住了粮油高产创建的关键环节和关键问题，对于确保实现省委、省政府提出的新增50亿公斤粮食生产能力和农民人均纯收入年均增长8％的目标具有非常重要的意义。作为与会科技人员，我们呼吁全省农业科研和农技推广战线的广大科技人员积极投身到"三大行动"中来，共同为全省农业增产、农民增收建功立业。这里，我们就实施好农业科技"三大行动"提出几点建议。

一、按区域布局，合理规划并多抓示范点

示范是良种良法效果的展示，更是新技术关键环节的现场演示，是让更多农民接受和掌握新品种、新技术的过程。过去，在抓示范时往往讲示范的规模，且为方便参观和领导考察，往往将示范片集中地建在了交通条件好的某个地方。但在交通不便，信息闭塞的地区，示范区周边农民却难于及时了解示范点的情况。即使了解一点，也不一定能看懂并自觉应用。因此，建议在不增加投入的条件下，尽量多抓些示范点，通过合理规划示范点，确保示范产生最大的影响和最大的辐射带动作用。

二、要因地制宜，选择适宜的良种和先进实用的技术

长期的实践证明，良种良法是实现作物高产的关键。我省地域辽阔，各生态区土壤、气候

和灌溉条件差异较大，耕作制度也有不同，良种良法具有明显的地域特征，各地在实施粮油高产创建和农业科技"三大行动"中一定要结合当地实际优选良种与技术。要选择高产、优质、抗病的良种。主推的技术要针对当地生产中存在的实际问题，要简化省工，并具有可操作性，更要有显著的增产增收效果。在优选良种良法的过程中，不仅要听专家的建议，还要听基层干部、农技人员的意见，更要听广大农民群众的意见。要鼓励和支持基层开展针对当地实际问题的试验示范研究。

三、着重现场培训，提高农民对新技术的认识和接受能力

培训是示范推广工作的前期工作，也是确保示范推广取得成功最为关键的环节。培训的最终对象是农民，但培训的最重要的对象却是当地的干部和农技人员，如果基层干部和农技人员没有了解和掌握新技术，就会使示范推广变得十分艰难。基层干部和农技人员通常文化程度较高，一般培训效果较好，但对农民培训要有针对性、有重点的因人施教，特别是对文化素质较低的农民，不仅要发送技术资料，更要深入田间地头手把手地教他们如何做，进行现场指导。由于多数农民接受新东西往往持"眼见为实"的态度，培训时应尽量多采用播放音像资料的方式。

四、抓好示范典型，充分调动农民参与示范推广的积极性

专家和农技人员一方面要深入田间地角，手把手教农民如何做，另一方面要抓好新品种、新技术的典型示范，用增产增收的实效来影响农民，使他们充分认识到采用良种良法对自身的好处。由于目前农村劳动力"389961部队"的现状，多数农民接受新品种特别是新技术的能力较差。过去为调动农民采用新品种、新技术的积极性，往往在示范推广过程中给予农民较多的补贴，但却使农民只看重补贴，却没有认真学习新技术。因此，示范推广过程给农民的补贴一定要适度，重点应调动其积极性，变"要他干"为"他要干"。

五、采取激励措施，充分调动基层干部、农技人员和农民"土专家"的积极性

大示范、大推广是在全省大范围进行粮油高产创建，这就需要一支愿意干事和能干事的"大队伍"作保障。我们这些年在省内示范推广水稻覆膜节水综合高产技术的过程中，深刻地感受到了基层干部、基层农技人员和农民"土专家"是十分强大的农技推广力量，他们距农民最近，最熟悉当地生产，科技意识强，吃苦耐劳。因此，在实施农业科技"三大行动"中要充分挖掘利用这支力量，制定相应的激励措施和政策，充分调动其积极性。可推行示范推广承包责任制，开展示范推广大竞赛。

六、加强经验总结，促进示范推广的技术交流

示范是让更多农民接受和掌握新品种、新技术的过程，更是农民和专家、农技人员相互学习的过程。在抓示范促推广的过程中，要及时解决示范推广过程中出现的问题，要鼓励农民特别是农村能人的参与，也要有效地将专家的创新和农民的经验与发明创造有机结合，使新技术本土化、实用化。在作物生长过程中要多开现场会，收获时尽量搞收获日活动，及时总结技术关键，扩大示范影响，加强农民之间的交流和相互学习，表彰奖励先进。

农业科技大培训、大示范、大推广"三大行动"是促进农业发展、农民增收的一次大行

动，根本目标是农业的大丰收和农民的大增收。创新农技推广的体制机制和方法是这次"三大行动"取得实效的根本保障。（四川省农科院土肥所吕世华）

吕世华：我对农业科技大培训、大示范、大推广"三大行动"的建议是我在农村一线开展培训、示范和推广工作的一个系统的经验总结。没有想到写出来后很快得到时任分管农业农村工作的省委常委、副省长钟勉同志的肯定和批示。李跃建院长见到钟省长的批示马上叫院办公室将批示和我的建议发到院网上。

四川省农业科学院

2009-03-11   我院专家的建议得到资阳市领导批示

我院水稻专家吕世华同志撰写的《加强水稻覆膜节水综合高产技术示范推广，促进我省粮食增产和农民增收的建议》，在我院主办的《农业科技动态》第4期上刊登，于2月25日得到资阳市委常委、副市长陈能刚同志批示："我市的成功实践证明，水稻覆膜节水综合高产技术破解了丘陵旱区水稻夺高产的难题，望市农业局、市科技局加强与省农科院专家合作，争取推广再上一个台阶"。（院合作处）

吕世华：资阳市委常委、副市长陈能刚同志的批示"我市的成功实践证明，水稻覆膜节水综合高产技术破解了丘陵旱区水稻夺高产的难题，望市农业局、市科技局加强与省农科院专家合作，争取推广再上一个台阶"有三个要点：第一是"我市的成功实践"；第二是"破解了丘陵旱区水稻夺高产的难题"；第三是"推广再上一个台阶"。

参加全省农业科技"三大行动"启动仪式的市（州）领导

四川省科学技术厅

2009-03-12 资阳市推广"水稻覆膜节水综合高产技术"取得显著成效

我市认真贯彻全省现代节水农业技术示范推广现场会议精神，在 2008 年降雨和田间蓄水都较往年好的情况下，全市推广"水稻覆膜节水综合高产技术"的决心没有动摇，并采取系列措施加大推广力度，加之广大农民对这项技术的高度认同和自发采用的积极性，全市有 50 多个乡镇、200 多个村示范推广"水稻覆膜节水综合高产技术"，总面积达到了 12.25 万亩，名列全省各市、州首位。其中雁江区就达到了 10 万亩，占全区稻田面积的 33.3%。特别是雁江区中和镇 25 个村村村建立了示范点，核心示范片面积达到 2 000 余亩，全镇共示范推广面积达到 1 万亩，占全镇水稻栽插面积的 50%。2008 年经省科技厅组织的专家对雁江、简阳、乐至推广的"水稻覆膜节水综合高产技术"田块进行现场测产验收，平均亩产分别达到 738.6、787.8、782.9 公斤。据统计，采用该技术在正常年份一般亩增产 100～150 公斤，在干旱年份普遍亩增产 150～200 公斤甚至更高，因而具有显著的经济效益和社会效益。近几年在我市示范推广的实践证明："水稻覆膜节水综合高产技术"具有节水、节肥、省种、省工、无公害和环保、增产增收等显著效果。为此，市委常委、副市长陈能刚近日对示范推广"水稻覆膜节水综合高产技术"作了重要批示：我市的成功实践证明，水稻覆膜节水综合高产技术破解了丘陵旱区水稻夺高产的难题，望市农业局、市科技局加强与省农科院专家合作，争取推广再上一个台阶。（资阳市科技局供稿）

吕世华：资阳市雁江区成功地实现水稻覆膜技术的大面积推广，离不开雁江区委区政府的高度重视，也与区农业局、科技局等职能部门积极配合有密不可分的关系。

四川省农业科学院

2009-03-16 第二届丘陵山区水稻高产技术研讨会暨 2008 年覆膜水稻示范推广总结会在成都召开

3 月 12 日，由四川省农科院和四川农业新技术研究与推广网络共同主办的"第二届丘陵山区水稻高产技术研讨会暨 2008 年覆膜水稻示范推广总结会"在成都市河畔酒店召开。参加会议的代表有省农业厅和省农科院的领导以及我省水稻主产区的农业、粮食、科技相关部门的负责人、乡镇干部、基层农技干部、农民土专家以及中国农业大学、省农科院、四川农大、广西桂林市农科所的专家、学者和四川新禾丰负责人等 80 余人出席了会议。

会议由四川省农科院副院长任光俊研究员主持，省农业厅粮油处樊雄伟研究员作了"坚持科学发展观，实现四川水稻持续稳定发展"的发言。来自中国农业大学、广西桂林农科所、省气象局、省农科院的专家、射洪农业局和简阳市东溪镇的 9 位专家、学者和农技术推广人员进行了学术交流和推广"覆膜水稻"的经验交流。我院土肥所专家吕世华对 2008 年水稻覆膜节水综合高产技术示范推广工作进行了总结。

水稻覆膜节水综合高产技术是我院"成果示范推广再出发年"重点推广的增产增收技术之一。该技术是我院和中国农业大学经过 10 余年的合作，研究成功的节水丰产新技术，被列为全省首批节水农业主推技术。在该技术的示范推广过程中，各级地方政府及其农业部门、科技部门、粮食部门以及粮食企业、农民协会、新闻机构和相关同志与我院紧密合作，积极组织实施该项技术的示范推广、技术宣传、培训和现场指导，促进了成果转化，为 2008 年粮食增产和农民增收做出了积极贡献。

为进一步推动我院与地方的科技合作，加速科技成果转化，促进农业增产和农民增收，经过专家组对该项工作的考核、评比和有关部门、机构的推荐，会上我院表彰了资阳市雁江区科技局等 27 个"2008 年水稻覆膜节水综合高产技术示范推广先进单位"，表彰奖励了资阳市科技局刘胜全等 37 位"2008 年水稻覆膜节水综合高产技术示范推广先进个人"，以进一步促进我院与地方的科技合作与交流，为四川省现代农业发展做出更大贡献。

最后，任光俊副院长对会议作了总结，并对下一步覆膜水稻的再创新和示范推广作了安排部署。（科技合作处、土肥所）

吕世华：四川农业新技术研究与推广网络在示范推广水稻覆膜等先进适用技术过程中涌现

会议现场

了很多让人十分感动的先进团体和先进个人，没有他们的积极参与和无私奉献，就不可能有水稻覆膜技术的快速传播和大面积推广。

四川省农业科学院

2009-03-16 加强交流与合作，共促丘陵山区水稻生产技术进步

为加强交流与合作，共同促进丘陵山区水稻生产技术进步，实现农业增产、农民增收，四川省农业科学院和四川农业新技术研究与推广网络主办，四川省农科院土肥所、院合作处承办、新禾丰农化资料有限公司协办了"第二届丘陵山区水稻高产技术讨论会暨08年覆膜水稻示范推广总结会"，会议于2009年3月11～12日在成都市河畔酒店召开。与会代表主要来自省内水稻主产区，相关部门负责人、乡镇干部、水稻种植户代表以及四川农业新技术研究与推广网络成员单位代表，广西桂林农科所所长刘助生也携同3位专家到会，此次会议共有80余人参加。四川省农科院副院长任光俊、省农业厅粮油处研究员樊雄伟、资阳市科技局副局长刘晓、省农科院科技合作处副处长张颢、省农科院土肥所所长甘炳成、书记喻先素、副所长陈一兵等出席了会议。四川农村日报、共产党员杂志社、四川人民广播电台、资阳电视台等多家媒体记者也闻讯赶赴会场。

会议由四川省农科院任光俊副院长主持，土肥所甘炳成所长致欢迎辞。省农业厅粮油处樊雄伟研究员作了"坚持科学发展观，实现四川水稻持续稳定发展"的发言，就四川水稻与粮食安全的关系、水稻在四川粮食作物中的优势地位等方面进行了阐述和分析，指出了四川水稻持续稳定发展的思路和举措。四川省气象局农业气象中心王明田研究员作了"气候变化背景下四川农业干旱的发展趋势"，中国农业大学刘学军教授作了"环境养分的农田输入及其生态效应"，四川省农科院水稻研究所徐富贤研究员作了"川东南杂交中稻及其再生稻高产栽培技术集成与应用"，中国农业大学范明生博士作了"水稻高产高效的途径与养分管理技术"，射洪县农业局陈明祥作了"川中丘区水稻生产存在的问题及覆膜栽培推广建议"，广西桂林农科所所长刘助生作了"广西桂林市水稻生产现状与覆膜水稻的应用前景"，简阳市东溪镇农业服务中心主任袁勇介绍了水稻覆膜节水综合高产技术快速推广的秘笈，四川新禾丰农化资料有限公司潘勇总经理作了"中微量元素肥料的地位与潜力"，我所专家、四川农业新技术研究与推广网络负责人吕世华作了"水稻覆膜节水综合高产技术的创新与技术失真控制"的报告。广泛深入的研讨为丘陵山区水稻技术创新和覆膜水稻推广应用提供了依据，与会代表深感受益。

会议期间，四川省农科院还向2008年积极示范推广水稻覆膜节水综合高产技术，取得优异成绩的资阳市雁江区科技局等27个先进单位和资阳市科技局刘胜全等37位先进个人进行了表彰。宜宾县科技局局长蒋勤玖代表获奖单位、资阳市雁江区中和镇副镇长苏文代表获奖先进个人在会上发表了获奖感言，他们都饱含激情的佐证了"水稻覆膜节水综合高产技

术"使当地农业增产、农民增收的实际效果，由衷地颂扬了吕专家不辞辛劳、深入田间地头，言传身教帮助广大农民群众科学种田的精神。

任光俊副院长对吕世华近年来的科技推广成绩给予了高度肯定，同时，他希望吕专家能在实践中进一步创新和完善"水稻覆膜节水综合高产技术"，总结出适合不同区域、不同环境条件的综合技术，最好能归纳提炼出郎朗上口便于农民记忆和理解的"操作技术规程"。最后，任院长代表省农科院向积极与我院合作开展科技创新与成果转化的单位和个人致以真诚的感谢。（土肥所科管科）

　　吕世华：在筹备这次会议的过程中时任达州市大竹县四合乡的党委书记何武同志在《四川农业科技》上看到了我们的文章后通过编辑部与我取得了联系，我请他也来参加这次研讨会，他居然"得寸进尺"说还要带 1 名农技员和 5 名村支书一同参会。鉴于他的积极性，我想他们 7 个人来参会无非就是多了 7 个凳子和 7 双筷子的事情，但的确有利于我们水稻覆膜技术在他们乡的大面积推广。在这次会议上我邀请了 9 位专家作学术报告，这既是团结其他专家发展壮大"研推网路"，也是通过科技讲座和技术培训提高我们基层农技员和农民土专家的技术水平。

会议对 2008 年覆膜水稻示范推广先进单位和个人予以表彰

四川农村日报

2009-03-16　让"水稻覆膜"旱区唱主角

　　本报讯 今年，我省旱区将加快水稻覆膜节水综合高产技术，在去年推广 72 万亩的基础上有明显增加。这是记者 12 日从第二届山丘区水稻高产技术研讨会暨 2008 年覆膜水稻示范推广总结会上获悉的。

据省农业厅高级农艺师樊雄伟透露，我省海拔 800 米以上的盆周山区有 300 多万亩稻田，川中丘陵区有 200 多万亩望天田和冷侵田、乱泥田，由于缺水干旱不能保证水稻栽插和丰产。而省农科院土肥所研究员吕世华研究集成的水稻覆膜节水综合高产技术，节水 70% 以上，正是有效的抗旱措施。通过覆盖优质地膜增加地温，这项技术不仅解决了冷浸田水稻坐蔸的难题，还能普遍提高水稻的产量和品质，在干旱比较明显的情况下，亩产 1 000 斤没问题。

樊雄伟还建议，各地要做好水稻优势布局，在旱区以"公司＋基地＋体系"的方式推广该项技术，建立优质稻生产基地，全面提高我省水稻的产量和品质。（本报记者杨勇）

吕世华：省农业厅粮油处推广研究员樊雄伟多次参加水稻覆膜技术产量验收，也多次参加我们的研讨会，对水稻覆膜技术有深入的研究。他对水稻覆膜技术大面积推广的主张也是对我们工作的鼓励和肯定。

左 2 为省农业厅粮油处推广研究员樊雄伟

资阳日报

2009-03-22 农民眼里的"明星"专家

作为国家"863"节水农业项目的注册研究人员及四川省科技特派员，14 年来，他满怀激情，全身心投入科技推广，踏遍了示范片区的田间地头，成为——农民眼里的"明星"专家。

3 月 12 日下午，简阳市东溪镇农业服务中心主任、农艺师袁勇，从省农科院捧回两本荣誉证书：在 2008 年四川省水稻覆膜节水综合高产技术示范推广工作中，他被评为先进个人，东溪镇被评为先进单位。

恪尽职守　倾心科技推广

"看到稻田里谷穗沉甸甸的，以及农户喜获丰收的笑脸，觉得再苦再累都值得！"今年38岁的袁勇，说起"863"节水农业项目在东溪的推广历程，如数家珍。

东溪镇属典型的川中丘陵区，"十年九旱"，只能"靠天吃饭"。

2003年，国家"863"节水农业项目之一、省农科院和中国农业大学研究成功的"水稻覆膜节水综合高产技术"在东溪镇示范推广，袁勇成为项目实施的重要成员。

这项技术是以地膜覆盖为核心，以节水抗旱为主要手段实现大面积水稻丰产的综合集成创新技术，是旱育秧、厢式免耕、精量推荐施肥、地膜覆盖、"大三围"栽培、节水灌溉、病虫害综合防治等的有机整合。

凭着对农民的深情和一股子钻劲，田间地头成为袁勇的工作场所和传授农业科技的讲堂。

通过各方的配合和努力，在2003年遭遇特大干旱的情况下，该镇阳公村5组试点的30亩高塝田水稻实行覆膜节水抗旱栽培，最高亩产达到1100斤。

示范成功，袁勇趁热打铁，组织全镇21个村的村支书、村主任到试点现场观看，还通过举办技术讲座、播放录像等形式，大面积推广该技术。新胜、建政等4个村还组织村民组长和村民代表前来学习，并决定率先实施。

2004年，东溪镇在全镇范围内实施水稻覆膜节水抗旱栽培，同时推广旱育秧。为增强村民采用新技术的热情，袁勇请来省农科院土肥所副研究员吕世华作现场技术指导，还争取经费为农户补贴了一半的地膜。当年，4个村100多亩的水稻达到亩产1200斤，其中，新胜村12组亩产高达1684斤。

2005年，全镇农民已由初期示范"给补助才盖膜"转变为积极、自愿采用该技术。全镇2000余亩高塝田、尾水田、荫蔽田等干旱、冷浸田已基本常年运用该技术。

2006、2007年在全省遭遇百年未遇的特大持续干旱的情况下，全镇采用覆膜栽培技术的水稻不但未减产，反而亩产普遍在1100斤左右，采用了该技术的农民普遍反映覆膜水稻"不怕干、分蘖好、不扯草、少得病，省工、省钱还增产！"

不畏艰辛　破解推广难题

近年来，袁勇和省农科院的专家以及服务中心农技员，起早贪黑地分村前去田间地头作技术指导，有时一天要跑4个村，还得卷起衣袖、裤腿下田亲手示范，经常累得腰酸腿痛。

袁勇组织技术员进村入组对农户进行多媒体培训和现场示范，并对水稻从种到收进行全程田间指导。在生产关键季节，他和农技员随时在田间地头巡查，一发现问题就会立即通知农户进行现场指导和讲解。

同时，为消除部分农民的顾虑，袁勇把水稻所有生产环节的投入、产出一笔笔地算给农民听，使农民明白多投入几十元的薄膜钱，就可以少花一两百甚至两三百元的抽水费、除草费、耕地费、农药费，还能保证干旱年稳产、正常年景增产。

后来，有不缺水的村组也自行采取水稻覆膜节水综合高产技术。该镇泉合10组有块田有充足的水源，却采取了该项新技术。面对袁勇的疑问，村民高兴地回答："栽下去后不扯草、不施肥，可以放心地外出打工，收割时再回来，况且不仅稳产还可能增产！"

在推广实践中，袁勇总结4大妙招："做给农民看"，"算给农民听"，"指导农民干"，"协助农民管"。

2003年年底，袁勇与省农科院专家在全国首创"专家＋协会＋农户"模式，成立了"东溪镇生态农业科技产业化协会"，发展会员2 180余户。该模式于2005—2008年连续4年被写进四川省委一号文件及2008年省委九届六次全会通过的《中共四川省委关于统筹城乡发展　开创农村改革发展新局面的决定》；多次被《四川日报》、中央电视台等媒体报道；吸引了英国女王大学、加拿大农业部专家和香港社区伙伴前来考察学习。

旱育秧作为一项节本、省工、高效的技术在我省推广20多年，实际推广面积仍不尽如人意，即使在一些干旱地区也是如此。2003年简阳市东溪镇推广面积不足50亩，仅占水稻种植面积的0.6％。2004年，在"863"节水农业项目的推动下，仅仅3年后，全镇8000余亩水稻95％左右都采用了旱育秧。

2007和2008年，采用覆膜节水综合高产技术的水稻栽培亩产达到780公斤以上。

2008年，经省科技厅组织的专家对雁江、简阳、乐至推广的"水稻覆膜节水综合高产技术"田块进行现场测产验收，平均亩产分别达到738.6、787.8、782.9公斤。

矢志不渝　一心服务"三农"

1994年9月，袁勇毕业于中南林业科技大学经济林专业后，分配到东溪镇农技站工作，从此他便与农技推广事业和广大农民结下了不解之缘，他也从一名不起眼的农技人员成长为一名家喻户晓的农业专家，当地农民群众由衷地称他是科技致富的"引路者"，为民办实事的"贴心人"。

2007年10月，袁勇被资阳市政府、四川省农科院联合送往中国农业大学进修六个月。同时，随同省农科院专家到了南充、自贡、宜宾及重庆等地进行技术宣传和培训，带动周边乡镇推广稻油轮作等新技术15万亩次。袁勇还经常受农科院邀请到广东、广西等地作技术指导和学术交流。

"是资阳给了我实践的机会和进修学习的机会，说什么我不能中途溜号！"袁勇告诉记者，在校学习期间，山东一马铃薯加工公司以保底10万年薪，奖金另计的优厚条件拟聘他前去负责基地建设，另外还有其他单位请他，都被他婉言谢绝了。

近年，袁勇在推广新技术的同时，不断地琢磨、总结，切实为农户省力省钱出谋划策。

今年，袁勇通过农科院找到厂家，订做适宜东溪镇水稻开厢尺寸的农膜，可为农户减少10％至20％的农膜用量；将双层农膜改为单层，将使盖膜工序省工60％以上。目前，袁勇正考虑让生产农膜的厂家按规格直接打孔。

为了有效促进农民增粮增收，袁勇主动到省农科院等科研院校引进农作物新品种数十个，采取多种方式同专家合作，建设品种示范园，灵活进行新品种示范推广。通过努力，在全镇推广新品种20余万亩次，带动周边乡镇及其他县市推广果树新优品种20余万亩。

一分耕耘一分收获。袁勇撰写了多篇研究成果在省内刊物上发表，被国家"863"节水农业项目、国家"948"项目聘为注册研究人员及四川省科技特派员。研究成果获"四川省科技进步二等奖"，获国家科技部"星火科技二传手"、省"优秀农村人才示范岗"、"资阳十大杰出青年"等称号。2009年，袁勇又被聘为农业部"公益性行业计划最佳养分管理"项目注册研究人员。

"去年，全市有50多个乡镇、200多个村示范推广'水稻覆膜节水综合高产技术'，总面积达到了12.25万亩，名列全省各市、州首位。"相对以前，袁勇的工作量大了，但他仍像过去那样奔忙在田间地头。（本报记者詹柳英）

吕世华：简阳市东溪镇农业服务中心主任袁勇在推广水稻覆膜技术的过程中成为了"明星"专家！他先后获国家科技部"星火科技二传手"、四川省"优秀农村人才示范岗"、资阳市"十大杰出青年"、四川省"优秀共产党员"等称号，也被评聘为"高级农艺师"。2007年11月28日袁勇在中国农业大学做的报告里讲到水稻覆膜技术带来的6个"从来没有"。一是从来没有获得过这么高的水稻产量。二是从来没有一项技术能引起如此的轰动。三是从来没有一项技术有这么好的推广势头。四是从来没有这样得到农民的认可。五是从来没有和农民合作这么融洽。六是从来没有这样调动农技站的积极性。他说水稻覆膜技术的推广使农技推广人员"获得了前所未有的成功！"

中为"明星专家"袁勇

四川省农业科学院

2009-04-01　土肥所吕世华同志获内江市市中区科技特派员工作一等奖

日前，内江市市中区召开2009年科技特派员工作会。会上，内江市市中区科技特派员领导小组对 2008 年度优秀科技特派员进行了表彰奖励，土肥所专家吕世华荣获该区 2008 年度科技特派员工作一等奖并被续聘为新一轮的科技特派员。（土肥所肥料室）

吕世华：谢谢内江市市中区科技局给予我的表彰奖励！也谢谢当时的局长王昭夏！

获奖还是蛮让人高兴的事情

四川农村日报

2009-04-09　横向合作　引发科技推广裂变

"研讨会开得太精彩了！我带了 5 个村支书和一个农技干部来，大家对这项技术的要领和发展趋势都听得很明白，回去后，计划推广水稻覆膜节水综合高产技术 3 000 亩，把我们乡打造成'再生稻大乡'！"3 月中旬，在参加了成都召开的第二届山丘区水稻高产技术研讨会暨 2008 年覆膜水稻示范总结会后，来自大竹县四合乡的何武书记兴奋地笑了。

3 月 8 日才同省农科院土肥所研究该项技术的专家吕世华取得联系，3 月 12 日第一次正式接触这项技术，何武等人居然会一点就通、信心十足。业内人士都明白，农业新技术推广最难的就是到达田间最后一公里。而这究竟是什么样的研讨会，能达到如此奇效？

研讨会的载体有个专门的名称，叫"四川农业新技术研究与推广网络"，也许这个网络的出现，会带来未来我省农技推广的一场革命。

"四川农业新技术研究与推广网络"读来或许绕口、或许抽象，而奠定它来源基础的是一个更加前卫的概念——约翰·奈斯比特，世界著名未来学家。他曾提出"网络组织可以提供一种等级制度永远无法提供的东西——横向联系","四川农业新技术研究与推广网络"诞生的灵感正是源于此。

"说白了,这个网络就是将新技术研究、推广、应用各个环节的优秀人才组织起来,通过定期开会有效沟通,找到大家下一步的努力方向,从而保证技术创新集成,不断完善与提高。"吕世华说,目前这个高效的农业新技术研究与推广平台,已引起国家农业主管部门的兴趣和注意。

也许这个说法你还是难以理解,那么不妨跟随吕世华的足迹,循着他 2003 年在简阳市东溪镇阳公村试验国家"863"农业节水项目取得成功、2004 年与该镇农技站合作以"专家＋协会"的模式推广农业新技术、2005 年组建"四川农业新技术研究与推广网络"这一脉相承的发展轨迹,管窥"四川农业新技术研究与推广网络"是如何通过平等的横向交流与合作,让新技术不断发展完善、易知好解,并惠及更多农户的。

回顾：基层推广农技之困

2003 年,我省遭遇 50 年一遇的特大干旱。吕世华研究员在简阳市东溪镇阳公村实施的"863"节水农业项目却大获成功,阳公村五组的 30 多亩覆膜水稻产量在 550 公斤左右,而常规栽培的一般产量 200 至 300 公斤。

巨大反差让东溪镇农技干部袁勇眼前一亮。推广农业新技术到底有多难?他的感受实在太深。

1994 年他大学毕业后,就一直在这里工作。他的职责之一是向农民传授技术,但袁勇却找不到值得向农民推广的轻简高效技术。下乡时总会有农民来咨询,但仅凭请以前的老农技员指导一点、书上自己看一点、向农业局请教一点的三脚猫功夫,就只有应付的份儿。这让袁勇很不好受："给农民说的那些方法都比较繁琐,农民也不愿意接受。总的说来就是没技术啊,特别是没有成套、高效、农民愿意接受的技术。"

加上乡镇农技人员重点围绕镇上中心工作来转,只有 20% 的精力用于农技推广,结果是"东溪镇 21 个村,只有五、六个种水果、蔬菜的特色村一年可以培训三、四次,对粮食作物一般没怎么讲,有钱的时候就印发一点资料。"

另外,很多村即使农技员愿意去搞技术培训,但由于大量劳动力外出务工,村上组织不起人来,有的村甚至要给农民发补助他们才来参加培训,农民一般也只带耳朵来听,会场纪律也一般,通常是"会上激动、路上摇动、回家不动。"这样的技术推广效果可想而知。

思变：协会成新技术直通车

没有新技术、缺乏人员和精力,面对乡镇农技推广工作的困窘,2000 年开始袁勇寻思组建一个协会来负责最后一公里的农技推广。

"农技站人太少、又没钱,而农民太分散,对一家一户推广效率太低,建立协会这个组织能把一些村社能人吸收进来,壮大我们的技术力量。"

由于没有简便易行高效的新技术,组建协会的条件一直不成熟。

2003 年吕世华水稻覆膜技术取得成功,让袁勇强烈感到"这正是我们苦苦寻找的值得向农民推广的系统新技术。"

袁勇直接找到吕世华,谈了他们的困难和组建协会的想法。没想到英雄所见略同,吕世华对他的想法非常赞赏,并主动要求加入协会,以"专家＋协会"的模式推广新技术,这让袁勇求之不得。

为了学习协会运作与管理，吕世华组织袁勇、新胜村黄道富、彭云漂等到彭山考察柑橘协会，让袁勇很受震动的是"我想了几年的事，人家已经做得很好了。通过协会的组织，那里柑橘规模发展很大，农民收入高，协会经济效益也不错。"

彭山经验让大家深受启发。2004年2月新胜村支书黄道富领头在该村12组迅速组建起第一个协会。最初加入协会的20多户农户一年1户只交10元会费，由协会统一提供农资，进行统防统治等技术指导。

最初的管理不是很规范，但技术指导、农资供应还是非常到位，效果也很好，当年会员的产量就上去了，覆膜水稻常规栽培一般亩产在600～650公斤，总体亩产比往年翻番。

最有意思的是当年最高亩产842公斤，还是一位名叫吴居谭的70多岁老人创造的。他非常相信科学，完全按协会的技术要求操作，率先采用大三围覆膜强化栽培。水稻收获后，他主动找到我们报喜，说今年的谷子要比以前多打一倍，然后我们就到老吴家称重，测量田面积，得出了这个最高产量。老吴很高兴，说种了一辈子庄稼，还从没收到过这么多谷子。

初次试水取得成功，之后迅速发展，如今东溪镇40%的农户加入了协会，通过协会带动，新技术推广面积占全镇的80%以上。

"当中也有个别农户推广效果不很理想，但通过我们的技术力量，都能找到问题所在，通过规范、改进加以克服。现在农户都很信服我们。"袁勇说。

整合：好平台畅通"最后一公里"

整合村组能人资源建立协会，让新技术有效推广，这是吕世华无意中加入后助袁勇完成的美妙设想；同样，"专家＋协会"试验的成功，也让袁勇无意中助吕世华完成了一个更加美妙的设想："整合全省农业新技术推广资源，建立四川农业新技术研究与推广网络，不仅给大家一个共同研究创新的平台，还可以让成长起来的土专家进行异地指导，让全省更多农户得到新技术带来的好处。"

水稻覆膜抗旱高产技术正是通过这个网络，在各地落地开花，短短三年时间，全省推广面积达到了72万亩。

意料之中，这支新技术网络在基层推广的生力军，正是袁勇、彭云漂等乡镇农技干部、村组土专家。在技术指导的关键时候，彭云漂、刘水富等土专家，骑着摩托车跋山涉水，用农民最能懂的语言给农民讲解，挽起裤脚下田给农民示范，迅速打开了局面。

这个网络是开放的，里面所有的人都是平等的：东溪镇的协会根据自己的发展需要研究新技术，吕世华也需要根据农业发展研究一些新课题，但镇上没钱，吕世华就把自己的课题经费拿出来，技术上的研究大家共同合作，课题上的经费共同分享。镇、村技术人员感觉非常踏实，这样技术上有专家指导，还有经费保障，何乐而不为呢？

这个网络除了积极推广新技术，还积极进行技术交流，比如这次研讨会就别开生面：国家级、省级农业新技术研究专家和推广专家，县、乡镇农技干部，还有村级的土专家等共聚一堂，研究专家向大家介绍的是最新的研究成果，县、乡镇农技干部带来了各自区域所取得的经验和遇到的新问题，而土专家则把他们在实践运用中的心得讲解出来。

与会者听得津津有味，很多新加入进来的农技干部和土专家都能迅速进入状态。这就难怪何武他们对通过推广新技术发展"再生稻大乡"如此信心满怀。

何武等此次来加入网络只是第一步，等他们的规划下来，进入推广的关键时候，新技术推广网络的土专家就会及时出现在他们那里，为他们把关，确保技术推广取得成功。（本报记者杨勇）

吕世华：在从北京回成都的飞机上我读到了航空杂志介绍世界著名未来学家约翰·奈斯比特的文章。他关于网络组织的观点深深的吸引了我。他说"网络组织是社会行动的有力工具，有心改变世界的人开始在本地做起，志同道合的人自然而然地聚集在一起。网络组织可以提供一种等级制度永远无法提供的东西——横向联系。一个网络组织中最重要的就是，每一个人都是中心。"四川农业新技术研究与推广网络实践了约翰·奈斯比特的思想，将有心服务"三农"的人聚集在一起，通过横向联系有效促进了新技术的熟化和大面积推广应用，为农业增产、农民增收做出了贡献！

前排右 1 为带队参加会议的大竹县四合乡党委书记何武同志

自贡日报

2009-04-16　加强院地合作促进农技推广　大安召开现场会

本报讯　近日，大安区水稻高产创建覆膜节水栽培暨栽秧现场会在牛佛镇陈家村 4 组召开。大安区院地合作伙伴四川省农科院专家吕世华一行以及区农林局相关领导、区农业站全体人员、各乡镇农技服务中心主任和陈家村部分村组干部参加了现场会。现场会上，吕世华就水稻覆膜大三围栽培技术全过程的技术要点做了详细的讲解和现场演示。

会上，吕世华以高产高效技术集成与推广为主题，分析了当前农业粮食生产的形势以及高产高效技术集成推广的意义和存在问题，详细讲解了水稻覆膜大三围栽培技术的要点和效益，并发放技术明白纸300余份。

培训会上，区农林局农业站负责人就全区农业生产工作做了进一步安排部署，要求各乡镇抢栽抢播，做到满栽满插，保证栽播面积；加强小春作物的田间管理，做好病虫防治和测产工作；开展高产创建活动并牢固树立抗灾保收思想，积极做好应对旱灾等自然灾害的准备工作。（特约记者程明）

吕世华：自贡市大安区农林局主动作为，积极示范水稻覆膜技术。

2009年4月11日自贡市大安区水稻高产创建暨覆膜节水栽培现场会在牛佛镇召开

四川省农业科学院

2009-04-21　土肥所专家到广西示范推广节水农业技术

2009年4月12—17日，土肥所专家吕世华到广西壮族自治区桂林市和柳州市示范推广节水农业技术——水稻覆膜节水综合高产技术。在桂工作期间，吕世华与广西桂林市农科所科技人员讨论了2009年试验、示范内容与实施方案，并在该所刘助生所长的陪同下前往桂

林市临桂县、龙胜县、灵川县、灌阳县和柳州市柳江县落实示范点和示范核心农户。（土肥所肥料室）

　　吕世华：2009年1月我应香港社区伙伴的邀请去广西壮族自治区柳州市分享了水稻覆膜技术，并去了桂林市。时任桂林市农科所所长刘助生接待了我并请我在所里做了学术报告，后来我又请刘所长来成都参加3月12日由四川省农科院和四川农业新技术研究与推广网络共同主办的"第二届丘陵山区水稻高产技术研讨会暨2008年覆膜水稻示范推广总结会"。我们达成了在桂林喀斯特山区示范推广水稻覆膜技术的共识，于是我在4月中旬就去了桂林。

2009年4月17日在广西壮族自治区桂林市考察选择示范点

内江日报

2009-04-30　内江市中区科普惠农服务于民

　　为进一步提高市中区广大农户的科学素质，增强他们科学种田的意识，连日来，市中区专门组织外智科技特派员、四川省农业科学院研究员吕世华专家到全安镇、伏龙乡等乡镇开展了水稻覆膜节水高产抗旱技术培训活动。在全安镇伍祠村，村民们听说专家要来，不一会儿，在村办公室便聚满了前来听课的群众。培训中，吕世华教授采取投影讲课的方式，就水稻的栽培技术、怎样依靠科技提高水稻效益、配方施肥、水稻新品种栽培技术等方面的问题为群众们进行了深入浅出的讲解。

　　全安镇伍祠村村民感慨地说："吕专家讲的课通俗易懂，使我从中学到了不少科学种田，尤其是水稻种植等方面的新技术，增强了我种田的信心，对我帮助很大。"

近年来，市中区始终坚持"科普惠农促增收，创新服务树形象"的工作理念，结合较严重的旱情，坚持把先进的水稻栽培管理技术、配套的农资产品、科学的病虫害防治技术、全方位服务于农业、农村、农民，把先进技术送到千家万户，收到明显成效。

吕世华：在培训过程中使用投影仪可以直观生动地讲述我们的技术，农民理解接受技术也更加容易。

2009 年 4 月 10 日内江市中区水稻覆膜节水综合高产技术示范现场会

四川农村日报

2009-05-04　旱季旱地显身手

2006 年、2007 年，我省连续两年发生特大干旱，至今仍让不少农户心有余悸。近日记者采访了省气象局专家，对今后气候趋势对水稻生产的影响，他并不看好。

"季节性干旱已成为影响我省水稻生产的重要因素。"省气象局专家王明田这样总结，他解释由于全球气候变暖，我国气候一改过去南涝北旱的状况，呈现南旱北润的趋势，我省各地气候也发生明显变化：过去干旱的西昌等地降雨增加，过去雨水较多的雅安降雨减少，总体上是降雨减少，盆西、盆中是明显减少，不容乐观的是，大雨以上的极端降雨增加，对农作物生长十分有利的中雨以下降雨在减少，加上气温呈上升趋势，导致季节性干旱更加明显，非常不利于我省水稻生产。

让人欣喜的是，省农科院土肥所专家吕世华等研究集成的水稻覆膜节水综合高产技术，能有效解决我省水稻生产将长期面临季节性干旱的生产难题。据省农业厅高级农艺师樊雄伟介绍，该项技术由于抗旱节水效果明显，且具增温、保湿、除草、提前成熟等优点，去年在我省已规模推广 72 万亩，并非常适合于盆周山区 800 米以上海拔的 300 多万亩稻田和丘陵地区 200 多万亩的望天田、冷浸田、烂泥田、荫蔽田等，在平原的尾水灌区也具有重要的推广价值。（本报记者杨勇）

吕世华：省气象局专家王明田指出在全球气候变暖的背景下"季节性干旱已成为影响我省水稻生产的重要因素。"实践也证明了我们的水稻覆膜技术可以有效地应对日益严重的季节性缺水干旱。从这个意义上说我们做到了"藏粮于技"。

四川农村日报

2009-05-04 技术先进成熟

记者 4 月 25 日从省农科院获悉，水稻覆膜节水综合高产技术在 2003—2008 年的示范过程中，由省科技厅、省农科院等单位在省内不同市县组织了近 20 次省内外 100 余人次专家参加的现场评估和产量验收，其先进性和成熟性得到了水稻栽培、节水农业、土壤肥料等方面专家的高度肯定。

据了解，干旱是四川盆地丘陵和盆周山区水稻生产中最为普遍发生的自然灾害，近年来受全球气候变暖的影响，旱灾愈演愈烈，常导致稻田抛荒、被迫改种旱作、减产甚至绝收，既影响水稻栽插面积，也影响单产水平，更影响农民收入。针对这一问题，省农科院和中国农业大学 1998 年开始在省科技厅、国家科技部、国家农业部和国家自然科学基金等单位的资助下，长期合作研究以节水抗旱和高产高效为主要功能的水稻覆膜节水综合高产技术，从根本上解决了困扰我省广大地区水稻生产的关键问题。该技术已在四川省内 50 余个县（市、区）和重庆、云南等省（直辖市）部分地方成功应用，其节水抗旱效果经受住 2006 和 2007 年四川盆地大范围内特大旱灾的检验，其高产效应在风调雨顺的 2008 年也得到广泛证明。2007 年 4 月该技术被省科技厅、省农业厅和省水利厅共同审定为全省首批现代农业节水抗旱重点推广技术。（本报记者杨勇）

吕世华：水稻覆膜技术在 2003—2008 年期间在我省不同市县组织了近 20 次，100 余人次专家参加的现场评估和产量验收，其先进性和成熟性得到了水稻栽培、节水农业、土壤肥料等方面专家的高度肯定。2007 年 4 月也被省科技厅、省农业厅和省水利厅共同审定为全省首批现代农业节水抗旱重点推广技术。

四川农村日报

2009-05-06　水稻覆膜　逐个"纠错"

"技术失真，效果迥异。我们把在过去推广中技术走样的地方进行公开纠正，以免大家再犯同样的错误。"4月25日，省农科院专家吕世华向记者透露，水稻覆膜节水综合高产技术是各项先进技术的创新集成，因此，采用该项技术其实就是从播种到收获全程落实各项先进实用技术的过程。而在各地的示范推广过程中，一些农户在采用这项技术时，由于关键技术措施没有落实到位，导致技术失真走样，不但没有达到应有的增产效果，还影响人们对这项技术的正确评价。

大家应该注意哪些问题，才不致让技术走样呢？

旱育秧不壮

"该项技术倡导采用旱育秧，是基于旱育秧较传统的水育秧节水、省工，有利于秧苗早发。"吕世华介绍。因此，在他看来，没有按推荐采用旱育秧是技术失真，采用旱育秧却没有培育出壮苗，也算技术失真。

旱育秧为何没有培育出壮秧呢？吕世华发现，生产中的常见问题有施肥过多导致肥害，在钙质土区没有对苗床土进行调酸处理使秧苗发生缺铁黄化，以及揭膜练苗时间太迟致使秧苗细弱等，如果注意解决，就能培育出旱育壮秧。

厢不规范

开厢定下的标准，到了有些地方就出现技术失真。厢面不是太宽就是太窄，还有厢沟太浅，横沟位置也不对。

吕世华说：提倡5尺开厢，是综合考虑了密度、地膜宽度和方便栽秧等因素。厢面太宽，将使水稻栽插密度降低，也会使地膜宽度不够，而难于覆盖；厢面过窄，又会造成密度过大和薄膜浪费，增加成本。

厢沟太浅，将难于做到厢沟有水厢面无水的管理，一遇灌水或下雨，地膜就会漂浮起来影响增温效果，不能确保秧苗早发。厢沟深度以15厘米左右为宜。横沟是全田水分调度的控制沟，其沟应相对较深，以20厘米左右为宜。在一个田中可能会有多家农户，横沟一定要统一开，保证沟直并贯通全田，位置应在距上下田埂80厘米处。有的农户习惯将横沟开到田埂边处，这样不仅减少了水稻栽插的实际面积，也不利于保水。

施肥很盲目

"盲目施肥是较为常见的问题，比如在缺磷、缺钾、缺锌土壤上未配施磷、钾肥和锌肥，还有氮肥不是施用不足就是施用过量。"针对这种情况，加上覆膜栽培不便于追肥，多采用底肥一道清的施肥方式，吕世华建议按照缺啥补啥的原则，磷钾锌肥要配全，同时氮肥的施用量以较传统高产栽培低10%~20%为宜。

为解决生产中施肥不匀的问题，最好按厢把肥料分好一厢一厢的撒，以保证施肥均匀。

施肥后应立即将肥料与表土混合，既能减少氮肥的挥发损失，也可避免肥害。

厢面不平整

厢面不平整是覆膜栽培中常见技术失真，后果就是不能使膜面紧贴厢面，地膜不但不能抑制杂草反而促进杂草生长，且旺盛生长的杂草如将膜穿破就让膜完全失去作用。平整厢面各地农民有不同的方法。吕世华推荐大家用一块长 1.6 米左右、宽 20～30 厘米的木板，在上面捆上装有三四十斤土的口袋，然后一人用条绳子拉着走，这样又省力又快，效果还好。

用膜不标准

由于市场上的农膜厚度、质量不同，价格也不同，有的农民图便宜买了质量差的、加了较多再生料的膜，在稻田破裂的时间早，保水、增温、抑草效果都会受到影响，也不便于膜的回收，容易导致稻田白色污染。

"为保证环保用膜，我们是设立了用膜技术标准的，要求一定要选购质量一级、全新料的、0.004 毫米厚、1.7～1.8 米宽的超微膜。用这种质量的膜，今年的成本大概一亩为 40 元，也不贵。"不仅用膜有标准，吕世华还提醒，由于生产中目前采用的几乎均为不可降解的聚乙烯膜，对揭膜也有技术要求，准确的说就是水稻收割时低留稻茬，水稻收获后及时揭膜回收。

栽秧苗不足

在栽秧环节常见的技术失真是密度太低、基本苗不足，吕世华建议大家尽量采用简易"大三围"开穴器打孔栽秧，这样不仅保证合理的密度，也能使栽秧速度更快。还有，幼苗早栽是高产的重要措施，在早茬口田和冬水田区秧苗 2 叶后就可以移栽。

控水不及时

在控水上通常存在的问题：前期淹水太深时不愿放水使水上了厢面，影响地膜的增温效果；后期出现严重旱情时没有及时灌水。

正确做法是：为确保前期灌水适量不致太深，可在排水口设平缺口，让多余的田面水及时自动排出；在秧苗分蘖数够了以后要晒田控苗；在孕穗期尽量保证稻田有足量的水；在水稻黄熟前 15 天要把田里的水放干，以利于水稻收割和地膜回收。（本报记者杨勇采访整理）

吕世华：这篇报道实际是记者根据我们发表在《四川农业科技》2009 年年第 2 期的文章《水稻覆膜技术综合高产技术的失真与控制》而写。在文章中我们还强调了病虫害防治，以及及时揭膜的重要性。

四川省农业科学院

2009-05-06　我院专家吕世华成《共产党人》封面人物

由中共四川省委组织部主办，四川党建音像出版社出品的 2009 年第 4 期《共产党人》

杂志将无党派人士、我院专家吕世华同志列为该期封面人物，并刊出了该刊记者采写的文章《为了大地的丰收——农业专家吕世华与农民的故事》。（科技合作处）

附：

为了大地的丰收——农业专家吕世华与农民的故事

中国有 13 亿人口，粮食生产是重中之重。

中国有 9 亿农民，增产增收是第一难题。

几千年，农民种植水稻基本上是"靠天吃饭"。能不能彻底摆脱"靠天吃饭"的被动局面，在大旱之年或者缺水地区也能夺得水稻丰收呢？

一群农业专家和敢与旱魔抗争的农民兄弟携手合作，历经数年研发、示范、推广，一项抗旱夺丰收的新技术脱颖而出，专家们与农民兄弟也结下了深厚的情谊。

吕世华就是这些专家中的杰出代表。他参与研发和推广的"水稻覆膜节水综合高产技术"，已经在我省大面积普及，经受了大旱的考验，取得了水稻增产、农民增收的佳绩；他参与完成的"协调作物高产与环境保护的养分资源综合管理技术研究与应用"成果，荣获 2008 年度国家科学技术进步二等奖。

"错位"专家的故事

长大后当一名工程师，这是出身农村的吕世华读书时立下的志向。1981 年高考，他填报的第一志愿是昆明工学院。

从工程师到农业专家，是谁改变了吕世华的人生？

现任川农大党委组织部部长的邓安平，1981 年是农化系负责学生工作的老师，是她慧眼识珠，在成都望江宾馆把"第二志愿"的吕世华"特招"到了四川农大……1981 年 8 月，吕世华正在彭州市姑妈家静候大学录取通知，突然被父亲紧急叫回新都，按县招生办的要求复查身体。吕世华既莫名其妙又忐忑不安，不知道发生了什么事。后来他才知道，由于体检证书说他是驼背，昆明工学院按照本校的招生条件已将他放弃，他的档案材料却被邓安平老师一眼相中。做事认真的邓安平要求吕世华赶快复查身体，在得到检查"身体一切正常"的检查报告后，吕世华从此走上农业科研之路。

1985 年从川农大农业化学系毕业后，吕世华进入四川省农科院，20 多年的科研生涯充满着"错位"的收获。

作为土肥专家，他从水旱轮作土壤小麦缺锰问题入手，却研究出水稻大三围强化栽培、水稻覆膜节水综合高产技术等一系列栽培技术，被誉为作物栽培界杀出的一匹"黑马"，四川省农学界的老前辈余遥、谭中和都把他视作年轻的农学家，倍加爱护。

作为农业专家，他却热衷于农技推广，探索的"专家＋协会＋农户"农技推广模式家喻户晓，连续 3 年被写入四川省委、省政府"一号文件"和省委最近的《关于统筹城乡开创农村改革发展新局面的决定》。

作为科研人员，他在研发"水稻覆膜节水综合高产技术"的 5 年里，行遍全省主要农区，手把手教农民科学种田，屡次在旱山村创下水稻亩产七八百公斤的高产神话，改写了几千年水稻生产"靠天吃饭"的历史，使近 10 万农户尝到了新技术的甜头。

5 年推广新技术，吕世华随身带着三件"宝"。

一是那辆破微型车。车内随时载着投影仪、扩音器、宣传展板和资料画册，他靠这辆车行遍四川 50 多个县，近 20 万公里。2007 年 3 月他来到遂宁市船山区桂花镇宣传新技术，跳下车就找镇领导和农技干部问产量、谈技术。因车太破旧，也无上级介绍，一开始镇干部怎么也不相信他是省里来的专家。有人劝他换辆好车，他笑笑说：好车里哪能搁得下我那些宝贝？哪能跑得了山路？

二是"傻瓜"照相机。吕世华随手不离照相机，行走在乡村，随时拍下新发现的生产问题，既是科研资料，也是给农民和农技人员做培训的鲜活素材。他还用这部数码相机记录下无数四川农民的生活镜头，被同行誉为"农村摄影家"。几年前，在成都一个全国农业学术会议上，他还搞了一个"关注三农"个人影展，反响很好。

三是明信片。这是他自己设计的"名片"，上面除了单位、联系方式外，还印满了新技术简介、推广前后的对比图片和增产效果，一目了然。不仅在全国学术研讨会会场、农村田间地头广为散发，逢年过节，他还写上地址寄给同事和远方的好友。

吕世华说："常年在农村跑，时刻都能感受到农民兄弟对科技新技术、对增收致富的渴望。如果科研人员不关注农技推广，既对不注自己付出的心血，也对不起国家。"

正是在新技术示范与推广的辛劳中，他与农民兄弟结下了深厚的友谊。

地震灾区夺丰收的故事

当 2008 年"5·12"特大地震发生时，吕世华正在西安参加"第十一届全国青年土壤科学工作者暨第六届全国青年植物营养科学工作者学术讨论会"。他首先想到的是，距震中很近的什邡市湔氏镇中和村损失严重吗？村民现在怎么样？已栽的水稻长得如何？

20 多天前，他还在中和村进行水稻覆膜节水综合高产技术培训，和村支书罗顺涛及村民们朝夕相处，结下了深厚的情谊。

他立即给罗顺涛打电话，但无法接通，他发短信，还是没消息。他退了预订的机票，决定改乘 12 日晚上的航班回成都，谁知连 13 日的航班也没有。就在他心急如焚时，5 月 13 日晚上，心有灵犀的罗顺涛发来了短信："村里死了很多学生，大家的房子都倒了。这里余震不断，太危险了，你最好还是先别来。"

看完短信，吕世华更坚定了要去中和村的决心：村民损失这么严重，又逢插秧时节，我有责任去帮他们生产自救，把损失降到最低。在村民困难的时候，我要和他们在一起！

14 日上午，吕世华登上了飞往成都最早的航班。15 日中午，吕世华赶到了中和村。灾情的严重超出了他的想象：全村死亡 15 人，99% 的房屋都已倒塌或成危房，村民情绪低落。他把 12 日在西安会议上募集到的 3550 元救灾款交给罗顺涛，罗顺涛紧握吕世华的手说："你能来，我们已经很感动了。不多说了，一句话，好人一生平安！"

吕世华决心要依靠科技打好灾后农业生产恢复这场硬仗。5 月 20 日，中和村通电了，他带领 40 多名志愿者连同价值 3 万元的地膜、消毒剂和喷雾器等，投入生产自救。20 多个人挤在仅有的两顶帐篷里，一下雨地上就积水，一出太阳帐篷就像大蒸笼。就在这样的条件下，他以身作则，带领志愿者每天 7 点过就开始工作，一直忙到晚上 8 点多钟，每天工作 10 多个小时。一天的工作做完，吕世华累得腰都直不起来。第二天，他依旧到一线协调指挥，和大家一起插秧。"您这样拼命受得了吗？"很多村民看在眼里，疼在心上。他说："我也是农民出身，大家信任我的水稻覆膜节水综合高产技术，又在这个危急时刻，我怎能有半点松懈啊！现在多插一株秧，秋天村民就多收一把米！"

奋战 7 天，他们共为中和村 96 户农民栽秧 200 多亩，同时也完成了水稻覆膜节水综合高产技术的示范推广工作。

夏去秋来，罗顺涛和村民们望着沉甸甸、金灿灿的稻穗，感慨万分。中和村是全市有名的旱片死角，由于受缺水干旱影响，全村 2 400 余亩水稻产量常年徘徊在亩产 350～450 公斤之间，旱情严重时亩产甚至只有 250 公斤左右。如今，经过吕专家在全村培训推广水稻覆膜节水综合高产新技术，大灾之年水稻每亩增产近 200 公斤，村民们真有说不出的高兴。

2008 年 9 月 11 日这一天，中和村就像过节一样。由四川省农科院、中国农科院、什邡市政府共同主办的"科技救灾覆膜水稻收获日暨灾后重建院市科技合作签字仪式"在中和村 13 组举行。这个名不见经传的村民小组，迎来了特殊的客人——领导、专家、媒体记者。田野里农民正冒着烈日收割水稻，领导和专家们兴致勃勃地来到田边和农民攀谈起来。媒体的记者们也穿梭在人群中采访，专家们亲自动手开始测产。当省农科院李跃建院长宣布测产结果是亩产 640 公斤的时候，人群中响起了热烈的掌声。

"土专家"的故事

刘水富，资阳市雁江区雁江镇响水村的普通农民。

响水村也是一个旱片村，缺水和"十年九旱"，使刘水富和水稻种植户伤透了脑筋、吃尽了苦头。2006 年吕世华等专家进村推广水稻覆膜节水综合高产新技术时，刘水富就特别上心。他不懂就问，不会就学，对每一个环节、每一个技术要领，都反复琢磨，勤学苦练，很快成长为名副其实的"土专家"。

向村民们说起新技术，刘水富颇有见地："这套技术是由多项农业技术组装的，比如也要求用我们推广多年的旱育秧技术，只是这项技术要求培育嫩秧，以促进分蘖。过去的水稻种植技术也是组合技术，为什么不能抗旱丰产呢？是因为某些环节设计不对，比如抗旱的问题就不能解决。而吕专家的这项新技术就增加了旱育嫩秧、厢面覆膜和大三围强化栽培。"

吕世华进一步详细解答："厢面覆膜解决了抗旱的问题，而旱育嫩秧、'大三围'强化栽培则解决了高产的问题。"

在实践中刘水富还有很多新发现，"这项技术不仅节水抗旱高产，由于实行免耕，每亩还能省工 10 个左右，并且减少肥料施用量，田间也没有杂草，还错开了农时季节，农活不打挤。""只要做好选膜盖膜和'大三围'强化栽培，在有条件的情况下，保持沟中有水，膜面无水，其他按老办法去进行管理，要获得丰产高产根本不成问题。"刘水富对村民们的讲课做了总结，那神情，大有制服"旱魔"小菜一碟的气概。

现在不仅响水村，连整个雁江区，到处都能看到长势繁茂的水稻，尤其在大旱之年，采用水稻覆膜节水综合高产新技术的田块，水稻产量更是比传统方法种植的田块高出一大截甚至翻倍！2007 年，雁江区推广面积达到了 6 万亩，2008 年超过了 10 万亩。

袁勇，简阳一位普通的乡镇农技员，说起吕世华既敬佩又亲切。

他充满感情地说：跟随吕老师学习技术这么多年，感觉还真没什么特别的故事，吕老师太"平凡"了，与其说是专家，其实更像"农民"和"平民"，没架子，喜欢和农民及基层的农技人员打成一片。我们在工作上有了进步或取得了成果，都会随时相互短信交流共享，所以和吕老师所发生的故事都是那么自然，都是那么不经意。2003年我镇因实施"863"节水农业项目，有幸和吕老师相识并协助他实施项目。吕老师干工作太实在，每次下来我们就没得轻松，在田间地头从早忙到晚，做试验、和农民座谈交流、指导技术。付出总有回报，和吕老师一起虽然很累，但我们在农民眼中也成为受人尊敬的"专家"了，自身业务能力也大大提高。2004年12月的一天，吕老师突然来电话，兴奋地告诉我，他给中国农业大学资源环境学院的院长张福锁教授提出让我参加农业部"948养分资源综合管理项目"的年会，并推荐我做农技推广的报告，张福锁教授爽快地答应了，问我能不能安排时间去。当时感觉吕老师很高兴，我也很感意外和惊喜！但在惊喜之余，心里却不免浮出一丝忧虑：我哪有钱负担来回的差旅费！当我说"机会很难得，去还是想去"时，吕老师似乎看出了我的顾虑，马上说费用都由他出。我再一次感到了意外！这么多年来，我一直在基层做农技推广工作，从没想到有一天能够到北京作报告，也没想到一个省农科院的专家会这么在意我这么一个农村基层的农技人员，更没想到一个省农科院的专家会主动花钱给我去北京学习、锻炼的机会。终于盼到了那一天，我和吕老师一起飞到了北京，结识了更多的专家，增长了更多的见识。以后几年，一有机会，吕老师就会带我参加各种学术活动，让我向更多的专家学习，和更多的人交流。

"小粉丝"的故事

在千千万万热心宣传推广"水稻覆膜节水综合高产新技术"的农村群众中，资阳市雁江镇中心校12岁的六年级小学生刘毅，可称得上是新技术的"小粉丝"。

2006年2月，吕世华到刘毅家所在的村推广"水稻覆膜节水综合高产新技术"。刘毅的父母参加技术培训班后，采用新技术种植的水稻获得了大丰收。刘毅兴冲冲地向同学、老师宣传新技术，并写了一篇题为《我的故事》的作文。文中写道：起初，我向学校的周主任说："告诉你一个好信息，我们家今年水稻产量达到亩产500公斤以上。"周主任问我是什么原因，我就告诉他："省农科院的专家教给我们一种好技术，名叫'水稻覆膜节水综合高产新技术'，采用这种技术，我们家的水稻就增产了。"周主任疑惑的问我："不可能吧！是骗人的吧？今年大旱，有这事儿？"周主任不太相信。我又向老师介绍这项技术，老师说："你吹牛吧！不可能的事，今年天这么旱。"老师也不相信我。我又向同学们说："你们知道我家今年收的稻子有多好吗？告诉你们吧！我家的稻子亩产有五六百公斤。"同学们笑我，说我吹牛说大话，我当时很气愤，说道："如果你们星期天有空的话，就到我们村去看看，水稻是不是我说的那样。"星期天有一半以上的同学到了我们村，看到金灿灿的稻穗都惊呆了，连连惊叹："真是太好了，可我们家几乎没收成。"后来，老师和周主任知道后，都相信我说的话了。同学们纷纷向父母、亲友宣传新技术，我也在班上作了一个调查，有一半以上的同学家里都采用了这项技术，平均种植面积为1.64亩。今年又是一个大旱之年，同学们纷纷向我表示感谢，"我非常高兴。我相信今年的水稻也一定能获得大丰收！"

作文最后写道："我觉得农科院的技术是一种能让人吃饱饭的好技术……是科学让大家

喜悦，是科学让大家满足，我长大以后也一定要像吕专家一样当科学家，为人民服务。"（共产党人杂志社记者康琼）

吕世华：没有想到作为一个无党派人士居然能够成为中共四川省委组织部主办刊物《共产党人》杂志的封面人物。我仅仅在技术创新和成果推广应用上做了一些自己应该做的事情而已。

四川省农业科学院

2009-05-07 香港嘉道理资助我院土肥所开展有机稻米研究

由中国香港特别行政区嘉道理农场暨植物园资助我院土肥所在省内和广西开展"生态种植和覆膜技术在有机稻米生产中应用"的研究项目协议日前正式签署。该项目是香港嘉道理农场暨植物园农业专家 Hilario Padilla 博士在四川调研了解到我院土肥所创新集成的水稻覆膜节水综合高产技术并与我院专家吕世华进行深入探讨后拟定的，项目将采用农民参与和农民田间学校的方法，进一步综合集成覆膜技术和一系列生态种植技术，突破有机稻米生产不用农药、不用化肥产量较低的难题，促进有机稻米生产的发展和环境保护。（土肥所肥料室）

吕世华：认识香港嘉道理农场暨植物园的小山老师（Hilario Padilla）是我的幸运！2008 年成都市河流研究会承担了香港社区伙伴的一个生态水稻项目，需要了解四川在水稻强化栽培技术（SRI）方面的相关工作。项目负责人夏路从中江县农业局张大学副局长处知道四川省农科院有一个叫吕世发（发是中江话"华"的发音）的老师在研究 SRI。当夏路到农科院找到我的时候我叫她去雁江区的响水村看看。在响水村呆了几天后小山老师也正好来四川考察，在我不知情的情况下被夏路他们直接邀请到响水村。小山老师在村子里看田间访农户，几天后他说要回成都见我。我们在成都市骡马市的一家素食餐厅见了面。一见面，他就说他在资阳看到了世界上最好的水稻栽培技术。2009 年 1 月社区伙伴在广西柳州的会议上我应邀作了水稻覆膜技术的报告后，我和小山老师坐下来讨论，他提出了用覆膜技术发展有机水稻的建议，并让香港嘉道理农场暨植物园给我们经费支持。后来，香港嘉道理农场暨植物园相继支持我们开展覆膜种植稻田温室气体排放的研究，以及覆盖免耕在水稻及蔬菜体系的应用研究。最近两年小山老师离开嘉道理农场暨植物园去了别的机构，但是他仍然在通过其所在的机构和他朋友的机构支持我们的研究与推广工作。一是将水稻覆膜技术开发为碳减排的方法学，二是把水稻覆膜种植作为气候友好技术进一步优化和推广。在最近的日子里我们频繁的用电子邮件联系，他不断的给我好的"idea"。因为疫情，我们有将近 3 年没有见面了，期待我们再次相聚的一刻！

右为在广西柳州参加会议的小山老师

四川省农业科学院

2009-05-12 节水稻作研究协作组会议在成都召开

由中国农业大学资源与环境学院召集、我院土肥所承办的"节水稻作研究协作组会议"日前在成都市召开。会议由中国农业大学资源与环境学院院长张福锁教授主持，南京农业大学郭世伟教授、浙江大学吴良欢教授、中国农业大学林杉教授、范明生博士和我院专家吕世华分别报告了各协作单位十余年来在节水稻作理论与实践方面取得的研究进展，讨论了下一步的工作重点和协作内容。与会专家还到简阳市和资阳市雁江区考察了水稻覆膜节水综合高产技术的应用情况和2县（市、区）实施农业部测土配方施肥项目和开展粮油高产创建活动的情况。会议期间，我院王书斌书记、任光俊副院长、土肥所甘炳成所长和喻先素书记等会见了张福锁教授一行，就推进院（所）、校科技合作进行了深入探讨。（科技合作处）

吕世华：水稻覆膜节水综合高产技术是四川省农科院与中国农业大学多年合作取得的成果之一。没有张福锁院士的直接指导和支持，我们就不会从水旱轮作体系的小麦缺锰问题走到稻田高产高效理论和技术体系的研究与推广应用。成都的这次"节水稻作研究协作组会议"坚定了我们优化发展水稻覆膜技术的信心，也让我成为国内外研究水稻覆膜技术坚持时间最长的科技人员。

参加节水稻作研讨会的专家们

四川省农业科学院

2009-05-25　王书斌书记和吕火明副院长访问广西桂林市农科所

　　5月16～18日院党委书记王书斌和副院长吕火明在土肥所喻先素书记、科技处何希德副处长等4人的陪同下，访问了广西壮族自治区桂林市农科所，看望了在这里进行示范推广覆膜水稻的土肥所专家吕世华，并与桂林市农业局领导商讨了"院、市科技合作"。

　　在桂林市农业局邓康康局长、刘翔副局长和桂林农科所刘助生所长等的陪同下，王书斌书记和吕火明副院长考察了在桂林农科所水稻新品种、新技术试验示范基地所开展的覆膜水稻相关试验与示范，同时考察了该所为促进当地现代农业建设所开展的其他相关工作。

　　在座谈会上，刘助生所长简要介绍了桂林市农科所的基本情况、目前承担的主要科研项目以及今年覆膜水稻的试验、示范实施情况。邓康康局长介绍了桂林市农业的基本情况、当前面临的主要问题，重点分析了"覆膜水稻"这一节水农业技术在促进桂林市农业与城市扩张、旅游业协调发展中的作用与应用前景，要求桂林市农科所加强与四川省农科院的合作，加快这项技术的试验、示范，并希望四川省农科院今后对桂林市农业发展给予多方面支持。

　　吕火明副院长介绍了四川农科院人才队伍和优势学科领域建设，表示将推动"院、市科技合作"。最后王书斌书记介绍了我院近年在省委、省政府支持下创建"西部第一、全国一流"省级农科院在科技创新和成果转化方面取得的成绩,他说院里支持专家们将论文写在祖国希望的田野上,对吕世华到省外示范推广覆膜水稻新技术表示肯定与支持,四川省农科院将加强与桂林市的合作,且这种合作是双向的,也希望今后桂林的同志将桂林市现代农业建设的好做法、好经验、好品种和好技术带到四川,共同为我国农业服务。(土肥所肥料室)

吕世华:王书斌书记说院里支持专家们将论文写在祖国希望的田野上,对我到省外示范推广覆膜水稻新技术表示肯定与支持,四川省农科院将加强与桂林市的合作,且这种合作是双向的,也希望今后桂林的同志将桂林市现代农业建设的好做法、好经验、好品种和好技术带到四川,共同为我国农业服务。

2009 年 5 月 16～18 日院党委书记王书斌(右 5)和副院长吕火明(右 4)访问广西壮族自治区桂林市农科所

四川省农业科学院

2009-05-31 四川省政协调研组在资阳市考察我院节水农业技术示范推广情况

2009 年 5 月 26 日,四川省政协科技委员会主任黄泽云带领省政协科技委副主任、省知识产权局局长黄峰、科技委副主任、省科协巡视员梅跃农、科技委专职副主任彭莉、省政府参事、省农科院研究员李仁霖及省农业厅科教处、省科技厅农村处、省科协普及部、省政协办公厅科技处和省农科院土肥所相关同志一行12人就"科技服务农业，促进农民增收"课题在资阳市政协副主席孙军、周齐铭和资阳市科技局副局长刘晓等领导陪同下专程到资阳市雁江区雁江镇响水村考察了节水农业技术——水稻覆膜节水综合高产技术的示范推广情况。调研组对我院针对丘区农业生产问题的创新转化工作和资阳市依靠科技促进农业增产、农民增收的做法予以高度评价。

响水村是我院土肥所在原欧共体资助下建立的水土保持科研基地。2006年初我院专家吕世华带领课题组进驻该基地示范推广他们和中国农业大学集成创新的水稻覆膜节水综合高产技术，在当年遭受80年不遇的特大干旱条件下，该村采用这项技术的280亩稻田获得了比正常年份高的产量，创造了科技治旱的奇迹，也引起了资阳市和雁江区有关领导和相关部门对这项技术的高度关注。响水村及周边村子自2007年开始自发采用该技术，并在风调雨顺的2008年获得了大面积亩产超700公斤的历史最高产量。在雁江区区委、区政府重视下，这项技术在该区得到迅速推广，据介绍，2007年应用面积为6万亩，2008年应用面积为10万亩，今年应用推广面积达到了13万亩。

在响水村，调研组成员、本技术首席专家吕世华向调研组汇报了水稻覆膜节水综合高产技术的集成创新和技术示范推广情况和面临的问题，调研组向村民们深入了解了应用这项技术的体会、获得的增产增收效果以及地膜回收情况。黄泽云主任和调研组成员看到在今年严重春旱条件下长势良好的大面积覆膜水稻，以及这项突破性技术书写在村民们脸上的丰收喜悦，纷纷称赞吕世华，也对我院针对丘区农业生产问题在稻田节水农业技术的创新转化工作和资阳市及雁江区与我院合作，依靠科技促进农业增产、农民增收的做法予以高度评价。

省政府参事、著名农业技术经济专家李仁霖研究员分析和肯定了覆膜水稻的创新和实践意义，指出川中丘区的现代农业建设要大力推广水稻覆膜节水综合高产技术等集成技术，确保粮食安全并推动现代畜牧业发展。资阳市人民政府郭永红副市长和资阳市政协孙军和周齐铭副主席在座谈会上表示将进一步促进这项技术在资阳市的推广。黄泽云主任则表示，将尽快向省委、省政府及相关部门反映调研中了解到的情况，力促这项技术在全省的大面积推广应用，促进我省农业增产、农民增收和"西部高地"的建设。（土肥所肥料室）

吕世华：四川省政协科技委员会主任黄泽云带领相关领导和专家就"科技服务农业，促进农民增收"课题到资阳市雁江区雁江镇响水村考察了节水农业技术——水稻覆膜节水综合高产技术的示范推广情况。调研组对水稻覆膜技术给予了高度评价，并在省"两会"期间提交了大力推广水稻覆膜技术的提案。资阳市政协周齐铭副主席（后来是分管教育的副市长）是一个农业专家，2009年陪同省政协领导考察后，他随即开始了优化发展水稻覆膜技术的研究工作一直到今天。他提出了"膜播"技术，即用机器将稻种黏附在地膜上面，然后在田间再展开地膜，节省育秧和插秧用工，并获得了国家发明专利。期待他的技术早日成熟！

2009 年 5 月 26 日四川省政协科技委员会领导在资阳市雁江区响水村考察覆膜水稻

四川农村日报

2009-06-23 覆膜水稻 牢记这些要点

　　水稻覆膜节水综合高产技术是以地膜覆盖为核心技术，以节水抗旱为主要手段来实现大面积水稻丰产的综合集成创新技术，是旱育秧、厢式免耕、精量推荐施肥、地膜覆盖、"大三围"栽培、节水灌溉、病虫害综合防治等先进技术的有机整合。

　　据了解，该技术目前已非常成熟，节水达 70％以上，兼具节肥、省种、省工、无公害和环保、高产稳产等显著效果。长期从事该技术研究的省农科院专家吕世华介绍，水稻覆膜栽培比传统栽培节省 10％～15％的氮肥投入，而采用三角形稀植栽培（大三围栽培），亩用种量不足 0.5 公斤，省种量在 50％左右，亩用工量减少 10 个左右，并能有效减轻稻曲病、纹枯病等的发生，有效抑制杂草，非常利于无公害生产。

　　吕世华负责的科研小组发现，由于地膜覆盖显著的增温效应，可从根本上解决四川盆地水稻生产中长期存在的移栽后低温坐蔸问题，促进秧苗早发、多发，因此该技术无论在干旱年份还是在正常年份都有明显的增产效果。据统计，采用该技术在正常年份一般亩增产 150～200 公斤，在干旱年份普遍亩增产 200 公斤以上，可使四川丘陵山区水稻产量从传统的 400～500 公斤，增加到 600～700 公斤，增产效果十分显著。

　　农民朋友如何应用这项行之有效的增产技术呢？4 月 25 日，记者采访了吕世华专家，他希望大家一定要记住以下技术要点。

推行旱育壮秧

"通过改水育秧和两段育秧为旱育秧，不仅可以大量减少育秧环节用水及育秧和栽秧用工，而且能确保秧苗早发高产。"对选择旱育秧，吕世华认为这本来就是节水农业的一部分。

如何培育壮苗呢？他介绍，"苗床地以土壤有机质丰富、质地疏松、排灌条件好、管理方便的蔬菜地为佳。对 pH 较高的苗床地应提前 7～10 天施入硫磺粉调酸。种子播前应用药剂浸种消毒、催芽至露白。播种量控制在每平方米苗床播 15～25 克种为宜。播种前苗床内泼浇充足水分，以确保全苗、齐苗。还要特别注意及时揭膜炼苗。"

倡导免耕规范开厢

在吕世华看来，通过改传统翻耕为规范性的开厢免耕，既节省整地用工，又减少水的渗漏损失，促进水在全田的均匀分布，提高水资源利用效率。

方法其实也很简单，"在距上下田埂 0.8 米处起宽 25 厘米左右、深 20～30 厘米的围沟，以见犁底层为最好。对面积较大的沟槽田，在田的正中开一道宽 25 厘米左右、深 20 厘米左右的腰沟。厢沟宽 20 厘米左右、深 15 厘米左右，厢面宽度 145 厘米，开沟铲起的泥土均匀撒放于厢面，打碎泥块，达到田平泥融。整田前，均匀撒施腐熟的农家肥，清除田中硬物和未腐熟秸秆即可。"

实施精量推荐施肥

根据区域土壤养分供应特点和覆膜条件下高产水稻的需肥规律进行推荐施肥。"覆膜水稻通常采用底肥一道清的施肥方法，要注意控制氮肥用量，配合施用磷、钾肥和锌肥。一般中等肥力田块，每亩施尿素 18～22 公斤、过磷酸钙 30～40 公斤、氯化钾 5～7 公斤、硫酸锌 1.0～1.5 公斤，施农家肥的应适量减少化肥用量，肥料与厢面土壤要充分混合均匀。"

当然，对后期脱肥的田块，"可用尿素作根外追肥，浓度一般以 1.5％～2.0％为宜，亩用尿素溶液 50～70 公斤。对于脱肥严重的田块，可灌淹 2～3 厘米深的水，亩撒施尿素 4～5 公斤，让水自然落干即可。"

科学使用地膜

为确保地膜的保水、增温、抑杂效应和方便膜的快速回收，避免白色污染。吕世华提醒大家使用地膜时注意三点，一是一定要选用 0.004 毫米厚、170～180 厘米宽，质量为一级的超微膜，一般每亩用量为 3.3～3.6 公斤；二是厢面平整后才能覆膜，覆膜时要使地膜紧贴厢面泥土，不留任何空隙，以免被风刮起和膜下长草；三是水稻收获后，要及时回收地膜。

落实"大三围"栽培

"大三围"栽培是三角形稀植栽培的俗称，大面积生产上，"我们提倡每亩栽 4000 窝左右。通过'大三围'栽培可以节省用种和栽秧用工，减少苗间竞争，促进田间通风透光，协调水稻个体与群体矛盾，提高单产。"

如何操作呢？"就是覆膜后 2～3 天，等地温提高到 12℃时再用特制的大三围打孔器打孔。一般行窝距为 40 厘米，每厢栽 4 行，每窝以三角形方式栽 3 苗，苗间距 10～12 厘米。土壤肥力差，容易受旱的田块可适当增大密度。移栽时选择阴天或晴天下午，根据茬口的不同将秧龄控制在 15～40 天，移栽期应尽量提前。"吕世华介绍。

贯彻节水灌溉

水稻虽然是需水和耗水量最大的农作物，但只要能满足其生理用水，甚至可以旱作。为减少生产上普遍存在的大水漫灌等浪费水的现象，吕世华根据这个原理，提出有效的节水灌溉管理办法：

在水稻移栽后保持沟中有水、膜面无水，严禁串灌、深灌。大雨过后要及时排掉厢面水层，确保覆膜对土壤的增温效应。在孕穗期和灌浆乳熟期这两个水分临界期若遇严重干旱，应及时灌水。

水稻覆膜栽培，分蘖旺盛，若不及早加以控制，将会增加无效分蘖。对有水源保证的田块，当每亩总茎蘖数 25 万左右时，排出沟水，晒田控制分蘖。晒田标准：厢面不发白，沟中不陷脚，地面见白根。而后期容易受旱的田块不宜提倡晒田。

综合防治病虫害

水稻覆膜栽培，病虫危害相对较轻。但吕世华提醒大家注意，由于其早发快发，病虫危害时间也相应提早，大家要重点抓好纹枯病、稻瘟病、稻纵卷叶螟、二化螟等的防治。以当地的病虫预测预报为主要依据，选择对口的高效低毒低残留农药，做到及时有效防治。（记者杨勇）

吕世华：谢谢杨记者的采访报道，让广大农民朋友充分掌握技术要领，获得更好的收成。

四川省农业科学院

2009-06-23 四川省农科院与简阳市共同实施农业部农业推广新机制试点

日前，农业部全国农技推广中心在四川、山东、福建、江西和湖南 5 省 7 县启动了农业推广新机制试点，我省简阳市被选定为试点县，简阳市的试点工作由我院与简阳市人民政府共同实施。据悉，本次试点的目标是构建以农民满意为根本、立足农业产业化发展、"技术指导员—核心示范户—农户"联动的农业推广新机制，从而促进农村实用人才培养，提升农民综合素质，提高农业综合生产能力，带动农业产业发展，为农民合作组织、专业化服务组织提供带头人，推进农业规模化经营，提高农产品质量安全水平，并为村级组织建设培养人才队伍，促进乡村文明，维护农村稳定。（院科技合作处）

吕世华：很高兴我参与了这个农业推广新机制的试点。

四川省农业科学院

2009-06-23　土肥所专家参加全国农技推广中心农业推广讨论会

　　6月5～7日和19～21日，农业部全国农技推广中心两次在北京市召开有关农业推广理论与实践问题的讨论会。会议由全国农技推广中心陈金发副书记和农业部水稻专家组组长廖西元研究员共同主持。我院土肥所专家吕世华应邀参加了讨论会，并被吸纳为全国农业推广研究协作组成员。（土肥所肥料室）

　　吕世华：很荣幸我被吸纳为全国农业推广研究协作组成员。

与会代表合影

四川省农业科学院

2009-06-23　土肥所专家出席简阳市农业推广新机制试点工作会

　　6月18日土肥所专家吕世华出席简阳市农业推广新机制试点工作会。会议由简阳市农业局李有华副局长主持，简阳市农业局有关部门和示点乡镇农业服务中心的负责同志出席了会议。会议学习了农业部全国农技推广中心起草的《农业推广新机制试点方案》，讨论了试点的目标、意义、面临的主要问题及其解决途径；会议明确将东溪、飞龙、石板和江源 4 个乡镇列为首批示点乡镇，并部署了当前的主要工作。（土肥所肥料室）

吕世华：记不得试点工作会后我做了什么事情了。

现场合影

四川日报

2009-06-24 水稻覆膜技术节水高产 专家呼吁大力推广

本报讯 22 日，夏至刚过，仁寿县藕塘乡白芷村稻田里虽没什么水，但水稻长势正旺。"我们这里是老旱区，有的群众吃水都困难，几年都没栽秧了。今年不但栽上了秧，长势还很好。"村支书徐瑞林告诉记者。

这个村推广的是水稻覆膜节水综合高产技术。今年在县科技局的指导下，村里搞了 400 亩水稻覆膜栽培，虽然又遭春旱连夏旱，但有地膜的保水保肥，田里秧苗长势良好。

该县珠嘉乡黑虎村搞水稻覆膜则是第 3 个年头了。黑虎村属黑龙滩尾水灌区，是有名的旱山村，每年到春灌用水都要等，"芒种"过后才栽得上秧。"前年我们试着干了 60 亩，去年搞了 200 亩，不仅每亩节水 70% 左右，平均亩产还增加 30%，好多田亩产达到 700 公斤以上。"村支书廖德龙说，"我们今年搞的是小苗移栽，4 月 20 多号黑龙滩放育秧水的时候就栽秧了，不与 5 月份栽秧的打挤，而且早了 1 个月，为秋后种一季菜挤出了时间"。

据仁寿县科技局负责人介绍，水稻覆膜节水综合高产技术在该县推广时间不长，但效果奇佳。今年全县推广了 3 000 亩，明年将在非灌区和尾水灌区大力推广，面积将达到 10 万亩。

据了解，水稻覆膜节水综合高产技术是省农科院和中国农大针对四川盆地干旱现状，合作研究建立的以地膜覆盖为核心，以节水抗旱和高产高效为目标的综合集成创新技术。该技术自 2001 年开始在我省资阳、内江、宜宾、南充等 50 余个县（市、区）示范推广，节水、抗旱、省工和高产突出，特别在干旱年景效果更加显著。省农科院水稻专家吕世华说，希望此技术能够加快推广，使更多的农民群众增产增收。（记者邹渠）

吕世华：邹渠老师是四川日报的高级记者，13 年过去了，见到他我仍然会请他呼吁大力推广水稻覆膜技术，让更多的农民群众增产增收。

邹渠老师在仁寿县藕塘乡采访

资阳日报

2009-06-25　资阳覆膜水稻引来河南专家考察

本报讯　昨（24）日，河南省信阳市农科所一行 5 名农业专家，在四川省农科院专家、资阳市、区科技局同志陪同下，专程到我市考察水稻覆膜节水技术，并准备回去大面积推广。

河南信阳的专家们是从媒体报道及相关文章得知这项新技术而慕名前来资阳的。昨天他们前往雁江区雁江镇响水村，看到了虽然遭遇干旱仍生长得十分茂盛的覆膜水稻，非常兴奋并不断询问、拍照。在随后的座谈中，市、区有关负责同志介绍了我市示范推广这项技术的成果与经验。河南专家非常感兴趣，认真记录，并表示将把资阳的经验带回去，在河南信阳开花结果。

据了解，河南信阳是一个有 770 万人口的农业大市，水稻种植面积达 700 万亩，是我市的四倍多。而其中有相当面积是缺水地区，正好适宜推广这项水稻新技术。

我市示范推广覆膜水稻新技术始于 2006 年，今年全市覆膜水稻达到 17.65 万亩，比去年增加 7 万亩。其中雁江区占绝大部分，已近 15 万亩。

该项新技术具有很好抗旱、增产、节水、省工、省时、环保的多项效果，特别是在干旱年景也能达到每亩 1 200 斤以上，一被广大农民接受即深受好评。因此我市及我省都在下大力进一步推广之中。（记者周自狄）

吕世华：河南省信阳市农科所来四川学习了这项技术，后来他们也把水稻覆膜技术应用于有机水稻种植体系，还获得了国家专利。

来川考察学习水稻覆膜种植技术的河南省信阳市农科所领导和专家

科技日报

2009-06-26 覆膜节水：一项技术救活百万亩干旱稻田

本报讯"同样一块地，反差太大了。"6 月 24 日，在遭遇特大干旱的四川资阳市雁江区响水村，顶着炎炎烈日专程到四川考察的河南省信阳市农科所所长郭祯一行，为眼前的一幕感慨不已：以传统技术栽培的水稻像干枯的茅草，另一边采用新技术栽培的水稻则叶绿蘖足，长势喜人。

今年入汛以来，四川先后有 117 个县（市）发生严重夏旱，目前 28 个县（市）旱情仍在继续，然而采用四川省农科院和中国农大资环学院研究成功的"水稻覆膜节水综合高产技术"的 100 万亩稻田既实现了满栽满插，又有效抵御了旱灾危害，有望"逆势"增产。

站在干涸开裂的稻田边，响水村村民李俊清向来自河南省的农业专家们介绍："响水村是有名的旱山村，往年就算雨水足一亩水稻也只能收三四百公斤。现在采用了新技术，这样的大旱年收五六百公斤很容易。去年风调雨顺，我家的亩产突破八百公斤，村里多数人家的亩产都超过七百公斤。"今年资阳市搞了 17.65 万亩覆膜水稻，虽然再一次遭遇春旱连夏旱，但有地膜的保水保肥，田里秧苗长势奇好。市科技局负责人介绍说，这项新技术从响水村开始推广以来仅靠村民互相介绍，试种面积在短短几年间就翻了十几倍。

在同样遭遇干旱的简阳市东溪镇，6 000 余亩稻田因采用此项技术而免受旱灾。镇农技服务中心主任袁勇算了一笔账：今年使用新技术平均每亩稻田增加投入为薄膜 40 元，但减少除草、翻耕、农药、抽水投入 230 元，最低可增产 150 公斤以上，农民平均每亩将增收 460 元以上。

水稻覆膜节水综合高产技术，是四川省农科院和中国农大资环学院历经多年合作研究，建立的以地膜覆盖为核心，以节水抗旱和高产高效为目标的综合集成创新技术。自 2001 年起，该技术已在四川省资阳、内江、宜宾、遂宁、巴中等市 50 余县成功推广，表现了显著的节水抗旱和省工节肥高产效应，2007 年被四川省科技厅、农业厅、水利厅共同确定为现代节水农业重点推广技术。

负责这项新技术研究的中国农业大学张福锁教授和四川省农科院吕世华研究员等认为，

河南省信阳市农科所所长郭祯（右 3）一行在响水村考察学习水稻覆膜种植技术

仅四川省适宜推广这项技术的稻田就在 1 000 万亩以上。他们呼吁有关部门进一步重视这项技术的示范推广，使更多的农民增产增收。（记者盛利）

吕世华：这条新闻在科技日报见报后得到时任科技厅厅长唐坚同志的高度关注，要求科技厅农村处的同志联系我提供相关资料。现在想来，唐厅长真是一个既尊重科技人员又十分务实的领导。后来，他去乐山市担任市委书记，还叫乐山市农业局组织相关同志到资阳市考察学习水稻覆膜技术。

资阳网

2009-06-27　承诺掷地有声　兑现实实在在

——记雁江区中和镇党委书记杨杰

2006 年 12 月 31 日，时年 35 岁的杨杰调任中和镇，接过了这个拥有近 6 万人的农业大镇的党委书记"帅印"。在见面会上，他用一个年轻人特有的率真，掷地有声的说："为了中和镇的发展、为了中和镇的父老乡亲走向富裕，我将尽心尽力、尽职尽责，全心全意、全力以赴"。两年过去了，他兑现了自己的承诺。

杨杰深知干部是决定事业成败的关键，作为一名基层党委书记，抓班子带队伍是首要职责。为此，他着重培养使用了一批年轻干部，改善了中层干部的结构，激发了年轻干部干事创业的热情；首次提出并实施了村党支部书记末尾淘汰制，率先在全区建立了村级纪检小组，成为全市党风廉政建设现场会参观点。

杨杰牢记发展是第一要务，作为一名基层党委书记，为官一任，就要造福一方。

"如何使中和镇'土生金'，增加农民收入？"杨杰想到了引进水稻覆膜节水抗旱栽培技术（简称"大三围"）。通过试点，这项技术得到了群众的认可，2008 年，全镇建立了 4 个农业科技示范基地，总面积达 15 000 亩，全镇水稻增产 120 万公斤，仅此一项，群众增收近 200 万元。

榨菜是中和镇的传统产业，但由于当地没有专门企业进行加工，群众常常为销售问题担忧。2007 年 4 月，杨杰带队前往浙江余姚相思达菜业有限公司实地考察，用了整整 3 天时间跟企业业主谈判，最终说服企业业主入驻中和，有效解决了中和榨菜的销路问题，实现了当地群众在"家门口"打工，还带动保和、新场、老君等乡镇近 2 万户群众种植榨菜。2008 年，中和榨菜产值实现 1 200 万元，仅此一项，就帮助农民人均增收 200 元。群众称赞他"善思善谋，是致富路上的引路人"。

吕世华：杨杰是积极示范推广水稻覆膜技术乡镇干部中的典型代表。如果没有乡镇领导的重视，再好的技术也难于推广。

四川省农业科学院

2009-06-29 河南省农科院信阳分院郭祯院长一行来川考察水稻覆膜技术

6月23~24日，河南省农科院信阳分院郭祯院长、刘祥臣副院长带领3名专家，来川考察我院和中国农大创新集成的水稻覆膜节水综合高产技术。我院土肥所专家吕世华向郭祯院长一行介绍了相关情况并带领他们前往资阳市雁江区和简阳市实地考察。郭祯院长考察后表示，此次考察收获颇丰，不虚此行，回去后将促进这项技术在河南省信阳市的大面积推广。

河南省农科院信阳分院的专家们是从刊有覆膜水稻系列文章的《四川农业科技》（2009年第2期）和相关媒体了解到这项新技术的，他们今年已开始试验示范覆膜水稻，目前水稻长势良好，因而十分看好这项技术在信阳市的应用前景。24日，他们在雁江区雁江镇响水村和简阳市东溪镇刘家村进行了现场考察，看到了遭遇特大旱灾仍生长得十分茂盛的覆膜水稻，非常兴奋并不断询问、拍照。他们还与资阳市、雁江区科技局同志进行了座谈，听取了有关同志关于资阳市雁江区成功推广这项技术的经验介绍。

据了解，河南信阳是一个有770万人口的农业大市，水稻种植面积达700万亩，是河南省的鱼米之乡。但水稻单产水平已长期徘徊在每亩550公斤左右。河南省信阳市的几位专家与吕世华就相关问题进行了深入探讨，并达成了长期合作的意向。

我院前任党委书记、省人大农委副主任王书斌、土肥所甘炳成所长和喻先素书记会见了郭祯院长一行。（土肥所肥料室）

在简阳市考察学习覆膜水稻的河南省农科院信阳农科所郭祯所长（左1）一行

四川省农业科学院

2009-06-29　任光俊副院长到遂宁市考察覆膜水稻研究与应用

　　6月25～26日，我院副院长、国家（水稻）产业技术体系岗位专家任光俊研究员在我所专家吕世华和院科技处张鸿科长陪同下专程到遂宁市安居区和射洪县考察覆膜水稻的研究与应用。考察中，任院长充分肯定了水稻覆膜节水综合高产技术在丘陵区水稻生产中的应用前景，对正在射洪县开展的覆膜杂交水稻制种技术和冬水田水稻免耕覆膜直播技术创新研究给予了指导。

　　遂宁市安居区和射洪县是国家粮食丰产科技工程示范县。两县、区在2007年4月省科技厅召开的全省节水农业现场会后均积极示范被列为首批现代节水农业主推技术的水稻覆膜节水综合高产技术，将该技术作为粮食丰产科技工程重点示范推广技术，也先后获得了省科技厅节水农业示范项目的支持。2008年两县、区采用水稻覆膜节水综合高产技术均创造了丘陵旱区水稻亩产超过700公斤的高产纪录。示范区干部和农户对这项技术的节水抗旱、省工节肥和高产高效均以充分肯定。

　　田间考察表明，在今年遂宁市遭受严重春夏旱条件下，大面积覆膜水稻目前丰收在望。任院长听取当地干部和技术人员的汇报后，充分肯定了覆膜水稻在丘陵区水稻生产中的应用前景，要求两县、区进一步大面积推广。在射洪县青岗镇任院长还考察了正在开展的覆膜杂

2009年6月25日任光俊副院长（左2）在遂宁市安居区考察覆膜水稻

交水稻制种技术和冬水田水稻免耕覆膜直播技术创新研究，提出了系列指导性意见。

安居区科技局张羽局长、射洪县科技局冯朝碧局长和遂宁市粮油学科带头人、射洪县农业局陈明祥研究员等陪同考察。（土肥所肥料室）

吕世华：遂宁市安居区和射洪县都是国家粮食丰产科技工程示范县。两县（区）在2007年4月全省节水农业现场会后均积极将列为首批现代节水农业主推技术的水稻覆膜节水综合高产技术作为粮食丰产科技工程重点示范推广技术。考察过程中，任院长副院长充分肯定了水稻覆膜节水综合高产技术在丘陵区水稻生产中的应用前景，对正在射洪县开展的覆膜杂交水稻制种技术和冬水田水稻免耕覆膜直播技术创新给予了很好的指导。

四川农村日报

2009-08-13 覆膜 有机稻也能亩产上千斤

夏日阳光下，绿色是成都平原农村的基本色调。

8日，看着长势苗壮的水稻，郫县安德镇安龙村13组农民杨宗全高兴不已："你看我种的有机水稻，基本没什么病，田里也没什么杂草和虫害。前几天省农科院的专家来调查，说亩产上千斤根本没有问题。"

有机稻生产的基本要求就是不用农药和化肥，保证水稻安全优质，加工出的有机米一斤要卖4元，但其丰产技术一直是个难题。

安龙村是如何实现有机稻亩产上千斤的呢？

失败的探索

位于走马河畔的安龙村是一个特别的小村庄，在民间组织四川河流研究会的支持下，他们已搞了数年的有机农产品生产试验，主要种植有机蔬菜。

去年，13组的范开和等四家人开始探索种植有机稻，他们在大田里施下有机肥，栽上秧苗，此后他们只是扯扯杂草，没有施过一点化肥、没有打过一点农药。

初试的效果并不理想，水稻分蘖很少，并且田里杂草丛生，病虫害也是频频发生。到了收获的季节，几户人亩产只有三四百斤，范开和由于杂草扯得勤，多打了些稻谷，但也"最多亩产500斤。"

专家解难题

虽然算下来，亩收入还是要强于水稻常规种植，但有机稻试种农户的积极性还是受到一定影响。

为帮助农户解决有机稻丰产问题，四川河流研究会的人找到省农科院专家吕世华。

吕世华深入田间一调查就发现了症结所在，单纯施用有机肥，由于前期肥效慢，不能充分满足水稻生长初期营养需求，导致水稻分蘖少，后期又供肥过多，造成水稻贪青；没法有效防治害虫；对草害没有有效应对手段。

他随即开出处方：有机稻生产区域水稻种植时应用水稻覆膜节水综合高产技术；必须安装频振式杀虫灯。

农户体会深

听了专家指导，信心满满的杨宗全，把效益不好的罗汉松卖了来种有机稻。他在自家稻田前面的树上挂上频振式杀虫灯，在田里亩用四五十担沼液，四五担草木灰，200斤油枯作底肥，然后开厢覆膜，采用大三围强化栽培。

如今，看着长势健旺的有机稻田他感慨不已，"覆膜后杂草基本没有了，水稻也很健康，病害非常少，水稻前期分蘖也快。过去我们最忧心的水稻螟虫，现在由于产卵的蛾儿被杀虫灯消灭了，也不会造成危害。由于不施农药，现在田里的益虫蜻蜓、蜘蛛、青蛙等又多了起来。你看那些散布田间的蜘蛛网，还可以消灭杀虫灯没有消灭的害虫。"

有机稻田在专家指导下达到很好效果，这让吕世华很感满意。他给杨宗全讲解，"水稻覆膜后，提高了前期土壤温度，可以应对四川盆地常见的倒春寒。地温提高，还有利于有机肥前期分解加快，为水稻分蘖期提供足够的养分，解决施用有机肥前期供肥不足的难题，并且还能后期均匀供肥，让水稻长势均衡，提前成熟，避开常年发生的绵绵秋雨。"

水稻覆膜出奇效，也闹出个小小的笑话，由于水稻分蘖奇好，农户们但心穗子太多，准备扯一苗来丢。幸好咨询吕世华后被他及时制止，"不然不但有效穗不够，产量也达不到理想产量。"

杨宗全等农户现在很感兴奋，因为在专家指导下，他们通过努力，完成了"成都平原丰产安全优质有机稻的创举。"（本报记者杨勇）

吕世华：这篇报道写的很不错，难怪上了报纸的头版头条。这里，我也要谢谢小山老师的指导。另外，从这条新闻也可以看出水稻覆膜技术在水源充足的成都平原也有很好的应用前景。

2009年8月19日郫县安德镇安龙村有机水稻丰收在望

信阳日报

2009-08-24 河南信阳"水稻覆膜节水高产高效技术"研究获得成功

日前，由信阳市农科所副所长、高级农艺师刘祥臣主持的"水稻覆膜节水高产高效技术"研究获得成功，著名水稻栽培专家、四川省农科院土肥所研究员吕世华在实地查看后对试验的成功给予高度评价，他指出信阳市农科所成功地挖掘了此项技术的增产潜力，使此项技术更加成熟，希望能够为信阳农业增产、农民增收服务。

据了解，该技术是旱育秧、地膜覆盖、大三围强化栽培等丰产技术的综合集成，植株早发健壮，生育期延长，低位分蘖增多，高产稳产，并节水70％以上，具有节肥、省种、省工、无公害和环保等特点。同时，生育期提前，成熟提早，为再生稻生产提供了有利条件。在信阳市农科所试验地，覆膜水稻穗大蘖足，长势喜人，与对照物形成了鲜明对比。经理论测产，亩产可达767公斤，远高于信阳市目前630公斤的平均亩产，增产幅度在20％以上。按市场价一公斤稻谷1.92元计算，每亩可新增经济效益260元以上。

该项技术在信阳市具有广阔的应用前景，不仅可解决近百万亩缺乏正常灌溉条件的稻田用水问题，为信阳市旱区水稻生产找到了一条发展途径，还是一种效果显著、简便易行的丰产高效技术，可大幅提高水稻产量，而且一旦再生稻探索成功，其效益相当于增加一季下茬作物，基本能解决冬季白茬田闲置问题，对实现信阳市粮食增产30亿斤至40亿斤的目标提

2009 年 8 月 14 日在河南省信阳市考察覆膜水稻试验示范

供了有力的技术支撑。

吕世华：我在河南省信阳市农科所试验地里看到覆膜水稻穗大蘖足，长势喜人，与对照栽培的水稻形成了鲜明对比。的确，让人激动！

四川省农业科学院

2009-08-26　我院资深专家谭中和、余遥充分肯定水稻覆膜节水综合高产技术

8月16～18日，我院资深专家原副院长谭中和研究员和原作物所所长余遥研究员在院科技合作处朱永清副处长和土肥所专家吕世华的陪同下前往宜宾、内江和资阳等地考察了我院创新和主推的水稻覆膜节水综合高产技术在大面积生产中的应用效果。谭中和研究员和余遥研究员不顾年事已高，顶着烈日，深入示范推广水稻覆膜节水综合高产技术的数个乡村，察看水稻长势并听取了广大农户对这项技术的反应。考察结束后2位资深专家指出，在所考察地区遭受特大春夏旱和后期严重阴雨条件下，今年采用水稻覆膜节水综合高产技术仍能获得高产，说明这是一项先进成熟的技术；在考察地区已有不少农户自发采用这项技术，则说明这是一项受农民欢迎易于推广的技术。他们表示，将在适当机会呼吁有关方面重视和加强这项技术的推广。（科技合作处、土肥所）

在田间考察的谭中和研究员（右1）和余瑶研究员（右2）

吕世华：我院资深的作物栽培专家原副院长谭中和研究员和原作物所所长余遥研究员在宜宾、内江和资阳等地考察后指出，水稻覆膜技术是一项先进成熟的技术，也是一项受农民欢迎易于推广的技术。

四川省农业科学院

2009-08-26　香港嘉道理农场暨植物园农业专家Hilario Padilla 博士来川考察

　　8月18～21日香港特别行政区嘉道理农场暨植物园农业专家 Hilario Padilla 博士来川考察我院土肥所承担的"生态种植和覆膜技术在有机稻米生产中应用"的研究项目。在项目负责人吕世华的陪同下，Hilario Padilla 博士先后考察了今年设在我省郫县、简阳、雁江和内江市中区的 4 个项目点。当看到所有采用覆膜技术的有机水稻丰收在望，以及各项目点因地制宜地将覆膜技术与杂糯间栽、稻田养鸭、稻田养鱼等生态种植技术结合进行有机稻米生产，Hilario Padilla 甚为满意，表示将进一步促进香港嘉道理农场暨植物园对我院有机稻米研究的支持。（土肥所肥料室）

　　吕世华：2009 年在郫县、简阳、雁江和内江市中区的 4 个项目点进行的水稻覆膜有机种植的试验均取得了成功，并且我们有效地将覆膜有机种植与杂糯间栽、稻田养鸭、稻田养鱼等生态种植技术结合进行了有效整合。

嘉道理农场暨植物园小山老师（右1）在简阳市东溪镇考察有机水稻试验示范

四川省农业科学院

2009-08-26 院党委书记、院长李跃建到广元市剑阁县考察覆膜水稻示范推广

8月22日，院党委书记、院长李跃建在土肥所专家吕世华的陪同下，专程到广元市剑阁县马灯乡考察了覆膜水稻在当地的示范推广情况。

覆膜水稻是我院与中国农业大学多年合作创新集成的水稻覆膜节水综合高产技术的简称，该技术以地膜覆盖为核心技术解决了我省丘陵山区水稻夺高产的难题。李书记冒着细雨，踏着泥泞，仔细察看了采用覆膜技术的水稻与传统栽培水稻的显著对比，在听到当地基层干部和示范农户对这项技术的充分认可及对我院专家深入偏远山区推广新技术的颂扬后，指出四川省农科院是全省农民的科学院，我院将进一步采取措施，促进成果的转化与应用，服务农业增产、农民增收。（土肥所肥料室）

吕世华：广元市剑阁县马灯乡是我院小车班班长林师傅年轻时当知识青年插队的地方，我感动于林师傅与乡亲们的深情，带着地膜去村里示范推广水稻覆膜技术。李院长听说这个事情后也去这个村子进行考察，这就是这个新闻背后的故事。

考察后的合影

四川日报

2009-09-01 实施水稻覆膜节水综合高产技术

请个"保姆"料理稻田

8月31日上午9点，资阳雁江区雁江镇响水村村民李淑芳的稻田里，省农业科学院研究员、省水稻覆膜节水综合高产技术验收专家组组长谭中和一丝不苟地做着验收每一个环节的工作。最后，谭中和宣布：雁江区覆膜节水综合高产技术水稻亩产619.8公斤，显著高于该地区常年大面积单产，这一现代节水技术起到了节水抗旱、抑制杂草、早熟早收和增产增收的作用。

雁江区是省农科院在全省范围内实施水稻覆膜节水综合高产技术推广面积最大的区（县），总推广面积达15.2万亩，雁江的单产量将对全省的示范推广起到极大作用。

年年丰收在望

看着一天天成熟的稻谷，今年68岁的李淑芳心里越来越有底了。在验收现场，当得知亩产619.8公斤时，她更放心了：今年又是一个丰收年。

想起几年前"春天播种希望，秋天收获泪水"的日子，李淑芳坚定地说，以后年年都要搞覆膜节水技术。

她说，自家1.8亩责任田，过去遇到不好的年景只能收一把草，风调雨顺时一亩最多也只有600斤产量。通过实施覆膜节水技术，即使干旱，最差的时候也能收800斤，最多时一亩能收1 500斤。据介绍，她所在的雁江镇2006年开始参加全省的示范种植，4年来，年年丰收。

请个"保姆"料理稻田

省农科院的专家吕世华一边验收产量，一边向村民们介绍覆膜节水技术的好处，他形象地比喻道，采用这项技术就等于请个"保姆"帮你日夜照料稻田。

响水村村民李聪明不好意思地向记者介绍道，他去年由于薄膜没买够，只搞了一半覆膜节水技术，没采用该项技术的半块田除了4次杂草，稻田里青涩的稻谷稀稀落落，杂草间杂其中，"能收300斤一亩就不错了。"而采用了覆膜节水技术的那半块田则一片金黄。

吕世华耐心地对李聪明说，一亩稻田需要的薄膜只有40元钱，这项技术能除草、保温、节水、防虫，还能节约农药化肥和劳动力。

据雁江区科技局负责人介绍，一亩覆膜稻田可节约氮肥15%，每亩节约种子0.5公斤、6个工人的工作量、抽水费75元、种子农药55元，至少可以增产200多斤，几项加起来共实现增产增收366元/亩。实施覆膜节水技术，是农民增收的又一条途径。（张毅、本报记者江芸涵）

吕世华：请个"保姆"料理稻田来自这次现场验收会。后来，在许多地方培训水稻覆膜技术时我都会用"保姆"来比喻覆膜种植。

覆膜水稻产量验收现场

四川省农业科学院

2009-09-02 四川省水稻覆膜节水综合高产技术示范应用汇报会在资阳市雁江区召开

省委、省政府提出 2012 年全省新增 100 亿斤粮食生产能力的目标任务，我院广大科技人员积极响应。其中，我院与中国农大经过 10 多年合作研究完成的"水稻覆膜节水综合高产技术"已进入了成果中试熟化阶段。为促进该项技术的大面积推广应用，我院于 8 月 31 日与资阳市联合在雁江区举行了"四川省水稻覆膜节水综合高产技术示范应用汇报会"。会议内容包括：专家组在雁江区雁江镇响水村现场测产验收，四川省农科院和雁江区汇报"水稻覆膜节水综合高产技术"示范推广情况。会议邀请了省人大、省政协、省农业厅和省气象局等省级有关部门以及资阳市及雁江区的领导及相关部门的负责人、专家、相关企业负责人、种粮农民和新闻单位记者等 50 余人参会。

"水稻覆膜节水综合高产技术"2007 年被省科技厅、省农业厅和省水利厅共同确定为首批现代农业节水抗旱重点推广技术；最近又被省科技厅组织的专家组审定为全省粮食丰产主体技术。该技术已在四川、广西、重庆、云南、河南等省（直辖市）推广应用，今年我省资阳、内江、宜宾等 12 市的 60 多个县（区）示范推广面积达 100 余万亩，资阳市的推广面积达 30 万亩，其中雁江区 15 万亩，成效非常显著。

由省科技厅委托资阳市科技局组织的专家组选取采用覆膜节水综合高产技术的雁江镇响水村中等产量水平农户杨华1.8亩承包田进行挖方测产验收，亩产达619.8公斤。专家组组长谭中和研究员认为，在今年遭受严重春夏旱和后期阴雨条件下，采用该技术获得如此产量充分证明了该技术具有显著的节水抗旱和增产增收效果。

汇报会由我院刘建军副院长主持。我院土肥所专家吕世华汇报了省内外示范推广工作进展情况，资阳市雁江区政府副区长李兴华介绍了该区示范推广情况和经验。

会上，省人大农委王书斌副主任、省政协科技委彭莉副主任、资阳市郭永红副市长等省、市相关领导作了重要讲话，他们充分肯定了该技术对全省农业增产、农民增收的重要价值，对今后进一步推广作了重要指示。

最后，省农科院党委书记、院长李跃建作会议总结发言。李书记充分肯定了水稻覆膜节水综合高产技术，认为这是目前最好的节水抗旱技术，对吕世华专家的工作也予以肯定。他还要求准确定位技术适用范围并加强技术规程的宣传，除了在丘陵旱区加大推广力度外，对于高海拔冷凉地区、冬水田、冷浸田、下湿田等也要加大示范推广，同时应积极争取省市相关部门对本技术推广工作的重视和支持。（合作处、土肥所）

吕世华：时任四川省农业科学院党委书记、院长李跃建充分肯定了水稻覆膜节水综合高产技术，认为这是目前最好的节水抗旱技术。他还认为除了在丘陵旱区加大推广力度外，对于高海拔冷凉地区及冬水田、冷浸田、下湿田等也要加大示范推广。

专家和农民一同在覆膜稻田捡拾地膜

四川省农业科学院

2009-09-02　我院向省人大、省政协相关领导汇报覆膜水稻示范推广情况

　　我院土肥所与中国农大经过 10 多年合作研究完成的"水稻覆膜节水综合高产技术"具有节水抗旱、抑制杂草、早熟早收及增产增收的显著效果。为促进该项技术的大面积推广应用，我院于 8 月 31 日在资阳市雁江区举行了"四川省水稻覆膜节水综合高产技术示范应用汇报会"。院党委书记、院长李跃建出席会议并作重要讲话，省人大农委王书斌副主任、省政协科技委彭莉副主任应邀参加会议并听取汇报，资阳市郭永红副市长到会并讲话。资阳市科技局胡德忠局长、刘晓副局长，雁江区政府李兴华副区长、雁江区科技局熊焰局长、院科技合作处张颢副处长、朱永清副处长、我院土肥所甘炳成所长、喻先素书记参加了会议。我院刘建军副院长主持了会议。

　　会议首先进行了田间现场考察并进行了专家现场测产验收。由省科技厅委托资阳市科技局组织省农业厅、川农大、省气象局、省农科院和资阳市农业局等单位的专家在雁江区雁江镇响水村进行了挖方测产验收，表明该村今年中等产量水平田块亩产达到了 619.8 公斤。专家组组长谭中和研究员认为，在今年遭受严重春夏旱和后期阴雨条件下，采用该技术获得如此产量充分证明了该技术具有显著的节水抗旱和增产增收效果。

　　参会领导和专家还实地考证了覆膜稻田农膜回收情况，表明采用项目组推荐的农膜和配套技术能确保农膜的高效回收，因此，可打消"白色污染"的疑虑，应进一步促进覆膜水稻的推广。

　　资阳市雁江区李兴华副区长介绍，2006 年我院土肥所在雁江镇响水村示范覆膜水稻成功后，即将水稻覆膜节水综合高产技术作为全区粮食增产、农民增收的重大技术进行示范推广，今年全区应用推广面积达 15.2 万亩，亩增产达 150 公斤以上。广大农民充分认识到了这技术的好处和优势，已在自发采用。

　　我所专家吕世华同志汇报了水稻覆膜节水综合高产技术在省内外示范推广的情况，并分析了这项技术在促进省委、省政府最近提出的 2012 年全省新增 100 亿斤粮食生产能力建设中的重要作用。

　　省人大农委王书斌副主任、省政协科技委彭莉副主任、资阳市郭永红副市长等省、市相关领导作了重要讲话，他们充分肯定了该技术对全省农业增产、农民增收的重要价值，对今后进一步推广作了重要指示。

　　省农科院党委书记、院长李跃建作会议总结发言。李书记充分肯定了水稻覆膜节水综合高产技术，认为这是目前最好的节水抗旱技术，他还要求准确定位技术适用范围并加强技术规程的宣传，除了在丘陵旱区加大推广力度外，对于高海拔冷凉地区、冬水田、冷浸田、下湿田等也要加大示范推广，同时应积极争取省市相关部门对本技术推广工作的重视和支持。

（土肥所、合作处供稿）

吕世华：遗憾没有请到省委、省政府的领导出席我们的会议。

汇报会现场

四川省科学技术厅

2009-09-02 雁江区水稻覆膜节水综合高产技术示范片通过省专家组现场验收

8月31日，受四川省科技厅委托，资阳市科技局组织有关专家，对雁江区科技局和四川省农科院土肥所共同实施的现代节水农业重点推广技术——水稻覆膜节水综合高产技术示范片进行了现场考察和产量验收，资阳市科技局局长胡德忠参加了验收会，会议由资阳市科技局副局长刘晓主持。

专家组形成了如下验收意见：

一、2009 年雁江区水稻覆膜节水综合高产技术示范在全区 22 个乡镇同时实施，总示范面积达 15 万余亩。示范现场考察表明，在今年遭受严重春夏旱和后期阴雨条件下，采用该技术获得了显著的节水抗旱和增产增收效果。

二、专家组选取采用覆膜节水综合高产技术的雁江镇响水村一组农户杨华 1.8 亩承包田进行挖方测产验收，实收面积 0.103 亩，稻谷湿产 77 公斤，含水率 28.28%，按标准含水量 13.5% 折干，亩产 619.7 公斤。这一产量水平显著高于该地区常年大面积单产。

三、经访问，该区广大农户已连续 4 年采用这项技术，广大农户对该技术的节水抗旱、抑制杂草、早熟早收及增产增收效果予以充分认可，已自发采用该技术并取得良好的增产增收效果。

四、专家组实地考证了覆膜稻田农膜回收情况，基本能够回收。

根据现场考察和产量验收结果，专家组认为，雁江区在实施现代节水农业项目中针对当地生产存在的问题，重点推广水稻覆膜节水综合高产技术，取得了显著成效。验收证明，水稻覆膜节水综合高产技术是先进成熟的节水增产技术，建议在我省丘陵旱区适宜地区进一步加大推广力度！（资阳市科技局农村科）

吕世华：值得关注的是资阳市雁江区通过 4 年的努力就使水稻覆膜技术的示范推广面积达到了 15 万亩。

与雁江区分管农业的副区长杨钧（左）亲切交谈

四川新闻网

2009-09-02 雁江区水稻覆膜节水综合高产技术示范再获丰收

2009年雁江全区22个乡镇推广了水稻覆膜节水综合高产技术示范的15万余亩水稻将再获丰收，与常规种植技术相比每亩至少增产100公斤以上。

水稻覆膜节水抗旱栽培技术是以地膜覆盖为核心技术，以节水抗旱为主要手段实现大面积水稻丰产的综合集成创新技术。该技术在正常年景可每亩增收节支150元以上，严重干旱年景可以减少每亩300～600元的灾害损失，节水率达到70％以上，并节省栽秧、整地、灌水、除草、追肥用工10个以上，具有增温保湿、省工省水、抗逆增产的效果。

雁江区科技局和四川省农科院土肥所共同在全区示范水稻覆膜节水栽培技术是从2006年开始的，2006年在雁江镇响水村试点水稻覆膜节水栽培技术280亩，2007年达6万亩，2008年达10万亩，2009年在全区22个乡镇进行了水稻覆膜节水综合高产技术推广面积达15万余亩。特别是在雁江镇响水村和中和镇的罗汉、巨鳝等村，广大农户已连续3～4年采用这项技术，广大农户对该技术的节水抗旱、抑制杂草、早熟早收及增产增收效果予以充分认可，已自发采用该技术并取得良好的增产增收效果。在今年遭受严重春夏旱和后期阴雨条件下，采用该技术获得了显著的节水抗旱和增产增收效果。

2009年8月31日，四川省科学技术厅委托资阳市科技局组织省农科院、四川农业大学、省农业厅、省气象局、市农业局有关专家，对雁江区科技局和四川省农科院土肥所共同实施的现代节水农业重点推广技术——水稻覆膜节水综合高产技术示范片进行了现场考察和产量验收。在验收现场，专家们选取采用覆膜节水综合高产技术的雁江镇响水村一组农户杨华1.8亩承包田进行挖方测产验收，实收面积0.103亩，稻谷湿产77公斤，含水率28.28％按标准含水量13.5％折干，亩产619.8公斤，这一产量水平至少高于该地区常年大面积单产100公斤以上。据当地村民介绍，这一块水稻田还不是长势最好的水稻田，长势最好的水稻田里稻谷还没有完全成熟，预计长势最好水稻田里的水稻亩产可以达700公斤以上。

吕世华：一项技术是不是先进成熟有一个重要的判断标准，就是农户愿不愿意自发采用这项技术。水稻覆膜之所以在雁江区大面积推广，就是因为广大农民在示范之初就充分认识到了该技术的节水抗旱、抑制杂草、早熟早收及增产增收的显著效果，他们愿意自发采用。

资阳市雁江区获得丰收的覆膜水稻

资 阳 日 报

2009-09-02 亩产 619.8 公斤

"覆膜水稻"：今年又是丰收年

8月31日早上9点，雁江区雁江镇响水村1组村民李淑芳金黄的稻田里，省农业科学院研究员、省水稻覆膜节水综合高产技术验收专家组组长谭中和在副市长郭永红陪同下，一丝不苟地做着水稻产量验收的每一个环节工作。谭中和很重视这次验收工作，因为雁江区是四川省农科院在全省范围内实施水稻覆膜节水综合高产技术推广面积最大的区（县），总推广面积达15.2万亩，雁江的单产量将对全省的经验总结和示范推广起到极大作用。

经过严格丈量面积、精心收割、仔细计算，最终谭中和宣布：雁江区覆膜节水综合高产技术水稻亩产619.8公斤，这一产量水平显著高于该地区常年大面积单产，这一现代节水技术在今年遭受严重春夏旱和后期阴雨的条件下，起到了节水抗旱、抑制杂草、早熟早收和增产增收的作用。

轻松种田 年年丰收

看着一天天成熟的稻谷，今年68岁的李淑芳心里越来越有底了，验收现场，她和专家组一样期盼，都在等着最终结果。当得知亩产619.8公斤时，她放心了，今年又是一个丰收年。

　　想起几年前"春天播种希望，秋天收获泪水"的日子，李淑芳坚定地说，以后年年都要搞覆膜节水技术。她所在的雁江镇 2006 年开始参加全省的示范种植，四年来，年年丰收。

　　由于灌溉不方便，遇到干旱年景，1.8 亩的责任田就成了李淑芳的心病，她回忆道，遇到不好的年景只能收一把草，风调雨顺一亩最多也只有 600 斤的产量，通过实施覆膜节水技术，无论怎么干旱，最差的时候也能收 800 斤，最多的时候一亩能收 1500 斤。

　　李淑芳的儿女都在外打工，家里劳动力不足，自从采用了覆膜节水技术后，稻田里看不到杂草，收割方便，种田不再像以前那么累了。

每亩 40 元钱　请个"保姆"料理稻田

　　省农科院的专家吕世华一边验收产量，一边向村民们介绍覆膜节水技术的好处，他形象地比喻：采用这项技术就等于请个保姆到田里帮你日夜照料稻田。一亩稻田需要的薄膜只有 40 元钱，就等于请了个保姆给你看管一切，它能除草、保温、节水、防虫，还能节约农药化肥和劳动力。

　　响水村 2 组村民李聪明不好意思地向记者介绍道，他去年由于薄膜没买够，只搞了一半覆膜节水技术，没采用该项技术的半块田除了 4 次杂草，举目望去，稻田里青涩的稻谷稀稀落落，杂草间杂其中，他说："能收到 300 斤一亩就不错了。"而采用了覆膜节水技术的那半块田则一片金黄。

　　雁江区科技局负责人介绍，一亩覆膜稻田可节约氮肥 15%，每亩节约种子 0.5 公斤、6 个工人的工作量、抽水费 75 元、种子农药 55 元，至少可以增产 200 多斤，总共实现增产增收 366 元/亩。

　　覆膜节水技术会造成白色污染吗？这是实施覆膜节水综合高产技术避不开的话题。在验收现场，记者看到，刚刚收割完稻谷，农民牵着薄膜的一端轻轻一拉，薄膜便整块整块地脱

测产现场

历程 —— 水稻覆膜技术创新与推广实录

离地面，完全不会造成白色污染。

一位村民介绍，打完稻谷就可以把薄膜收拾干净，清理好还可以再卖钱。吕世华说，实施覆膜节水技术解决了丘陵旱区需要用大量水田屯水的难题，可以用部分屯水田作为两季田，种植蔬菜，又是农民增收的一条途径。

水稻覆膜节水技术在我市已推广了几年，全市今年种植面积达到了 17 万多亩，为水稻稳产增产作出了贡献。（本报记者张毅）

吕世华：雁江区在推广水稻覆膜技术的过程中许多农民意识到水稻覆膜技术显著的节水抗旱效果后将不少冬水田改为两季田实施稻一菜轮作，进一步增加了经济收入，也大幅度地减排了稻田温室气体。

四川省农业科学院

2009-09-04 省政协科技委在省政协十届七次常委会议上呼吁大力推广我院水稻覆膜技术

9 月 2 日政协四川省第十届委员会常务委员会第七次会议在成都召开。省政协主席陶武先，副主席吴正德、陈杰、陈次昌、解洪、曾清华、黄润秋，秘书长吴果行出席会议。省委副书记李崇禧、省人大常委会副主任杨志文应邀出席会议。省委常委、副省长钟勉在会上作了关于我省增加农民收入、扩大农村需求的情况通报。

会议着重就增加农民收入、扩大农村需求建言献策。会上，省政协科技委员会梅跃农副主任代表科技委作了题为《加速发展现代农业 促进农民增收的几点建议》的建议发言，他指出："省农科院等单位研究的水稻覆膜节水综合高产技术是水稻正常年高产、干旱年保产的成功技术，具有成本低、效益高、利环保、田间管理省心省力、农民效益性收入大幅度增加的优势，值得大力推广。"据调查测算，使用该技术后旱区水稻种植亩产可提高 400～600 斤，每亩收益可提高 300～500 元。目前全省稻田面积 3 000 余万亩，有灌溉保障的不足 1 500 万亩，保守估计还可推广 1 500 万亩。如每年能推广 200 万亩，全省农村人口仅靠此技术推广使用人均可年增收 10～24 元。他强调这一先进技术的推广，可在我省"新增 100 亿斤粮食"工程中起十分重要的作用。

据了解，《加速发展现代农业 促进农民增收的几点建议》是今年 5 月省政协科技委黄泽云主任、黄峰副主任、梅跃农副主任和彭莉副主任等领导和相关专家组成的调研组就"科技服务农业，促进农民增收"在资阳、自贡、内江等地调研后形成的意见。（院科技合作处）

吕世华：谢谢省政协科技委黄泽云主任、黄峰副主任、梅跃农副主任和彭莉副主任等领导对水稻覆膜技术的高度肯定。

239

2009-09-05 盖上"防旱被" 田里蹦出"金娃娃"

"川农报吗？告诉你们一个好消息，我们采用覆膜技术试种的制种水稻，一亩较过去增产了150至200斤！"9月2日，射洪县青岗镇农技员王良君在电话中欣喜地向本报报料。

制种田覆膜，这在全省乃至全国都是首创！记者立即于9月3日前往实地探访。

农户惊喜：一亩可增收 600～800 元

在射洪县青岗镇，制种水稻的收获已近尾声。但提起覆膜一事，该镇皂桷村二组的水稻制种大户王晓芳仍庆幸不已："幸好我有28亩制种水稻覆了膜，不然今年要亏十多万元！"

对王晓芳来说，覆膜之举纯属偶然。"最先腾出的28亩田准备栽秧时，县上正在这里搞水稻覆膜示范。我领了可盖28亩田的薄膜，想到覆膜能抗旱，又节约管理用工，就全盖上了。"

今年的春夏连旱让王晓芳看到了稻田覆膜的巨大差别，"干旱对没有覆膜的秧子影响很大，如果不加紧抽水就只有眼睁睁地看到它干死。覆膜的田块就大不一样了，只要抽一点水就能保住。有的农户家没有抽水，稻田表面干开了口，薄膜都开裂了，秧苗的长势却还是很好。"

收割时，沉甸甸的稻穗带给了王晓芳巨大的惊喜："制种田盖上'防旱被'，真是生出了个'金娃娃'。我当时真不敢相信，制种田覆膜后，一亩较过去可增产150～200斤，那可要增收600～800元呀！"同时她也很懊悔，因为其余的42亩田没有覆膜，结果不但长得差，要成熟时还得了穗颈瘟，最低的亩产才几十斤，总产量加起来还不如覆膜的28亩。

王晓芳的无心之举，让青岗镇农技员王良君更是倍感兴奋："制种田覆膜增产增收效果太好了，非常具有推广价值！我省是制种大省，但制种产量一直上不去，这项技术解决了这个大难题。"王良君希望借助本报，向我省广大农户宣告他的这个发现，推广这项技术。

专家点评：解决了丘区制种难题

省农科院的吕世华研究员，是水稻覆膜节水综合高产技术的主研者。对制种田取得的增产增收效果，吕世华评价道："制种稻田覆膜，是我很早就提出的覆膜水稻技术应用中的一个重要发展方向，没想到首先在射洪得到成功运用。实践证明，该技术不仅有效解决了丘区水稻制种因缺水干旱和低温造成的生长差、父母本花期不遇、产量低等难题，还可促进种子充实度、减少种子带病提高种子质量，确保了制种的高产高效，也有利于大面积水稻生产。"

我省常年制种稻田有40多万亩。吕世华认为："水稻种子是特殊商品，对贮藏期有严格要求，并且也有市场需求总量控制。通过制种田覆膜保证高产稳产，可减少制种用田。腾出的田块可种水稻也可种其他作物，既确保了粮食安全，又拓宽了农民的增收路。"（本报记者杨勇）

吕世华：盖上"防旱被"，田里蹦出"金娃娃"。这个新闻标题非常形象生动地说明水稻覆膜技术用于杂交稻制种提高制种产量和增加种子纯度的显著效果。最近，我在成都东部新区考察时见到了简阳市推广应用水稻覆膜技术的农民"土专家"范治良，他告诉我他所在的村子从 2005 年从东溪镇学习水稻覆膜技术后一直用覆膜技术种植水稻，也用覆膜技术进行杂交水稻制种，大幅度地提高了种子产量和纯度，我一下就想到了当年射洪杂交水稻制种的新闻报道。目前，我省正在打造种业大省，水稻覆膜技术在杂交水稻制种中的应用值得加强。

2009 年 5 月 11 日拍摄的用覆膜技术进行杂交稻制种的图片

四川农村日报

2009-09-05 水稻覆膜了不起！

前期受旱后期淋雨，中等田亩产仍达 619.8 公斤

本报讯 "亩产 619.8 公斤。"8 月 31 日，省科技厅委托资阳市科技局组织有关专家，对雁江区科技局和省农科院土肥所共同实施的现代节水农业重点推广技术——水稻覆膜节水综合高产技术示范片进行了现场考察和产量验收，这是他们在雁江镇响水村一组农户杨华的

承包田进行挖方测产验收的结果。

这不是一个创造新纪录的数据，却令现场验收的专家们兴奋不已："该项技术在雁江区22个乡镇进行示范，示范总面积达15万余亩，在今年遭受严重春夏旱影响前期分蘖和后期阴雨影响结实的情况下，我们严格按验收要求选的这块中等水平田块能取得这样的产量，非常了不起。"

"比常规种植亩增产150公斤以上。"雁江区科技局科研办副主任覃正也很兴奋。与会专家一致认定，这一产量水平显著高于该地区常年大面积单产，证明该项技术大面积示范取得成功，作为一项先进成熟的节水增产技术，能有效解决我省丘陵旱区因为缺水带来的生产问题，建议进一步加大推广。

在项目组的试验田边，只见未覆膜未除草、未覆膜除草、覆膜三块试验田的水稻长势形成鲜明对比：未覆膜未除草的稻田里，草比水稻还高，只能从杂草丛中依稀看到稻穗；未覆膜除草的稻田里，水稻长势一般分蘖数和穗粒数都不多；而覆膜稻田里，不但没长草，而且病也很少，分蘖数和穗粒数明显高出许多。

"这是目前最好的节水抗旱技术。"省农科院院长李跃建研究员对此给予高度评价。他表示，目前该技术在全省才推广了100万亩左右，还有很大潜力可挖。（本报记者杨勇）

吕世华："这是目前最好的节水抗旱技术。"2009年我院院长李跃建研究员这么评价。2022年我仍然这么说："这是目前最好的节水抗旱技术。"

仪陇农业信息网

2009-09-21 仪陇县水稻覆膜节水综合高产技术推广成效显著

本网讯 从仪陇县科技局获悉，近日，受四川省科技厅委托，四川省农科院土肥所、省农业厅土肥处专家组对我县实施的水稻覆膜节水综合高产技术示范片进行了现场测产验收。

专家组选取采用覆膜节水综合高产技术的红庙子村十组农户许尔荣、余康林、许兵的承包田进行挖方测产验收，实收面积0.5亩，稻谷湿产81公斤，含水率28.28%，按标准含水量13.5%折干，亩产625公斤。这一产量水平显著高于我县水稻常年大面积单产。

武棚乡红庙子村作为我县今年推广应用该技术的重点示范村，全村采用水稻覆膜节水综合高产技术栽培230亩，占水稻常年栽插面积的85%，全部推广使用水稻旱育秧和水稻立体强化栽培等综合新技术，示范片的水稻普遍长势良好，平均单产比常规技术栽培水稻每亩多收稻谷125公斤，增产25%。该村支部书记许期辉乐呵呵地对笔者说道："我们村由于建设农业科技示范园区，土地流转使全村栽秧面积减少近100亩，但通过推广水稻覆膜节水栽培这项新技术，全村的水稻总产基本与往年持平。可以说是土地流转让老百姓增加了收入，水稻覆膜节水栽培让老百姓保住了口粮，感谢县农业局和科技局的技术干部给我们村送来了新技术。"

水稻覆膜节水综合高产技术作为现代节水农业主推技术，自我县 2007、2008 年在部分村社实施以来，由于该项技术具有抗旱节水、省工省时和增产增收的能力，示范效果十分显著，因此深受老百姓欢迎。今年，我县把该技术列为农业增产、农民增收的核心技术在全县重点推广，种植面积达 3 万亩。从目前水稻收获后的调查统计数据显示，推广水稻覆膜节水高产栽培可以使全县水稻总产增加近 400 万公斤，增加收入 750 万元以上。

吕世华：仪陇县 2009 年推广水稻覆膜技术面积达 3 万亩，调查统计数据显示，推广水稻覆膜节水高产技术使全县水稻总产增加近 400 万公斤，增加农民收入达到 750 万元以上。也算我们为朱德元帅的故乡做了一点贡献！

四川省农业科学院

2009-09-27　王书斌同志关于我院覆膜水稻技术助农增产增收的调研报告被省委副书记批示

由省人大常委农业委员会副主任、省政府研究室特约顾问、我院前任党委书记王书斌同志撰写的调研报告——《杜鹃啼血为报春——关于水稻覆膜节水高产技术助农增产增收的报告》，9 月 14 日被省委副书记批示。批示内容是：请钟勉、张宁、永昌同志阅，如效果好，则应加大推广力度。省委常委、副省长钟勉同志已于 9 月 16 日圈阅。另据了解，省农业厅厅长任永昌同志已表示，省农业厅来年将加大水稻覆膜节水综合高产技术的推广力度。（土肥所）

附：

杜鹃啼血为报春
——关于水稻覆膜节水高产技术助农增产增收的报告

（一）

民以食为天。水稻是人类赖以生存的最重要的粮食作物之一。目前，这一古老的农作物养育着地球上一半以上的人口。我国是世界上最大的水稻生产和消费国，产量约占粮食总产量的 40%，以稻米为主食的人口占全国人口 60% 以上。可见，水稻生产在我国具有举足轻重的地位。

常识告知我们，解决粮食问题主要靠两条，一是面积的扩大，二是单产的提高。面积扩大是有限度的，而且在发展中国家，反而有缩减的趋势，比如我国就面临巨大压力，以至中央不得不发出守住 18 亿亩耕地红线的警告，目前我国耕地面积只有 19.3 亿亩，且每年还在以 260 万亩的速度减少，确实不容乐观。因此，我们不得不把目光集中在第二条上，即在提高单产上做文章，这也是我们面临的诸多选择中的首选。

提高粮食单产，主要靠四条：一是种子，正所谓"一粒种子可以改变整个世界"，上个世纪 80 年代初，袁隆平先生杂交水稻科学试验的成功，一举解决了中国人的温饱问题；二是土壤肥料，农作物是有生命的东西，它在完成生命过程中也需要营养。作为生存的基本条件，土壤就成为了有载体意义的物质条件了。而肥料则是支持它健康成长的不可或缺的营养"食品"；三是靠"天"，也就是气象条件，在目前形态下，"人定胜天"，也只能是一种理想，一种雄心。大多情况下，我们还无法拒绝大自然的眷顾和"赠予"；四是栽培技术，即对农作物生产的全过程进行管理，使优良品种的产量和品质性状充分的表达出来，这就包括播栽的时间、方式、朝向、通风、透光、保温、保湿、资源环境的充分利用，祛病、防虫等等。

在种子选育、耕地不可逆动、气象无法更替的性状下，耕作制度及栽培技术和土壤肥料管理就成为举足轻重的一个环节。

（二）

当我们把目光聚集在栽培技术环节时，在水稻这个范畴里，我们不得不把目光关注到近年来由四川省农科院土壤肥料所专家吕世华同志等研究的水稻覆膜节水综合高产技术。

这项技术要领很"简单"。在水稻移栽前，把稻田整理成 1.5 米宽的长方形箱块，箱与箱之间留深 20 厘米的水沟，将底肥一次施足，然后箱上用 0.004 毫米的塑膜覆盖其上，周边用泥土压实，将秧苗移栽于膜上呈三角形的小孔内。整个 150 天左右的生长过程，只作两次病虫防治。

这个技术的特点是：

1. 粮食增产幅度大；
2. 节约成本，包括生产成本和管理成本；
3. 适用范围广；
4. 技术要领简约，便于推广；
5. 有利于环境的保护与改善。

关于第一点，调查发现，在所有示范区域，用与不用效果大不一样。资阳市雁江区响水村是没有灌溉水源的旱片死角，老式传统栽培在风调雨顺年份，水稻亩产仅有 300～400 公斤，一遇天干只有 100～200 公斤，甚至无收。2006—2009 年，该村采用这项技术水稻亩产稳定在 600 公斤左右。村民刘水富、李俊清用自己的承包地作了对比试验，用自身的实践来影响着自己也影响着周围的农民。2006 年，笔者第一次到了该村，当年正值大旱，在技术对比实验田里，我们看到截然相反的情况，未覆膜的 0.2 亩田，水稻全部干死，我用打火机亲手点燃了一片立在那里颗粒全无的死稻穗秆，而覆膜的 0.8 亩田，竟是丰收在望，生机盈盈。农民告诉我，现在两年种水稻的收成甚少等于过去三年的产量。

2009 年 8 月 31 日，水稻即将收获的季节，我又到了响水村，访问了 5 户 12 位农民，并亲自查看了他们每家粮仓，所有这些农户竟是家家仓屯满满。最多的一户姓付，家中稻谷还有 3 700 多斤，前年的还堆放在那里。一姓董的农户，是一个吃五保和最低生活保障的农户，过去几年，是年年要借其他农户的谷子吃，可今年竟还有 1 000 多斤的谷子堆存在家里。我认为，国家实行粮食安全战略，农村、农民才是最大的安全保障。就四川而言，只要占 70％多的农户家家粮食盆满钵满，那么粮食安全就不会有过大的风险。

关于第二点，我们可以从调研收集的原始数据中充分的认识到这一点，下面是从资阳市雁江区响水村农户调研中的一组数据：

项目	生产用工 （个/亩）	抽水费 （元/亩）	肥料投入 （元/亩）	农药花费 （元/亩）	农膜投入 （元/亩）
传统方式	21	60	100	32	0
覆膜技术	9	10	80	27	40
增减情况	—12	—50	—20	—5	+40

通过上表我们可以看出，农民多支出的是覆膜的 40 元/亩，而节约的是锄草、灌水、施肥、打药和从事这些活动的人力成本等约计 275 元左右（每个劳动力按 20 元计算）。节支就是增收。大幅度的减少水稻生产过程的成本，当然就成为农民增加收入的途径。

关于第三点，适用范围广。该技术在丘陵地区的干旱、阴凉、冷浸地区都适用，都有很好的效果。目前在我省的资阳、宜宾、内江、眉山、德阳、绵阳、广元、南充、达州、巴中、遂宁等地区的 60 余个县（市、区）推广与展示表现，用和不用此技术的对照效果反差巨大。

关于第四点，适应当前农村劳动力结构变化的客观情况。变化后的实际情况是，农村中青年劳动力 60％～70％外出务工，从事农业生产的主要人员是 50 岁以上的高龄老人，这就使生产和管理过程要简单易操作和"省时、省力"。覆膜技术正好符合这一愿望和要求。

这样一个技术优势，使得我省水稻主产区的农民群众和基层农技干部都非常认同这种技术。目前，该技术已在全国范围内引起了一些反响，河南信阳、广西桂林、黑龙江、云南、重庆等地从我省引进实验这项技术，已证明它的广谱性和普适性。

关于第五点，这是一个存在争议的问题。在农业现代化中，工业对农业的支持，主要体现在工业产品在农业上的应用，如农业机械、化肥、农药、农用塑膜等等。其中，农用塑膜的普遍使用甚至引起了一场"白色革命"。但随之而来的就有两个问题，一是成本问题，农产品价格的不稳定不能保证农膜投入有较好的回报？二是更大的问题，就是环境污染的问题。特别是水稻覆膜技术，由于生产是在水中的湿地环境，这个问题可能更显突出。

请听几种不同的声音：

一种认为：造成污染是不可避免的。其污染程度随着覆膜回收的多少而增减。长期积累后果严重，而且没有什么好的办法实现全回收。

另一种认为：有污染也是轻微的。据调查，一般可收回 90％～95％左右。作为一种课题还可以继续研究，比如降低可降解膜价格，以实现这个问题的彻底解决。另外，使用覆膜技术后，农药化肥的使用量可减少 20％左右，这就有效地减轻了水资源的污染。据有关数据显示，2007 年全球共使用化肥 1.43 亿吨，而中国就使用了 4 700 万吨，也就是说，中国占世界耕地的 7％，却用了世界 2/3 的化肥。面源污染日益严重，水资源、土壤质量改善的压力与日俱增。

农民的认为：他们作为个体生产单元，白色污染问题不是很大。一是土地是自己的，他们也知道地膜留在土里会影响次季作物的生产；二是可以在水稻收割后把膜揭起来，一般一亩田两个人来揭，只要 4 小时左右，而且回收率都在 95％以上。

（三）

几点体会及建议：

1. 把农民的反应作为我们决定技术取舍的第一信号。简约、有效、增产，使得农民十分愿意接受水稻覆膜节水综合高产技术。有农民对我说，如果有领导不同意我们用这项技术，请每年付我们 500 元作为补偿。我先后接触过资阳、遂宁、自贡、广元、广西、河南的农民群众和农业科技人员，未看到一例对此技术持不同意见的人，他们都表示这是一个水稻增产的突破性技术，好使好用。农民的反映作为第一信号，增强了我们继续研究和大力推广的信心。

2. 不断加大这项技术的推广力度。推广作为一种政府职能，应当是一种公益事业。实践中由于体制、投入等条件的原因，推广起来有一定难度，进展缓慢，虽经专家们的努力，目前应用面积也仅 100 万亩。建议农业部门应当深入下去调查研究，不断加大推广力度，特别是在丘陵地区，动员和整合各方面力量，做好展示推广工作，让这项技术和其他先进的农业科技成果真正更好地发挥出第一生产力的作用。

3. 研究还要深入下去。针对环境安全等问题，加大投入，研究开发出解决问题的新办法、新措施，以尽量缩小其负面影响，放大其真正效应的功能。其次，覆膜技术使用过程的标准化问题，降低和节约成本问题，都还有研究发掘的空间，值得课题组继续深入研究。

水稻覆膜技术，是诸多增产增效技术中的一项技术。因其简约、有效、增产，而受到农民群众的欢迎和接受，目前正以星星之火的燎原之势发展。从事这项技术研究的吕世华同志从 1998 年开始，用了十年时间，凭着对农业、农村、农民的赤诚，毫无懈怠不挠前行。杜娟啼血为报春，一大批农业科技人员这样无私地奉献和勤奋，我省的"三农"工作就一定有一个亮丽的前程。

省人大常委，农业委员会副主任
省政府研究室特约顾问　王书斌
省农科院
2009 年 9 月 1 日

吕世华：可以告慰王书斌书记在天之灵的是时间又过去了十年，水稻覆膜技术的推广仍未到达理想的面积，我仍将凭着对农业、农村、农民的赤诚，毫无懈怠不挠前行。

四川省科学技术厅

2009-09-28 覆膜节水显身手，水稻不惧干旱天

我省稻田面积 3 100 余万亩，但有灌溉保障的稻田不足 2000 万亩，干旱越来越成为川中丘陵水稻生产的大问题。近年来，通过国级、省级科技部门重大科技支撑项目支持，我省已形成了一套先进、实用的节水新技术——"水稻覆膜节水综合高产技术"。

该技术针对四川丘区干旱现状，采用以地膜覆盖为核心，以节水抗旱和高产高效为目标的综合集成创新技术。实践表明，该技术具有多方面的效果和作用，其中以节水抗旱和省工、高产最为突出。本技术将水稻旱育秧、厢式免耕、地膜覆盖和节水灌溉等几项节水技术进行有机结合，节水可达到 70％以上，其抗旱效果经受住了 2006 至 2009 年四川盆地大范围内特大旱灾的考验。采用本技术还能错开农忙季节，提前栽秧，可减少生产用工 10 个左右。由于地膜覆盖的显著增温效应，采用这项技术可促进秧苗早发、多发，有明显的增产增收效果。据统计，采用本技术在干旱年份普遍亩增产 200 公斤甚至更高，使水稻产量增加到每亩 600～700 公斤。使用新技术平均每亩稻田增加投入为薄膜 40 元，减少除草、翻耕、农药、抽水投入 230 元，农民平均每亩将增收 460 元以上。按此计算，仅四川省适宜推广这项技术的稻田就在 1 000 万亩以上，全省增收将达 40 多亿元。

我省积极示范推广该项技术，主要做法一是科技、农业、水利等部门协调配合，整合各方资源，共同推进水稻覆膜节水综合高产技术的示范推广；二是按区域选好示范点，加强技术指导，统一技术规范；三是创新机制，积极推广"专家＋协会＋农户"新模式，培养更多科技"二传手"；四是加强产、学、研结合，不断改进和提高节水农业科技水平。

经多年多点示范推广的实践证明，水稻覆膜节水高产栽培技术已是一项成熟的值得大面积推广的农业新技术。特别适合我省丘陵和盆周山区无水源保证和灌溉成本高的稻作区，也特别适用于冷浸田、烂泥田、荫蔽田等稻田类型。自 2001 年开始，该项技术成果已在我省资阳、内江、宜宾、南充等市 50 余个县（市、区）示范推广和重庆、云南、广西等省（直辖市、自治区）部分地方成功应用。我省也被列为国家科技支撑计划"农业综合节水技术研究与示范"项目南方唯一的省份。

今年入汛以来，四川先后有 117 个县（市）发生严重夏旱，目前 28 个县（市）旱情仍在继续。在旱区，以传统技术栽培的水稻像干枯的茅草，而采用覆膜节水新技术栽培的水稻则叶绿蘖足，长势喜人，预计将达增产的效果。目前该项技术在我省已推广上百万亩，受到广大农民的普遍欢迎，认为这是科技为农业增产办的实事之一。（科普处谢光红）

吕世华：这是省科技厅科普处就水稻覆膜技术推广应用发布的简报。推广应用面积能够上百万亩，科技厅起到了重要作用，这的确是科技系统为农业增产办的一个实事。

2009-10-25 东溪镇科技致富的领头人黄松

从养兔致富到成立农民专业合作社，再到如今办厂生产豆质农副产品，今年 41 岁的黄松，在简阳市东溪镇的乡亲们眼里，可算得上是一位受人尊敬的——科技致富的领头人。

任组长，"獭兔大王"修好"幸福路"

"松果子，快来领'上任御旨'"东溪镇桂林村的乡亲们都习惯于称呼黄松为"松果子"。2003 年，刚刚外出回家的黄松，一到村里便接到上任 6 组组长的通知。平时不怎么管事的黄松，当时硬是在村民们的极力推选下，挑起了村民小组组长的担子。为啥村民们就这么信任他呢？原因还得从黄松饲养獭兔开始说起。

2000 年，黄松在一次偶然翻阅报纸时得知简阳一家公司以饲养獭兔带动农民致富的消息，抱着试一试的想法，在经过实地考察后，黄松从那家公司买来 30 只种獭兔进行喂养。"獭兔皮和肉都可卖钱，一年下来仅纯利润都上万元。"一年后，黄松家的獭兔养殖规模达到了 1 000 多只。在黄松的带动下，周边的 100 多户人家也开始养殖獭兔。黄松勤奋好学、钻研技术，摸索出一套獭兔养殖、毛皮初加工技术，并全部无私地教给了村民们。黄松还找到广东一家兔皮商家建立了固定的长期联系，解决了村里獭兔养殖户的兔皮销售问题。正是黄松的助人为乐，感动了村民，所以村里的群众都认为他是做村民小组长的最佳人选。

当了组长之后，黄松想到的第一件事就是要利用组上以前剩余下的经费给 6 组的村民修一条便捷路。几个月后，原来坑坑洼洼的泥巴路变样了，笔直的水泥路通到了组里各家各户的大门前，车辆可以把肥料、菜苗等直接送到菜地。再也不用饱尝肩挑背磨之苦的 6 组村民直夸"松果子"给他们干了一件好事。

当会长，"土专家"科技引领村民致富

"看到周围村民们的钱包鼓起来，生活富起来，就是我最高兴的事。"在黄松的心里，一直希望通过自己的努力，用科技来引领村民致富，在东溪镇甚至简阳市形成特色农业产业。

2004 年，黄松有幸认识了省农科院的专家吕世华，在听取吕老师讲解采用水稻覆膜技术进行科学种田后，黄松深受触动，决定要在自己的村民小组搞试点工作，发展高产水稻。

可是开始时并没有想象中顺利，组里一位年过花甲的老人第一个出来反对。为了打破村民们的顾虑和困扰，黄松一边在自家地里苦心钻研，一边采取传帮带、现场指导、开技术培训班、印送技术资料等方式对村民进行技术指导。经过精心管理，当年水稻成熟后，试种的村民都惊喜地看到，每亩产量居然达到了 1 300 多斤，整整比传统水稻的产量高出近 600 斤，那位老人也伸出大拇指佩服地说："科技致富才是硬道理啊。"黄松他们组水稻高产的消息产生了轰动效应，十里八乡的村民也纷纷慕名前来学习、参观。

同年，黄松在村里试点推广的水果甜玉米，也取得了巨大成功。甜玉米直销成都家乐福、好又多两大超市。

2007年，担任东溪镇生态农业科技产业化协会桂林分会会长的黄松自费花了2000多元钱，在村里修建了一个广播站，专门给村民们宣传农作物的栽培知识。

如今，"水稻地膜大三围"技术不仅在东溪镇，在川西地区也全面推广开来。曾经被有的村民比喻为"猪也不愿吃"的甜玉米成了他们的"香馍馍"。组里村上的乡亲都尊称黄松为"土专家"。

做老板，"一条龙"模式为民分忧

2007年，在华南农业大学提供种子和技术的情况下，黄松发动村民在镇上推广"青花椒加大豆"的种植模式。全镇有4个村的村民广泛种植起大豆来。如今产量最低的品种亩产达200公斤，产量最高的品种亩产达260公斤，而且每亩的纯收益就达到1500元。

产量高了，更重要的是要解决村民们的大豆销售问题。如何实行"产、供、销"一条龙服务的模式呢？心里琢磨着要为村民打开销路的黄松，2008年到广州一家公司花了半个月时间学习利用大豆原材料加工豆制品的工艺技术。学成归来，今年3月，黄松与人合伙在东溪镇开办起了豆子农副产品加工厂。

"我想等资金充裕后，把我们的加工作坊车间扩大，能吸收更多东溪镇的乡亲们。"谈及将来加工厂的发展之路时，立志要打造绿色农产品的黄松说，加工厂每年能加工利用800吨大豆原料，镇上的村民们不会为大豆的销路发愁了。

吕世华：简阳市东溪镇桂林村黄松科技意识强、头老灵光、肯吃苦，是我们探索实践"专家＋协会＋农户"的核心农户，在协会的发展过程中他很快成为了东溪镇农民依靠科技致富的领头人。

试种华南农业大学严小龙教授团队培育的大豆新品种获得成功

四川农村日报

2009-12-03　闭塞小山村　规模种出有机稻

有机蔬菜经常听说，有机稻你听说过没有呢？

有机稻是在原生态环境中，从育秧到大田种植不施用化肥、农药，全部采用微生物、植物、动物防治相结合的方法进行病虫的综合防治，所产大米属于国际标准的绿色食品。

今年，省农科院专家吕世华在简阳、资阳、郫县、内江建立的四个有机稻试验点均获成功，平均亩产1 000斤有机米，这是我省第一次成规模地种出有机米。

在四个实验点中，简阳市东溪镇刘家村九组很有代表性。这是个因路不好走让人觉得非常偏远的小山村，虽处在全省最早开始试验覆膜水稻技术的简阳市，但自身却很迟发展覆膜种稻技术，也就是说，这是个有点闭塞的小山村。那么它有什么优点被专家看中，进而进行有机稻种植实验呢？村民又是如何一步步接受有机稻独有而严格的种植方式呢？

金黄的阳光，给冬日里小山村带来阵阵温暖。我们生产的有机米是镇农技服务中心统一定的价，4元一斤，同现在超市里卖的泰国米价格差不多。11月30日，抱起统一包装的有机米，简阳市东溪镇刘家村九组马品生淳朴的脸上露出笑容。

马品生有很多值得高兴的理由。他们这组的田都在山冲的沟槽里，由于冷浸和夏天干旱缺水，产量很低。而现在，通过运用省农科院专家吕世华的技术，他们不仅实现抗旱稳产丰产，还通过进行有机稻种植，在同样面积的土地上，创造出更高的收益。

技术推广　一波三折

种有机稻，要使用覆膜种稻的技术。在刘家村九组，这项技术的推广一波三折，还要从头说起。

在刘家村九组的人看来，他们这个地方最穷、最偏，还有全镇最烂的路，出门基本上是晴天一身灰，雨天一身泥。2003年，省农科院在简阳市试验推广覆膜水稻，他们虽然很早就知道，但不方便出门去学，就没有跟到种。

2006年，我省遭遇特大干旱，在焦灼等待天气的变化中，九组的水稻一直拖到6月下旬才栽下去。这一年，很多农户颗粒无收。

与之形成鲜明对比，临近的新胜村由于运用覆膜种稻新技术，亩产一般在1 100～1 200斤，高的达到1 300～1 400斤。九组的人自发组织去参观，边看边感叹：你看人家的长得好好，这才能赚到钱嘛。我们的田，种子用了，肥料用了，人工用了，结果肥料钱、人工钱都收不回来。组长马品生同几个人去村上、镇上找干部，要求在这个组搞旱育秧和覆膜栽培水稻。

在镇上的技术支持下，九组2007年全部实现旱育秧。但覆膜种稻参与的人很少，大多数人觉得前一年的大旱是个偶然现象，而覆膜种稻虽然抗旱，但成本较高，因此仅有包括马品生在内的4家人试验着种了大约6亩。

没想到2007年依然干旱，结果覆膜种植的水稻亩产达到1 200～1 300斤，没覆膜的同2006年差不多。

观念转变，源于鲜明的对比。2008年，九组一些有见识的村民搞了10来亩覆膜水稻。

这一年，赌气候会好的人赢了，2008年虽然前期有点干，但后面雨水较多，风调雨顺，适合农作物生长。

在这种情况下，对比依然明显：马品生精心种植的覆膜水稻亩产达到1 600斤，另外十来户农户一般亩产都在1 200～1 300斤，没有覆膜的农户，也获得不错的收成，亩产在800～900斤，但没覆膜的农户怎样验收，就是没有田能亩产上千斤。

这样明显的产量差异终于让九组的人都服了：反正种一亩水稻，种子、肥料、农药、人工都投那么多，覆膜水稻一亩就是多投50元薄膜钱，可要多收300～400斤谷子，多卖几百元，咋不划算呢？并且也不用担心以后老天爷变脸大旱了。

2009年，九组118亩稻田，除了最顽固的一户人，都实行了旱育秧和覆膜种植。组里那个最顽固的人今年成了大家的笑谈，他田里的杂草比秧苗还长得好，一亩只收了100斤左右。

偏远山村　独到优势

九组虽然偏远，但在专家看来，这里恰好有它的优势，这里生态环境好，空气质量高，是适合搞有机稻种植的地方。

其实真正让专家下决心选择他们的，恰好是马品生等人从2007年开始推广覆膜栽培水稻技术以来，所表现出来的积极性和创新精神。

2009年4月东溪镇组织一批村组干部去资阳市雁江区响水村参观，刘家村去了七八个村组干部，由于刘家村太穷，吕世华还赞助了他们来回的车费和伙食费。

看到响水村厢面那么平整，栽得那样整齐，非常规范，让我也很有信心，决心回去把我们组的覆膜水稻也要做成响水村的样子。心里震动不小的马品生回去后马上找到一个懂木工的村民，让他做一个覆膜水稻标准化栽秧的打孔器。结果那个村民在砍木头时，不小心把斧头掉下去把脚打伤了，打孔器没有做成功，但九组种植的覆膜水稻却是这个村最规范的。

马品生自己办有一个存栏3 000只的小型蛋鸡养殖场，2008年，他自己搞起了试验，他的覆膜水稻用鸡粪作底肥，没有用化肥，打了些农药，结果发现长势很好，产量同用化肥差不多。

有种植覆膜水稻的基础，有接受新生事物的精神，再结合这里良好的生态环境和马品生养鸡场的大量鸡粪，吕世华和东溪镇农技服务中心主任袁勇决定把有机稻的生产试验放在九组，他们坦率地问马品生：种有机稻是不打农药的，你担不担心？我不怕！马品生此言一出，吕世华和袁勇相视而笑。

于是，九组组长马品生和动员起来的10户人，在专家的指导下，开始种植7亩有机稻。

种稻以来　最高收益

种植有机稻重要的是不能打农药、施化肥。但水稻的病虫害多，农民们早已习惯了用药控制的种植方式。马品生相信专家，但其他参与试种的农户还是有疑虑：就像一个人难免会生病一样，如果他不吃药，怎么能长得大呢？

怎样才能打消村民的疑虑？

袁勇给出承诺：镇上补助地膜，亩产值不低于覆膜常规种植，如果低了，由东溪镇、吕专家来补偿大家。

袁勇的宣传，让参与试种的村民吃下定心丸。刘敬丰是其中一位。

刘敬丰充满信心地搞了7分田，收下来一算，亩产1 070斤，以2元一斤的价格被镇农技服务中心统一收购，7分田的谷子卖了1 500元，他高兴极了：创造了种稻以来这块田的最高收益。

九组试验种植的有机稻，严格采用吕世华提出的优质抗病早熟品种＋覆膜栽培＋频振式杀虫灯模式，坚决不准施用化肥和打农药，结果熟期较一般杂交稻提前半月，亩产在1 000斤左右。

模式和结果清晰，马品生很快就算出了大致收益，稻谷每斤2元，亩收入2 000元左右，由于不用化肥、农药，减少用工，亩纯收入1 500元，相当于一般覆膜水稻收益的3倍。

刘家村九组试种有机稻获得成功的消息传出，简阳市农业局的科技人员都不相信，因为在大家的印象里，不施化肥不打农药的有机稻产量是非常低的。

还有一个让大家质疑的理由，就是今年简阳市的稻纵卷叶螟、稻曲病发病比较厉害，稻纵卷叶螟发生率达50％左右，稻曲病发生率20％。为弄清是否属实，简阳市农业局专门派植保站的科技人员前来调查。

调查结果让植保站科技人员信服，有机稻田中一代螟虫的病情指数比大面积种植的水稻田还要低。稻纵卷叶螟、二代螟、纹枯病、稻曲病、稻瘟病等病情指数都很低，都在安全可控范围，不需进行药物防治。

这得益于吕世华提出的有机稻种植模式的妙处：有机稻品种的抗病性是防病的关键，所以首先要选择抗病品种，选熟期较早的，是出于早收成、少生病的考虑，因为四川水稻生长后期高温高湿，极有利于病菌繁殖暴发。而覆盖地膜，其实也是一个有效防病手段。水稻害虫主要是螟虫，我们通过安装频振式杀虫灯，将产卵孵化出螟虫的蛾子诱杀，就有效解决了防虫问题。

有机稻的种植，让农民的观念也发生改变。刘敬丰感叹：种有机稻很轻松，用种量减少、搞旱育秧移栽方便、覆膜栽培不扯草，还不打农药不施化肥。同时，他也对以前的种植方式有了反思，这直接表现在当他看到当地大田水稻生产，农民按常规打药时，他有些忧虑：稻纵卷叶螟在水稻收前10天暴发，很多农民都在打农药，这种方式生产的稻谷谁能保证食用安全呢？（本报记者杨勇）

吕世华：这篇通讯报道了2009年我们在简阳市东溪镇刘家村小面积示范覆膜种植有机水稻的故事。这让我不由得想起了当年在另外一个试验点──内江市中区全安镇吼冲村示范有机水稻种植时，经过技术培训女村支书答应带头示范水稻覆膜有机种植，但她回家给老公说今年不用农药不用化肥种植水稻，他老公立马很生气地说"如果这样能够种植出水稻我手板心煎鱼给你吃！"后来，这个点的有机水稻亩产量也达到了500公斤以上。这个故事说明什么呢？说明了在我们很多人的观念中农业生产是离不开农药和化肥的。

前排左 1 为简阳市东溪镇刘家村九组马品生

四川省农业科学院

2009-12-14 加拿大卡尔顿大学 David Hougen-Eitzman 博士及其学生到我院资阳基地考察实习

　　为了解中国可持续农业发展现状与成功经验，丰富学生实践知识，加拿大卡尔顿大学生物系 David Hougen-Eitzman 博士带领学生日前来到中国北京市和四川省考察实习。在相关专家推荐下，David Hougen-Eitzman 博士将我院资阳基地作为学生考察实习点。

　　2009 年 12 月 9 日，David Hougen-Eitzman 博士与我院土肥所专家吕世华取得联系，带领 12 名美国学生前往位于资阳市雁江区响水村的我院资阳基地考察实习。在响水村，吕世华向 David Hougen-Eitzman 博士及学生一行介绍了我省丘陵农业的基本状况、主要问题及我院资阳基地的科技创新和成果转化情况，并就可持续农业的发展问题与来访师生进行了深入交流。David Hougen-Eitzman 博士对我院土肥所等单位创新集成的覆膜水稻技术在促进粮食增产和小农户生计改善中的显著作用表示惊讶，也高度赞赏资阳基地以可持续农业发展为目标的有机水稻研究，表示将加强双方在可持续农业领域的交流合作。（土肥所肥料室）

　　吕世华：加拿大卡尔顿 David Hougen-Eitzman 博士对我们创新集成的覆膜水稻技术在

促进粮食增产和小农户生计改善中的显著作用表示惊讶，也高度赞赏我们以可持续农业发展为目标的有机水稻研究。

左1为带领学生来四川实习的 David Hougen-Eitzman 博士

2010 年

四川省农业科学院

2010-01-04 刘建军副院长应邀与土肥所职工一道品尝"新天府有机米"

2009 年 12 月 28 日中午，阳光普照，一个岁末难得的好天气，土肥所水稻栽培和土肥专家吕世华脸带收获的喜悦，邀请同事品尝他在香港嘉道理农场暨植物园资助下，新近推出的新产品——"天府有机米"。适逢我院分管科技合作与成果转化的刘建军副院长路过土肥所，听说此事后，欣然应邀。

吕世华在品尝会前介绍，随着人们生活水平提高，健康意识增强，对食品质量和安全提出了更高要求。省委常委、副省长钟勉 2009 年初莅临我院调研座谈农业科技工作时，也作出了"农业科研要为经济社会发展和人民生活水平提高服务"和"农业科研要引领食品生产和食品消费"的重要指示。研发"新天府有机米"就是为了满足人们更高的消费需求，同时，发展"有机米"对减少环境污染，促进农村生态环境的改善和农民增收有着重要的意义。

据悉，吕世华这种勇于探索、大胆实践的精神在 2009 年度全院科技合作暨成果中试熟化工作总结会上，也得到了分管科技创新工作的任光俊副院长的肯定和表扬。经济学博士、分管我院科技产业工作的黄钢副院长对"新天府有机米"的深度开发和产业化也提出了具体意见和指示。

品尝会后，刘建军副院长对吕世华同志的创新性工作给予了高度评价，表示将进一步支持吕世华科研小组的工作，也建议广大职工及家属要增强健康意识和环保意识，注重食品的质量和安全，把消费目光投向绿色环保的农产品。（土肥所科管科和肥料室）

吕世华：时任省委常委、副省长钟勉关于"农业科研要为经济社会发展和人民生活水平提高服务"和"农业科研要引领食品生产和食品消费"的指示至今仍具有重要意义。我们研发"新天府有机米"一方面是满足和引领人们更高的食品消费需求，另一方面也促进了农村生态环境的改善和农民增收。

给长期支持我们工作的刘建军（左）副院长盛一小碗"新天府"有机米饭

四川省农业科学院

2010-01-11　水稻高产高效测土配方施肥技术示范推广项目2010年工作会在成都召开

　　"水稻高产高效测土配方施肥技术示范推广项目2010年工作会"1月8日在成都市雷剑宾馆召开。会议由四川省农业厅土肥生态处和四川省农科院土肥所共同主办，土肥所水稻栽培和土壤肥料专家吕世华主持会议。参会代表为大竹、长宁、射洪、仁寿、西昌和中江6县（市）农业局和科技局的领导和农技推广专家、企业老总和镇乡干部。四川省农科院副院长、作物栽培专家、经济学博士黄钢、省农业厅土肥生态处副处长陈琦、省农业厅成都土壤测试中心副主任李昆和省农科院土肥所副所长陈一兵到会并讲话。全国测土配方施肥专家组成员、中国农业大学资环学院副院长江荣风教授应邀出席会议。

　　会上，陈一兵副所长代表会议主办方向与会代表和来宾表示感谢，并预祝2010年高产高效测土配方施肥技术示范再创佳绩。

　　陈琦副处长总结了去年全省测土配方施肥实施成效，并对2010年高产高效测土配方施肥技术示范工作提出了要求。他指出，2009年四川省的测土配方施肥做到了5个"进一步"，即经济效益进一步显现；化肥投入比例进一步优化；服务能力进一步提升；农户施肥观念进一步转变；生态环境进一步改善。要求参会的项目县要在思想上高度重视，在行动上积极配合，在组织上保持一致，要将测土配方施肥与当地粮油高产创建紧密结合，协同作战。

　　李昆副主任介绍了我省测土配方施肥工作的进展情况，强调要充分发挥测土配方施肥、最佳养分管理技术在高产创建中的重要作用，使投入更经济、粮食更安全，彻底改变大肥大水的观念。

江荣凤副院长向与会者介绍了去年5月2日胡锦涛总书记视察中国农大时的情况，传递出总书记非常关心测土配方施肥技术在生产中的实际应用情况及对农民增收的作用。充分肯定了四川省测土配方施肥工作，对四川新年伊始又立即谋划高产高效测土配方施肥技术示范工作，做到早安排、早落实、早行动的做法大加赞赏。表示将在7月组织中国农业大学和全国农技中心到四川召开高产高效测土配方施肥田间现场会，让其他省来参观学习。他说，四川的力量很强，土肥处工作抓得很好，土肥所吕世华专家在生产上做得非常好，还有县里的力量，大家结合起来，会做的更好。

会议安排了专家讲座，四川农业大学资环学院陈远学副教授作了"四川水稻的施肥现状及测土配方施肥技术应用"的报告；简阳市东溪镇农业服务中心主任袁勇作了"3's'推广法——针对农民需求的农技推广"的报告；土肥所专家吕世华作了"四川水稻高产高效之我见"的报告；四川省农科院副院长、作物栽培专家、经济学博士黄钢研究员作了"现代农业概论"的报告。

专家讲座结束后，各县代表进行了交流发言，并以县为单位分组讨论制定了2010年水稻高产高效测土配方施肥技术示范推广的技术方案和实施方案。最后，主持人吕世华对会议进行了简要总结，会议在热烈和愉快的掌声中落幕。

土肥所肥料工程技术中心陈庆瑞主任、肥料研究室冯文强主任和科管科熊鹰科长出席此次会议。（土肥所科管科）

吕世华：测土配方施肥技术是水稻实现高产高效的重要技术，也是水稻覆膜节肥综合高产技术的重要配套技术。在示范推广水稻覆膜节肥综合高产技术过程中我们特别重视测土配方施肥技术的应用。

出席会议的中国农业大学资源环境学院江荣凤副院长

四川省农业科学院

2010-01-15　我院专家吕世华出席全国测土配方施肥工作座谈会

　　2010年1月12日国家农业部种植业司和全国农技推广中心共同在北京市中欧宾馆主持召开了全国测土配方施肥工作座谈会，我院土肥与农技推广专家吕世华作为全国农科院系统的代表参加了座谈会。农业部种植业司胡元坤副司长通报了会议背景，指出国务院和农业部高度重视测土配方施肥工作，会议的主要目的是讨论下一步测土配方施肥工作的抓手，研究测土配方施肥技术推广方式，研讨新形势下测土配方施肥的发展思路、目标定位和对策措施，为起草《2010年全国测土配方施肥工作方案》，完善《全国测土配方施肥发展规划（2010—2015）》提供意见和建议。全国农技推广中心副主任栗铁申副主任和胡元坤副司长共同主持了会议。

　　农业部农村经济研究中心党组书记陈建华研究员和全国测土配方施肥专家组组长、中国农业大学资源环境学院院长张福锁教授出席会议并作重要讲话。农业部相关部门领导及四川、广西、广东、湖南、湖北、江苏、河北、山东、内蒙古、安徽、河南等省（自治区、直辖市）土肥处（站）长参加了会议，吉林省犁树县和河南省滑县土肥站长介绍了测土配方施肥技术推广的经验。

出席会议的农业部种植业司胡元坤副司长（左）和全国测土配方
专家组组长、中国农业大学张福锁教授（右）

　　会议代表争相发言，肯定了测土配方施肥工作过去 5 年取得的主要成绩，也分析了这项工作存在的主要问题，形成了下一步测土配方施肥工作抓手是与高产创建相结合抓技术推广的共识。

　　作为农科院系统的代表，我院专家吕世华争得两次发言机会，强调了农科院系统广大土肥专家长期科研积累在测土配方施肥工作中的重要性，提出了创新机制和方法、充分发挥多方力量促进测土配方施肥技术大面积应用的建议，表示将积极参与到测土配方施肥技术的推广工作中，也真诚地发出了请与会领导和代表今年来川检查指导工作的邀请。（土肥所肥料室）

　　吕世华：12 年，时间就这么快的过去了！

四川农村日报

2010-01-15　掌声响起　乡镇农技员首登专家讲台

　　本报讯　"今天给大家上农业推广课的是简阳市东溪镇农技站的高级农艺师袁勇。"1月 13 日，省农科院培训中心。在现代农业新技术培训班学员们的热烈掌声中，袁勇成为我省第一个登上专家讲台的乡镇农技员。

　　按科技人员培训程序，一般都是由省上专家培训县级，县级培训乡镇级，乡镇级直接指导农民。省农科院的师资队伍由 56 名专家组成，很多都是全省乃至全国颇有名气的专家。而此次前来参加培训的学员也不简单，都是来自资阳市雁江区、隆昌等 6 个县（市、区）乡（镇）两级的农技员，很多都是行家里手。袁勇能登上专家讲台，他的绝招是什么？——原来，自 2003 年以来，袁勇一直同省农科院土肥所专家吕世华一起合作，进行项目研究、推广，具有丰富的实践经验。

　　当天近两小时的课程，就在袁勇精彩的讲解中不知不觉度过。特别是最后，当袁勇把他在实践中总结出的"3S"农业推广法（即选择适宜的技术、用适宜的模式和适宜的方法向农民推广）进行详细讲解时，学员们简直听得入了神。

　　资中县农业局科技人员兰成忠说："他讲课的水平同专家没什么区别。而袁勇讲的许多问题，都是我们在生产中遇到的实际问题，他讲的办法，对提高我们自己和农民的素质都非常重要，而且切实可行。"袁勇提到了一个切实有效的办法，就是实行"专家＋协会＋农户"模式，对此兰成忠深有体会："我们也采取了相近的模式，把资中县的塔罗科血橙打造成了当地农业的一张特色名片，吸引了各地客商。"

　　对袁勇登台讲课一事，省农科院副院长任光俊表示："这是省农科院同地方长期进行科技项目合作的结果。通过共同实践和不定期地组织乡镇农技员进行中短期业务培训，让他们的理论水平和实践能力快速提升。像袁勇这样受过高等教育，又热爱农业，十多年来一直在一线同我们进行合作的优秀人才，现在他的能力完全能达到专家水准。"

　　农业部全国农技推广中心副书记陈金发对此也大加称赞："我国农技推广体系进行改革

后，农业推广开始呈现多元化的格局。袁勇从实践中总结出的'3S'农业推广法，代表着我国未来农业推广的一个方向。"（本报记者杨勇）

吕世华：事实证明"专家＋协会＋农户"是专家与基层农技员和农民相互学习的平台，可以使基层农技员成为专家，也能够使农民成为"土专家"。有了一支强有力的专家队伍，就能更好地发展现代农业，促进乡村振兴。

四川省农业科学院

2010-02-02　省政协科技委在省政协十届三次会议上提交加快"覆膜水稻"推广的提案

2009年1月26日在成都召开的四川省政协第十届委员会第三次会议上，省政协科技委员会黄泽云主任和黄峰、梅跃农、彭莉副主任联名以集体提案方式提交了《加快"覆膜水稻"推广　促进粮食增产农民增收的建议》的提案。提案认为，我院土肥所和中国农业大学等单位研究成功的水稻覆膜节水综合高产高效技术是水稻正常年高产、干旱年保产的成功技术，具有成本低、利环保、田间管理省心省力、农民效益性收入大幅度增加的优势。加快这项技术的推广对我省"新增100亿斤粮食"和农民增收将起到十分重要的作用。

提案建议省有关部门尽快组织多方人士对这项技术进一步分析、总结、宣传，要在广大专家、农村基层干部和农民群众中形成共识，积极行动，增加推力。也建议给予政策和专项经费等支持，推广过程中，要创新体制和机制，充分发挥项目专家和四川农业新技术研究与推广网络的作用。（土肥所肥料室）

吕世华：提案高度肯定水稻覆膜节水综合高产技术对我省"新增100亿斤粮食"和农民增收中重要的作用。提案的建议也非常中肯：省有关部门尽快组织多方人士对这项技术进一步分析、总结、宣传。在广大专家、农村基层干部和农民群众中形成共识，积极行动，增加推力。

四川省农业科学院

2010-02-04　土肥所申报的覆膜稻田温室气体排放研究项目获国家重点实验室开放基金资助

土肥所吕世华等专家申报的"水稻覆膜栽培对稻田温室气体排放影响"的研究项目

日前被土壤与农业可持续发展国家重点实验室（中国科学院南京土壤研究所）第二届第五次学术委员会会议批准通过开放基金立项。该项目为期 3 年，将通过田间试验研究，明确采用水稻覆膜节水综合高产高效技术对稻田 CH_4、N_2O 和 CO_2 排放的影响及影响机理，评估"覆膜水稻"的减排潜力，为农田温室气体排放规律及减排技术的研究提供理论依据。（土肥所肥料室）

吕世华：感谢土壤与农业可持续发展国家重点实验室的立项资助！也感谢中国科学院南京土壤研究所与我们的真诚合作！

刘水富在整理温室气体采集瓶

四川之声

2010-03-12 回复四川人民广播电台听众来信

吕世华：主持人，我今天很意外的收到来自自贡市荣县一位 77 岁叫刘光华的大爷的一封信。信里他这样说：尊敬的水稻专家吕世华老师，你好！首先敬祝吕老师、吕专家身体健康、新年快乐、工作顺利、万事如意！

我是一位老年农民，今年 77 岁了，长住四川省自贡市荣县留佳镇五间房村 16 组。我一直相信科学、尊重科学、崇敬科学。在 2 月 17 日晚 8 点，川台播送了你向全省农民发出的祝福，并希望广大农民要科学种田，积极参与水稻覆膜节水栽培。因此，我特来信请求吕专家把你的"水稻覆膜节水栽培新技术"寄给我一份，我一定按照新技术要求，栽培 5 亩。另外，请求吕老师办一件事，这件事还是从川台播出的，时间是 2 月 3 日晚 8：40 分，川台播出了有关"天府有机米"的好消息。烦请吕专家指示，希望能买到"天府有机米"的种子。

我坚信在吕专家的指导下,今年试种 5 亩天府有机米,覆膜栽培定能达到或超过 1 万元,那时我一定登报鸣谢外酬现金 1 000 元。我一定在我镇、我村大力提倡这一水稻革命的新技术!

此致　敬礼!　老年农民:刘光华　2010 年 2 月 22 日

我接到这封信以后,特别感动。3 月 1 日出去,3 月 10 日才回到成都,跑了泸州、宜宾、自贡、内江、资阳那么多的市(县、区),我感受到我们四川人民广播电视台在服务农业、农村、农民方面做得非常好,非常成功。另外的一个感受就是我们很多的农民不管是留守的是老年、留守的妇女、留守的儿童,他们的下一步发展的确需要科学技术。

主持人张杨:刘光华老人还是一位挺有远见的农民,知道用科技来引领增收致富。我们想知道吕专家下一步怎么样来让他知道或者让他来运用这项新技术?

吕世华:我有一个计划,想通过你们的广播来告诉刘光华我的这个老朋友,虽然我们没有谋面,但是他的年龄比我大,他应该是我的长辈。我现在通过广播,我邀请他 3 月 21 日或 22 日和我一起去广西桂林,我们共同研讨一下我们农民需要什么样的技术和农民需要的技术通过什么渠道传播到他们那里去,然后让他们增收致富。我有这个邀请,看他愿不愿意去。另外,我想我和我的团队,我的兄弟一起到他那里去,给他和他的村里、周围的一些农户做培训、做技术指导,让他们能够感受新的科学技术,感受到什么是革命性的农业技术,能够给他们带来增收致富的一种希望。还有,他说他如果拿到 10 000元,会给我 1 000 元人民币,我给他保证,我们不要他一分钱,就想通过广播告诉他。

主持人张杨:我相信他能够听到我们这期节目,谢谢吕专家!

吕世华:谢谢张杨!谢谢四川人民广播电台!

吕世华:自贡市荣县留佳镇五间房村刘光华老人是一个非常相信科技的老人,是他把我们的水稻节水综合高产技术及有机水稻技术看成了革命性的新技术。

四川农村日报

2010-03-23　免费机票发给镇农技员

3 月 19 日,隆昌县山川镇农技中心主任范贤亮拿到了省农科院发的免费机票。西南今年大旱,我省抗旱节水新技术——水稻覆膜节水综合高产技术受到农业部和西南各省青睐,四川省农科院、中国农大等共同主办的"突破性农业技术推广新机制研讨会"将在桂林召开,范贤亮是唯一获得会务组免费参会机票的乡镇农技员。(本报记者杨勇)

吕世华:好像我还给其他人提供了免费的机票。

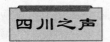

2010-03-24 关于广西会议的直播连线采访

主持人张杨： 吕老师先给我们介绍一下这次带了哪些新技术到会？和其他专家进行交流呢？

吕世华： 这次广西桂林开的会，名称叫"突破性农业技术推广新机制研讨会"。这次我们四川来了包括院领导、专家、地方农业局局长、科技局局长、企业代表、乡镇农技干部、乡镇党委书记在内的25人，过来和广西、广东、湖南还有甘肃几个省交流探讨一下怎样应对干旱，用怎么样的技术，以及这些技术怎样推广应用到农民那里，其实也就是推广的机制问题。

主持人张杨： 我们四川带来哪些建议到现场呢？

吕世华： 我们主要是把水稻覆膜节水抗旱技术和大家交流、分享，也分享我们的推广经验。

主持人张杨： 其实对节水抗旱技术我们的听众通过我们的节目了解得很清楚，也知道吕专家在这方面也做了很大的贡献。请问在现场把这一项技术介绍给他们后，他们是怎样看待我们四川的这项新技术呢？

吕世华： 几个省对我们的水稻节水综合高产技术都非常感兴趣，包括广西壮族自治区、河南省他们去年小面积示范的效果都非常好。这次湖南省、甘肃省、广东省他们都对这项技术感兴趣。因为今年，尤其是西南地区，缺水干旱形势非常严峻，大家觉得这项技术既节水、又省工、又高产，所以很感兴趣。

主持人张杨： 在现场有没有专家给我们介绍他们的一些新技术、新做法呢？

吕世华： 甘肃省有一个玉米技术叫"全膜双垄沟覆盖栽培技术"，我觉得这个技术在四川省旱地作物玉米上可以借鉴。它和我们四川目前搞的覆膜栽培不一样，把土块起垄，起成双垄，先是70公分宽，10公分高，接下来旁边是40公分宽，15公分高的双垄，全膜覆盖上，抑制土壤的水分蒸发，让天然降雨汇集到土壤里边，所以这项技术在他们那里应用得非常成功，推广面积也非常大，我觉得这对四川旱地作物抗旱是一个启示。

还有就是华南农业大学张承林教授介绍的"果园应用水肥一体化技术"，就是把喷灌、滴灌和营养施肥结合在一起，实现水肥一体化，让农民施肥不下地，通过这样一个非常简单的措施，既管理了水分，又管理了养分，实现果园的高产高效。还有广西尤其是桂林一带他们有一个搞的比较好的"三避"技术（避雨、避寒、避晒），其实质还是用好膜的一个技术，也非常有借鉴意义。

主持人张杨： 我刚才听到吕专家所说的新技术，关于膜的技术挺多的，包括我们自己的技术和其他地方的，就有好几个都跟膜有关系。确实我觉得在春耕生产当中，覆膜技术的应用还是挺重要的，也是挺有效的。

吕世华：我们这次会议四川代表有一位科技局局长叫杨运良，他长期以来就有一个观点：农业科技走到现阶段靠什么？核心就是靠一张膜，这说得很形象。实际上在几个省反应都比较好的突破性农业技术，核心还是把膜用好了。因为用好了膜就会减少水分的损失、减少灌溉量和减少肥料投入，还可以减少农药的施用，改善品质。总之我是觉得怎么样用好膜对四川农业发展是一个值得深入思考的问题。

主持人张杨：确实在干旱时节运用好一项新的科学技术，对农民增产增收或抗旱真的是太重要了。

吕世华：我们这次会议的主题还是农技推广的新机制问题，因为专家们有好的技术，应用到农民那里去就应该有一个桥梁、一个纽带，这就是我们农技推广的体系。但是这个体系经过这么多年，尤其受市场经济的冲击和很多次改革的影响，已经不完整了。在这个不完整的体系下，我们怎么给农民做好服务很关键！

主持人张杨：在农村人才是有的、资源是有的、技术也是有的。怎么样把各个分散的要点统一起来，确实很关键。这就是怎么样管理、整合资源的一个问题，特别是在现在这一干旱时节，我省很多地方正处于缺水的时候，对于覆膜很重要。我不知道除了覆膜之外，应对干旱还有哪些其他的要点？

吕世华：我觉得还是要通过你们广播，进一步呼吁加强农田水利的建设，要修塘、修库、修渠，以前破坏的要恢复。我觉得国家应该加大这方面的投入，而且地方政府也应该有一些人具体来抓这个事。把农民的积极性调动起来，不一定要政府花太多经费，关键是要让农民认识到重要性，让农民知道发展农业产业很多方面是非常重要的，让农民自己也要有这种紧迫感。农民自身的发展在以后不一定要靠政府，在这里面非常值得推动的一点，就是一个地方一定要有几个核心的农民，特别能干，特别聪明，用政府的引导，让他们带头把一个地方的经济搞起来。我觉得这样四川省的现代农业建设应该会走得更快一点。

主持人张杨：我注意到我们这次研讨会的题目叫做"突破性农业技术推广新机制研讨会"？

吕世华：我们明天还要讨论，怎么样细化下去。我们学习到的或者受到启发的一些东西，怎么去落实？听到很多信息或有了一些思考，接下来我们回到四川以后怎么办？怎么干？从专家、从领导的角度怎么去做一些实实在在的事。

主持人张杨：这一天下来你的最大感受或者你的思考是什么呢？

吕世华：越来越实，扎根泥土，我们作为专家才能真正为国家、为农民做贡献。实际上这也是我长期的一个思想。我们必须和农民的发展结合到一起，我们专家是拿着国家给的经费，实际上是从农民那里拿了很多的资源，你当上专家就必须为农民服务。我特别希望通过你们这个广播平台，认识更多、更实在、愿意发展、有思想的农民，让我们一起共同成长、共同进步。

主持人张杨：非常感谢吕老师！当然我们也是希望你的新技术能够在会场上，让更多的地方认可，同时让更多的地方应用，也希望你把其他地方的好技术、好做法带回四川，让大家一起感受科技的力量。

吕世华：这次会议实际是四川农业新技术研究与推广网络参与主办的第三届山丘区水稻

高产及覆膜水稻推广总结会。我们与广西、广东、湖南和甘肃几个省（自治区）的专家和相关领导一同交流探讨，一方面是想把我们的水稻覆膜技术传播到其他省（自治区），另外一方面是学习其他省（自治区）正在推广应用的先进技术。更为重要的是总结分享各自在促进农业推广方面的机制创新。

会议现场

四川农村日报

2010-03-27　回去后　试试种植新技术

本报讯　"一张薄膜，广西、四川、甘肃从解决各自的生产问题出发，深入研究，不仅各有特点，而且生产效果很好，让人眼界大开。"3月24日，由省农科院等单位主办的"突破性农业技术推广新机制研讨会"在广西桂林召开，会后来自射洪县农业局的研究员陈明祥欣喜不已。

"我省有很多坡台旱地，瘦薄缺水，这次受甘肃覆膜经验的启发，准备回去试验薄膜全覆盖，如果成功，可解决川中丘陵农业生产的大难题。"陈明祥说。而受广西避雨、避寒、避晒"三避"盖膜技术启发，陈明祥准备回去搞秋洋芋覆膜保温防霜延长生育期试验，"秋洋芋鲜货今年春节最高卖2.3元一斤，一般一斤也在1.8~2元，亩产2 000多斤，如果覆盖薄膜能解决霜降受冻问题，就可小投入获得大收成。"

省农科院副院长任光俊研究员在认真听取广西"三避"技术推广与应用后说，"今年西南五省发生严重干旱，在生产上大面积推广节水农业正逢其时。今天介绍的五大突破性技

术，都同节水有很大关系，针对性很强，推广机制上也有所创新。"（本报记者杨勇）

吕世华：交流产生思想，碰撞产生火花。

在会议上介绍水肥一体化的华南农业大学张承林教授

四川省农业科学院

2010-03-29 "突破性农业技术推广新机制研讨会"在广西桂林召开

　　2010 年 3 月 23～25 日，突破性农业技术推广新机制研讨会在广西桂林市山水大酒店举行。会议由四川省农业科学院、中国农业大学、广西桂林市农业局、四川农业新技术研究与推广网络联合主办，四川省农科院土肥所、广西桂林市农科所具体承办。会议由四川省农科院副院长任光俊、土肥所所长甘炳成主持，来自北京、四川、广东、广西、河南、甘肃、湖南等省（自治区、直辖市）的近 70 名农科教工作者参加了会议，农业部全国农技推广中心体系处陈守伦处长应邀到会指导。

　　会议首先由主讲人以多媒体形式介绍各自创新或主推的突破性农业技术及其推广经验，其后，与会代表自由提问，主讲人现场释疑。会议时间安排充裕，现场气氛热烈而活跃，少了传统学术会的井然和寂静，多了研讨会的互动与生机。会议只安排了 6 位农科教专家教授作典型推广经验交流，但实际上大多数与会者均参与了互动，特别是全国人大代表、南充市农科所崔富华研究员数度对自己感兴趣的问题向演讲专家质询、讨论。

会议筹划者四川省农科院土肥所吕世华专家与他的大弟子简阳市东溪镇农业服务中心袁勇在会上作了"水稻覆膜节水综合高产技术及其推广经验"的汇报。甘肃、河南、湖南的参会代表盛情邀请吕专家及其团队到他们所在地进行技术指导。

广西桂林市农业局局长邓康康介绍了"三避技术及其推广经验",中国农业大学李晓林教授介绍了"小麦—玉米体系养分资源综合管理技术及其推广经验",甘肃省农技推广总站李城德副站长介绍了"玉米全膜双垄沟播技术及其推广经验",华南农业大学张承林教授介绍了"水肥一体化技术之推广经验",均引起了我省代表们的浓厚兴趣。

农业部全国农技推广中心体系处陈守伦处长对会议予以了高度评价。他认为,本次会议是一次具有创新的会议,参会人员来自农科教、产学研的不同方面,会议非常务实,与会者探讨了技术的先进性、适用性和推广机制的创新性。他指出:只有为人所用,为产业发展作支撑的技术才是真正的突破性技术。突破性农业技术在推广机制上要注重农科教、产学研的结合,突破管理的条块分割和业务的科层化现象,这样才能使好技术真正运用到农村,落脚到农户。他对走出大学课堂深入农村、从事农技推广的李晓林和张承林教授给予了高度褒扬。同时对农技推广先锋人物吕世华、袁勇大加赞赏。认为吕专家主动带领县乡农技员、农民土专家,建设打造他的团队,从简阳走向四川,又从四川走向全国,他不是一技独秀,而是力尽所能的在营造满园春色……

四川省农科院任光俊副院长全程听取了专家的经验交流。在认真听取广西"三避"技术推广与应用后说:今年西南五省发生严重干旱,在生产上大面积推广节水农业正逢其时。今天介绍的五大突破性技术,都同节水有很大关系,针对性很强,推广机制上也有所创新。他诚恳邀请华南农业大学张承林教授到我院指导优质烟草养分管理及新都 2 600 亩现代农业园区的水肥一体化技术管理。

研讨会后,与会代表考察了漓江流域的现代农业,到桂林市农科所进行了座谈交流。土

出席会议的任光俊副院长和桂林市农业局邓康康局长

肥所甘炳成所长向桂林农科所介绍了本所的学科设置，着重介绍了优势学科食用菌，并希望相互间在现有合作的基础上拓展合作方向，加强食用菌技术与推广的交流与合作。（土肥所科管科、办公室）

　　吕世华：全国农技推广服务中心体系处陈守伦处长关于突破性农业技术的观点十分正确，即"只有为人所用，为产业发展作支撑的技术才是真正的突破性技术。突破性农业技术在推广机制上要注重农科教、产学研的结合，突破管理的条块分割和业务的科层化现象，这样才能使好技术真正运用到农村，落脚到农户。"

四川农村日报

2010-04-19　水稻覆膜栽培　增产又节水

　　"我交一百元，这薄膜什么时候能拿到手呢？"内江市史家镇石溪村村民徐震田抢着买薄膜，"去年就是买晚了，货不够，有几亩地没有覆膜，结果收成大减，这次村里统一购置，货源和质量都有保障，我就先来交钱了。"在石溪村刚刚进行完的水稻覆膜栽培技术培训现场，就有不少村民抢着买今年要用的地膜了。

　　水稻是我省主要粮食作物，面对今年的干旱，水稻的插秧应该注意哪些关键环节，为此笔者专门采访了内江市科技特派员黄加惠，她告诉笔者，水稻覆膜抗旱节水栽培技术已经不再是一项新兴技术，大部分地方都已经普及。但是，像今年这种大旱天气，水稻覆膜栽培势必将被更多的中小型种植户所接受。这种技术栽种水稻可以节约70％的用水量，生长期比传统缩短一周，而且和不覆膜相比，每亩可增产近400斤。

　　这种明显的利益优势让水稻覆膜技术被越来越多的农民接受，但是很多新接受这种技术的农民在栽种过程中还是存在一些误区，如何让收益最大化，在种植过程中关键技术不可忽视。

适时早栽

　　在大旱天气，土干得起褶子没法下种。要开始做好准备工作，清除田里的杂草，确保田里干净。丘陵地形复杂，更要保证田的平整，这将直接影响覆膜是否成功。等到一降雨，把土润湿，就要抢时间开厢覆膜。坚持适时早栽，力争在4月底前栽完冬水田，5月下旬栽完两季田。

合理开厢

　　水稻覆膜栽培推荐的是免耕法，就是无需耕地，需要动锄头的地方就是开厢，科学方法是5尺开箱，挖沟4公分深，这样覆膜后，可以确保薄膜不漂浮起来，有条件的话可以保持沟内蓄水，只要薄膜内有湿度，沟内没有蓄水也不会影响秧苗生长。

灌溉适度

　　这里指的灌溉并不是需要大量水，而是要掌握好水稻几个生长期，土壤要求达到什么样的湿润度，才能保证秧苗生长。水稻覆膜旱育旱栽的关键灌水期为移栽期、孕穗抽穗期和乳熟期，移栽期实行湿润灌溉，土壤含水量达到田间最大持水量标准为宜；孕穗期和抽穗期均可采取浅水—湿润灌溉，畦作时只需半沟水即可；乳熟期及以后保持干干湿湿。其中由于孕穗抽穗期时间较长，可分为孕穗期灌水和抽穗期灌水。

施足底肥

覆膜种稻由于膜内温度较高，又不受雨水或灌溉水的淋溶、冲刷，因此，土壤保肥、供肥性能都比较好。为保证覆膜稻全生育期对养分的需求，必须实行一次性施足底肥。在肥料配方上，应以有机肥为主，氮、磷、钾、锌肥相配合，进行复混，或者是利用目前市场上有的生物复合肥、专用缓效控释肥等。一般的情况一亩的用量是：30斤氮肥，15斤磷肥，12斤钾肥，3斤锌肥。如果田稍瘦，可适当增加尿素。控释尿素与普通尿素掺混使用效果好，可以提高氮肥利用率。施用70%的控释尿素掺30%的普通尿素，与单纯施用等氮量的普通尿素相比，水稻增产17.5%。

覆膜省力

在覆膜的时候，用一根绳子绑在用于缠绕薄膜的竹棒两头，撕开薄膜的一头固定在土里后，开始拉动绳子，左右受力均匀，薄膜也就随之滚动覆盖在土上了，这种办法只需一个人操作，简单省力。覆好膜后，只需沿着沟用脚把薄膜两边踩紧即可。在选择薄膜时，一定要选择0.04毫米厚的，这样能保证通风透气。在覆膜后，一定要把鸡鸭等家畜圈养，防止薄膜被踩破。

科学打孔

黄加惠说，覆膜稻旱育旱栽适宜（既能达到高产要求的一定有效穗数，又尽量减少移栽用工）的稀植密度，南方地区为每公顷15万～22.5万丛。今年他们专门配备了打孔的滚筒给老百姓，这种滚筒上三面都镶嵌有向外支出的木棍，每三根木棍布局呈一个三角形，这个布局是经过科学研究的，大分散、小集中，保证水稻的强化栽培，即保证了密度，又增强通风透光力。打孔时，只需把绳索系在滚筒两头，两方用力均匀拉动，打出的孔布局均匀合理。（曾晓琴）

吕世华：这篇报道关于水稻覆膜技术关键环节的介绍有一些小错误。这里更正一下：一是开箱的深度4公分太浅，应该达到15公分左右。二是在施足底肥中"30斤氮肥，15斤磷肥"应改为"30～40斤尿素，50～70斤过磷酸钙"。三是移栽密度应为40厘米×40厘米，每亩栽1.2万丛，每丛栽3苗呈三角形栽插，苗间距10～12公分。

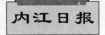

2010-05-12 节水覆膜 抗旱增收

近日，记者在全安镇伍祠村采访时，看到乡村的农田里，村民正头顶烈日，平田的平田，栽秧的栽秧，忙得不亦乐乎。此时记者看见一位卷着裤腿的村民正在将秧苗移栽到已经覆盖好地膜的田里，平均每三株栽种成一个三角形。

"这是我们村里采用的新技术种稻法，这种技术叫'节水覆膜'，我们去年就开始使用这种技术了。"村民唐国民说："这种技术的最大优点就是节水，以前在干田里种稻水分干得很快，秧苗栽下去，过不了几天就会干裂，抽水灌溉要抽好几次，遇上天干年份，抽水要花好多钱！"

"使用'节水覆膜'新技术以后，只要田里有点水就不用担心缺水的问题了，这样既节省劳力又节省时间。特别是今年天干，用这种技术就更有效果了。"全安镇农业服务中心主任曹主升告诉记者，这种技术也不复杂，其他的步骤都差不多，只要在盖好膜以后用专门的滚筒在膜上一滚，膜上就会出现有规律的小洞，将秧苗种在小洞里就行了。"不过使用这种技术一定要注意，在收割水稻后一定要取薄膜，不然会有毒。"曹主升强调，"节水覆膜"最大的好处就是产量高，用传统方法种稻每亩产量只有几百斤，最多也就 900 斤，可是自从采用了节水覆膜新技术后，平均产量有 1 200 斤/亩，最多的达 1 400 斤/亩。这种技术正在全安镇不断推广，使用这种技术的村民也越来越多。曹主升说："去年，全安镇使用'节水覆膜'种稻三百多亩，今年，截至目前已有四五百亩了。"

"今年我们村使用这种新技术种稻的比去年多了很多，我知道的起码就有百分之七十左右的农户在用这种技术栽秧。"村民唐国民兴奋地说："去年我用这种新技术种了十多亩水稻，产量很高，所以我今年计划种二十多亩，今年的收成将会很好。"（本报记者兰萍、钟琼）

吕世华：内江市中区全安镇推广水稻覆膜技术促进了粮食增产农民增收，同时也强调农膜回收，这很好。但是农膜有毒的说法不够严谨。

资阳日报

2010-05-13　水稻覆膜技术吸引桂林专家眼球

本报讯　"这个工具打孔，省时又省力，我们一定带回桂林大力推广。"5 月 10 日，在雁江区雁江镇响水村，一个用木头、铁钉制成的打孔工具，引起了广西桂林市农业科学研究所专家们的极大兴趣。原来，这个工具是专门针对水稻覆膜节水综合高产技术研究而成的，专门用来打孔插秧。

"以前我们都是用手一个一个地在塑料膜上打孔，速度慢不说，而且一天下来腰都直不起来。现在只需要站着用绳子拉这个工具，就可以打孔，很方便。"村民李俊清一边向专家们演示，一边介绍。当天，专家们还来到中和镇巨善村水稻覆膜技术试验基地考察，并与当地农民交流经验。

雁江区 2006 年开始示范推广水稻覆膜技术，每亩产量达 650～750 公斤，比过去增产100 余公斤。目前，该区采用该技术的水稻种植面积占全区水稻总面积的 60%。

广西桂林市农业科学研究所所长刘助生表示，此次雁江之行收获很大，他们将把水稻覆膜技术、"雁江经验"带回桂林大力推广，使更多的农民增产增收。（记者马燕萍、实习生罗黎）

吕世华："雁江经验"就是依靠科技促进农业增产农民增收的经验，也是不同部门协同配合大力推广科技的经验。

这个工具打孔，省时又省力

四川省农业科学院

2010-05-14 土肥所与简阳市农业局合作开展测土配方高产高效竞赛

2010 年 5 月 11 日，由四川省农科院土肥所和简阳市农业局共同主办、简阳市金土地配肥科技有限公司和四川农业新技术研究与推广网络协办的简阳市首届"好巴适"杯测土配方高产高效竞赛活动启动仪式在简阳市飞龙乡协议村举行。省人大农业委员会副主任王书斌、四川省农科院副院长刘建军、省农业厅土肥生态处科长刘兴万、资阳市农业局副局长李兴华、资阳市科技局副局长刘晓、简阳市人大副主任郭开俊和简阳市人民政府助理调研员张明辉等领导应邀到会。

土肥所甘炳成所长在会上介绍开展这次竞赛的目的，是激发农民科学种田的主动性和积极性，提高农民综合素质，探索农业推广新机制，加强产学研合作推动现代农业建设。活动由土肥所植物营养与农技推广专家吕世华策划，得到了肥料工程中心主任陈庆瑞、肥料研究室主任冯文强鼎力相助。据吕世华介绍，竞赛活动计划为期 5 年，将在简阳市主要粮油作物上进行，今年的竞赛活动在简阳市 12 个乡镇中开展，竞赛采取个人和团体两种参赛方式，既有点，又有面，既能充分发挥农民个体的聪明才智，还能在生产过程中增强农民的合作意识；活动还最大限度的破除了专业和部门的限制，整合了配方肥生产企业、省级科研单位及农技、植保、土肥、科教等业务部门和基层农技人员的力量和优势，由省农科院土肥所、市农业局、参赛乡镇农业服务中心具有高级职称的专家组成的专家组将为参赛选手提供全面指导；活动分设各乡镇和市级一、二、三等奖，最高奖励金额分别为 800 元和 1 000 元，奖项设置和评比，走出了单纯产量比赛的局限，强调了高产和高效的有机统一，既有利于粮食安全又有利于生态环境的保护。

简阳市农业局副局长刘敏宣布了竞赛规则，技术指导员代表高级农艺师袁勇、参赛农户代表钟爵文和金土地配肥科技有限公司董事长郑传彬分别做了发言。

省人大农业委员会副主任王书斌对竞赛活动给予高度评价。他在讲话中指出，这样的竞赛活动意义重大，既有利于测土配方高产高效技术的普及和推广，又有利于创新农业推广体制和机制，从而探索出一条产学研紧密结合促进农业增产、农民增收和农村发展的科学途径。四川省农科院刘建军副院长对土肥所与简阳市农业局和企业的新型合作模式大加赞赏，作为果树专家的他也表示将借鉴这一做法，促进新技术在果园的推广应用。

启动会后，与会农户备受鼓舞，他们纷纷感谢省农科院、农业局及测土配方肥厂家对农民的真心关注，表示将积极参加竞赛活动，并在乡亲中发挥辐射带动作用，用测土配方肥和高产高效技术夺取今年的粮食丰收。

正在四川考察的广西桂林市农科所刘助生所长一行 9 人、我省中江、大竹、仁寿和雁江 4

启动仪式现场

县（区）农业局派员到简阳观摩了本次活动。中央电视台、四川日报、四川电视台、四川人民广播电台、四川农村日报、共产党人杂志社、资阳日报及简阳电视台等多家媒体前往报道。（土肥所科管科和肥料室）

吕世华：开展高产高效竞赛的目的，是激发农民科学种田的主动性和积极性，提高农民综合素质，探索农业推广新机制，加强产学研合作推动现代农业建设。

四川农村日报

2010-05-14　农技推广新招　快来参赛新技术种田有奖拿

"我要按技术员的指导来施肥，争取拿个一等奖。"朱克仲是简阳市飞龙乡协议村三组村民，5月11日，看到当地要举办测土配方高产高效竞赛的通知后，他立即兴冲冲地报了名。"我种了2.7亩水稻，往年施的肥就是碳铵配磷酸钙，亩产800~900斤。希望参加竞赛后，亩产能达到1 100~1 200斤。"朱克仲算了一笔账，"现在稻谷一块多一斤，多200斤就能多收入200多块钱。"

这究竟是个什么样的比赛呢，居然有如此魔力？

原来，为激发农民科学种田的积极性，促进测土配方肥和作物高产高效栽培技术的大面积应用，简阳市农业局和省农科院土肥所决定从今年起，联合主办测土配方高产高效竞赛，为期5年。并设置了奖项和奖金：市级一等奖1000元、乡（镇）级一等奖800元。

农技农户面对面

简阳从2005年起开始推广测土配方施肥，但效果不太理想。据该市农业局土肥站农艺师刘先才介绍，只有10%的田地使用规范配方肥，加上农民按配方卡进行土法配方施肥，肥料只有40%的利用率，不合理的施肥还造成环境污染。

造成这种现状的主要原因是市、乡（镇）两级严重缺乏推广资金和技术人才。简阳市有50多个乡镇，市农业局无法深入进行技术培训和指导，导致很多技术只能锁在柜子里。

今年，省农科院土肥所和简阳市农业局决定换种方式推广农技——通过竞赛的方式，完成农技与农户的直接对接，让参赛农户带动其他农户使用新技术。

七旬老人也来挑战

"我也要参赛，看我这个老人应用新技术的能力如何？"5月11日，得知有这样一个竞赛，飞龙乡协议村年近七旬的老人钟觉文也赶来报名。钟觉文是个科技推广的热心人，对配方施肥他理解得很到位，"打个比方，过去人们不懂科学，喜欢吃肥大块。现在懂科学了，才晓得肉越瘦越好，因为含蛋白质多。"

话一出口，逗得前来报名的农户都笑个不停、频频点头。

省农科院专家吕世华告诉记者，竞赛将注意技术推广的创新与完善，鼓励农技人员探索更加有效的服务方法，虚心学习、总结农民的先进经验，同时鼓励农户将自己的先进经验和技术进行整合，不断优化技术。

据悉，简阳市此次共有12个乡镇参赛，分为个人选手和团体选手：个人选手原则上在各乡镇核心示范户内选择，每个乡镇不少于30户；团体选手以社、组或农民组织（协会、合作社）为单位统一参赛。除了奖励获得乡（镇）级、市级高产高效奖和技术指导员先进个人奖的选手外，主办方还将对积极参赛的农户实行肥料购买款部分返还优惠。（记者杨勇）

吕世华：参加高产高效竞赛的农民积极性很高呀。

启动仪式现场

黔西南布依族苗族自治州

2010-05-14 全州抗旱促春耕推进仪式暨水稻覆膜高产栽培技术培训在兴仁举行

5月12日，黔西南州千名农技干部下基层抗旱促春耕推进仪式暨水稻覆膜节水抗旱高产栽培技术培训会在兴仁县举行。省农委党组成员、纪检组长胡红霞、州委副书记廖飞、副县长杨正志、四川农科院专家吕世华及州相关部门负责人出席现场会。

为转变传统农业增长方式，引导农民走信息化、科技化、规模化、产业化创新性路子，加速发展现代农业，促进农民增产增收，黔西南州千名农技干部下基层抗旱促春耕推进仪式暨水稻覆膜节水抗旱高产栽培技术现场培训会在兴仁县李关乡举行。

四川省农技专家吕世华一行带着项目和技术来到我州，根据我州灌溉水无保障、劳动力短缺、水利基础设施滞后、抗旱力弱等现状，采取理论与实践相结合向全州八县（市、区）农技干部现场传授水稻覆膜高产栽培技术。水稻覆膜节水综合高产栽培技术是水稻正常年高产、干旱年保产的成功技术，具有成本低、效益高、利环保，田间管理具有"四省"（省水、省肥、省药、省力）、"二早"（早种、早收）、"二增"（增产、增收）的特点，这项技术与传统耕作相比较，最大的不同就是把地膜用在了稻田，最大的特点就是节水抗旱，可以节省 70% 以上的稻田用水，可以节肥省工省农药，无公害生产，显著增产增收。与传统耕作相比较，平均亩增产 150 公斤，如果遇到干旱特殊天气，亩增产达到 200 公斤左右。为使该项技术在黔西南州得到推广并最终形成燎原之势，四川农科院专家吕世华本着"授人以渔，固本溯源"的目的，就农技干部们提出的整地、施肥、覆膜、打孔、插秧、除草等问题现场做了细致的解答。

推进仪式上，州委副书记廖飞指出，自去年 8 月份以来，全州遭遇百年不遇的特大旱灾，给我州人民群众生产生活带来了严重影响，特别是农业生产造成了巨大的经济损失。旱灾牵动着党中央、国务院领导及社会各界人士的心，国务院总理温家宝亲临我州考察灾情，给全州人民群众带来了极大的关怀和鼓励，冷洞村勇于创新的抗旱精神感动和激励着全州人民，我们要坚决贯彻执行温家宝总理的指示，发扬"不怕困难、艰苦奋斗、攻坚克难、永不退缩"的"贵州精神"。他要求，全州各县市参会同志要珍惜机会认真学习，农业部专家和省农委专家传经送宝带来好的做法和经验，把这些成果应用到基层实践中去，让农民增产增收，力争今年全州 110 万吨粮食生产目标如期实现，在农业产业结构调整中发挥更大的作用。

省农委党组成员、纪检组长胡红霞指出，现在正值抗旱春耕生产的关键环节，做好抗旱促春耕技术服务指导，迅速掀起以推广水稻覆膜节水抗旱高产栽培技术为主要内容的新技术服务热潮，进一步提高春耕生产的质量和水平。她表示下一步省农委将在人力物资、技术指导上加大投入，支持黔西南州搞好春耕生产，全面夺取秋粮丰收，切实减轻旱灾损失。

副县长杨正志在致辞中说，全州千名农技干部下基层抗旱促春耕推进仪式暨水稻覆膜节水抗旱高产栽培技术培训会在兴仁县举行，是兴仁县农业经济发展的一件大事，也是全州抗旱促春耕工作的一件实事，体现了上级对兴仁县工作的肯定，同时也是对兴仁县工作的有力鞭策。他代表县四大家对培训会召开表示热烈祝贺。州相关部门负责人还就下一步如何抓好抗旱促春耕暨水稻覆膜节水抗旱高产栽培工作作了发言。

随后，与会人员还先后到兴仁县巴铃镇的水稻集中育秧点，屯脚镇的西瓜集中种植点和民建乡的玉米营养球示范点进行了参观考察。

吕世华：2010 年西南地区遭遇特大干旱，以云南、贵州最为严重。4 月初温家宝总理在贵州省黔西南州考察旱情后农业部组织了专家服务团，我们专业领域有中国农业科学院周卫研究员和我参加考察和技术培训，周卫研究员培训了水稻旱育秧技术，我培训的内容是水稻覆膜节水抗旱技术。后来，我又应邀到黔西南州兴仁县做了水稻覆膜技术的现场培训和示范。当时到会的领导州委副书记廖飞同志，现在是贵州省科技厅厅长，而省农委党组成员、纪检组长胡红霞同志在经过艰苦的抗癌后早已离开了我们，愿这个姐姐在天堂安息！

左1为贵州省黔西南州委原副书记廖飞，左2为贵州省农委党组成员、纪检组长胡红霞

四川省农业科学院

2010-05-17 广西桂林农科所刘助生所长率队来我院土肥所取经

2010年5月10～12日，广西桂林市农科所刘助生所长率科研科、项目科、综合科一行9人来四川省农科院土肥所取经，他们对我所主持研究推广的水稻覆膜节水综合高产技术推崇备至，去年就采用"请进去"的办法把我所吕世华专家邀请到桂林市指导。

当前正逢水稻移栽期，刘所长率队亲自到四川实地考察学习该技术的应用情况，先后到了简阳、资阳等地，目击之处覆膜水稻星罗棋布，种植户和辖区主管领导对该技术都交口称赞。资阳市雁江区农业局陈家强局长和中和镇李小会镇长介绍了水稻覆膜节水综合高产技术在当地的推广情况，中和镇今年由书记、镇长挂帅推广，实施"六统一"，即统一品种，统一栽培技术，统一播种时间，统一田间管理，统一病虫害防治，统一收购粮食，目前80％以上的稻田都采用了这种技术，而且完全是农户自发、自觉、自愿地来实施，比过去传统栽培平均每亩可增收 400~500 元。

雁江区雁江镇响水村李俊清大爷说："这个技术我实践 4 年了，硬是好哦，旱涝保收，省工省时又高产"。由于该村大部分稻田已完成栽种，"土专家"刘水富现场给刘所长一行演示了覆膜和大三围打孔"机具"：一个带绳的圆筒嵌套入卷膜筒内就可一人方便覆膜，一段圆木，按行间距排布一些铁钉便成打孔机器。使用这些创意"机具"后，夫妻两人一天就可完成 10 来亩的覆膜和打孔。桂林农科所的专家们赞叹不已："真是简单、实用！"

吕世华专家还带来访者参观了他正与中国科学院南京土壤研究所共同研究的"覆膜栽培对稻田温室气体排放的影响"研究现场，结果初步表明，覆膜水稻可以大大减少稻田甲烷的排放。

由于刘所长一行对土肥所的食用菌研究、成果中试熟化和产品开发三位一体模式很感兴趣，金地公司副总经理王勇带领刘所长一行参观了简阳石盘食用菌设施栽培基地，土肥所甘炳成所长亲自陪同客人参观了新都灵芝基地和金地公司，介绍了金地公司的发展历程和新都基地食用菌发展规划。

刘所长一行对土肥所的热情接待和真诚交流表示衷心感谢，希望通过本次取经，回所后拓展研究领域，坚强食用菌的研究与开发，他希望今后进一步加强与土肥所和我院的合作，恳请土肥所专家多到桂林指导。（土肥所科管科）

吕世华：雁江区已形成农户自发、自觉、自愿应用水稻覆膜技术的局面，比过去传统栽培平均每亩可增收 400~500 元。在技术示范推广过程中，我们与广大农民开发了覆膜工具和孔机器，使覆膜和打孔过程得以简化和标准化。

广西桂林市农科所刘助生所长带队来川考察覆膜水稻

四川省农业科学院

2010-05-17 贵州省黔西南州大力推广我院水稻覆膜节水技术

去年 7 月至今年 4 月贵州省黔西南市布依族苗族自治州（简称西南州）遭受百年不遇的特大干旱，引起了党和国家的高度关注，4 月 3～5 日国务院总理温家宝同志亲自到黔西南州看望受灾群众并指导抗旱工作。四季连旱造成该州小春作物大幅度减产或绝收，也使大春生产面临十分严峻的形势。4 月初，国家农业部组织的抗旱保春耕科技服务贵州分团进驻黔西南州，我院副院长、国家（水稻）产业技术体系岗位专家任光俊研究员担任贵州分团水稻专家组组长。任院长一到黔西南州兴仁县看到当地的严重旱情即建议当地大力推广水稻旱育秧技术及我院和中国农大研究成功的水稻覆膜节水综合高产技术，应对大春生产面临的严重缺水干旱问题，并紧急通知我院土肥所专家吕世华到黔西南州参与抗旱保春耕科技服务工作。4 月 7 日农业部抗旱保春耕科技服务贵州分团在兴仁县召开培训大会，吕世华向州、县农业部门领导和技术人员做了水稻覆膜技术的培训，引起州农委的高度重视。州农委经研究后决定将水稻覆膜节水综合高产技术作为抗旱夺丰收的重大技术进行推广，并特别邀请我院专家吕世华作全程技术指导。

5 月 12 日凌晨，吕世华和助手袁江、雁江区农民土专家刘水富一行 3 人连夜赶到兴仁县后即对全州 8 县市和顶效开发区农技干部现场传授水稻覆膜节水综合高产技术，并就农技干部们提出的整地、施肥、覆膜、打孔、插秧、除草等问题现场进行了细致的解答。广大农技干部认为，推广应用水稻覆膜技术符合该州劳动力短缺、水利基础设施滞后、灌溉水无保障、抗旱力弱等实际，技术简单适用。州农委决定今年在全州示范性推广该技术一万亩。

在示范田边，吕世华一行受到黔西南州委副书记廖飞同志和贵州省农委党组成员、纪检组长胡红霞同志的亲切接见。在随后召开的全州农技干部下基层抗旱促春耕推进仪式上，廖飞副书记要求各级各部门要坚决贯彻执行温家宝总理的重要讲话精神，发扬"不怕困难、艰苦奋斗、攻坚克难、永不退缩"的贵州精神，抓好当前春耕生产。他希望参会同志珍惜机会，认真学习新技术，把成果应用到实践中去，促进农民增产增收，力争今年全州 110 万吨粮食生产目标如期实现。胡红霞同志强调，当前正值春耕生产的关键阶段，要做好抗旱促春耕技术服务指导，迅速掀起以水稻覆膜节水抗旱高产栽培技术为主要内容的新技术推广热潮，进一步提高春耕生产的质量和水平，全面夺取今年秋粮丰收，切实减轻旱灾损失。（土肥所肥料室）

吕世华：这是又一个"5.12"！在这之前的 2008 年"5.12"后贵州人民帮助四川人民抗震救灾。在这个"5.12"，我们帮助贵州的农民用科技抗击旱灾。

2010 年 5 月 12 日贵州省黔西南州水稻覆膜抗旱技术培训会现场

金州在线

2010-05-18 贵州省望谟县推广水稻覆膜节水高产栽培技术

近日，望谟县在新屯镇石头寨召开水稻覆膜节水抗旱高产栽培技术现场培训会，邀请黔西南州农业和扶贫开发委员会相关负责人、专家讲解水稻节水栽培的技术要点。

全县 17 个乡镇分管副乡镇长及农业服务中心负责人、县农业林业和扶贫开发局全体职工、村民代表等参加了现场会。

今年望谟县遭遇了严重的干旱，抗旱保水稻生产成为该县当前的一项重要工作，县农业林业和扶贫开发局及时联系州农业和扶贫开发委员会相关农业专家、各乡镇的农技人员，共同商讨了以水稻覆膜节水抗旱栽培技术为主的抗旱保生产措施。

此次现场会的主旨是规范水稻覆膜节水抗旱栽培技术的各环节。现场会上，专家按照整田—施肥—开厢—排沟—平整厢面—覆膜—大三围栽培法栽秧的七个步骤，采取亲自示范、现场讲解、农民现场提问、印发水稻节水栽培技术资料等方式进行，参会人员对该技术有了更直观、更深入、更科学的认识，为该县水稻生产提供了技术保障，让广大群众认识到了这一项成熟的农业节水新技术，为大面积推广应用打下基础。

吕世华："5.12"后，贵州省黔西南州望谟县开始了水稻覆膜节水抗旱技术的示范推广。

现场示范使参加现场会的农技员和农民群众对技术有了更直观、更深入、更科学的认识，让广大群众认识到了这一项成熟的农业节水新技术，为大面积推广应用打下基础。

四川日报

2010-05-18 简阳使用新技术、新品种和新材料展开种植竞赛

本报讯 谁家水稻种得好，奖励1 000元。5月13日，记者从简阳市了解到，为鼓励栽培高产高效水稻，该市启动了种植竞赛活动。未来几个月，简阳市12个乡镇中符合参赛资格的农户，将使用新技术、新品种和新材料，在技术指导员指导下，完成此次比赛。

"都说科技种田能致富，可没听说科技种田还能拿奖金！"66岁的飞龙乡农民钟学文说，他还是第一次参加此类活动。据该项活动主要发起人、四川省农业科学院土壤肥料研究所专家吕世华介绍，此次竞赛活动旨在激发农民科学种田的主动性和积极性，提高农民综合素质，探索农业推广新机制试点暨基层农技推广体系建设示范。

按照比赛规则，农户在参赛过程中必须真实、完整地做好全程生产记录，有利于农户和技术指导员在比赛的过程中不断总结经验，让农民养成科学生产的习惯。本次活动奖项的设置和奖励评比，将综合考虑高产和高效的有机统一。（谢小英、马燕萍、记者张守帅）

吕世华：开展种田竞赛活动的目的是激发农民科学种田的主动性和积极性，提高农民综合素质，探索农业推广新机制试点，促进基层农技推广体系的建设。

媒体高度关注

四川省农业科学院

2010-05-21 我院专家吕世华被香港嘉道理农场暨植物园授予"永续农业先锋"

2010 年 5 月 18 日由香港嘉道理农场暨植物园主办的 2010 年"永续农业先锋"计划启动仪式学术讨论会在广州华南农业大学召开。我院专家吕世华应邀出席会议并被授予"永续农业先锋"。

"永续农业先锋"计划是香港嘉道理农场暨植物园为促进中国可持续农业的推广而专门设立的计划，主要支持为加强现有可持续农业技术的科学基础而开展的研究和工作，促进可持续农业先锋之间沟通与交流，提升各界对可持续农业研究的关注，推动可持续农业理念及技术成果的推广。

2010 年的主题是"水稻和气候变化"，要求受资助人有和年度主题相关的丰富工作经验，制定的项目计划具体并切实可行，对中国农村生态环境和社会经济的可持续性有所贡献，在实地研究、提升农业科技进步、促进实践方面有相当建树，农业推广经验丰富，关心民生，长期为解决中国农民生计的可持续问题而努力。我院专家吕世华、中国农业大学王化琪教授和华南农业大学章家恩教授等 5 人被授予"永续农业先锋人物"，所申报的关于稻田温室气体排放的 4 个项目获得了资助。（土肥所肥料室）

颁奖现场

吕世华：香港嘉道理农场暨植物园 2010 年在华南农业大启动"永续农业先锋"计划时发生了一件很巧合的事情。就是在嘉道理农场暨植物园授予我"永续农业先锋人物"的同时，中央电视台新闻频道（CCTV-13）在新闻直播间栏目中正在播放"田间地头看减排，稻田里算笔节能账"的新闻。

四川省农业科学院

2010-05-21　央视报道我院水稻覆膜技术节能减排助农增收

2010 年 5 月 18 日中央电视台在新闻直播间栏目中播出了我院创新推广的水稻覆膜节水综合高产技术节能减排、助农增产增收的新闻。该新闻题为"田间地头看减排，稻田里算笔节能账"，是央视记者蒋树林、喜子和四川卫视记者邓刚、扬晓力共同在资阳市雁江区采访报道的。新闻从农民的视角报道了水稻覆膜节水综合高产技术显著的节水、节肥和增产增收效果以及该技术目前正在省内外大面积推广的情况。技术主研专家吕世华在接受记者采访时表示，农民采用新技术的过程就是算账的过程，账算清楚了，效益出来了，农民就会接受新技术，专家也就完成了将传统农业向现代农业转变的使命。（土肥所肥料室供稿）

吕世华：2010 年 5 月前后央媒的重点是宣传节能减排。当央视记者蒋树林、喜子从四川电视台记者处知道我们的技术可以大幅度减少氮肥投入就到资阳市雁江区拍摄了这条新闻。

中央电视台记者蒋树林和喜子采访响水村李碧容

四川省农业科学院

2010-05-21　全国农技推广中心邀请我院专家讲课

2010 年 5 月 17～20 日农业部全国农技推广中心主办的"2010 年全国旱作节水项目管理与技术培训"会议在四川省成都市召开。

5 月 19 日我院专家吕世华应邀到会为全体会议代表做了水稻覆膜节水综合高产技术的培训，引起了我国南北方稻区技术专家与管理干部对这项技术的浓厚兴趣。全国农技推广中心节水处负责人表示，将大力推广这项节水农业技术。（土肥所肥料室）

吕世华：这是全国农技推广服务中心第一次邀请我进行技术培训。我也感受到了全国农技推广服务中心节水农业技术处领导对水稻覆膜节水综合高产技术的重视。

2010 年 5 月 19 日的培训现场

内江日报

2010-05-24　让青春在田野上放飞

——记内江市中区史家镇牛桥村村主任助理陈俊

两年多前，她放弃优越的城市工作和生活，来到了人生地不熟的农村——市中区史家镇牛桥村，当上一名普通的大学生村干部；如今，她成为市中区大学生村干部中的佼佼者。

她，就是连续两年被评为市中区优秀大学生村干部的史家镇牛桥村村主任助理陈俊。

"抓好村民'一事一议'，就一定能干成事"

牛桥村有经济林 400 余亩，占全村耕地面积的 1/5，主要种植了柠檬、枇杷等果树。由于交通不便，每到收获季节，有的果农不能及时将水果运出来，往往造成一些水果烂在地里，陈俊看在眼里，急在心头。

在陈俊的努力下，2009 年初，牛桥村"两委"决定通过村民"一事一议"的方式，改变牛桥村交通不便的现状。在开展"一事一议"过程中，陈俊积极协助村"两委"做好宣传发动工作，参与开会研究 30 多次，最终全村上下达成了修建公路的共识。

公路建设，资金是关键。牛桥村干部群众共同努力，筹集资金 91 万元，拉开了修建公路的大幕。

在热火朝天的修路现场，陈俊总是跑上跑下，积极协调解决各种问题。

在修建牛桥村 5 组的入组道路时，需拆除村民张某某家的猪圈，张某某要求村上给他重建一间房子并补偿 1 500 元钱。为了做通工作，不影响公路建设，陈俊和其他村干部成了张某某家的"常客"，经常与他谈心，耐心地与他交流，最终张某某答应拆除了猪圈。

在陈俊和其他村干部的带领下，牛桥村村民无偿投劳 1 600 个，新建入组道路 5 条（共8.1 公里），解决了 8 个组共 1 530 人出行难问题。

看着一条条道路在脚下延伸，陈俊感慨地说："只要群策群力，抓好村民'一事一议'，就一定能干成事！"

"要增加农民收入，大力推广农业新技术是一条捷径"

牛桥村的农业一直以来都是以传统耕种模式为主，农业新技术推广运用不多，村民增收致富途径不宽。

针对这种情况，陈俊积极配合镇农业服务中心，联系区科技局、省农科院，于 2009 年争取到牛桥村农业发展史上最大的两个项目——200 亩水稻覆膜节水栽培技术示范片项目和 100 亩桂夏 2 号良种大豆示范片项目。消息一传出，整个牛桥村都沸腾了，陈俊却很平静，她说："要增加农民收入，大力推广农业新技术是一条捷径，但必须抓好项目落实。"

在项目实施过程中，陈俊经常与镇农业服务中心干部及村"两委"成员一起深入现场察看，严格按照技术要求进行管理。让人高兴的是：水稻示范片平均每亩增产 116 公斤，桂夏 2 号良种大豆满土平均每亩增产 93 公斤以上。陈俊还通过远程教育站点和互联网，搜集了水稻覆膜节水栽培和优质大豆种植的相关技术资料，整理成宣传单发给村民。去冬今春，这些新技术尤其是水稻覆膜节水栽培技术在全镇各村推广应用，对全镇抗旱保苗稳产增收起到了重要的作用，得到村民认可。

在学习实践科学发展观活动中，陈俊组织本镇大学生村干部，成功地开展了以"深入学习科学发展观，激情奉献新农村"为主题的油菜覆膜节氮高产试验活动。在省农科院权威专家的远程指导下，陈俊不断完善试验方案，租用 2.5 亩土地，邀请镇农业服务中心技术员和牛桥村党支部书记到现场协助。

在试验过程中，陈俊认真做好土壤指标测定、实地栽种、施肥、数据收集等工作，共做了 18 组对比试验，试验证明这项新技术具有改土、保肥、增产等作用，是有效提高坡地油菜单产、改造中低产田的新途径。预计油菜可增产 30％～50％，每亩收入将增加 300 元，牛桥村党支部计划今年秋冬季向全村推广这项新技术。

"农村经济发展，农业产业化是必由之路"

为加快推进牛桥村经济发展，陈俊和村"两委"成员想方设法抓机遇、找出路。在陈俊看来，农业产业化是必由之路，牛桥村应该建农业园区。

2008 年年底，陈俊多次到成都，邀请成都索尼尔科技有限公司投资建农业园区。公司被牛桥村人的热情和陈俊的诚心打动了，决定用 3 年时间，在牛桥村 6 组投资 500 万元建设占地 12 亩的"定超生态农业科技示范园"。目前，该示范园已建成圈舍 30 余间，饲养母猪和育肥猪 1 000 余头。

项目落地后，陈俊与镇农业服务中心工作人员、畜牧站技术员主动到示范园开展科技服务，并为示范园建设出谋划策。公司负责人表示，将继续加大投资力度，建成上规模的优质淡水鱼养殖基地，商品牛、羊养殖基地和优质水果种植基地。

"做一名村干部，就要真诚地关心和帮助群众"

"做一名村干部，就要真诚地关心和帮助群众。"陈俊的日记中写着这样的话。无论是诉求代理、政务代办，还是生活学习帮助，甚至是帮忙扛锄头、提水桶……只要群众需要，陈俊就会爽快地答应。

牛桥村 10 组村民马顺华和妻子长期患病，而且儿子和孙子也患了病，家庭经济十分困难。陈俊得知情况后，决定把马顺华作为帮扶对象，帮助他和家人申办低保等。

为帮助马顺华发展农业生产，今年 4 月，陈俊无偿为马顺华送去薄膜，并邀请镇农技员一起去指导玉米地膜覆盖栽培技术。陈俊的无私帮扶让马顺华感动不已，情急之下，马顺华将家里积攒的 20 个鸡蛋拿出来送给陈俊，但陈俊婉言谢绝了。

"牛桥村也是我的家！"这是陈俊常说的一句话。近 3 年来，陈俊在牛桥村，用智慧和汗水展现着当代大学生村干部特有的风采！（刘卫东、刘怡伟、记者吴建军）

吕世华：陈俊是一个一心为民的大学生村官，她的事迹非常感人。水稻覆膜技术在一些村子的推广应用离不开陈俊这样优秀村官的无私奉献。

达州日报网

2010-05-24　奖励有功之臣　培育特色经济

——四合乡农业产业化初露峥嵘

本报讯　近日，大竹县四合乡隆重召开表彰大会，从乡财政挤出资金 9 600 元，对 2009

年度农业产业推进工作中，尤其是在再生稻产业暨水稻覆膜节水综合高产技术的推广、黑花生试种和水禽养殖等产业涌现出来的3个先进集体、2个专业合作社和42名先进个人给予了表彰，这是该乡大力发展特色经济、实现富民强乡的一个缩影。

近年来，该乡党委、政府立足乡情，与国内的知名科研院所和大专院校合作，大胆创新，突破性发展黑花生种植、水禽养殖和再生稻生产暨推广水稻覆膜节水综合高产技术三大特色产业。充分利用丰富的水域资源，大力发展以鸭业为主的水禽养殖，成立了四合乡鸿发养鸭专业合作社和大竹县御临河畔鸭业专业合作社，注册了"老衙门"鸭系列品牌商标，不断延伸产业链，提升水禽养殖经济效益。2009年，全乡养殖2 000只以上的养殖大户有105户，年出栏鸭150万只，实现产值175万元，仅此一项，农民增收达530元。同时，利用种植再生稻的优势，着力调整稻谷品质结构，引进省农科院与中国农业大学科研成果，邀请四川省农科院专家来乡指导水稻覆膜节水抗旱高产技术。去年，全乡推广覆膜水稻栽培3 000亩，再生稻亩均增产275公斤，还扶持业主成立了大竹县益寿黑花生专业合作社，引导其试种富硒黑花生500亩，最高亩产量突破400公斤，黑花生畅销川渝两地。

据乡党委书记何武介绍，今年将进一步做大做强覆膜水稻栽培暨再生稻生产、水禽养殖和黑花生种植等特色产业，确保实现增产增收。2010年全乡将推广水稻覆膜节水抗旱高产技术发展水稻4 000亩，打造川东水稻覆膜节水抗旱高产技术核心示范推广区。在去年发展万只以上养鸭大户35户和5个万只规模养殖场的基础上，拟培育万只水禽养殖户超过10户，力争年出栏肉鸭超过150万只，蛋鸭存栏量突破30万只。同时，紧紧依托大竹县益寿黑花生专业合作社，全乡发展富硒黑花生核心区种植2 000亩，辐射带动周边的石子、张家、邻水护邻等乡镇发展黑花生种植面积1万亩，真正把四合乡建成"川渝黑花生种源基地"，从而确保全乡农民人均收入预计同比增长超过1 000元。（本报记者王晓林）

吕世华：大竹县四合乡原党委书记何武同志十分重视水稻覆膜节水综合高产技术的推广应用。四合乡采用这项技术实现了增粮增收，也为这项技术在川东地区的推广提供了实践依据。

四川省农业科学院

2010-05-25 全国农技推广中心高祥照处长在我省考察节水农业技术

2010年5月21日农业部全国农技推广中心节水农业技术处高祥照处长在我院专家吕世华的陪同下前往资阳市雁江区考察节水农业技术创新与推广应用情况，对我院创新集成的稻田节水农业技术给予高度肯定，表示将大力促进我院节水技术在国内的推广应用。

在雁江区雁江镇，高祥照处长巧遇专程前来我省学习水稻覆膜节水技术的贵州省遵义市习水县习酒镇农技站王德明等二人，由于高处长曾经在遵义市挂职市长助理工作两年因而与贵州朋友倍感亲切。在响水村，高处长与贵州朋友一同听取了吕世华关于稻田节水农业关键技术及其在省内外推广应用情况的介绍，调查走访了已连续5年采用我院水稻覆膜节水综合高产技术的广大农户。

当从王明清、李碧荣、刘水富等农民中了解到响水村因采用水稻覆膜节水技术水稻单产成倍增加，由原来多数农户粮不够吃的旱山村变成了现在家家有余粮的村子，以及原来稻田只种水稻现在实行稻—菜、稻—油轮作，收入大幅增加的情况，高处长对我院创新集成的稻田节水农业技术给予了高度肯定，他还表示将大力促进这套先进成熟技术在国内稻区的推广应用。（土肥所肥料室）

吕世华：当年全国农技推广服务中心节水农业技术处的高祥照处长现在是全国农技推广服务中心的首席专家。今年3月18日我在央视焦点访谈中见到他后给他发了一条微信。他马上回复我，叫我"继续努力推广覆膜水稻，这回用生物降解地膜"。由此说明他一直以来都十分看好水稻覆膜技术的应用前景。

左1为全国农业技术推广服务中心节水农业技术处高祥照处长

新闻联播

2010-05-25 稻田里算笔节能账

经过9年的努力，种植专家研制出覆膜栽植水稻的新技术，解决了南方水稻产区干旱缺水影响产量的问题。

在四川资阳雁江镇李碧荣家紧挨的两块稻田里，记者看到了截然不同的两种秧苗。

四川省资阳市雁江镇农民李碧荣：这一块没有覆膜，这一块是覆了膜的，秧苗由于前期温度高，长势也好，根系也发达，分蘖也多。

李碧荣所说的覆膜，就是覆膜栽植水稻的新技术。在插秧时把施足底肥的田块盖上地膜，在专用打孔机打成的孔中栽上秧苗。由于有地膜的覆盖，土壤温度提高，肥料分解加快，更重要的是稻田水分蒸发和肥料流失大大减少。

四川省资阳市雁江镇农民李碧荣：原来不覆膜的，一亩地就要用 80 斤，肯定就要用大盆，要用很多肥料，现在覆膜我们用小盆就可以了，可以节约 20%、30% 的肥料。

本台记者蒋树林：我现在拿的就是农民自己发明的一个三角形的打孔器，用了这种打孔器，农民在覆膜的稻田里栽出的秧苗就呈三角形规则的生长，这样最大的好处就是能最大限度的利用光能。

对于李碧荣来说，节水节肥就意味着少投入。根据四川省农科院对全省 5 000 户农民的跟踪调查，新技术应用后每亩平均可节省各种费用 138 元，平均亩产可达 638 公斤，比一般栽培技术的稻田增产 17%。

四川省农业科学院教授吕世华：把这个账算清楚了，效益出来了，农民就接受了这个技术。

吕世华：还记得这条新闻在央视新闻联播播出后，我接到了很多的电话和短信。其中，包括资阳市人民政府分管科技工作的副市长郭永红的电话，遗憾的是她也因病离开了我们。

中央电视台新闻联播的播出画面，拍于金堂县的一个小餐馆

四川三农新闻网

2010-05-28 苍溪县试点推广水稻覆膜抗旱节水栽培技术

苍溪县永宁镇辖 10 村 1 居委 77 个组，大部分村组十年九旱，虽然该镇有抗旱的丰富经验，但旱作物产量和产值毕竟不及水稻，且劳动力需求较大。今年永宁镇党委、政府经多方调研，决定在该镇平桥村六组试点推广水稻覆膜抗旱节水栽培技术。该技术从 2001 年开始已在省内 10 个县（市、区）成功应用，增产效果明显，每亩水稻增产 150～200 公斤，且节水、节肥、省工、省时。

近日来，由于宣讲到位，措施得力，技术指导及时，平桥村六组干部思想统一，积极性高涨，截至 5 月 22 日该组已用水稻覆膜抗旱节水栽培技术高标准栽植水稻 150 亩，圆满完成了试点栽培任务，为来年大面积推广打下了良好的基础。（通讯员苏国均）

吕世华：苍溪县永宁镇党委、政府经多方调研，决定在该镇平桥村六组试点推广水稻覆膜抗旱节水栽培技术。这说明镇党委、政府十分看好我们的技术。

宜宾日报

2010-06-02 珙县石碑乡：大力推广水稻大三围种植

近日，笔者在珙县石碑乡了解到，该乡 2010 年大力推广水稻大三围种植，面积达 1 000 余亩，占全乡水田面积的三分之一。目前，已栽插的秧苗长势喜人。

水稻大三围栽培技术简单易懂：即开厢、放底肥、覆膜、打孔、插苗，粮农一看即会，男女老少都宜，特别适宜望天田、冷浸田、背阴田，亩增产 250 斤以上。它的主要优势：易学、节水、省劳、通光、防虫防病、保湿保温保肥、生态、增产等。水稻大三围栽培技术是水稻栽培技术的一大革新，对现代农业发展起着积极推动作用。（曾杨、江玉康）

吕世华：在珙县粮食局的推动下珙县石碑乡党委政府高度重视水稻覆膜技术在全乡的推广。虽然这里交通十分不便，我还是多次前往石碑乡考察指导。在推广水稻覆膜技术获得增产后，石碑乡红沙村的余支书还办起了稻米加工厂。

黔西南农业信息网

2010-06-18 黔西南水稻覆膜节水抗旱高产栽培技术示范工作扎实推进

水稻覆膜节水抗旱高产栽培技术是以地膜覆盖为核心技术、以节水抗旱为主要手段实现水稻大面积丰产的综合集成创新技术。此项技术在四川已推广 100 万亩以上，是水稻正常年高产、干旱年保产的成功技术，具有节水抗旱、节本增效的重要作用，州农业和扶贫开发委员会在农业部赴黔抗旱保春耕科技服务团的指导下，示范推广该项技术。

5 月 12 日在兴仁召开全州现场会后，各县市农业部门积极布点示范，截至 6 月中旬，全州种植水稻的乡镇都开办了示范点，计划示范面积 8 000 亩。

经现场观察，5 月 12 日同田移栽的水稻，栽后 20 天，覆膜栽培的已达 8～10 片叶，传统栽培只有 1～3 片叶，且覆膜栽培的秧苗生长健壮，根系发达，而传统栽培的秧苗细弱，杂草丛生，体现了明显的技术优势。

目前，正是我州水稻大面积移栽期，由于前期干旱，降水不足，大田栽秧进度比常年慢，各地要大力推广水稻覆膜节水抗旱栽培技术，充分发挥其节水抗旱高产的优势，促进大旱之年农民增产增收。

吕世华：短短的 20 天，贵州黔西南州水稻覆膜种植即见到明显效果。覆膜栽培的分蘖已达 8～10 个蘖，而传统栽培只有 1～3 个蘖。且覆膜栽培的秧苗生长健壮，根系发达，而传统栽培的秧苗细弱，杂草丛生，充分体现了水稻覆膜种植明显的技术优势。

四川省农业科学院

2010-06-30 百余川农学子到我院资阳基地开展课程实习

2010 年 6 月 28 日，四川农业大学资源环境学院近 130 名学生在任课老师人肖海华博士、吴德勇老师及老教授卢益武的带领下，到位于资阳市雁江区雁江镇响水村的我院资阳基地（资阳水土保持野外观测实验站）进行植物营养诊断与施肥课程实习。我院专家吕世华应邀担任此次课程实习的主讲老师。

由于实习当日上午下雨，吕世华在室内用轻松灵活的方式，与实习同学进行沟通交流，共同探讨了我国现阶段农业发展的主要问题和科学施肥的重要性，鼓励同学们热爱农业、热爱农业资源与环境专业。

下午踏着泥泞步行半小时到达响水村后，吕世华向实习同学讲解了在遂宁组红棕紫泥土壤上水稻、玉米、花生、柑橘和一些蔬菜作物氮、磷、铁、锌等元素缺乏的原因和具体症状，带大家参观考察了有机水稻、稻田温室气体排放观测、水稻抗旱品种筛选、水稻高产高效养分管理和锌提高水稻产量与品质等系列实验田，还借一位优秀学生的提问阐述了农业科研工作中细观察与勤思考的重要性。

响水村村民、"土专家"李俊青、刘水富和最近上中央电视台新闻联播的李碧荣用亲身实践向同学们介绍了我院和中国农大合作创新的水稻覆膜节水综合高产技术。实习同学特别关注该项技术在各自家乡的推广应用情况。

退休不久的资阳市雁江区农业局土肥专家范建远为同学们分析了农业资源环境专业的就业前景，从亲身经历出发，就如何将书本知识与农村实际情况相结合给同学们上了生动一课。原川农大农化系植物营养与施肥课程主讲老师卢益武教授对本次实习做出了总结，对年轻的川农学子寄予希望，也表扬了他的学生吕世华和范建远。（土肥所肥料室供稿）

吕世华：很高兴的是这批学生中不少人坚定了学习资源与环境学科的思想，考取了本专业的研究生，其中考到中国农业大学读研究生的就有5位，为历年之最。

四川农业大学资源环境学院学生实习

四川省农业科学院

2010-07-01　土肥所新任党委书记黄芳芳到资阳考察水稻覆膜节水综合高产技术

2010年6月29日，土肥所新任党委书记黄芳芳、院办公室副主任丁顺麟应吕世华专家的邀请，到资阳市考察水稻覆膜节水综合高产技术的推广应用情况，土肥所办公室主任贾纯随同前往。

在雁江区雁江镇响水村和中和镇罗汉村、巨善村各研究示范现场，吕专家向黄书记一行逐一介绍了水稻覆膜节水综合高产技术在节水抗旱、抑制杂草、防治坐蔸和提高肥效等方面的作用和2006年全省特大干旱情况下大旱之年夺丰收的增产效果，以及近两年该技术先后被当地政府、省科技厅、水利厅列为农业主推技术和各示范区农户积极主动应用该项技术的热情。同时，他还就新近立项的"水稻覆膜栽培对稻田温室气体排放影响"、"施锌提高水稻产量与品质"等研究项目的主要研究内容和初步进展进行了介绍。黄书记一边听一边看，不顾脚下的泥泞，走遍了每一个实验田块。通过试验长势对比和对当地农户的了解，她对该项技术给予了充分肯定。同时，她对吕专家在农业研究与技术推广上执著的精神大加赞赏。

考察中，黄书记还专门到土肥所水土保持野外观测试验站查看了实验室、观测场，以及专家寝室和食堂，了解了试验站的基本情况、发展历程和目前开展的研究项目。（所办公室肥料室供稿）

吕世华：黄芳芳书记在我所工作期间对我们课题组的工作给予了很多的鼓励和支持，谢谢她。

黄芳芳（右1）书记到资阳考察水稻覆膜综合高产技术

科技日报

2010-07-08　覆膜技术可抵御水稻生产阴雨灾害

　　本报讯　阴雨天气使水稻生长缓慢甚至"坐蔸"，是我国水稻生产的常见问题。今年大范围持续低温阴雨天气对我国南、北方水稻生产都造成了危害，如何避免或者减轻低温阴雨对水稻的影响成为当下学界和农民中的热门话题。7月2日，记者从四川省农科院获悉，用覆膜技术抵御水稻生产中阴雨灾害的方式已获证实。为此，主研专家中国农业大学张福锁教授和四川省农业科学院吕世华研究员建议在我国大力推行水稻覆膜种植。

　　地处盆地的四川省继去冬今春遭遇大旱后，今年水稻季已遭受了多次强寒潮袭击和长时间低温阴雨寡照天气的影响，导致很多产区水稻"坐蔸"症发生和成熟期显着推迟。然而，就在各地农业部门为此发愁时，大面积推广应用水稻覆膜节水综合高产技术的资阳市雁江区等地方却传来了好消息：采用覆膜技术的水稻生长健旺，没有任何"坐蔸"现象。

　　在中和镇罗汉村，从村头走到村尾，只见稻田里水流不断，但水稻一色的青绿高壮，更没有看见有"坐蔸"问题的秧苗。年近六旬的村民李扬学告诉记者，罗汉村俗称"一碗水"，是当地有名的旱山村，稻田都是槽冲田。"过去在正常天气下，亩产也就350至400公斤，还经常是因为干旱而减产、绝收，而雨水多的年份水稻又面临坐蔸。"2006年四川遭遇80年一遇的特大干旱后，他们村基本没有收成。而就在离他们村30多公里的雁江镇响水村，由于搞了覆膜技术，水稻亩产却超过千斤，创造了大旱之年夺丰收的特大新闻。于是罗汉村从2007年开始大面积应用覆膜种稻的新技术，这几年都获得了好收成，农民们感谢带给他们这项技术的专家教授，也形象把地膜比喻为水稻的"防旱被"。"往年这个时段我们这里都是连续二三十天的夏旱，没想到今年雨水这么多，近一个月来雨下个不停。要是按过去，水稻肯定坐蔸了。没想到，过去的'防旱被'今年变成了'保温被'。"

　　谈及当前水稻生产情况，雁江区中和镇分管农业的副镇长苏文庆幸不已，"采用水稻覆膜技术，如果太阳好，亩产在750公斤以上；像今年这种天气，亩产600公斤也没得问题；没有覆膜的，受坐蔸等影响，亩产最多也就350至400公斤。"他透露，现在中和镇的很多农民已养成种覆膜水稻的习惯，今年全镇覆膜水稻种植面积已达1.5万亩。

　　覆膜技术为何能够抵御水稻生产中的阴雨灾害？有多年水稻种植经验的李扬学认为，"水稻是喜光照、高温作物，我们施了防坐蔸的锌肥，虽然雨水多经常在流，但不会冲走薄膜覆盖下的肥料，并且覆膜后还有保温作用，有利于水稻吸肥。"对此，农科院土肥专家吕世华做出了进一步分析，"水稻覆膜节水综合高产技术是以地膜覆盖为核心的技术，本质上是综合集成技术，采用了规范开厢技术和节水灌溉技术，要求前期水不上厢面，土壤通气性好，温度就容易上升。"

阴雨灾害下覆膜水稻（左上方）的长势（右下方为传统种植）

吕世华的助手刘水富和袁江拿出了在雁江区雁江镇响水村作的同田对比试验的调查数据，记者看到，同样一个田不盖膜的一边亩施纯氮 11 公斤的分蘖数为 14.74 万苗/亩，而覆膜的亩施纯氮 7 公斤的分蘖数达到了 28.18 万苗/亩。吕世华表示，"不能说分蘖数越多就是高产，但我敢肯定今年四川覆膜水稻增产已成定局，今年的实践证实覆膜栽培有助于抵御阴雨灾害，同时也说明这项技术可以显著的节省肥料投入。中国水稻生产要实现高产高效，覆膜技术目前很值得强调。"（记者盛利）

吕世华："过去的'防旱被'今年变成了'保温被'。"充分说明水稻覆膜技术在不同的气候年份均有良好的增产作用。

四川省农业科学院

2010-07-08 过去的"防旱被"今年的"保温被"

——《科技日报》报道我院水稻覆技术抵御水稻生产阴雨灾害

7 月 8 日《科技日报》以《用覆膜技术抵御水稻生产阴雨灾害》为题报道了在今年大范围持续低温阴雨天气条件下，我院正在省内外大面积示范推广的水稻覆膜节水综合高产技术的应用效果。过去几年，这项技术在干旱年景和风调雨顺年份表现了显著的节水抗旱作用和增产增收效果，今年的低温阴雨天气证实了用覆膜技术可以抵御水稻生产中阴雨灾害。资阳

阴雨灾害下覆膜水稻长势良好

市雁江区中和镇罗汉村村民李扬学告诉记者，"往年这个时段我们这里都是连续二三十天的夏旱，没想到今年雨水这么多，近一个月来雨下个不停。要是按过去，水稻肯定坐蔸了。没想到，过去的'防旱被'今年变成了'保温被'。"我院专家吕世华指出，"我国水稻生产要实现高产高效，覆膜技术目前很值得强调。"（土肥所肥料室供稿）

吕世华：我国水稻生产要实现高产高效，覆膜技术目前很值得强调。下一步的重点是要更加简化水稻覆膜种植技术并降低生物降解地膜的成本。

四川省农业科学院

2010-07-22 高产高效土壤—作物系统综合管理理论与技术研讨会在成都召开

2010年7月15至19日，由中国农业大学资源与环境学院主办，四川省农业科学院土壤肥料研究所承办，四川农业大学资源环境学院、北京新禾丰农化资料有限公司及德国钾盐中国公司协办的"高产高效土壤—作物系统综合管理理论与技术研讨会"在成都峨眉山国际大酒店召开。来自全国土壤、肥料、作物领域的专家教授、科研人员和在读研究生共计350余人参加了会议。会议由中国农业大学资源与环境学院院长张福锁教授主持。四川省土壤肥料学会理事长、四川农大党委书记邓良基、我院副院长黄钢、土肥所党委书记黄芳芳、所长甘炳成到会祝贺，并欢迎参会代表。

研讨会现场

　　本次会议由高产高效土壤—作物系统综合管理理论研究、技术规程分组讨论、技术研究与应用（包括典型经验交流）及"973"项目讨论会和国家基金重大项目讨论会等几部分组成。来自中国农业大学、山东农业大学、华中农业大学、扬州大学、湖南农业大学、河南农业大学、西北农林科技大学等高校及中国农科院、四川省农科院、中国科学院等科研单位的专家，分别就"高产高效在全球农业中的地位"、"玉米、小麦、水稻、蔬菜及果树生产技术在过去几十年内的变革及未来的发展方向"、"粮食作物高产的生理基础与栽培技术"等若干问题进行了深入的交流与讨论。

　　在分组讨论中，小麦、玉米与大田经济作物、水稻与水旱轮作及蔬菜果树等各方面的专家教授、学术带头人就高产高效技术规程进行了讨论。同时"973"项目和国家基金重大项目也举行了讨论会，负责人分别就项目的研究进展及下一步的研究计划进行了汇报及深入讨论。

会议主持人张福锁教授

本次会议还组织了博士生及青年教师专场报告，各位研究生及青年老师就自己研究领域的国际前沿及进展做了相关报告，并得到了与会专家们的一致好评。

7月19日，出席会议的80余名代表到我院资阳水土保持野外试验站，对中国农业大学—四川农科院高产高效试验示范基地进行了考察。（董瑜皎供稿　土肥所办公室整理）

吕世华：印象很深的是国内很多大专家参加了这次成都会议，我也与一大批青年才俊结下了友谊。

四川省农业科学院

2010-07-22　全国高产高效理论与技术研讨会代表到土肥所资阳基地参观考察

2010年7月19日，出席"高产高效土壤—作物系统综合管理理论与技术研讨会"的八十多名与会代表在我院土肥所党委书记黄芳芳和副所长陈一兵陪同下，前往位于资阳市雁江区雁江镇响水村的我院资阳水土保持试验站，对中国农业大学—四川省农科院高产高效试验示范资阳基地进行了参观和考察。中国农业大学资源与环境学院院长张福锁教授参与了此次考察。正在四川访问讲学的华裔科学家美国农业部严文贵教授应我院吕世华专家的邀请，也一同参加了考察。

参加考察的专家和会议代表对土肥所与中国农业大学以高产高效为目标，以土壤—作物系统综合管理为主要手段，围绕丘陵农业存在的问题所开展的理论与实践紧密结合的相关研究表示了浓厚兴趣，对已经取得的以水稻覆膜节水综合高产技术为代表的科研成果给予肯定，有的专家甚至表示将把该技术引入所在省市推广应用。

考察中，中国农业大学资源与环境学院院长张福锁教授肯定了中国农业大学—四川省农

科院高产高效试验示范资阳基地的工作，也被响水村村民的热情所感动，表示将加强资阳基地的建设，为四川省现代农业的建设进一步贡献力量。

美国农业部严文贵教授十分惊讶地膜覆盖栽培在促进水稻高产高效中的显著作用，对土肥所依靠长期科研积累促进四川丘陵区农业发展所取得的成绩表示欣赏和肯定。作为出生在资阳市的华裔科学家，他也感谢土肥所专家在其家乡社会经济发展中的贡献。（董瑜皎供稿　土肥所办公室整理）

吕世华：感谢张福锁教授和严文贵教授对我们工作的肯定！

四川省农业科学院

2010-08-12　土肥所专家吕世华做客四川人民广播电台谈四川水稻生产

日前，土肥所专家吕世华做客四川人民广播电台新闻频率直播间，接受城乡立交桥栏目主持人张扬的采访。7月8～9日，我院成功主办了"长江上游片区现代水稻产业发展研讨会"。长江上游片区现代水稻产业技术体系牵头人、副院长任光俊研究员主持了此次会议。会议特邀美国农业部农业研究服务署严文贵博士作了专题报告，引起强烈反响。会后，吕世华应四川人民广播电台邀请，向听众朋友介绍了严文贵博士关于美国农业研究、高科技应用、生产和组织形式的报告及其对我国农业发展的建议，也谈了他自己对美国农业发展的认识体会及加快我省现代农业建设的一些意见和建议。（土肥所肥料室供稿）

吕世华：这是我第一次到电台直播间接受主持人的访谈，据说效果还不错。

四川省农业科学院

2010-08-16 国际锌协会北京办事处主任樊明宪博士来川检查项目实施情况

　　2010年8月7～8日，国际锌协会北京办事处新任主任樊明宪博士在中国农业大学于福同博士的陪同下，来川考察了四川盆地水稻缺锌问题和国际锌协会资助土肥所的"施锌提高水稻产量与品质"的项目实施情况。土肥所专家吕世华向樊博士介绍了四川农业土壤的分布和作物缺锌和锌肥的施用情况，并带领樊博士前往资阳市雁江区响水村考察施锌提高水稻产量与品质的田间试验。樊博士对项目实施情况表示满意，当亲眼看到试验田施锌水稻和不施锌水稻的显著差异后，他强调要进一步评估施锌对四川农业发展、农民增收和减少农业面源污染的意义，表示北京办事处将促进国际锌协会与四川农科院土肥所的合作。（土肥所肥料室供稿）

　　吕世华：四川盆地是我国土壤缺锌较为严重的地区。的确应该按照樊明宪博士所说的一样，需要进一步评估施锌对四川农业发展、农民增收和减少农业面源污染的意义。我们的研究发现，水稻覆膜可以在一定程度上减轻水稻的缺锌。

来川考察的国际锌协会北京办事处主任樊明宪博士

四川省农业科学院

2010-08-16 覆膜技术显威 坐蔸田产量翻番
——土肥所和荣县留佳镇人民政府共同召开
水稻覆膜技术现场会

目前，川南地区水稻即将进入收获季节，第一次采用水稻覆膜技术的荣县留佳镇农民脸上已经露出了丰收喜悦。在今年遭遇低温阴雨天气条件下，荣县留佳镇五间房村余希文等农户的坐蔸田因采用覆膜技术产量较往年翻番，在当地引起了轰动。为促进这项先进成熟技术在当地的推广应用，土肥所联合荣县留佳镇人民政府于8月13日共同召开了水稻覆膜节水综合高产技术现场会。土肥所党委书记黄芳芳、院科技合作处林宁科长、土肥所专家吕世华、荣县农业局李水源副局长、留佳镇党委书记董家根、镇长刘国民等和留佳镇镇、村干部和水稻植户代表100余人参加了会议。

荣县留佳镇示范推广我院水稻覆膜技术起因于今年该镇一位77岁老人从四川人民广播电台收听到关于水稻覆膜技术的介绍。这名叫刘光华的老人长期相信科学，当从广播中听到水稻覆膜技术和新天府有机米的介绍后十分感兴趣，渴望致富的他特地写信给土肥所专家吕世华要求传授技术，吕世华于4月亲自到留佳镇对他和镇农技员进行了技术培训。随后，刘光华和几位农户在镇统筹城乡办主任黄滔和农业服务中心刘明高等同志的帮助下，示范种植了覆膜水稻20余亩。日前，四川农业大学参加社会实践的3名大学生进驻该村测产，发现覆膜水稻平均产量达到600公斤/亩，比常年传统栽培平均增产100公斤/亩，而坐蔸田与过去相比增产超过了300公斤/亩。

参加现场会的代表在五间房村14组参观了当地农民余希文的覆膜水稻田。据余希文介绍，他的3亩水稻田以前年年坐蔸，总产不足900公斤，去年甚至只收了500公斤左右，今

年收 1 800 公斤应该不成问题。他还从肥料用量、农药施用量以及人工投入等环节与以往做了对比，表示这项技术省工节本很明显，又完全解决了坐兜问题，明年至少种 10 亩，政府不补贴地膜也要使用此项技术。在场的农民代表很感兴趣，表示自己的田坐兜现象严重，产量很低，明年也要试种。

留佳镇刘国民镇长在会上作了今年示范工作总结和来年推广水稻覆膜节水综合高产技术的动员安排。李水源副局长在讲话中肯定和强调了水稻覆膜技术对促进当地水稻生产发展和农民增收的作用和意义，表示荣县农业局今后将大力推广这项技术。吕世华专家就水稻覆膜节水综合高产技术及农业技术推广方法对与会人员进行了系统的培训，其幽默风趣的讲解方式，通俗朴实的语言风格，使培训达到了预期效果。

黄芳芳（右 3）书记带队看望刘光华老人

黄芳芳书记带队看望了刘光华老人。在与留佳镇党委、政府领导的座谈中，黄书记表示土肥所将联合我院兄弟所，积极帮助和服务刘光华及留佳镇的其他父老乡亲。

四川人民广播电台和四川农村日报派记者到会进行了采访。（董瑜皎、张涛供稿）

吕世华：自贡市荣县留佳镇五间房村余希文的 3 亩示范田属于典型的坐兜田，每亩单产不足 300 公斤，2009 年甚至只有 170 公斤左右，2010 年覆膜种植后亩产达到了 600 公斤。余希文还认为这项技术省工节本很明显，政府不补贴地膜他也要使用此项技术。

华西都市报

2010-09-19　有机米5元一斤　消费者说不贵

绿色有机米受青睐，成都消费者简阳团购，抱走近 70 袋大米

中秋节前的这个周末，安静的简阳市东溪镇双河村比平时热闹许多。60 多名来自成都、资阳和简阳的"城里人"趁着水稻丰收，新米"脱壳"的时节，来到双河村，团购绿色有机新米。而团购的消费者离开双河村时，抱走了近 70 袋大米。

拍卖第一袋有机米 10 斤拍出 300 元

"300 元一次，300 元两次……300 元三次！成交！"没有拍卖槌，四川省农科院土壤肥料研究所专家吕世华，用手使劲儿拍了下桌子，由简阳市东溪镇双河村种植出产的第一袋有机大米 10 元起拍，最终以 300 元的"天价"被拍出。

竞拍成功的成都消费者张庆玉，从吕世华手中接过这袋 10 斤重的新米，笑开了花。"300 元，值了！这是有机大米，没打农药，没用化肥，30 元一斤不贵。"张庆玉说，"东北产的有机米曾经卖到过 80 元一斤呢。"

张庆玉拍下的这袋有机米是双河村魏显良大爷种出来的。双河村今年第一次使用有机方法种植大米：稻田翻整后，施用有机农家肥，覆盖农膜，打孔插秧。喷洒沼液杀菌防病，用频振杀虫灯防虫。

双河村的有机大米种植，得到了香港嘉道理农场暨植物园和省农科院专家的技术支持。张庆玉拍到的这袋大米上，香港嘉道理农场和省农科院专家、资阳市科技局、简阳市农业局，东溪镇、双河村领导和种植农户都签上了名，保证它绝对是有机种植的。

消费者：安全健康口感好，5 元一斤不贵

拍卖后，到双河村参加团购的消费者品尝新米，"先尝后买，保证让大家满意。"双河村村主任李显俊说。李显俊在自己家里准备好了用有机新米煮的饭，让消费者们品尝。

"米饭嚼起来回甜，米汤也很好喝，光吃饭都觉得香。"简阳消费者鄢举刚喝完粥就说，"平常买的米根本没有这样的甜味。"

"口感好，像珍珠米。最主要的没用农药和化肥，吃起来安全也健康。"来自成都的刘婆婆说。坐在她旁边的吴阿姨则说，她最重视口感，"市场上卖的糙米，对健康好，但是口感不行，我也不喜欢吃。"吴阿姨说。

双河村的有机米取名"新天府"，定价 5 元一斤，一袋 10 斤。"和普通大米相比是贵了

点，但是按有机米的价格来说，5元一斤不贵。"吴阿姨说。

"有机米，最重要的是食品安全有保障。"农科院土肥所专家吕世华说。双河村的有机米，选用的是优质杂交水稻品种，"不用转基因品种，不用农药、化肥和生长调节剂，大米的安全性高。"吕世华说，"而且有机种植对于生态环境的保护也很有好处。"

双河村3万斤大米两个月能全销完

双河村今年的有机水稻种植面积有73.7亩，有机米产量7万斤左右。"村民会留下一部分口粮，出售的有机米大概是3万斤。"李显俊说。

目前，双河村的有机水稻正在收割，"简阳市的机关食堂和一些社区已和我们联系过了，对我们的有机米很感兴趣。"李显俊说，"预计3万斤大米两个月就能全部销售完。可能还会出现供不应求的情况。"

看准了有机农产品的市场，双河村还准备把有机种植发展到小麦、油菜、玉米、大豆、红薯等品种。"我们还准备根据消费者的要求，订种有机蔬菜。"李显俊说，"消费者需要什么蔬菜，和我们签约，我们就用有机方法种植"。（见习记者阳虹钰报道）

吕世华：2010年是双河村按照有机种植的方法第一次种植有机大米，当年是70多亩。由于农户见到了效益，第二年全村的300余亩稻田就全部种上了有机水稻。

新天府有机米的拍卖现场

四川省农业科学院

2010-09-20 香港嘉道理农场暨植物园专家和项目官员来川检查项目实施情况

2010年9月16~19日，香港嘉道理农场暨植物园的农业专家 Hilario Padilla 和项目官员留佳宁来川考察了嘉道理资助土肥所的"覆膜栽培对稻田温室气体排放影响与水稻生态种植研究"的项目实施情况。土肥所专家吕世华汇报了项目实施情况和主要进展，并带领他们前往简阳市东溪镇双河村和资阳市雁江区雁江镇响水村考察覆膜有机水稻试验示范和覆膜栽培对稻田温室气体排放影响的试验田，期间他们还参加了在双河村举行的 2010 年新天府有机米品尝会。当亲眼看到示范农户用项目研究成功的技术种植出产量不低的有机水稻，以及所开发的新天府有机米受到城市消费者欢迎的场景，Hilario Padilla 和留佳宁对项目实施情况表示满意。Hilario Padilla 还在新天府有机米品尝会上高度肯定了香港嘉道理 2010 年"永续农业先锋"人物吕世华的工作，说他不仅关注技术的创新还关注技术的实际应用，现在又将农民的产出推向市场，把生产者和消费者联系起来，下一步嘉道理将进一步支持吕世华科研小组的工作，并推动科研、农民和消费者三方面的结合，用共同的力量把环境变得更好，把食物变得更安全。另外，Hilario Padilla 强调了覆膜栽培对稻田温室气体排放影响的研究工作，要求明年继续开展相关工作。（土肥所肥料室供稿）

小山老师（右）和留佳宁

吕世华：在双河村种植的第一袋有机米的拍卖会上小山老师（Hilario Padilla）做了讲话，留佳宁用她标准的普通话做了非常棒的翻译。在四川人民广播电台制作的"新天府有机米"的专题节目里我们还可以听到佳宁的翻译："小山老师说吕世华老师不仅关注技术的创新还关注技术的实际应用，现在又将农民的产出推向市场，把生产者和消费者联系起来。下一步嘉道理将进一步支持吕老师的科研小组的工作，并推动科研、农民和消费者三方面的结合，用共同的力量把环境变得更好，把食物变得更安全。"

四川省农业科学院

2010-09-20 华西都市报关注我院新天府有机米成功上市

2010 年 9 月 20 日出版的华西都市报以《有机米 5 元一斤，消费者说不贵》为题报道了简阳市东溪镇双河村在我院土肥所帮助下种出新天府有机米受到消费者欢迎的新闻。我院土肥所自 2009 年开始，在香港嘉道理农场暨植物园的支持下尝试将水稻覆膜技术用于有机水稻种植取得成功，大幅度地提高了有机水稻的产量，也降低了有机米的生产成本，从而让普通消费者能够享受健康安全的有机大米和绿色生活。（土肥所肥料室供稿）

吕世华：应用水稻覆膜技术种植有机水稻有效地解决了传统有机种植用工多、产量低的难题。我们可以让更多的普通消费者能够享受健康安全的有机大米和绿色生活。

新天府有机米成功拍卖

四川之声

2010-09-22　新天府有机米成功拍卖

欢迎继续来收听今天的城乡立交桥！今天除了中秋佳节让人高兴之外，在这样的一个秋季最让老百姓高兴的莫过于是庄稼丰收了。前两天我的同事张扬就来到了简阳市东溪镇双河村，感受到了当地老百姓丰收的喜悦。当地老百姓用一种非常特别的方式来庆祝中秋，庆祝他们庄稼的丰收，那就是新米拍卖会和新米的品尝会。接下来我们就一起去那里感受一下！

拍卖主持人吕世华：今天拍卖的有机米统一定价是 5 元一斤，一袋是 10 斤，价值 50 元一袋。但是，我们从 10 元起拍。拍卖开始！

消费者 A：100！

消费者 B：120！

消费者 A：150！

消费者 C：180！

消费者 D：260！

吕世华：260 一次！

消费者 B：280！

吕世华：280 一次！280 两次！

消费者 A：300！

吕世华：300 一次！300 两次！300 三次！成交！！

现场非常的热闹啊，刚才您听到的是拍卖场景。在 9 月 17 号，在简阳市东溪镇双河村来自成都的消费者在争相购买今年刚刚收晒完毕的第一袋天府有机新米的一个场景。现场呢近百位消费者通过一轮一轮的加价最终以 300 元的价钱被成都的一个消费者张庆玉买到了。听到这里可能你会有些奇怪了，新米固然是该受到追捧，那也不至于花 300 块钱买一袋这样的新米吧，这里到底有什么样奇特的地方呢？让消费者会这样的喜欢和这样的吸引呢？拍卖一结束我们的记者就采访到了刚刚拍卖到新米的这位消费者，叫做张庆玉，来听听她自己有什么样的感想呢。

记者："为什么花 300 块钱拍下来呢？"

张庆玉："我觉得值，我就花了。"

记者："为什么值呢？"

张庆玉："让他们以后做大做强嘛，让这个有机米推广出去，大家都消费嘛"

记者："那么作为你的话，最看重什么样的一些稻米"

张庆玉："看中了它的品质嘛，很安全，现在生活都好了，吃米的那个量是不大的，多花一点钱买好一点的米，吃一点是没问题的"

张庆玉看中的是品质，讲究的是健康，而这也是天府有机米打出的品牌。在新米的包装袋上，记者看到了这样一句话："这是智慧和汗水的结晶"。说到这里呢，我们也不得不提到两个人，一位就是用汗水呵护有机米，从插秧一直到收割的双河村的农民魏显良。魏大爷今年六十多岁了，身体也是特别的好，也乐于接受新的技术，在自己栽种的三亩水稻当中，有机稻就有1.8亩。看到今天自己这袋新米拍了这么高的一个价钱啊，当然对以后的有机米的生产，自己也是充满了信心。

记者："今天是你的米卖了300块钱对吗？"

魏显良："对啊"

记者："你家种了多少稻米啊？"

魏显良："种了3亩多"

记者："都是种的这个天府有机米吗"

魏显良："这个只有1.8亩"

记者："今年这个1.8亩的收成是多少？"

魏显良："收成可能是两千斤多点吧"

记者："如果对比一下，你现在种的这个天府有机米新品种，还有这个新技术，与以前传统的相比有什么不一样的地方呢？你觉得它的优点是什么？"

魏显良："不打药、不用肥料、不扯草、产量还更高。这个因为啥子呢，因为那个用的是鸡屎粪，用的是农家肥，比传统用化肥的谷子还更好。我们生产队哈，明年这个有机稻会占百分之八九十的面积，普遍展开。"

这第二位就是为天府有机米付出汗水，同时更付出智慧的省农科院吕世华专家。随着化肥农药的大量使用，农业生产虽然在短期内有了飞速的发展，但是随之而来的环境问题、粮食安全问题，以及资源问题也成为了严重制约农业发展的一个瓶颈。为了保护生态环境，促进农业可持续发展，简阳市东溪镇在省农科院吕世华专家的指导下，改变了传统的靠农药化肥维持产量的生产方式，完全按照有机的栽培方式。也就是说不采用基因工程获得生物以及它的产物，不使用化学合成的农药、化肥、植物生长调节剂进行水稻生产，就是在这样的生产方式下天府有机米获得了丰收。那么有机米的味道怎么样呢，中午消费者还有专家还有当地的老百姓是坐在一起共同来品尝专家的回锅肉、凉拌鸡配上这个新鲜的米饭，在场的朋友们，每一个人都是非常满足的吃起来。对这个有机米做出这样一个饭，会有什么样的反响呢？

记者："这个米是和我们之前的米不一样吗？"

群众1："这个米现在是，我吃了过后的感觉哈，跟市面上的米相比较，主要是它把大米和淀粉分解过后的纯的甜香味，没得现在施了化肥农药的米，保持了大米的原先本质好的特色，我个人觉得他的颜色是没有抛光的，恰恰是因为它的颜色，这种营养是最丰富的，所以说我觉得这种米很不错。市面上的米缺少了淀粉被分解过后自然翻甜的味道，现在这种米就保持了这种特色"

记者："你呢？你觉得呢？"

群众2："外观上来讲没得市面上的米那么好看，但是口感上有点回甜回甜的感觉。"

记者："你好，你吃没吃过我们这个米啊？说一下对我们这个新米的感觉好不好"

群众3："这个米煮的饭味道很香，很能体现我们这个有机稻米，也能体现我们家乡的这个生态环境。"

那目前的这个水稻已经大面积的收获了，平均亩产达到了500公斤，亩纯收入达到1 500元，较常规栽培增收了1 000多块钱以上，看到消费者和农民对于天府有机米反映这么好，在场的镇党委书记周灿对于东溪镇的下一步农业生产也有了自己新的规划。

周灿："现在有80亩的样子，就是今天我们通过了解哈，今年农民的收入每一亩比常规水稻多增加了1 000块钱。"

记者："下一步的话，对于有机水稻和有机农作物生产的规划是什么?"

周灿："相信通过试验过后，通过这个有机水稻，使老百姓认识到有机带来的好处，第一个是经济效益，老百姓最直观的，第二个就是对生态环境的改变，使老百姓的观念得到了改变，那么就逐步扩展到水果、蔬菜，跟一个科研院校结合在一起，包括一些家禽啊，一些有利于生态的，提高经济效益这方面的发展。"

为了推广好这样的一项新技术新产品，吕世华在很多的地方培养出了优秀的基层农技员，农技员帮助老百姓指导日常的水稻生产，确保水稻的品质和产量。在东溪镇双河村，农技员袁勇已经在这里待了近六年的时间了，对农民需要什么，当地适合种植什么，有非常深的认识，而在天府有机稻的推广过程当中呢，他也总结出了自己的一套经验。

袁勇："我从03年就开始和吕老师接触，搞地膜水稻。然后从去年开始种有机水稻，就是把覆膜结合生态环保的一些技术，搞有机水稻种植技术"

记者："你们在推广的过程当中有什么体会?"

袁勇："第一个体会就是科技一定要尊重自然。像以前打农药施化肥，感觉就好像我们要征服或改造自然，结果给我们带来的负面影响，可能是我们的收入都无法弥补的。所以，我觉得我们这个农业科技一定要尊重自然规律，要和自然和谐发展，不是去征服它们。第二个就是农技推广要尊重农民。这个意思就是要把农民作为主人，因为他是技术的主体，这个技术好不好是他说了算，而不是我们专家说了算，也不是我们推广人员说了算，所以我们就要结合农民的需求，他需要什么样的技术，我们就改造推广什么样的技术。第三个是尊重现实，农村发展一定要尊重现实。因为我觉得我们国家现在的一些政策都是自上而下的，它就不太符合下面的实际情况。像农村，最有用的就是理解综合发展，以前一说到农村发展，就是增加收入，除了增加收入还是增加收入。但是，我们人均就一亩，我说一句开玩笑的话，你种金子也种不出多少钱。如果我们一门心思就放在怎么增加收入上，绝对会走入死胡同。所以我们一定要考虑农民的综合需求，其他什么问题，其他什么需要，为他们服务的我们就要搞，在这个过程中我们搞，就是服务的时候，就是不像以前呢只是开个会就结束了，而是从种到收搞全程服务，然后他就感觉到我们确实在为他们服务。这个农民呢，他们也是一门心思想赚钱，因为他们也确实没钱，我们就跟他们说，因为健康、环境是钱买不来的，然后我们就跟他们推广有机的种植方式，这种方式种植出来的水稻对自己也健康，对环境也有利。如果我们还是像以前那样，大量使用农药化肥的话，产量上不去，气候也受到了影响，最终遭到报复的还是我们农民自己。现在，他们种出的这个有机米，有的人还不愿意卖，他说这么好的东西我凭什么要卖给你们呢，自己首先保障自己，这就是一个好的转变。"

来自香港嘉道理的专家小山一直对于天府有机米的生产方式非常感兴趣，知道当地有这样的一场活动也来到了现场，不仅感受到了新米拍卖会的热闹，也品尝到了非常地道的农家菜搭配新米饭。当记者问起天府有机米感受的时候，小山说出了自己的心里话。

小山："农民要种有机米需要付出很多的劳力，一般来说呢有机种植相对产量较低，但这个新天府有机米呢，他利用了覆膜的技术，它的产量竟然是翻倍了。那第二点呢，是他们有这个合作社的推广，有机种植发展非常的快，现在已经有 71 户的农户参加了，那在有机界来说这样的推广速度是相当不错的。那也证明了，吕老师，吕世华教授他在这方面做了很多的努力。第三方面就是吕世华很聪明的把生产者和消费者结合了起来，让消费者以自己的购买能力来支持农户，而这样就可以让广大的消费者利用自己的购买来支持环境的保护，还有支持这个有机的生产。因为如果市场没有改变的话呢，那支持推广有机是有困难的。比如在香港来说，我们现在也开始推动消费者去买一些省电的电器，以后就可以有效推动厂家去生产一些相符合的产品。这里的情况也一样，如果没有消费者的支持呢，这种东西也很难推广出去。"

通过现场的交流，消费者找到了放心的食品，了解了生产的过程。和消费者互相建立了信任，生产者因此也增强了有机生产的信心，真正实现了城乡的互动，为合作社的事业发展打下了很好的基础。

吕世华最后这样告诉我们。

左 1 为在现场采访的四川人民广播电台主持人、记者张扬

记者："就你看，今年我们这儿的水稻丰收了，那丰收之后你觉得效果怎么样？"

吕世华："这个嘛，农民满意、消费者满意，就是我们满意。就从今天这个活动来看，农民对这个有机生产越来越有信心，然后我们城市来的消费者就是看好这个地方，以后他们除了这个有机大米以外，可能会在这儿拿到有机的蔬菜和有机的水果，还有其他有机的动物产品，所以这个对于我们做农业科研来说就更有信心了。因为可以通过这个来推动我们四川农业的可持续发展，推动粮食安全和环境保护，这是今天的收获。"

记者："其实对于这个技术，我们节目之前介绍了很多次哈，下一步的话，吕专家你在推广这个有机水稻技术这一块，你的思路和规划是什么？"

吕世华："新天府有机米是不用农药化肥，是用智慧和汗水进行栽培，是米中佳品，安全环保。通过去年和今年，小面积和一定规模的这种示范，看出用这个覆膜技术，结合有机水稻的生产，是非常成功的，就是通过这种方式来提高种水稻的效益，这个是已经非常明确的。那么，下一步我们是想在四川推广覆膜水稻的地方，和有机生产结合起来，让水稻的产量能得到保证，同时这种稻米的安全性也能得到保障。"

吕世华：环境保护事业是大家共同的事业。有机水稻的种植一是避免传统种植施用农药化肥导致的环境污染和生态破坏，二是生产安全健康的农产品。消费者与生产者的互动十分关键。2010 年我们在简阳市东溪镇双河村建立新天地水稻合作社发展有机水稻及有机农业，特别强调城乡互动，组织了好几次品鉴和拍卖活动，有效地促进了有机水稻和有机农业的发展。

2011 年

四川省农业科学院

2011-05-18 省委常委、副省长钟勉到资阳市雁江区考察我院水稻覆膜技术推广应用

5月17日上午，省委常委、副省长钟勉在资阳市委书记以及省农业厅厅长任永昌等的陪同下，到资阳市雁江区中和镇调研考察了我院水稻覆膜技术推广应用情况。

钟勉副省长在雁江区考察水稻覆膜技术推广情况

中和镇党委书记苏贤光在现场向钟勉副省长一行汇报了该镇示范推广我院水稻覆膜节水综合高产技术的情况。中和镇从2006年开始在我院土肥所和区农业局、科技局有关专家指导下积极示范推广水稻覆膜技术，示范推广面积从最初的3亩发展到现在的1.5万亩，已占全镇水稻生产面积的65%，亩均增收300元，全镇农户年增收451.5万元，人均增收79元，取得了粮食增产、农民增收的显著效果。

雁江区区委书记毛绍百和资阳市委常委、副市长陈能刚分别向钟勉副省长一行介绍了雁江区和资阳市推广水稻覆膜技术的情况。

钟勉副省长对资阳市和雁江区推广水稻覆膜技术给予充分肯定。他指出，要切实抓好当

前春耕生产，大力推广高产高效栽培技术，不断提高粮食综合生产能力，努力确保粮食安全。（土肥所肥料室供稿）

吕世华：这个消息说明资阳市雁江区的确是我省推广水稻覆膜技术最好的县（市、区）。

四川省科学技术厅

2011-06-21　省农科院专家组到史家镇指导水稻覆膜节水高产技术

近日，省农科院吕世华教授一行 4 人到史家镇石梯村就水稻覆膜节水高产技术作了现场指导，在试验田进行了对比查看，数据测量登记，病虫害防治等关键技术讲解。

今年水稻季已遭受了多次强寒潮袭击和长时间低温阴雨寡照天气的影响，导致水稻"坐蔸"症发生和成熟期显著推迟。而在石梯村试验田的水稻生长健旺，没有任何"坐蔸"现象，形成了鲜明的对比，起到了很好的示范作用。实践进一步证实：覆膜栽培有助于抵御阴雨天气，可以显著地节省肥料投入，减少人工成本，促进农民增产增收。

根据同田对比试验的调查数据，同样一个田不盖膜的一边亩施纯氮 11 公斤分蘖数为 14.74 万苗/亩，而覆膜的亩施纯氮 7 公斤的分蘖数达到了 28.18 万苗/亩。覆膜的比不盖膜的亩产增加 300～400 斤，增加收入 500 元。该村目前覆膜水稻种植面积 500 余亩，特别是 8 队种植面积达到 100%，9 队达到 80%，很多农民都已经养成种植覆膜水稻的习惯，并且带动周边农民种植覆膜水稻面积将越来越大。（内江市科技局）

2011 年 6 月 16 日在内江市中区史家镇考察。左 1 为史家镇农业服务中心主任余建生

吕世华：内江市中区史家镇石梯村在经过两年示范后已经养成种植覆膜水稻的习惯，并且带动周边农民种植覆膜水稻，这是一个非常可喜的现象。

四川省农业科学院

2011-09-02 任光俊副院长考察土肥所水稻科研项目指导成果示范推广工作

9月1日，我院副院长、国家水稻产业技术体系岗位专家任光俊研究员在土肥所专家吕世华和课题组成员的陪同下，前往简阳市东溪镇和资阳市雁江区考察指导土肥所承担的水稻科研项目及相关成果的示范推广工作。他对土肥所围绕水稻优质高产高效开展技术综合集成创新所取得的科研成果予以好评，也对土肥所通过农民组织让农民参与科技成果示范推广的做法给予了高度评价。

在简阳市东溪镇双河村，任光俊副院长先后考察了有机水稻优质高产新品种筛选试验和有机水稻大面积示范情况。看到 300 余亩成片有机水稻亩产能够超过 500 公斤的丰收场景他十分高兴，他对课题组培育的突破性优质高产新品种的良好表现也甚为满意。在村委会办公室，他详细了解了在我院专家吕世华和东溪镇农业服务中心袁勇主任推动和指导下该村农民组建的简阳市新天地水稻专业合作社的运作情况。他对土肥所通过农民组织让农民参与科技成果示范推广的做法给予了高度评价，当听到合作社理事长李显俊说去年采用覆膜有机水稻生产技术的农民平均每亩产量超 500 公斤纯利润达 1 500 元时，他说："这是你们的创造！要总结好你们的经验向省里报告"。他还向正在开会交流养殖技术的合作社社员们给予了鼓励，建议合作社下一步综合发展有机种养业，争取资金尽快改善村道。

在资阳市雁江区雁江镇响水村，任光俊副院长先后考察了覆膜水稻养分管理和氮肥高效利用试验、水稻优质高产新品种试验示范、稻田温室气体排放及水稻节水抗旱品种筛选等试验，也详细了解了该村农民从 2006 年开始连续 6 年应用水稻覆膜节水综合高产技术的情况。他对川优 6203 优质杂交稻新品种及 C10050A/CH178 抗旱品种的良好丰产性高度关注，对水稻覆膜技术给农民带来的显著增产增收成效高度肯定，呼吁进一步加大推广力度。考察结束后，他指出农业科技成果在农村的示范推广难度很大，吕世华专家在简阳、资阳的工作推翻了固有模式，将技术实实在在的用到了农民身上，值得肯定，也希望课题组今后的科研工作能更上一层楼。

吕世华：现在很多人把我当做水稻栽培专家，我得首先感谢任光俊副院长。大概是 1998—1999 年他培育的第一个优质杂交稻品种香优 1 号和内江农科所的菲优多系 1 号获得了农业部的"农业科技跨越计划"项目的支持。作为项目首席专家任院长叫我参加项目并负责优质水稻施肥技术的研究。2000 年他从袁隆平院士处拿到水稻强化栽培技术体系（SRI）

资料后，他首先给我研读并鼓励我大胆创新。从这个简报可以看出，他对我们的科研工作和示范推广工作都给予了不少的指导、肯定与鼓励，谢谢任院长！

任光俊（左2）副院长在简阳市东溪镇双河村考察有机水稻

四川省农业科学院

2011-09-06　土肥所组织重大项目执行情况现场检查

2011年9月5日，为加强项目实施管理，土肥所科管科按《土肥所科研管理暂行办法》规定，组织土肥所相关人员沿成都—资阳—简阳石盘—新都基地一线对所内土壤、肥料及微生物学科的部分国家和部省级重大在研项目进行了现场检查。土肥所学委、党政领导、各科室负责人及受检重大项目主持（主研）人员一个都不少的亲临现场。

在资阳，林超文副所长向检查组成员介绍了国家自然科学基金"川中丘陵区坡耕地防蚀机理研究"及国际合作项目"不同氮肥形态对紫色土坡耕地N、P流失途径和通量的影响等研究"的研究情况，他主持的另外2个项目，农业部行业专项"南方山地丘陵区面源污染监测及氮磷投入阈值研究"和"国家牧草产业技术体系资阳综合试验站"分别由主研人员黄晶晶和朱永群汇报了研究思路和研究进展。

也在此地，水稻栽培专家吕世华向大家介绍了他获得土壤与农业可持续发展国家重点实验室开放基金和香港嘉道理农场暨植物园联合资助的"水稻覆膜栽培对稻田温室气体排放影响"课题的研究进展，并现场演示了温室气体的取样技巧和方法。此外他还介绍了省基因工程"水稻抗旱丰产品种筛选鉴定与应用研究"的田间试验研究情况，通过多年鉴选，目标品种已现端倪。

在简阳石盘和新都基地，甘炳成所长向大家展示了国家高技术产业化项目"超性杂交食用菌新品种扩繁体系建设及产业化示范"的成果——石盘食用菌新品种工厂化栽培试验研究和中试示范基地及新都GMP（待认证）加工车间，他还带领大家巡视了工厂的设施设备，介绍了主要仪器功能以及正常运转产能等。他也坦陈目前面临的各种认证和运转困境。

此次课题检查起到了学科间互相传递研究信息，交流农业科技成果示范推广经验的目的。

吕世华：十分感谢土壤与农业可持续发展国家重点实验室开放基金和香港嘉道理农场暨植物园同时资助我们开展"水稻覆膜栽培对稻田温室气体排放影响"的课题研究，所取得的成果为我们目前开展"气候友好水稻"项目提供了科学依据。

同事们在查看干湿沉降采样器

四川省农业科学院

2011-12-30 科技致富心舒畅 载歌载舞迎新年

2011年12月29日，应四川省农业科学院土肥所水稻栽培专家吕世华邀请，院合作处张颢副处长，土肥所张庆玉、廖鸣兰、姜邻、秦鱼生、李晓华、熊鹰，四川农村日报记者杨勇一行赶早驱车前往简阳东溪镇双河村，参加"新天地合作社有机农产品品尝暨新年联欢会"。

初到村口，映入眼帘的是挂在竹竿上膘肥肉厚的鲜肉和令人垂涎的腊肉制品，旁边砖块垒砌的土灶上两口大锅腾腾弥漫着热气，村中操场内大人孩子们济济一堂，每个人的脸上都漾开着灿烂的笑容，吕专家所到之处，人们都热情的打着招呼：吕博士好！吕教授好！

会议由东溪镇范厚才副镇长主持，资阳市科技局潘超局长，简阳市农业局李赟娟副局长，双河村新天地合作社理事长李显俊和社员李朝荣都在会上作了精彩的发言。他们对生态农业，对有机生产推崇备至；他们感谢农科院，感谢吕专家，特别对他不辞劳苦、深入农村，把科学论文写在农田里，把科研成果带进农民家的这种贴心服务发自肺腑的感激。吕专家在会上也作了简短发言，他认为双河村的这种生产方式，是用真心、用实情浇灌的农产品，虽然尚未获得有机认证，但凡了解生产过程的人都会确信生产出的是好产品，愿意出高价购买。

作为同行的农业科技工作者，我们深知严格科学意义的有机农产品认证远非易事儿，但能让消费者买到放心吃得安心的农产品肯定会受到追捧的，口碑是筑就信用的通行证。

发言结束后，双合村民、新天地合作社的社员们用歌舞、相声、小品、二胡、快板等丰富多彩的节目形式表达了新农村的和谐喜庆。值得一提的表演唱《逛双河》、快板《新天地》、合唱《请到双河来做客》等新编节目都加注了双河元素，用朴实的词句诠释了双河人致富的快乐，用飞扬的舞姿炫出了新农村、新生活的精彩。

最后，欢腾的人群在意犹未尽的欢聚中大快朵颐着生态美食，打道回府的时候，参会的简阳、资阳和成都消费者谁也没忘带些双河土产的大米和猪肉与家人朋友分享。

吕世华：我现在眼前浮现的全是新天地合作社老年协会和妇女协会自编自演的节目《逛双河》、快板《新天地》、合唱《请到双河来做客》等节目。想起了多才多艺的原双河小学校长余正和老师，在简阳新天地合作社的发展壮大过程中他做出了巨大贡献，我和他也因此成为忘年之交。今年1月21日中午我去余老师家看望他时他因生病已经腿脚不便，也不能歌唱了。这里唯有祝愿，祝尊敬的余老师早日康复！健康长寿！

2011年12月29日在迎新年活动上余正和夫妇表演小品

2012 年

四川省农业科学院

2012-02-17 省农科院积极组织专家参加全省送科技下乡活动

2月16日，省政府在宜宾南溪区江南镇举行"2012年四川省粮油高产高效创建暨农业科技促进年行动"的启动仪式和科技赶场活动，省农科院李跃建院长出席了这次活动，并针对川南地区严重干旱问题和生产需求，派出了11位相关领域的专家带着水稻、玉米、高粱、蔬菜等10余种优良新品种以及最新编印的"川南主要农作物抗旱技术资料汇编"、"加速科技成果转化，促进现代农业发展的科技增粮（收）手册"等科技资料数千份（册）发送给当地农民，深受大家的欢迎。

在送科技下乡活动期间，省委常委、副省长钟勉同志以及省相关部门和市（州）、县（区）领导在李跃建院长的陪同下，来到我院送科技下乡展台，与我院专家们进行了亲切交谈。水稻高粱所所长、四川科技创新团队首席水稻专家郑家奎研究员向钟勉副省长简要介绍本所选育的全国和全省主推的超高产优良水稻新品种德香优4103和泰优99，并汇报了川南开展科技抗旱情况；农业厅任永昌厅长向勉副省长介绍他最近批示的"关于在川南抗旱中采用分段育秧的建议"就是这位郑家奎研究员撰写的。

同时，省农科院还有多位省内外知名专家参加了此次送科技下乡活动。国家现代农业产业技术体系高粱岗位专家丁国祥副研究员在现场向农民发送他选育的曾经在川南掀起"红色风暴"的高产优良的高粱新品种泸糯8号，很快被一抢而空；四川省创新团队蔬菜首席专家刘小俊博士作为启动仪式所在地南溪区江南镇专家大院的首席专家应邀向对当地50多位农技术干部和农民进行了"瓜类'双断根'技术培训"；水稻专家吕世华副研究员在江安县怡乐镇现场向钟勉副省长及参加会议的省、市州的领导和农业部门的负责人介绍了"水稻覆膜节水抗旱综合增产技术"的要点和应用效果，并建议在川南地区大力推广这项节水抗旱技术；国家现代农业技术体系玉米岗位专家刘永红研究员的团队还向当地农民赠送了3万余个秸秆杯作为玉米育苗所用。

此外，我院还派出了作物所、水稻高粱所、园艺所、土肥所以及科技合作处有关水稻、玉米、蔬菜、高粱、马铃薯等作物的育种、栽培等领域的专家以及科技合作处的有关负责人共11人参加了此次送科技下乡活动。（科技合作处）

吕世华：在宜宾市江安县怡乐镇示范现场，我向钟勉副省长及参加会议的省、市州的领导和农业部门的负责人发放了"水稻覆膜节水综合高产技术"的技术资料，并在田间进行了现场演示，建议在川南旱区大力推广这项节水抗旱技术。

又一次见到钟勉副省长

四川省农业科学院

2012-08-31 中国农科院李茂松研究员率团来川考察水稻覆膜技术

2010年8月23～24日，著名农业防灾减灾专家、中国农业科学院农业资源与农业区划研究所李茂松研究员带领中国农科院农业资源与农业区划研究所王春艳博士、中国科学院东北地理与农业生态研究所梁正伟研究员、黑龙江农垦牡丹江分局科技局陈双全局长以及三菱化学（中国）商贸有限公司刘洪军副总经理专程来川考察我院土肥所创新的水稻覆膜节水综合高产高效技术。考察结束后，李茂松研究员对水稻覆膜技术的防灾减灾、增产增收作用予以充分肯定，表示将与土肥所开展合作研究并推动成果应用。

24日，在土肥所专家吕世华的陪同下，李茂松研究员一行先后参观考察了连续多年示范推广水稻覆膜技术的简阳市东溪镇双河村和资阳市雁江区雁江镇响水村。在简阳市东溪镇双河村，专家们对采用覆膜技术有机水稻亩产能超过500公斤十分惊喜，对水稻如何覆膜很好奇。在村委会办公室，吕世华就水稻覆膜节水综合高产高效技术17年的创新历程、关键技术和配套技术的集成和在省内外的示范推广情况做了详细的报告。在资阳市雁江区雁江镇响水村，专家们先后考察了覆膜稻田温室气体排放、覆膜水稻养分管理和氮肥高效利用等试验，实地察看了在今年降雨偏多条件下水稻覆膜栽培的明显增产效果，并在村民刘水富家里和农户围坐在一起进行了座谈访问，响水村多位村民介绍了自己从 2006 年开始连续 7 年应用水稻覆膜节水综合高产高效技术的实际感受，众专家对该项技术节水抗旱、除草省工、高产高效的作用给予了充分肯定，同时也指出该技术继续发展需要解决地膜残留污染及回收的问题。王春艳博士和刘洪军副总经理介绍了日本生产的全生物降解膜，该膜最终被分解为 CO_2 和 H_2O，不会对环境造成污染，目前已经在我国 4 个省设置了 9 个试验点，分别应用在棉花、小麦和玉米上，效果均很理想。李茂松研究员表示能听到农民说好话非常难，而水稻覆膜技术真正做到了这点。他希望能与吕世华专家合作，将生物降解膜与水稻覆膜技术相结合，进一步促进技术完善，并进一步推广到更多的省份，充分发挥这项技术在我国农业防灾减灾和保障国家粮食安全中的突出作用。

我院黄钢副院长、科技处何希德副处长会见了李茂松研究员一行。资阳市科技局刘晓副局长、简阳市教科局彭忠副局长、简阳市东溪镇范厚才副镇长等陪同考察。（土肥所肥料室）

吕世华：到今年（2022 年）资阳市雁江区响水村已经连续 17 年应用水稻覆膜节水综合高产高效技术啦。只是遗憾的是最近 2～3 年响水村的水稻种植面积快速下降，不少的稻田用于种植蔬菜、果树和养鱼，这与水稻种植的比较效益太低有很大关系。

资阳市科技局刘晓副局长（右 3）陪同李茂松研究员一行考察覆膜水稻

四川省科学技术厅

2012-10-23　内江市中区以项目为抓手努力推动科技示范推广

日前，内江市市中区立足区域农业特色产业发展，组织农业产业化龙头企业以及相关单位，积极申报省科技系统科技示范推广活动计划项目。

一是立足农村科技服务。申报实施《构建"三个一"科技特派员服务圈体系建设》项目，建立科技特派员服务农村的长效机制，健全"以农村优势特色产业为载体，以科技特派员为纽带，以农业产业专家大院为支持，以各种科技信息资源为平台，以专合组织及协会为补充，以广大农民为主体"的新型农村多元化科技服务体系，解决农村缺人才、缺技术的现象。

二是立足传统产业。申报实施《水稻覆膜节水抗旱高产综合技术示范推广信息化建设》项目，示范推广先进技术，解决水稻节水抗旱、低温冷浸、部分稻田因低温冷浸造成前期坐蔸等严重问题，有效抑制杂草，减少农药、化肥和农民用土投入，实现水稻高产高效。

三是立足产业链延伸。申报2013年省级科技富民强县《优质生猪无公害养殖及精深加工技术集成与产业化示范》项目，示范推广低温高湿解冻、液体烟熏等技术，发展深加工，建立酒店产品生产线等，增加生猪产业的附加值，带动辖区及周边生猪产业的发展。（内江市科技局）

吕世华：内江市中区示范水稻覆膜节水综合高产技术重点是解决缺水干旱、低温冷浸造成的前期坐蔸等问题，有效抑制杂草，减少农药、化肥和农民用工投入，实现水稻高产高效。

土壤与农业可持续发展国家重点实验室

2012-11-08 四川省农业科学研究院吕世华研究员应邀做学术报告

2012年11月7日下午，来自四川省农业科学研究院土壤肥料研究所的吕世华研究员应邀在惠联楼第二学术报告厅做了题为"四川盆地山丘区水稻高产高效技术的创新与大面积推广"的精彩报告。

本次报告中，吕世华研究员根据他过去20余年来的工作成果，针对四川盆地山丘区水稻高产高效技术分别从技术创新的回顾和技术的大面积推广方面进行了介绍和讲解。四川盆地山丘区水稻生产的主要问题是水，吕世华研究员从技术创新的不同阶段讲起，对主要研究成果和遇到的问题进行了详细介绍；对覆膜栽培技术在生产中的应用和成效进行了生动展示；对实际操作中的具体技术手段进行了细致讲解；并结合全球气候变化，对覆膜栽培技术对温室气体排放的影响进行了解释。

报告持续了近两个小时，引起了与会人员的广泛关注。大家详细询问了覆膜技术在农业生产中应用和推广的具体问题，并针对覆膜技术与环境，特别是温室气体和地膜回收和降解等问题展开了热烈讨论。

吕世华：谢谢中国科学院南京土壤研究所土壤与农业可持续发展国家重点实验室副主任

徐华研究员给予的学习交流机会。

报告会现场

2013 年

四川省农业科学院

2013-01-05 科技开辟新天地 城乡互动迎新年

2012 年 12 月 29 日，一场名为"简阳市新天地水稻种植专业合作社庆丰收、迎新年城乡互动联欢会"的活动在简阳市东溪镇双河村举行。此次活动由简阳市新天地水稻种植专业合作社组织发起，活动内容包括：新天地合作社有机农产品展销、科技小院揭牌、双河村小朋友作文美术大赛颁奖、生态猪肉大拍卖、文娱表演联欢和生态有机农产品品尝等。活动特别邀请了中国农业大学资源环境和粮食安全中心李晓林教授，四川省农科院副院长刘建军、院纪委书记刘超、院合作处处长段晓明，资阳市人民政府副市长何正月、农业局局长吴明化，简阳市人民政府副市长李茂名、农业局局长张立昌、教科局副局长彭忠，简阳市东溪镇党委书记黄安文，四川省农科院土肥所党委书记黄芳芳、所长甘炳成、副所长林超文等参加。四川省农科院刘建军副院长和资阳市何正月副市长分别在会上作了重要讲话。

双河村被誉为资阳市有机生态第一村。2010 年初，在四川省农科院土肥所专家吕世华和简阳市东溪镇农业服务中心主任袁勇共同推动下，成立了以有机水稻种植为主的专业合作社。该合作社通过成立农民田间学校和农民兴趣小组，着力培养乡土人才和农民土专家，鼓励农民土专家与农业科研院校的专家、教授合作研究，推动农业实用技术的创新与推广应用。同时，合作社也非常注重农村文化建设，关爱留守老人、妇女和儿童，成立了老年协会和妇女协会和健康俱乐部，组织了文娱表演队。并适时开展大学生支教和小朋友作文美术大赛活动，促进村子的精神文明建设和留守儿童的健康成长。

三年的时光里，合作社将有机生产从水稻拓展到了粮油、蔬菜和水果，从种植业拓展到了养殖业。生产的有机农产品在本地形成了市场，也远销成都、深圳等大城市。既增加了农民的收入，又改善了农村生态环境。在合作社引导带动下，村民以"建设美好家园，远离农药和化肥"为信念，建立了种养结合的生态循环农业，为城里人生产了一批又一批健康、安全、美味的农副产品。

活动伊始，代表中国农业大学资源环境和粮食安全中心主任张福锁教授出席本次活动的李晓林教授，介绍了在我国已引起广泛关注的"科技小院"产生的背景、做法和使命，强调了在新天地合作社共建科技小院的重要意义。随后，他与四川省农科院土肥所甘炳成所长、简阳市东溪镇党委黄安文书记在欢快的锣鼓声中共同为新天地科技小院揭牌。

简阳市东溪镇农业服务中心主任袁勇向领导和来宾汇报了自合作社成立以来，针对"三农问题"在农民中推行合作与教育，在农业生产上推广生态农业，在农村推动文化建设的发展思路。双河村村支书、新天地合作社理事长李显俊报告了合作社成立三年来双河村方方面面特别是干部群众思想上的巨大变化。简阳市东溪镇党委黄安文书记代表四万三千东溪人民感谢农科院领导和专家为东溪发展的付出，也表示要以此次活动为契机，进一步扶持新天地合作社的发展。

四川省农科院刘建军副院长高度肯定新天地合作社为农村发展探索的道路，表示接下来将认真调研新天地合作社的运行机制。他认为现代农业发展核心是科技，合作社是科技与千家万户农业生产相结合，实现科技成果快速转化的重要途径。目前全省合作社数量虽多，但运行好的不多，新天地合作社搞得好，科技小院也是重要的创新，今后要总结成功经验推广到全市、全省甚至全国。四川省农科院也将派出更多的专家帮助新天地合作社的发展。

资阳市人民政府何正月副市长，在讲述他与吕世华专家和新天地缘分的基础上，肯定了新天地合作社发展有机农业、生态农业的重要意义。建议以生态安全为前提，绿色资阳建设为契机，大力建设生态双河，以标准化规范生态农业生产。他祝愿新天地科技小院和新天地合作社的探索在简阳、在资阳、在四川开辟一个新的天地！他同时表示：他自己将是双河坚定的宣传者和推广者。

这是一场别开生面的活动，这是参会人员广泛、活动内容丰富、意义深远的活动。参会人员既有双河村的男女老少，也有来自成都、资阳和简阳的城市消费者。既有回乡创业的打工仔，也有投资农业的企业老板。既有分管农业的政府领导，也有来自农业科研院校的专家教授。活动的组织者简阳市新天地水稻种植专业合作社总顾问、四川省农科院土肥所专家吕世华表示，举办这次活动的目的一是向领导们汇报三年来深入农村探索以科技为先导推动新农村建设的主要工作和成效，二是通过城乡互动，进一步促进城市消费者对小农户有机生产的认同，保护农民采用有机生产方式的积极性。

接下来的庆丰收、迎新年城乡互动联欢会在一片欢歌笑语中举行，村民们的节目大多是他们自己根据双河村的发展变化而改编或创作的，富有浓厚的双河韵味，例如大合唱《双河欢迎您》，快板儿《新天地》、金钱板《双河村的新天地》等，让人们在欣赏精彩节目的同时，也了解了村子的种种变化和发展。与此同时，城里人也以自己的方式回报了双河人的热情，纷纷上台演绎精彩节目，城乡互动可见一斑。

活动还专门为获得"首届新天地美好家园作文、美术大赛"获奖者颁奖。获奖者代表余娉婷小朋友声情并茂的朗读了她的作文《可爱的家乡》，之后，四川省农科院纪委刘超书记和四川省农科院土肥所黄芳芳书记为获奖小朋友颁奖，刘超书记特别表扬余娉婷小朋友普通话说得好，作文写得好，人也漂亮。

在活动现场，双河村人民把双河特色的系列农产品一一展现给城里的客人，大伙儿流连忘返，好不热闹。活动组织者吕世华主持了双河村有机猪肉的大拍卖，来自一头活了360多天的"长寿猪"的半只猪头、半扇排骨和一大片猪肉在激烈的叫价后最终分别以 100 元、220 元和 800 元成功拍卖。以 800 元成功拍买到一片猪肉的来自成都的消费者，某公司老板张总说"买的不是肉，买的是心情，买的是健康，买的是双河村发展的希望！"

活动在中午 12：30 开始的以新天地系列生态、有机农产品为食材的正宗川菜和大米饭的品尝活动中宣布结束。（合作处、土肥所）

吕世华：四川省农业科学院刘建军副院长对新天地合作社积极探索农村发展道路给予高度肯定，认为合作社是科技与千家万户农业生产相结合，实现科技成果快速转化的重要途径。资阳市人民政府何正月副市长肯定了新天地合作社发展有机农业、生态农业的重要意义，并建议大力建设生态双河，以标准化规范生态农业生产。

合作社妇女协会表演大合唱《双河欢迎您》

中国农业大学

2013-04-22 我校"双高"创建挥师西南 四川射洪科技小院揭牌

4月20日，经过8个月试运行，由我校和四川省农科院、四川美丰化工、射洪县人民政府联合组建的"中国农业科技小院——射洪科技小院"在该县玉太乡尊圣村揭牌。

我校资环学院教授张福锁、江荣风，四川省农业厅副厅长蒋天宝及土壤肥料与资源环境处处长吴晓军、副处长陈琦，四川省农科院副研究员吕世华，射洪县副县长黄小文、农业局局长何小江，四川美丰化工副总经理、四川德科农购网董事长蔡兴福，射洪县玉太乡及尊圣村负责人，四川德科公司技术人员参加揭牌仪式。

四年来，我校高产高效团队在河北曲周经过不断探索，以科技小院开展农业科技创新，进村住户开展"四零（零距离，零时差，零费用，零门槛）服务"。射洪科技小院的成立，是这一为农服务新模式在西南丘陵区的试验验证。8个多月来，科技小院受到了当地农民和干部群众的真心欢迎和积极参与，取得了粮食增产、农民增收、农业增效的好效果，建立了农民田间学校和水稻生产合作社，推动土地流转和规模化经营，通过引进和集成创新，建立了主要作物高产高效生产技术，并大面积示范推广，取得了良好的社会、经济和生态效益。

揭牌仪式上，张福锁、吕世华、蔡兴福、何小江分别代表合作单位在共建"四川射洪（美丰）科技小院"协议书上签字。

揭牌仪式前，与会人员参观了科技小院、科技长廊、试验示范田和小院所在村及附近村的现场，听取了农民和当地干部的意见和建议。

吕世华：2013年4月20日雅安地震这一天，由中国农业大学校和四川省农科院、四川美丰化工股份有限公司、射洪县人民政府联合建设的"射洪科技小院"在射洪县玉太乡尊圣村揭牌。射洪科技小院2012年开始示范的覆膜有机水稻技术至今仍被尊圣村及其周边村子的村民应用。

张福锁教授在揭牌仪式上讲话

四川省科学技术厅

2013-06-03 专家传授技术 助农民圆致富梦

近日，省农科院土肥专家吕仕华研究员在内江市市中区科知局、史家镇农业服务中心相关人员的陪同下深入史家镇牛桥村覆膜水稻高产示范片实地察看水稻生长情况，并就覆膜水稻的水、肥管理和病虫防治等关键技术与种植户进行了全面、细致的交流和指导。牛桥村村民自去年开始采用水稻覆膜技术，当年实现增产20%以上。今年他们自觉大规模增加了覆膜水稻面积。专家就一些实际问题一一作答并实地操作讲解，近四个小时的讲解和指导。吕世华研究员当场表示，明年要在牛桥村建立有机水稻示范基地，指导广大村民种植优质、优价的有机水稻，实现农民增收致富，助广大农民共圆美好中国梦。（内江市科技局）

吕世华：内江市中区史家镇牛桥村自 2012 年开始采用水稻覆膜技术，当年实现增产 20％以上。2013 年他们自觉大规模增加了覆膜水稻面积。

遂宁新闻网

2013-07-01　　保升乡的农民增收路线图

船山区保升乡通过"一城一区"建设，正在努力将保升乡建成船山区"现代生态田园城市"的典范，建成中国西部现代物流港的生活服务配套区。与此同时，2013 上半年，该乡农民人均纯收入达到 5 306 元，同比增长 16.2％。

记者近日深入保升乡采访，寻找农民增收路线图。

技术创新　旱育秧亩产增加 20％

"水稻覆膜节水抗旱栽培技术主要包括培育旱育壮秧、规范开厢、施足底肥、盖好薄膜、及时移栽等环节。一般来看，在 3 月上、中旬开始旱育秧，大约 25 天至 30 天秧苗就可移栽；3 月下旬就要整大田，一次性施足底肥；接下来开厢盖覆膜，最后在覆膜上定距离打孔移栽秧苗。生产时注意水不上厢面，基本苗够后就晒田，防止水稻突长。"6 月 27 日，记者在船山区保升乡农技服务中心主任余海的陪同下，看到该乡白果湾村成片的水稻田，绿油油的甚是惹人喜爱。

余海告诉记者："遂宁属于十年九旱的地区。今年天大旱，保升乡大概有 4 538 亩水稻田面临栽种缺水的难题。因为这里的农业生产都是靠天吃饭，仅靠塘、池、堰的蓄水来插种秧苗还不能冲破这个局限。像这种水稻覆膜节水的插秧模式，保升乡准备大力推广，来缓解天干地旱对农业的困扰，减少农民朋友农业种植的损失，目前已栽种 3 000 多亩水稻了。"

水稻覆膜节水抗旱栽培技术的试点和推行有明显的优越性。与大田栽插水稻比，可以节水约 70％，提高肥料利用率，节约除草成本（杂草难以生长），田间管理简单，提前 1 个月进行水稻种植。

"按此方法栽培水稻，可以亩产 700 公斤左右，比常规大田种植约增产 15％至 20％。"白果湾村村支部书记陆大贵介绍道。

点子管用　农民喜欢和干部们拉家常

在农村，用会议贯彻会议、用文件传达文件，是过去的惯常做法。保升乡却跳出会议窠臼，充分利用已经十分成熟的干部包村联组联络员制度，在农家小院，在田间地头和农户一起算账，谋划来年的"产业"。

通过算账，农户心中有了一本小账，干部心中有了一本大账。在这本大账上，记下了千家万户的心愿。也正是在算账的过程中，随着情况不断汇总，以保升乡党委书记陈绍宏、乡长聂华为首的一班人的认识才渐渐清晰了，就是要把中央一号文件，全市"六大兴市计划"，船山区"四大战役""六大行动"这个总纲，具体化为一家一户的致富增收计划表。

白果湾村村支书陆大贵说："过去搞一些东西往往雷声大雨点小，乡上一来人，村民远远就躲开了。现在不同了，农民喜欢和干部们拉家常了，因为干部们的话说到了农民的心坎上，增收的点子管用了。"

"增收项目入户工程实施以来，最忙的是干部，最高兴的是咱农户。干部几乎全天在农家'上班'。"这是保升乡干田坝村村民陈军的感受。

一些新来的大学生村官正是通过入户工程熟悉农村工作的。船山区第一个通过公推直选当上村支书的大学生村官吕玲说，刚入户时，由于说不到点子上，老百姓不欢迎，后来吃透了促农增收的政策和市情、乡情，为老百姓解疑释惑，受到了老百姓的喜爱。

（记者陈中楷）

吕世华：遂宁属于十年九旱的地区。2007年我们在该市船山区桂花镇示范水稻覆膜节水技术以后，船山区至今一直在示范推广覆膜水稻。大概在2015年我在网络上看到船山区农业局大力推广水稻覆膜技术的新闻甚是感动，但是遗憾的是现在在网络上找不到这条新闻了。

四川省农业科学院

2013-07-15 土肥所举行重大项目执行情况现场检查

2013年7月12日，为加强项目实施管理，依据《土肥所科研管理暂行办法》规定，科管科组织土肥所相关人员沿成都—资阳—简阳石盘一线对所内土壤、肥料及微生物学科的部分国家和部省级重大在研项目进行了现场检查。土肥所学委会委员、党政领导、各科室负责人、博士及受检重大项目主持（主研）人员共32人亲临现场。

在资阳，林超文副所长向检查组成员概要介绍了"国家牧草产业技术体系资阳综合试验站"、农业部行业专项"南方山地丘陵区面源污染监测及氮磷投入阈值研究"以及国际合作项目"不同氮肥形态对紫色土坡耕地N、P流失途径和通量的影响等研究"等的研究背景、研究思路、研究进展及本年度实施计划，课题主研人员朱永群和罗付香详细汇报了今年的实施方案执行情况并引导检查组观看试验现场。同在资阳花椒沟流域，吕世华副研究员向大家介绍了"水稻覆膜栽培对稻田温室气体排放影响"、"水稻最佳养分管理技术"课题的研究进展，并现场演示了温室气体的取样技巧和方法；此外，他还介绍了省基因工程"水稻抗旱丰产品种筛选鉴定与应用研究"的田间试验研究情况，通过多年鉴选，目标品种已现端倪。

在简阳石盘，姜邻副研究员带领大家巡视了石盘食用菌新品种工厂化栽培试验研究基地的设施设备，介绍了主要仪器功能以及正常运转产能，检查组还参观了不同品种、不同播期、不同覆土介质的室内羊肚菌栽培试验现场。

检查组成员普遍认为受检课题组计划周详，实施规范，为其他课题组做出了良好的示范；通过本次课题检查起到了学科间互相传递研究信息，交流农业科研研究示范经验的目的。（土肥所科管科）

吕世华：在资阳市雁江区响水村开展的水稻抗旱丰产品种筛选鉴定试验中我们发现，最为抗旱的品种的抗旱能力都比不过地膜覆膜栽培的抗旱效果，抗旱品种结合地膜覆盖有最好的抗旱效果。

四川省科学技术厅

2013-07-24 上半年资阳市科技工作再创佳绩

一是以项目带动为统揽，主要目标奋力实现"双过半"。 上半年，全市高新技术总产值达 199.5 亿元，完成全年目标任务的 57%；技术合同交易额达 2 923.48 万元，完成全年目标任务的 53%；省级科技成果登记 11 项，完成全年目标任务的 110%；省重大科技成果转化专项项目入库 7 项，完成全年目标任务的 58.33%；专利申请 316 件，同比增长 15.75%，其中，发明专利 42 件，同比增长 16.67%；新增专利实施项目 48 项，实现产值 6.51 亿元，完成全年目标任务的 59.18%。创新基金项目立项总数 14 个，居全省第 3 位；获得全省首批农业科技贷款额度 1.7 亿元，居全省第 1 位。全市共有 43 个国、省科技项目获得立项支持，总计到位资金 1 925 万元，占上年度全年到位资金的 68.75%，同比再创新高。

二是以平台建设为载体，科技创新承载能力明显提升。 上半年，我市出台了《关于实施"双千双百"工程确保实现"产业倍增"目标的意见》和《资阳市领军人才评选管理暂行办法》，为促进各类创新要素加快向资阳流动注入了新动力。截至 6 月，全市已建成国家级企业技术中心 1 家、省级企业技术中心 34 家、技术转移中心 5 个，培育创新型企业 46 户，建产学研合作联盟 6 个。全市高新技术企业总数 18 户，居全省第 8 位；高新技术产业化基地 3 个，居全省第 3 位。

三是以成果转化为核心，科技服务民生能力持续增强。 上半年，全市共有 13 个社发类科技项目获得省上立项支持。南车、川橡、四海等 4 户企业共 8 个项目顺利通过省级科技成果鉴定。资阳生物医药科技产业园被省政府列为省级重点药品加工基地，成为全省打造千亿医药产业的重要支撑。仁德制药积极与成都中医药大学、华西医大等单位开展产学研合作，在消化吸收自主创新的基础上，进行关键工艺、制备路线、制备方法等改进，自主研发的"瑞格列奈"原料药和制剂同时获得国家药监局批准注册批件，属国内同时获得该药原药和制剂的两家公司之一。

四是以统筹城乡发展为引领，农村科技工作全省领先。 今年全市示范推广"水稻覆膜节水综合高产技术"20余万亩，推广面积居全省首位；仅雁江区推广面积就近17万亩，占全区水稻总面积的60%以上，推广率居全省第1位。中央电视台、《科技日报》等新闻媒体先后进行了专题报道，河南信阳、广西桂林等省外市州纷纷前来考察学习。在省、市科技部门与科研院所的共同努力下，《山羊现代产业链关键技术集成研究与产业化示范》项目取得重大突破，简州大耳羊被正式命名为国家级畜禽新品种，实现了我市国家级品种命名零的突破。"四川省山羊产业工程技术研究中心"已经省科技厅批准建立。目前，该公司山羊供不应求，已形成卖方市场，价格持续走高，经济效益显著增加，将对简阳大耳羊产业及我市畜牧业快速发展起到巨大推动作用。（资阳市科技局）

　　吕世华：2013年年资阳市示范推广"水稻覆膜节水综合高产技术"20余万亩，推广面积居全省首位；仅雁江区推广面积就近17万亩，占全区水稻总面积的60%以上，推广面积和推广率均居全省第1位。

四川省科学技术厅

2013-09-23　资阳市科技特派员助推现代农业发展

　　四川省农科院土肥研究所副研究员吕世华受聘我市科技特派员以来，长期坚持深入到农业生产第一线，开展"水稻覆膜节水综合高产技术"示范推广和一系列试验研究工作，取得了显著成效，帮助农户实现了增产增收，成为了老百姓心中的"财神爷"。

一、示范推广节水农业技术，加速农业科技成果转化

　　吕世华特派员深入到我市雁江区，结合该区农业生产实际，以示范推广"水稻覆膜节水综合高产技术"为重点，积极探索旱作节水农业的有效途径，在抗御旱灾的严重威胁中发挥了重要作用。该区示范面积由2006年的280亩发展到2012年的17.3万亩。省科技厅组织专家进行挖方测产验收，最高亩产达741.4公斤（亩均增产279.4公斤），其单产远远高于全区和当地平均水平，创造了该区水稻单产的历史最高纪录。雁江区"水稻覆膜节水综合高产技术"的推广面积接近全区总水稻面积的60%，推广率居全省第一。全市示范推广涉及到50多个乡镇200多个村，总面积名列全省各市（州）首位。据统计，采用该技术在正常年份一般每亩增产100～150公斤，在干旱年份普遍每亩增产150～200公斤以上，取得了显著的经济效益和社会效益。该技术近几年在我市示范推广的实践证明："水稻覆膜节水综合高产技术"具有节水、节肥、省种、省工、无公害和环保、增产增收等显著效果。省科技厅、市政府领导先后作出重要批示，认为"水稻覆膜节水综合高产技术"破解了丘陵旱区水稻夺高产的难题。河南省信阳市农科所所长一行专门来资阳学习考察，《科技日报》作了专题报道，广西桂林市农科所专家一行专程来雁江考察，中央电视台也对此作了专题采访报道。

二、开展试验研究，为现代农业发展提供科技支撑

吕世华特派员利用自身优势和资源，积极开展试验研究，为现代农业的发展提供科技支撑。在简阳与香港嘉道理农场暨植物园合作开展水稻—油菜秸秆覆盖免耕试验和有机蔬菜种植试验，在简阳开展稻油轮作养分管理长期定位试验；在雁江与中国农科院南京土壤研究所合作开展覆膜水稻温室气体排放试验，与中国农业大学合作开展覆膜栽培控释肥料试验、与作物所合作开展抗旱水稻品种筛选试验等等，都取得了显著成效。

三、探索农业生产新模式，助推现代农业发展

在中国农业大学资源环境和粮食安全中心与四川省农科院的支持和帮助下，吕世华特派员在简阳市东溪镇双河村新天地合作社和雁江区中和镇等地相继建立了2个科技小院。科技小院采用和企业或者与当地政府、农民合作社合作的方式，让研究生、大学生下到农村，和农民同吃同住同劳动，帮助农民解决生产和生活中的各种困难和问题。还与简阳市新天地水稻专业种植合作社一起策划并组织了"简阳市新天地水稻种植专业合作社庆丰收、迎新年城乡互动联欢会"，参会人员广泛、活动内容丰富。

四、加强技术指导，发展生态农业

吕世华特派员指导简阳市东溪镇双河村新天地合作社发展生态农业，面积1 000多亩，品种扩展到蔬菜、水果和粮油作物，生态种植技术和种植模式也日益完善，生产管理模式不断创新。指导合作社以大米为主打产品，在延长产业链上做文章，与深圳众品生活商贸公司合作，开发出了婴儿米粉和碎米产品，极大提高了产品的附加值，增加了社员的收入。目前，合作社还与四川合作社联盟、成都休闲农庄、深圳众品公司等建立了长期合作关系，解决了产品的市场销路问题，提高了农户发展生态农业的积极性。吕世华还受邀参加了"全国粮食作物高产高效会议"、"油菜高效简化施肥技术研究讨论会"、"中国土壤学会"、"耕地质量与有机肥大会"、"全国养分管理协作网会议"等多个大型学术会议，获得领导专家一致肯定与好评。（资阳市科技局）

吕世华：作为一名科技特派员能够为资阳农业的发展做一点贡献，离不开当地领导的高度重视和有关部门的大力支持。

2014 年

四川省科学技术厅

2014-08-25 遂宁市射洪县国家粮食丰产科技工程水稻示范区亩产比去年增产 56.3 公斤

8月25日，受省科技厅委托，遂宁市科知局邀请省内相关专家，对射洪县与四川农大共同承担的国家粮食丰产科技工程"四川盆地杂交中稻持续丰产高效技术集成创新与示范"项目进行现场考察验收，核心区水稻平均亩产达 715.0 公斤，比去年每亩增产 56.3 公斤。

验收专家组一行现场考察了射洪县水稻丰产示范区，选择了有代表性的示范片，按产量高、中、低分别确定三类田块，进行全田机械实收测产。严格按照省科技厅的验收管理办法，实测得上等田亩产 769.8 公斤，占示范区比例约为 30%，中等田亩产 731.9 公斤，占示范区比例约为 40%，下等田亩产 634.6 公斤，占示范区比例约为 30%，经过加权平均后，实测平均亩产达 715.0 公斤。

项目组在射洪示范区确定了水稻丰产示范面积为 10.6 万亩，选用了高产优质的 F 优 498、花香 7 号、川优 6203 等杂交水稻新品种，项目专家组集成了旱育秧、精确定量栽培、覆膜栽培、机械化育插秧、测土配方施肥等关键技术，通过"科技特派员＋基层党组织"的推广体系，使水稻丰产技术深入农户，起到很好的新技术辐射带动作用，克服了前期干旱的不利自然条件，确保项目实施取得了显著成效。（遂宁市科技局）

吕世华：2014 年国家粮食丰产科技工程射洪示范区采用水稻覆膜技术获得丰收。最高亩产量达到 770 公斤，最低为每亩 635 公斤。

2015 年

四川省农业科学院

2015-01-04 高产高效现代农业研讨会暨 2014 年新天地合作社有机生态农产品品鉴会在简阳市召开

2014 年 12 月 28 日，四川省农业科学院、资阳市人民政府联合中国农业大学资源环境与粮食安全研究中心在简阳市东溪镇双河村召开了"高产高效现代农业研讨会暨 2014 年新天地合作社有机生态农产品品鉴会"。中国科学院南京土壤研究所徐华研究员、中国农业大学刘学军教授和华南农业大学张承林教授应邀到会，省农科院专家、资阳市科技特派员、资阳市 4 区县和省内部分市县种粮大户、新型职业农民、农业推广人员和城市消费者等 150 余人应邀参加了会议。四川省农业科学院李跃建院长、中共资阳市委胡锋常委出席会议并作重要讲话。

会议分为田间现场考察、互动交流讨论、产品品鉴和现场拍卖等系列活动。

胡锋常委在致辞中指出，简阳东溪镇双河村在新农村建设和现代农业发展中已经成为全国和全省的样板村和旗帜村。该村在建设农民专合组织、发展壮大特色经济、建设高效农业特别是有机生态农产品基地、促进新农村建设与农村文化建设等方面取得了良好成绩。这些成绩的取得是省农科院领导、专家长期扎根基层服务乡村和坚持送理念、送技术、送人才的结果，村里的父老乡亲们都看在眼里记在心上，真心地表示感谢。

会议考察了双河村应用高产高效有机生态技术种植的油菜、马铃薯、蔬菜、水果及生态养殖业，介绍了"专家＋农民组织（合作社）＋农户"与科技小院紧密结合的农业推广新模式与经验、合作社和科技小院对促进农村综合发展与农村文化建设的成绩。

在互动讨论环节，农民、城市消费者、基层干部和专家围绕高产高效农业与粮食安全和农民增收、如何实现高产高效有机生态农业、农民合作组织在农村发展中的作用等 3 个主题进行了深入交流与讨论。

中午，与会人员一同品鉴了双河村新天地合作社生产的系列有机生态农产品。下午，村民们表演了自创自编自演的《新天地》、《歌颂建党节》、《逛双河》、《双河故事》、《花鼓词》、《问声好》、《雷锋精神大放光彩》等 7 个节目，丰富多彩，形式多样，从不同的方面反映了村民的精神面貌，形成了又一高潮。演出过程中，我院专家吕世华客串拍卖师角色，对新天地合作社和雁江、乐至、安岳等地生产的有机生态大米、富硒大米和蔬菜、鸡、猪肉等有机农产品进行了拍卖，其中新天地合作社生产的 2 朵有机花菜被来自中国科学院南京土壤研究所的徐华研究员以 1 000 元"天价"拍得，成为拍卖会新的高潮和最闪耀的亮点。拍卖结束后，会务组现场将拍卖所得收入全部转赠给了双河村妇女协会和老年协会，用以开展农村文化活动和发展公益事业。

四川省农科院李跃建院长在总结讲话中高度评价了会议的主题内容与组织形式。他认为会议紧扣国家政策，同时也非常接地气。他同时强调，我院的主要工作就是围绕"高产、高效、安全、生态、优质"开展研究创新、示范转化，我们今后会集中科技力量攻克这方面的技术难关。李院长指出，我国农业正在发生转折性变化，就是要由过去粮食持续增产转变为稳定粮食产量和提高粮食生产潜力，要把过量使用的化肥和农药降下来，要在发展农业、稳定和增加产量的同时，维护生态安全、环境安全，提高农产品质量。他表示今后省农科院会更加关注简阳市双河村有机生态农业试点与发展

简阳市人民政府副市长李茂鸣，资阳市科技局副局长肖文伟，四川省农科院科技合作处处长段小明、科技管理处处长向跃武、院办公室主任丁顺麟、土肥所所长甘炳成和党委书记黄芳芳等出席了本次会议。

吕世华：2014 年南京农业大学副校长胡锋教授到资阳市挂职中共资阳市委常委，分管农业农村工作。在到任后他专门到雁江区响水村考察指导我们的水稻覆膜技术及柑橘养分管理技术。2014 年 12 月 28 日他参加了在简阳市东溪镇召开的"高产高效现代农业研讨会暨2014 年新天地合作社有机生态农产品品鉴会"。他在致辞中指出双河村在新农村建设和现代农业发展中已经成为全国和全省的样板村和旗帜村。在建设农民专合组织、发展壮大特色经济、建设高效农业特别是有机生态农业促进新农村建设与农村文化建设等方面取得了良好成绩。谢谢胡锋校长对我们工作的肯定！这次也是我在双河村第三次客串拍卖师，取得很好的拍卖成绩，就是把两朵有机花菜拍卖到 1 000 元的"天价"。谢谢来自中国科学院南京土壤研究所的徐华研究员对新天地合作社的支持。

时任中共资阳市委常委胡锋教授致辞

四川农村日报

2015-08-15　四川常规稻有机种植亩产突破1 300斤

本报讯　8月11日，简阳市东溪镇双河村再生稻示范田头季稻测产现场会上，专家随机抽取村民李志国的一分多稻田，现场收割、脱粒、上秤称量，最后得出数据：测产面积0.12亩，含水量19.6%，总湿重92.46公斤，折算成干谷子的标准重量是682.1公斤/亩。

双河村从2010年推行有机种植水稻，今年栽种有机再生稻示范田50亩，头季稻从8月3日开始陆续收割，比当地水稻的收割期提前了整整1个月。

"在简阳种出再生稻，不是创新而是革命！"现场会上，省农科院再生稻专家徐富贤表示，简阳气候资源远不如川南传统再生稻种植区，在非适宜区种出亩产682.1公斤的头季稻，为我省冬水田发展绿色高产高效农业提供了又一种可能。虽然真正的"再生稻"要在10月收获，但从头季稻的丰产、早熟情况可以预估，再生稻的亩产能达到200公斤，与川南的丰产水平相当。

省农科院副院长刘建军表示，本次测产有两个意义，一是川南以外的非适宜区种出再生稻，二是"常规稻＋有机栽培"种出高产。如果验收方式符合行业标准规范，则可能创出我省或更大区域的新纪录，要认真梳理总结技术和模式，以利示范转化和推广。（本报记者吴平）

吕世华：水稻覆膜技术的一个显著特点就是可以提高土壤温度，增加水稻生长的有效积温，促进水稻早熟。将水稻覆膜技术与早播早栽技术结合配合生育期短的品种就可以在传统的再生稻非适宜区种出再生稻。2014年7月14日我院再生稻专家徐富贤研究员第一次到简阳市东溪镇看见正在灌浆期的头季稻时就在感叹"在简阳种出再生稻，不是创新而是革命！"另外一个值得关注的点就是刘建军副院长强调的，我们用有机栽培方式把一个常规稻品种"桂育7号"种出了高产。

四川农村日报

2015-08-15　再生稻"北移"冬水田打造高效农业

四川作为大米消费大省，水稻已经由主产区变为主消费区，粮食自给的任务艰巨，如何在现有耕地上依靠科技提高单产、改进品质是我省农业面临的巨大挑战。除了加强高产优质新品种的选育外，我省专家将目光聚焦在再生稻上，如能突破其仅限于川南的地域限制，不仅将有效增加总产量，也能提高优质水稻（再生稻米质普遍高于普通水稻）比例。

8月11日，在简阳再生稻示范田头季稻测产现场会上，记者获悉，再生稻成功"北移"，不仅在简阳获得丰收，还有望在安岳、乐至、遂宁船山区等地进行推广。

品种、技术到位，非适宜区种出再生稻

乐至县早年也尝试种植再生稻，该县农技站站长方正介绍，当时选用的是杂交水稻品种，生育期太长。"头季稻最晚要在8月底前收获，否则再生稻抽穗扬花时的光热条件就不够了，而试种的品种要9月中旬才收割，最后以失败告终。"简阳比乐至还要靠北，为什么反而种出了再生稻？11日一大早，方正就赶到现场，一探究竟。

创造这一高产奇迹的是双河村村民李志国。他向前来考察的专家和取经的农户介绍了自己的经验：从广西引进的优质常规水稻品种，3月播种4月栽插，比普通大春栽插早20来天。为克服前期低温和干旱影响，用地膜覆盖稻田，起到保温、抗旱、抑草，促进扎根和养分高效利用等多重作用。值得一提的是，双河村从2010年推行有机种植，李志国用农家肥发酵后的沼渣施肥，辅以秸秆还田，沼气水防病，频振灯杀虫，6年来没有用一颗化肥、一滴农药。此外，还采用了"大三围"栽插，以合理的密度空间确保了水稻群体和个体的协调。

"这个高产是可信的，仔细一看就能发现其穗数多、成穗率高、空壳很少。"方正评价道，"其背后是一套技术集成，值得学习借鉴。"

冬水田也能高产出优质水稻助农增收

"再生稻必须依靠冬水田，近些年，全省冬水田面积严重萎缩，面积虽有500万～600万亩，但保收面积仅330万亩，根本原因还是种水稻的收入太少。"省农科院土肥所专家、简阳再生稻种植试验示范负责人吕世华介绍："如果能通过发展再生稻，实现单产和单价的双增，就可以保住冬水田。而冬水田不仅能够补给地下水、调节当地小气候，在遇到春旱时，更是满栽满插的重要保障。"

事实证明，再生稻的品质已经得到市场的认可。双河村村支书李显俊告诉记者："去年试着搞了10多亩再生稻，头季稻3.6元/公斤收的，村办合作社自己加工出的'蜀骄'大米最低卖12元/公斤，分别比普通水稻、大米高出1.4元和8元。再生稻的品质比头季稻更好，水稻每公斤卖到4元以上，大米能卖16元以上。看到效果不错，全村今年扩种到50亩，按两季亩产850公斤来算的话，每亩纯收入突破3 000元不成问题，跟种植蔬菜、水果的利润也不相上下了。"

"按传统方式种水稻，不请人工每亩只能挣六七百，要是再请个人，可能就只落下两三百元。"双河村隔壁的泉合村村支书吴宗才说："所以来流转土地的大都种莲藕、搞水产，少有种粮食；要是种水稻的效益都像双河村这么好，也许就没有那么多田抛荒了。"

"在非适宜区发展再生稻并推广有机种植方式对于促进农民增收，推动我省农业发展方式的转变具有重要意义。"吕世华表示，下一步将继续做好服务下沉，在简阳、乐至、安岳、遂宁船山区等地选择示范点，依托当地农业部门和农民合作社，积极示范新技术，助推丘区农民发展绿色高产高效农业，实现经济、生态和社会效益的多赢。（本报记者吴平 文/图）

吕世华：利用水稻覆膜技术发展有机再生稻是保护冬水田，保障粮食安全，促进农民增收,实现经济、生态和社会效益多赢的重要措施。

2005年8月11日新天地合作社有机种植的头季稻收获

四川省农业科学院

2015-09-14 良种加良法,优质水稻亩产突破700公斤

2015年9月11日,资阳市科技局受四川省科学技术厅委托,省粮食丰产科技工程咨询组专家谭中和研究员和相关同行专家组成验收组,对国家粮食丰产科技工程简阳示范区进行了实地考察和产量验收。验收现场传出好消息,采用我院土肥所研制的水稻有机种植新技术,我院近年培育成功的米质达国颁二级优米标准的优质杂交稻川优6203亩产突破700公斤。

专家组在简阳市东溪镇家粮食丰产科技工程百亩核心示范区内,选取具有代表性的双河村2组农户付清财的示范田,采用挖方测产方法进行了现场测产。示范田为油菜—水稻轮作田,面积1.2亩,品种为川优6203,采用土肥所研究成功的水稻有机种植新技术,挖方测产面积117.1平方米,实收湿谷157.4公斤,折杂率85.0%,含水率17.8%,按照标准含水量13.5%计算,实收稻谷亩产724.1公斤。

专家组认为,不用农药、不用化肥有机种植的优质水稻亩产突破700公斤很具现实意义。一方面说明,水稻有机种植新技术先进适用;另一方面也说明,川优6203这个优质水稻品种不仅具有良好的品质,还具有良好的抗性和高产潜力,值得大面积推广。专家们还表示,简阳示范区优质水稻有机栽培的成功为全省水稻生产方式的转变提供了经验和启示,表明依靠科技,通过良种良法的结合,完全可以在少施农药和化肥的条件下获得水稻的优质和高产,实现生态环境保护和水稻产业发展的双赢。(土肥所董瑜皎)

吕世华:优质杂交稻川优6203在有机种植方式下亩产达到724.1公斤,充分说明良种良法结合的重要性，也说明完全可以在少施甚至不施农药和化肥的条件下获得水稻的优质高产。国家粮食丰产工程简阳示范区的实践为全省水稻产业的转型发展提供了经验和启示。

测产验收现场

四川省农业科学院

2015-10-19 再生稻生态临界区有机种植再生稻取得成功

2015年10月16日，四川省农业科学院科技处组织同行专家，对土肥所专家吕世华团队承担的四川省科技厅重大产业链项目"优质稻米现代产业链集成研究与产业化示范"子课题"四川盆地有机水稻生产关键技术研究与示范"开展的再生稻生态临界区有机栽培再生稻试验示范，进行了实地考察和现场产量验收。

专家组在我省再生稻生态临界区简阳市东溪镇（海拔高度413米），选取具有代表性的双河村2组农户付清财的示范田，采用挖方测产方法进行了现场测产。示范田面积4.5亩，品种为优质常规稻桂育7号，采用再生稻有机种植新技术。挖方测产面积108平方米，实收晾晒风净湿谷30.64公斤，含水率28.5％。按照标准含水量13.5％计算，实收稻谷亩产156.4公斤。专家们表示，在今年再生稻扬花期前后连续阴雨的不利环境下，有机栽培再生稻仍获得超过150公斤的亩产，说明我省再生稻生态临界区有机栽培再生稻取得成功！

专家组认为，课题组选用抗病性好成熟期早的优质常规水稻品种，以覆膜栽培和早播早栽为核心技术，结合有机种植，研究形成了我省再生稻生态临界区发展有机再生稻的综合集成技术，对发展四川省优质稻米产业具有重要意义。建议进一步加强试验示范，为大面积推

2015 年 10 月 16 日新天地合作社种植的有机再生稻喜获丰收

广提供科学依据。（土肥所肥料室）

吕世华：新天地水稻合作社按 8 元/公斤收购有机再生稻，150 公斤的亩产可以带给农民 1 200 元的收入。如果按照 45％的精米率计算，150 公斤稻谷加工成稻米 67.5 公斤，合作社以 28 元/公斤销售，产值为 1 890 元。扣除稻谷成本 1 200 元，合作社每亩收益 690 元。所以，发展有机再生稻对增加农民收入，壮大合作社具有积极意义。

四川省农业科学院

2015-11-04 四川省农科院优质常规稻有机种植亩产突破1300斤

为确保我省的粮食安全和农业可持续发展，四川省农科院土肥所从 1995 年开始，先后与中国农业大学资源环境学院、中国科学院土壤与可持续农业国家重点实验室、香港嘉道理农场暨植物园等单位合作，开展高产高效和可持续农业的研究，经过 20 年的努力，取得了系列研究成果。日前，经专家组测产验收，四川省农科院土肥所在简阳市新天地水稻合作社示范推广的优质常规稻有机种植亩产突破 1 300 斤，用实践证明依靠科技完全可以实现农业高产高效和可持续发展。

一、优质稻有机种植新技术示范推广情况与成效

1. 优质稻有机种植新技术示范推广概况

简阳市新天地水稻合作社所在的简阳市东溪镇双河村是我省川中丘陵区的典型旱山村，

过去在风调雨顺的年份水稻亩产在 1 000 斤左右，在天干的年份则不到 700 斤。扣除种子、化肥、农药和人工的投入外，水稻种植的效益在丰产年份每亩不到 300 元，遇到天干的年份每亩至少亏本 200 元，农民种粮的积极性很低，不少稻田被抛荒。四川省农科院土肥所从 2010 年开始在该村示范推广本所研制的覆膜有机水稻种植新技术，并帮助该村组建了新天地水稻合作社开展有机水稻种植，实现了水稻单产和种植效益的不断提升，也使土壤肥力得到提高，同时使生态环境得以改善。

（1）采用优质稻有机种植新技术，增产增收效果十分明显　采用该技术在干旱的年份水稻亩产量达 1 000 斤以上。2011 年，四川省科技厅组织专家对该村 320 亩采用覆膜有机种植的稻田进行产量验收，3 个典型田块种植的优质杂交稻亩产分别是 785.1 公斤、762.3 公斤和 645.4 公斤，改变了有机种植不能高产的传统观念。该合作社实行统一收购稻谷、统一加工、统一包装和销售有机大米，有机大米的售价已经从开始的每斤 5～6 元，提高到目前的每斤 8～12 元，农民种植 1 亩有机水稻的纯收入至少在 1 000 元以上，高的达到 2 000～3 000 元。新技术应用大大提高了农民的种粮积极性，2010 年全村参加新天地合作社的农户为 74 户，有机水稻种植面积 71 亩，取得成功后 2011 年全村 488 户都参加了合作社，并全部实行有机种植，面积达到 320 亩。该村过去被抛荒的稻田在 2011 年全都种上了水稻，至今无一块田抛荒。

（2）连续多年施用有机肥料，使土壤肥力得到显著提高　在该村进行同田试验研究表明，连续 5 年实行有机种植后，土壤有机质从 2.2% 提高到 3.63%，土壤全氮含量从 1.74 克/公斤提高到 2.41 克/公斤，土壤有效钾从 107 毫克/公斤提高到 194 毫克/公斤。同时，土壤容重下降，土壤结构也得到明显改善。土壤肥力的提高为有机水稻的持续高产创造了更好的土壤条件。

（3）采用水稻有机种植新技术，使该村生态环境得以改善　过去该村的生活垃圾和人畜粪便被任意排放，现在村民们把生活垃圾和人畜粪便当成了宝贵的有机肥资源；过去把农作物秸秆露天焚烧，现在大家已经习惯秸秆还田；过去在稻田大量使用化肥和农药，从 2011 年开始全村所有稻田不用一颗化肥、一滴农药。据统计，全村从 2010 年开始推广水稻有机种植 6 年来，共减少稻田化肥施用折合纯氮 3.7 万斤、五氧化二磷 2.0 万斤、氧化钾 1.3 万斤，减少农药施用成本达 20 万元。农药、化肥的减施和有机废弃物的资源化利用，显著减轻了面源污染，使生态环境得到明显改善。如今，该村河沟里的水变清澈了，鸟儿、青蛙、蚯蚓等有益生物越来越多了，农作物的病虫也越来越少了。2014 年，中国科学院动物研究所从事鸟类研究的专家在该村考察还发现了许多在自然保护区才能看见的鸟类，让专家们很吃惊。

2. 水稻覆膜有机种植新技术在再生稻生产中的应用

简阳市属于我省非再生稻生产区。2014 年我们在该村用水稻覆膜有机种植新技术进行冬水田发展有机再生稻的试验研究获得成功，供试品种是优质常规稻桂育 7 号，头季稻亩产量为 1 100 斤，再生稻亩产量达到 286 斤。

今年我们在该村继续用同一品种进行再生稻的试验示范，试验示范面积达到 50 亩，头季稻从 8 月 3 日开始收割，收获期比当地大面积水稻早了整整 1 个月，头季稻产量普遍高于 1 100 斤。8 月 11 日邀请省农科院水稻高粱研究所著名水稻专家徐富贤研究员以及遂宁市船山区农业局、乐至县农业局等组成专家组，与东溪镇镇、村干部及双河村农民100余人，严格按照行业规范，共同对双河村农户李志国连续6年采用覆膜有机种植技术的常规稻田进行产量收方验收，折算干谷子标准重量达682.1公斤/亩。这个产量出乎在场所有专家和干部群众的预料。大家认为，优质常规稻有机种植能达到这么高的产量是一个奇迹！再生稻专家徐富贤研究员现场考察后认为，高产的原因是采用新技术后亩有效穗高，结实率高、空壳很少。他预计今年示范区再生稻产量可能达到400斤/亩。由于再生稻具有更好的稻米品质，如果该有机米按每斤12～15元的价格进行销售，则今年种植农户每亩可获得2 000～3 000元的收益。对于增加农民收入，转变农业发展方式具有重要意义。

二、优质稻有机种植新技术简介

优质稻有机种植新技术的核心技术是我们在本世纪初研究成功的水稻覆膜节水综合高产高效技术，该核心技术的关键是在稻田进行开厢种植，对厢面进行地膜覆盖。将地膜覆盖技术应用于有机水稻种植，可以解决有机种植中有机肥养分释放慢导致水稻分蘖少的问题，也可以抑制稻田杂草生长，还能够明显减轻纹枯病、稻曲病和稻瘟病等水稻主要病害。

水稻覆膜有机种植新技术的配套技术包括品种选择、种养结合、秸秆还田和物理方法控制虫害等。要求选择优质抗病的杂交稻或常规稻品种，如川优6203、中优177和桂育7号等；积极发展生态养殖业，为水稻种植提供有机肥源；实施秸秆还田，提高土壤肥力；利用频振式杀虫灯控制水稻虫害；为避免地膜覆盖造成"白色污染"，要采用全新料生产的一级地膜或全生物降解地膜并实施地膜回收。

三、建议加大对优质稻有机种植新技术的推广力度

我国人多地少的现实，要求我们的农业必须持续增产，在增产的同时还必须保护好生态环境，实现可持续的节约发展。近年来，我们的研究与推广应用实践证明，完全可以在保护好生态环境的同时实现高产高效。政府应重视持续增产增效、减少成本、减少环境污染的技术研究创新与推广应用，故建议将优质稻有机种植新技术作为我省发展绿色高产高效农业的突破性技术进行推广应用。本试验示范结果提示，水稻覆膜栽培技术不仅可以提高再生稻区再生稻的产量，还可能在部分非再生稻区生产出品质优良的再生稻。建议加强技术攻关，尽快形成成熟技术，以推动我省丘陵旱区适度恢复冬水田，促进区域农业的可持续发展。　（四川省农科院土肥所吕世华、董瑜皎、袁江、黄波、张涛）

吕世华：我国人多地少的现实，要求农业必须持续增产，在增产的同时还必须保护好生态环境，实现可持续的节约发展。简阳市新天地水稻合作社的实践证明，采用水稻覆膜技术完全可以在保护好生态环境的同时实现农业增产、农民增收。政府及有关部门应高度重视持续增产增效、减少成本、减少环境污染的技术创新与推广应用。

有机种植常规稻（品种：桂育 7 号）丰收在即

2016 年

四川农村日报

2016-05-31 稻田试用生物降解膜 看这盘能否收获惊喜

5月28日，崇州市白头镇的水稻插秧进入尾声。在高觉村九组，一块刚刚栽插好、覆盖着黑色塑料膜的稻田引来许多种植户围观。

省农科院土肥所专家吕世华向人们介绍，这是在做可降解农膜的大田实验。理想的话，3个多月后水稻成熟，农膜也彻底降解，转化成水和二氧化碳。这次实验采用的农膜，是生物降解农用膜。据其研发者、来自江苏省的蒋永清介绍，他研制的生物降解农用膜已申请了国家专利，主要成分是聚乳酸和玉米淀粉，降解后的主要排放物是水和二氧化碳。

覆膜节本增产 "降解"瓶颈难突破

"我租种了500亩水稻，田间管理涉及的灌水、施肥、除草、打药等费用加上人工，差不多要530元。"来自遂宁市船山区的龙裕种养专合社理事长龙炳火告诉记者，"盖了农膜后，由于它保水保温不长草，这些费用都能省下来，增产效果也不错，如果遇到天旱，保收更明显。但一亩农膜要50元，铺农膜的人工也要花不少钱。除非散户自己承担人工费，种粮大户的话，就不太愿意用。"

在资阳市雁江区，当地覆膜水稻从2006年开始小面积示范，在2009年发展到15万亩，近年一直稳定在20万亩左右。但遗憾的是，这项技术没有在全省更多地区大面积推广。"主要是因为人们担忧'白色污染'。要解决'白色污染'，一个方法是回收，第二个方法是使用'降解'地膜。"吕世华说。

吕世华研究团队成员袁江介绍，他们之前已试用过各种号称"可降解"的农膜，但效果不理想，有的直到第二年栽水稻时还没完全降解。

"留在地里的农膜，回收吧，人工费支付不起；不回收，影响下一轮小麦、油菜的机耕机播。"龙炳火坦言。

3个月后看效果 种植户满怀期待

蒋永清介绍，在韩国、日本等国家有法律规定，农膜厚度一定要达到20～25微米，否则生产商就是违法经营。日本稻农在覆膜前，先交保证金，如果农膜不回收，这笔钱就不退还。通过严格的立法和制度保障，他们的农膜回收率很高，回收后可以再利用，生产更厚的农膜，或者再生性塑料制品。但在我国，农膜回收利用很难强制执行，让业内人士必须自主研发适合水田的可降解膜。

"普通聚乙烯膜，厚度可达到 4 微米。"吕世华介绍，"这次试用的生物降解农用膜厚度是 8 微米的，每亩降解农膜支出为 160 元，如果没有政府补贴，种植户也难以承受。如果把厚度下降到 6 微米的话，成本也能再降 25%。"

除了价格，生物降解农用膜最重要的是降解速度的控制。吕世华指出，农膜起作用主要在水稻移栽后的前 2 个月；1 个半月降解完了就会影响水稻后期生长，太慢也不行，否则就会妨碍小春生产。

这次尝试是否有惊喜？龙炳火等种植户期待着 3 个多月后的实验效果。

吕世华：遗憾的是因为覆膜机械的原因，这次试验并不成功，没有让龙炳火等种植户看到所期待的实验效果。

插秧效果不太理想

2017 年

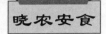

2017-01-16　永续农业，晓农联盟与嘉道理中国保育一同出发

　　1 月 10 日，晓农联盟跟随嘉道理中国保育与四川农科院吕世华教授前往位于海南省白沙县青松乡的苗村进行考察。本次考察的主要项目有生态养蜂、有机水稻的覆膜种植和中药益智在橡胶林的行间种植。

　　本次我们前往的苗村是一个比较特殊的村庄，这是一个位于霸王岭长臂猿自然保护区内的小村庄，可以说是离长臂猿最近的村庄了。这也是嘉道理中国保育推广生态保护、长臂猿保育及永续农业非常成功的一个村庄。

　　嘉道理中国保育通过 10 多年的努力，使海南长臂猿从最初的 2 群 13 只增长到现在的 4 群 25 只，珍稀物种保护获得很大的进展。同时，嘉道理中国保育也通过社会各界的力量把科学的生态种植技术推广给保护区附近的村民，保护生态环境的同时还让村民的种植增产，提高村民收入与生活质量。

　　入村后会发现村里很多地方都有长臂猿的元素，比如这张壁画就是长臂猿与一些保护区里的珍稀动物。

生态养蜂

　　由于嘉道理中国保育在该村庄推广生态养蜂已有 1 年多的时间了，这里 80 多户人家的门前后院都会多多少少有一些蜂箱。

　　嘉道理中国保育在这里推广的生态养蜂，养的也必须是海南本土的中华蜜蜂，对海南本土中华蜜蜂的保育也是他们的工作之一。

　　海南本土中华蜜蜂个体会比一般中华蜜蜂更小，更擅长于山林里的零星采蜜，生存能力会更强。海南本土中华蜜蜂为植物的传粉，是山林里的重要传粉渠道，对海南山林物种多样性的保存有重要意义。

　　村里有些比较勤快的村民还会把蜂箱放在森林边缘，也许是山林里的野性难驯，也可能是村民养蜂技术不过关，他们的蜜蜂常常会跑掉。与其说他们在养蜂，还不如说他们是给蜜蜂造了一个窝，蜜蜂们想住就住，想跑就跑，任由其遵从自然条件生长。

　　我们在查看了十多个蜂箱后才发现有一个是有蜜蜂活动的，我们的向导说："由于这个季节不是周边蜜源植物的开花季节，蜜蜂都跑去其他地方觅食了，也有因受马蜂攻击而跑掉的。等天气好了蜜源植物开花多了，蜜蜂自然会回来的，这里一般是在清明前后和冬至前后能有蜜采"。（自然界中的适者生存）

橡胶林间中药益智种植

益智（拉丁学名：*Alpinia oxyphylla* Miq.），别名：益智仁、益智子。姜科，山姜属多年生草本植物。喜生长于阴湿林下，非常适合于橡胶林下行间种植。

益智有特异香气，味辛、微苦。果实供药用，有益脾胃，理元气，补肾虚滑沥的功用。治脾胃（或肾）虚寒所致的泄泻，腹痛，呕吐，食欲不振，唾液分泌增多，遗尿，小便频数等症。

当嘉道理中国保育的菲律宾籍专家 Huil（小山）看到他们推广种植在橡胶林行间的益智长得非常好后，露出了喜悦的笑容。他说："益智也是很好的蜜源植物，可以补充中华蜜蜂的蜜源，形成很好的生态循环。"

有机水稻种植

本次考察的最重要的项目就是协助四川农科院吕世华教授找到一块优质水稻有机种植实验田。吕教授这次给村民带来的优质有机水稻覆地膜种植技术已经在四川实验获得成功，头季有机大米能亩产千斤以上。

此项技术能大大减少种植水稻的用水量，达到节约用水；因覆有地膜，田间杂草大大减少，不需再施用除草剂；同时，提倡秸秆还田，施用农家肥，土壤的有机质不断提高，农田可越来越肥。

最后，吕教授和村民协商好，觉得选取位于村口边上的一块农场用做有机水稻试验田。希望此实验成功，不仅可以为村民增加收入，还能给周围环境带来更好变化，发展永续农业。

村民非常认可这些技术，都非常乐意配合，席间都很认真的听吕教授介绍。期待通过大家的努力，不久将来这里可以为我们提供海南本地的优质有机大米。（晓农）

吕世华：在海南长臂猿自然保护区白沙县青松乡苗村所开展的覆膜有机水稻试验，结果不是特别理想，主要原因是这里温度较高也不缺水。

四川农村日报

2017-09-28　稻菜轮作　增产又环保

水旱轮作模式有利于土壤理化性质的改良和无公害绿色蔬菜的生产。稻菜轮作体系中科学施肥是实现稻菜作物周年增产和环境保护的核心问题。

收了水稻种什么

"没想到通过稻菜轮作体系最佳养分管理技术种出来的水稻成色好、品质优、产量高，不仅降低了施肥成本、增产增收，而且还保护了环境。" 9 月 11 日，在彭州市致和镇明台村，只见稻田间收割机来回穿梭，农户们正用编织袋将黄灿灿稻谷一袋接一袋打包。谈起稻菜轮作周年高效生产技术带来的好处，该社区种植大户李和富打心眼里高兴。

9 月 11 日，西南地区水旱轮作规模化周年高效生产技术现场会在该镇召开。经过专家组综合评审测定，稻菜轮作体系节肥高产综合技术先进适用，对类似生态区水稻提质增效和生态环境保护有明显效果。

轮作模式效率高

彭州市距成都市区仅 25 公里，气候温润，素有"天府金彭""天然温室"的美称，是我省著名的露地蔬菜生产基地。优越的自然条件使其生产的蔬菜品质好、营养丰富、菜味香浓、口感上乘，被形象地称为"大地菜"。更为特别的是，长久以来彭州有种植水稻的传统，每年 5～9 月，菜地就会变为稻田。水旱轮作的模式有利于土壤理化性质的改良，更加有利于无公害和绿色蔬菜的生产。

"其实，西南地区水稻种植面积不低，水稻栽培的增产潜力还未充分发挥，品种的增产潜力和农民的现实产量至少还有 20%～30% 的产量差距。其原因有两点，其一，分散种植，生产成本高，种稻效益低；其二，即使规模化水旱轮作种植，但是土壤特性不同，生态环境复杂，灾害频繁，缺乏相应的配套集成技术。"省农科院土肥所专家吕世华研究员介绍。

如何让水稻与蔬菜更好的实现种植衔接，实现周年更高的产量和效益？

2013 年，我省承担国家公益性（农业）行业科研专项"西南水旱轮作规模化周年高效生产技术"项目在彭州市致和镇明台村种粮大户李和富的 400 亩流转土地里开展。

最佳养分管理技术

"稻菜轮作体系是所有水旱轮作体系中经济效益相对较好的体系，也是相对难于管理的体系，其中科学的养分管理是实现菜稻两季作物高产高效的关键。通常，农民在蔬菜季施用了较多的肥料养分，淹水种稻时则导致养分特别是氮素的大量流失。如果水稻季不控制肥料施用，则导致水稻施肥过量、贪青晚熟等问题。所以，稻菜轮作体系中科学施肥是实现稻菜作物周年增产和环境保护的核心问题。"吕世华介绍，课题组在彭州市九尺镇和致和镇选择典型菜稻轮作稻田开展了大量的土壤测定和肥料田间试验来研究水旱轮作体系最佳养分管理技术。

"几年下来，多项科学实验数据研究证明：肥料不是越多效果越好，科学施肥能够得到菜、稻两季作物的增产和最佳的环保效果。真是给我上了一课。"李和富说道。

"稻田采用水旱轮作，促进土壤水旱交替，增强通气性，有利于土壤中还原性毒害物质的消除，改善土壤微生物活动条件，促进有机质矿化和更新，调节土壤养分。需要了解土壤养分供应和蔬菜对养分的需求，管理好蔬菜季的养分，也需要了解蔬菜收获后土壤残余养分情况，确定水稻季的施肥方案。"吕世华介绍。

据专家们现场测验，彭州示范田采用集成的稻菜轮作体系节肥高产综合技术，实际收获稻谷亩产量为 726 公斤。

"以前普通种植水旱轮作，水稻亩产是 500 公斤左右，现在增产 200 多公斤。如果按照一亩 1.25 元的稻谷收购价格计算，每亩多赚 250 元。接下来，水稻收割之后，我打算种植菠菜、莴笋等一些经济价值高的蔬菜，可能还会增产 20%～30%。"李和富笑着说。

四川农业大学水稻研究所教授马均认为，通过使用水旱轮作高效种植技术后，土壤容重减小，非毛管孔隙度增加，耕性变好。目前，种植结构调整和效益农业发展十分有利于水源

专家测产验收现场

条件好的地区在稻田推广应用水旱轮作制度，冬作发展大蒜、菠菜、萝卜、莴笋、莲花白等蔬菜作物，夏季种植水稻，其中采用科学施肥技术是菜、稻高产的保障，也是保护生态环境的必然选择。（本报记者左杉）

　　吕世华：这些年我们主要在山丘区推广水稻覆膜节水综合高产技术。在平原地区我们重点示范推广水旱轮作体系最佳养分管理技术，也取得较好效果。

2018 年

四川省农业科学院

2018-02-01   我院组织召开地膜新产品新技术推介会

　　为加快我省绿色农业的发展，进一步探讨解决白色污染的问题，1 月 29 日，我院与中国航天军民融合产业化推进中心联合，在院机关多功能厅组织召开了"地膜新产品新技术推介会"。推进中心秘书长赵宗勇、中国农用塑料应用技术学会会长张真和、中国可生物降解地膜技术牵头研发专家王丽红及相关团队成员，我院副院长张雄、合作处副处长刘永红、土肥所研究员吕世华及院作物所、土肥所、植保所、园艺所、加工所等相关课题组科技人员参加了推介会。会议由张雄副院长主持。

　　会上，张真和研究员首先做了农用塑料应用技术发展动态报告，系统分析我国地膜栽培现状和白色污染现状；吕世华研究员针对四川的省情，做了水稻地膜新技术发展报告，系统展示了我省水稻地膜覆盖技术的研究成果及应用成效；王丽红高级工程师做了地膜新产品——氧化生物双降解生态膜的介绍报告，系统介绍了该膜的研发原理及应用领域、成效。我院科技人员根据各自领域需求，针对氧化生物双降解生态膜的使用，进行了深入的交流、现场答疑。

会议现场

最后，副院长张雄对各课题组 2018 年开展氧化生物双降解生态膜进行试验示范进行总的安排部署。

吕世华：遗憾后来没有开展相关试验。

土壤与农业可持续发展国家重点实验室

2018-02-01 四川省农科院吕世华研究员应邀作学术报告

2018 年 1 月 31 日上午，四川省农业科学院土壤肥料研究所吕世华研究员应邀在第三报告厅做了题为"四川盆地稻田绿色增产关键技术研究与应用"的精彩报告。报告由徐华研究员主持。

吕世华研究员首先介绍了四川盆地稻田绿色增产的重要性以及限制四川盆地稻田绿色增产的关键制约因子，退耕还林后，稻田已经成为四川盆地的主要耕地资源。过去 20 多年化肥和农药用量的增加带来农业增产的同时也造成严重的环境污染和生态破坏，加之独特的地理气候条件、生态观念薄弱及劳动力的短缺等主要条件的限制，四川省新世纪初亩产只有 200～300 公斤，因此四川省亟须转变农业发展方式，实现绿色增产。吕世华研究员还详细介绍了近 20 年来四川省农科院研究成功的多项稻田绿色增产技术，如水稻大三围强化栽培技术、水稻覆膜节水综合高产栽培技术、覆膜有机水稻、覆膜再生稻、稻—油覆盖免耕轮作、马铃薯/油菜覆盖免耕套作、水稻氮高效品种等。其中，实施水稻大三围强化栽培技术，可实现水稻增产，亩产达到 641.2～886.9 公斤；采用水稻覆膜节水综合高产栽培技术具有显著的抗旱效果；进行稻—油覆盖免耕轮作的绿色发展体系，可减少水土流失，保肥保水；通过筛选氮高效品种，可以在少施用氮肥的条件下获得水稻高产，具有巨大的推广潜力和经济价值。

报告长达一个半小时，内容"很接地气"，具有很强的应用性。十九大报告中指出，加快生态文明体制改革，建设美丽中国，需要推进绿色发展，着实解决突出的环境问题，加大生态系统保护力度。四川省农业科学院积极响应国家政策，多项技术具有很强的实用价值。与会人员对报告产生浓厚兴趣，报告结束后积极添加吕老师微信号，咨询相关问题，将会进行更加深入的探讨。

吕世华：这是应邀在中国科学院南京土壤研究所土壤与农业可持续发展国家重点实验室做的报告。报告分析了四川盆地稻田绿色增产的重要性以及限制四川盆地稻田绿色增产的关键制约因子，总结分享了过去 20 年来团队研究成功的多项稻田绿色增产技术，包括水稻大三围强化栽培技术、水稻覆膜节水综合高产技术、覆膜有机水稻、覆膜再生稻、稻—油覆盖免耕轮作、马铃薯/油菜覆盖免耕套作、水稻氮高效品种等。

报告会现场

四川省农业科学院

2018-03-10 土肥所吕世华研究员参与完成的论文在国际顶级刊物 Nature 上发表

　　2018 年 3 月 7 日，由中国农业大学教授、中国工程院院士张福锁带领的全国团队共同参与完成的最新科研成果，以"Pursuing sustainable productivity with millions of smallholder farmers"（提升中国百万小农生产效率和可持续性）为题的论文在国际顶级刊物 Nature 上正式在线发表。该文共有 25 个参与单位，46 名作者，中国农业大学崔振岭教授为第一作者，张福锁院士为通讯作者，我院土壤肥料研究所吕世华研究员等为共同作者。

　　该文报道了张福锁院士带领团队针对我国集约化粮食生产用肥量大、资源环境代价高、施肥增产幅度小、养分利用率低等一系列问题，将植物营养学与作物栽培学、土壤学、环境科学等多学科有机融合，率先提出了绿色增产增效理论和技术新思路，以高效利用光温资源的高产群体定量设计充分挖掘品种的高产潜力、以定量调控根层水肥供应支撑高产群体来实现资源高效利用，最大程度地减少环境污染，实现了地上作物高产与地下水肥高效协调统一，突破了高产与高效难以协同的国际难题。先后在我国小麦、玉米和水稻主产区建立了绿色增产增效技术体系，通过 13 123 个田间实证研究验证了技术的增产、增效、减排、增收潜力。在此基础上，与全国 2 090 万农户一起应用这些绿色增产技术模式并获得了增产和减少环境污染的好效果，累计推广面积 3 770 万公顷。

　　该项研究创新建立了"从生产中来，到生产中去"，围绕生产限制因子，与农民一起开展既适合当地情况又瞄准国际学术前沿——"立地顶天"的科研思路。所获研究成果充分说明我国粮食安全完全可以以更低的资源环境代价来实现，为中国农业走出一条产出高效、产品安全、资源节约、环境友好的现代化农业发展道路绘制了蓝图，为我国农业转型、全面实现绿色发展提供了理论、技术和实现途径，也为全球可持续集约化现代农业的发展提供了范例。（土肥所董瑜皎供稿）

吕世华：张福锁院士带领的全国团队 2018 年 3 月在国际顶级刊物 Nature 所发表的论文"提升中国百万小农生产效率和可持续性"是典型的"从生产中来，到生产中去"，围绕生产限制因子，与农民一起开展既适合当地情况又瞄准国际学术前沿的科研成果。这一研究成果既说明我国粮食安全完全可以以更低的资源环境代价来实现，又为中国农业走向产出高效、产品安全、资源节约、环境友好的现代农业发展道路绘制了蓝图。本人为能够成为论文的共同作者深感自豪。

LETTER

doi:10.1038/nature25785

Pursuing sustainable productivity with millions of smallholder farmers

Zhenling Cui[1], Hongyan Zhang[1], Xinping Chen[1], Chaochun Zhang[1], Wenqi Ma[2], Chengdong Huang[1], Weifeng Zhang[1], Guohua Mi[1], Yuxin Miao[1], Xiaolin Li[1], Qiang Gao[3], Jianchang Yang[4], Zhaohui Wang[5], Youliang Ye[6], Shiwei Guo[7], Jianwei Lu[8], Jianliang Huang[8], Shihua Lv[9], Yixiang Sun[10], Yuanying Liu[11], Xianlong Peng[11], Jun Ren[12], Shiqing Li[13], Xiping Deng[13], Xiaojun Shi[14], Qiang Zhang[15], Zhiping Yang[15], Li Tang[16], Changzhou Wei[17], Liangliang Jia[18], Jiwang Zhang[19], Mingrong He[19], Yanan Tong[5], Qiyuan Tang[20], Xuhua Zhong[21], Zhaohui Liu[22], Ning Cao[23], Changlin Kou[24], Hao Ying[1], Yulong Yin[1], Xiaoqiang Jiao[1], Qingsong Zhang[1], Mingsheng Fan[1], Rongfeng Jiang[1], Fusuo Zhang[1] & Zhengxia Dou[25]

论文标题及作者名单

土壤与农业可持续发展国家重点实验室

2018-05-09　四川省农科院徐富贤、吕世华研究员与安徽农大章立干副教授应邀作学术报告

5月8日，应中国科学院青年创新促进会南京土壤研究所小组和我所土壤利用与环境变化研究中心徐华课题组邀请，四川省农科院徐富贤、吕世华研究员以及安徽农业大学资源与环境学院章力干副教授访问南京土壤所，并分别作了题为"优质杂交稻品种的鉴评方法、生态布局及优化调控研究与应用"、"水旱轮作体系中的锰及其管理"和"畜禽粪便堆肥物质化学结构变化特征及腐熟度评估"的精彩报告。

徐富贤研究员在报告中首先阐述了形成真正意义的杂交水稻优质高产栽培技术的重要性，即优质高产研究需要从品种鉴定、生态布局和栽培技术三方面形成规范标准规程，从而可示范生产，进行大面积推广。其次，徐富贤研究员系统探明了对杂交中稻稻米外观、碾米品质与植株性状关系及间接测定方法的研究，准确预测了四川盆地优质生态区位置；然后详细介绍了冬水田杂交中稻高产栽培策略、稀植足肥促进扩"库"增"源"

的高产栽培策略、氮肥后移和水氮管理模式以及收割期与晾晒方式对整精米率的影响等五方面技术，准确定位了提高稻米品质的高产栽培的途径。最后，徐富贤研究员总结了西南地区优质高产栽培技术集成，影响稻米品质的由大到小的前4个因素为品种、气候条件、栽培技术和土壤类型。徐富贤研究员创建了全球第一个对优质水稻鉴定方法、品种筛选、生态布局、优质高产栽培与收后晾晒技术进行系统研究的创新团队；通过其团队多年研究，实际推广栽培面积3 472万亩，新增纯收入76亿元，科技投资收益为投入1元可获社会经济效益19.55元。

随后，土肥所吕世华研究员作了同样精彩的报告。吕世华研究员详细讲解了水旱轮作土壤锰的含量分布及与种稻的关系、水旱轮作土壤有效锰的评价、底土层锰对作物生长的影响、不同作物种及品种对缺锰的反应以及水旱轮作土壤锰的综合管理五个方面内容。首先，吕世华研究员介绍了成都平原冲积性水稻土活性锰显著偏低，并且活性锰中代换锰有较高比率，在缺锰严重的土壤上表面耕作层不能满足小麦的锰营养，石灰性土壤上水稻旱育秧苗的缺锰等问题；其次，他阐明了缺锰严重的土壤上小麦的锰营养主要依靠犁底层及下层土壤，小麦根系与土壤锰空间分布的对应和错位关系决定小麦缺锰症发生的时间和程度，选育扎根深、根际活化锰能力强的小麦品种或基因型是防止水旱轮作土壤上小麦缺锰的生物学途经，可通过硫磺调酸防治旱育秧缺锰。最后，吕世华研究员阐述了水稻覆膜节水综合高产技术、水稻秸秆还田以及油菜/马铃薯免耕操作技术带来的诸多解决成都平原缺锰问题的可能性。

最后，章力干副教授讲述了关于农牧循环技术与模式示范与推广的精彩报告。首先，他介绍了安徽省畜禽粪便的巨大资源潜力，一系列腐熟技术指标体系的建立等问题，发现鲜有报道指出涉及新鲜畜禽粪便直接堆肥过程，且亟须考虑到实际生产过程中碳源不足的问题。其次，他阐述了通过对堆肥过程中理化指标和元素组成的变化、畜禽粪便堆肥指标体系的建立等研究，发现畜禽粪便在不加物质调高C/N比的条件下、50℃的高温期维持10天，达到腐熟要求；堆肥过程中pH、有机碳、全氮、铵态氮/硝态氮与种子发芽指数变化规律具有较强的相关性；以种子发芽指数≥80%为腐熟标准的条件下，pH值稳定在7.5～8.5，有机碳含量降低20%以上，铵态氮/硝态氮≤0.2时既可以初步判断堆肥已达到腐熟要求。最后，章力干副教授指出，亟须建立一种基于承载力的种养结合的农牧循环的技术模式。

徐富贤和吕世华研究员以及章力干副教授的报告内容丰富而系统，技术指导性强，引起了与会师生的热烈讨论。

吕世华：水旱轮作体系的锰及其管理是我参加工作后的第一个科研课题，也是我与张福锁教授1995开始科研合作的第一个重点课题。1996年所申请的"小麦、油菜耐缺锰机理研究"项目实现了我们研究所国家自然科学基金项目零的突破。中国农业大学博士生刘学军和方正先后在四川完成以水旱轮作体系锰为主题的博士论文。我们在《Pedosphere》、《土壤学报》、《中国农业科学》、《应用生态学报》、《土壤通报》、《中国农业大学学报》和《西南农业学报》等刊物共发表相关论文50余篇。水旱轮作体系锰的研究也为水稻覆膜节水综合高产技术的研究集成提供了科学思路。

四川省农业科学院

2018-08-03 中国工程院张福锁院士带领国内外合作伙伴来我院资阳基地考察指导

　　2018 年 7 月 30 日，中国工程院院士、中国农业大学资源环境与粮食安全研究中心主任、国家农业绿色发展研究院院长张福锁教授带领他的国内外合作伙伴美国科学院 2 位院士、斯坦福大学教授 Peter Vitousek 和 Pamela Matson、国际小麦玉米改良中心 lvan Ortiz-Monasterio 研究员及西南大学长江学者特聘教授陈新平、西南大学资源环境学院院长石孝均研究员等一行十余人到我院土肥所资阳试验示范基地视察指导。四川省农业科学院副院长任光俊研究员、土肥所所长甘炳成研究员和科技处副处长何希德等陪同考察。

　　资阳试验示范基地由我所和中国农业大学资源环境与粮食安全研究中心、中国科学院南京土壤研究所围绕丘陵水稻高产高效与绿色生产建立的科研与成果中试熟化示范基地，位于川中丘陵典型旱山村资阳市雁江区雁江镇响水村。我所专家吕世华研究员在基地向张福锁院士一行介绍了基地从 2006 年开始建设以来所取得的主要科研成果和对当地农业向绿色可持续现代农业发展的推动成效，并一一介绍了目前正在进行的稻田氮磷高效利用、覆膜技术发展再生稻、节水抗旱稻、稻田温室气体排放和生物降解地膜、优质稻节水节肥高产高效栽培等试验示范。张院士向现场与会专家学者补充介绍项目研究背景、研究意义，还不时询问响水村村民刘水富、李碧容夫妇参与吕世华团队科研的收获以及带领乡亲科技致富的情况。汉语与英语在张院士的口中流转自如，学者的缜密严谨与邻家大哥的亲切温暖在张院士身上相得益彰。外国院士专家们对覆膜技术提高丘陵区水稻产量和氮磷利用效率、减排温室气体的显著效果表示惊讶和震撼，认为这是一项典型的绿色可持续农业技术，对国际其他稻作区具有重要的借鉴意义。

　　考察路上，任光俊副院长在诚挚感谢张院士一直以来对四川省农业科学院及吕世华研究团队指导和帮助的同时，不失时机请求张院士一如既往指导和升华四川省农业科学院与中国农业大学的合作研究，还希望吕世华研究员能将这些年在张院士悉心指导下取得的创新研究和已在西部农村大地上开花结果的示范推广效应集结凝练，力争近期申报并获得四川省甚至国家科技进步高等级奖励，进一步提升四川省农业科学院在学界和农村农业发展中的影响力，同时也助推团队成员的快速成长。（土肥所熊鹰、吕世华供稿）

　　吕世华：这是张福锁教授当选中国工程院院士后第一次来资阳基地考察指导。之前，他多次来资阳基地考察，与参与我们科研项目工作的刘水富、李碧容夫妇结下了很深的友谊，与当地村民也很熟悉。这次考察他带来了身份同为美国科学院院士、斯坦福大学教授的 Peter Vitousek 和 Pamela Matson 夫妇以及国际小麦玉米改良中心研究员 lvan Ortiz-Monasterio。三位外国专家对覆膜技术显著提高丘陵区水稻产量和氮磷利用效率、减排温室气体的效果表示惊讶和震撼，认为这是一项典型的绿色可持续农业技术，对国际其他稻作区具有重要的借鉴意义。

田间考察现场

四川省农业科学院

2018-08-15 张雄副院长出席川南水稻绿色生产观摩暨现场验收会

为推动我省川南地区农业向高产高效绿色可持续现代农业转变，2018 年 8 月 10 日，我院在自贡市荣县乐德镇柑子村召开了水稻覆膜节水节肥绿色生产技术和生物降解地膜的现场观摩暨水稻产量验收会。四川省农业科学院张雄副院长、中共荣县县委副书记彭长林、院科技管理处何希德副处长、科技合作处周评平科长、院土肥所黄芳芳书记等领导，中国农业大学李晓林教授、院水稻高粱研究所熊洪研究员等专家，宜宾市、自贡市农业局分管领导和农技推广人员，德国 BASF 公司、四川农大、企业代表以及荣县镇村干部代表和当地农户代表共 70 余人参加了此次会议。

土肥所专家吕世华研究员在示范现场，对水稻覆膜节水节肥绿色生产技术的关键技术及其在川南再生稻区的显著应用成效和生物降解地膜的稻田应用及降解效果一一进行了介绍，分别带领省内外专家组、市县农技推广人员和企业相关人员考察示范区试验田。与会人员对水稻覆膜绿色生产技术和生物降解地膜的应用效果予以充分肯定。以李晓林教授为组长的省内外专家组选取了荣县乐德镇李晏乡柑子村的典型田块，进行了再生稻头季稻的现场测产，表明采用水稻覆膜节水节肥绿色生产技术和生物降解地膜的头季稻亩产量达到 602.9 公斤，显著高于农民常规栽培。专家组认为该技术和全生物降解地膜示范针对性强，增产和推动绿色发展效果显著，建议加大在川南地区和类似生态区的推广力度。

在现场观摩暨测产验收会上，中共荣县县委副书记彭长林致辞，欢迎省农科院专家来荣县推广新的农业生产技术，对院土肥所科研成果在自贡荣县的示范和对荣县绿色可持续农业发展做出的贡献表示感谢，也表示今后将大力推广水稻覆膜节水节肥高产高效技术。我院副院长张雄做总结讲话，他表示这次现场观摩会既是土肥所高产高效施肥课题组多年来的研究成果在川南地区的集中展示汇报，也是四川省农科院、荣县人民政府共同落实中央、省委省政府近期重大部署要求，促进农业绿色发展、高质量发展，强力示范推进我省水稻绿色高效生产技术的一次重要行动，还是推进深化院县重点合作的一个重要举措。张雄副院长就推进我省优质水稻覆膜绿色生产技术推广应用再上新台阶，提出了三点意见：一是要做好顶层设计，抓好农业产业发展规划，理清总体思路。要以保障国家和省粮食安全和重要农产品有效供给为目标，树立节水节肥观念，深入推进工程措施与农艺措施结合、水分与养分耦合，大力节约水资源用量，大量减少化肥用量，促进农业可持续发展。二是实施精准有效的科技培训，为乡村振兴战略的实施提供人才保障。要按照省委省政府1号文件的总体要求培育"爱农业、懂技术、善经营"的一大批现代农民。第三，加强总结、提炼、宣传，加速示范推广。张雄副院长还表示今后省农科院将整合资源和力量继续关心和支持我省水稻产业的发展，加强院地合作，将更多更好的创新成果支撑服务于全川绿色现代农业发展。（土肥所董瑜皎供稿）

吕世华：在自贡市荣县开展水稻覆膜节水节肥绿色生产技术和生物降解地膜的示范有两个目的：一是推动水稻覆膜节水节肥综合高产技术在川南再生稻区的应用，二是评价巴斯夫全生物降解地膜在水稻生产中的应用效果。在示范取得预期效果后，我们召开了川南水稻绿色生产观摩会。正如张雄副院长所强调的一样，这是促进农业绿色发展、高质量发展，强力推进我省水稻绿色高效生产的一次重要行动，也是推进深化院县合作的一个重要举措。

川南水稻绿色生产现场观摩会

四川省农业科学院

2018-09-04 稻田全生物降解地膜应用现场观摩会在资阳市雁江区召开

为促进水稻覆膜节水节肥高产高效绿色生产技术及全生物降解地膜的应用，2018 年 9 月 3 日，院土肥所联合资阳市雁江区人民政府、巴斯夫（中国）有限公司和云南曲靖塑料（集团）有限公司在资阳市雁江区举行"稻田全生物降解地膜应用现场观摩会"。资阳市雁江区杨杰副区长、院科技处张鸿处长、云南省农技推广总站沈丽芬科长、雁江区农业局张宁副局长、遂宁市船山区农业局蒋胜军总农艺师及雁江区各乡镇农业服务中心主任和当地农户代表 50 余人参加了此次会议。我院土肥所林超文副所长主持会议。

此次现场会首先在雁江镇响水村进行了稻田全生物降解地膜的现场观摩。据该村采用水稻覆膜技术 13 年的农户李俊清大爷介绍：过去水稻产量低而不稳（200～300 公斤/亩），自从采用该技术之后丰枯水年水稻均高产稳产（550～650 公斤/亩）。今年采用全生物降解膜后，水稻亩产量亦达到了 600 公斤以上。李大爷表示现在丘陵区农民种植水稻已经离不开覆膜技术了。在吕世华研究员带领下，参会人员现场观摩了稻田全生物降解地膜试验田和示范田。他介绍了课题组在该村开展的水稻覆膜栽培节肥试验、水稻覆膜再生稻试验和水稻覆膜温室气体减排试验的相关情况。

通过李大爷和吕专家的介绍，并详细地比较不同规模和配方的全生物降解膜的降解情况后，与会人员对全生物降解膜的应用效果及水稻覆膜生产技术系列研究给予了充分肯定。

现场观摩结束后，与会人员进行了座谈交流。杨杰副区长首先代表区人民政府致欢迎辞，指出这次现场观摩会为现代农业生产技术的展示交流提供了良好平台，对提升基层现代农业生产水平具有重要的促进作用。他希望省农科院今后更加支持雁江区农业、农村的发展。吕世华研究员以"一张地膜能否改变一个世界？"为题作了水稻覆膜栽培 20 年研究进展与展望的报告。巴斯夫（中国）有限公司刘嘉仪高级经理给参会人员详细介绍了什么是 ecovio 生物降解膜，及其在全球范围内推动农业可持续发展的应用实例。云南曲靖塑料集团卢斌总经理对全生物降解地膜工艺设计和加工情况进行了介绍。

院科技处张鸿处长对会议进行了总结。他对吕世华研究员扎根基层，坚持不懈，专注水稻覆膜栽培 20 年表示钦佩与肯定。他认为：降解膜应用于水稻生产是一个擦亮四川农业大省金字招牌的重要技术，也符合现代农业的发展方向。他希望吕世华团队在新的形势下，在加强降解膜应用基础研究的同时，积极争取政府的支持，也要探索更有效的成果转化模式，和新型经营主体相结合实现更大面积的推广应用。他表示科技处将会向省上呼吁，对可降解地膜的稻田应用研究与示范推广工作给予支持。他同时希望地膜生产企业降低可降解地膜的生产成本和销售价格，并希望政府能给可降解地膜予以政策性补贴，让种粮农民获得更大的利益。（土肥所董瑜皎供稿）

吕世华：2006 年水稻覆膜节水抗旱技术开始在雁江区雁江镇响水村示范时，杨杰同志正好是雁江镇的镇长。12 年后我们与巴斯夫（中国）有限公司、云南曲靖塑料（集团）公司合作开展全生物降解地膜稻田应用的试验时，杨杰已担任雁江区副区长两年。他代表区人民政府致欢迎辞，指出这次现场观摩会为现代农业生产技术的展示交流提供了良好平台，对提升基层现代农业生产水平具有重要促进作用。我院科技处张鸿处长认为降解膜应用于水稻生产是一个擦亮四川农业大省金字招牌的重要技术，也符合现代农业的发展方向。他表示科技处将会向省上呼吁，对可降解地膜的稻田应用研究与示范推广工作给予支持。

稻田全生物降解地膜应用现场观摩会在资阳市雁江区召开

四川农村日报

2018-09-07　我省试验成功全生物降解地膜

本报讯 9 月 3 日，资阳市雁江区传来佳讯：经过近十年努力，省农科院土肥所筛选降解地膜今年终获成功，为解决水稻覆膜等造成的"白色污染"提供了有力的技术支持。

我省丘陵和山区，覆盖地膜等是农业取得丰收的重要技术。2006 年，省农科院土肥所开始在雁江区响水村推广水稻覆膜技术，当年大旱，很多稻田绝收，但覆了膜的水稻平均亩产在 1 000 斤以上，在资阳市引起轰动。"从 2006 年开始，水稻覆膜已成了我们村的必备技术，自从应用这项技术后，我们从买米吃变成卖米了。"该村"土专家"李俊清高兴地说。

"一张地膜能否改变一个世界？"在 3 日召开的"稻田全生物降解地膜应用现场观摩会"上，水稻覆膜技术的主研人吕世华研究员以此为题，回顾了他的团队和合作伙伴 20 年的研究历程。水稻覆膜技术自从 2006 年在雁江区示范取得成功后，在全省丘陵地区得到广泛推广。经过近十年的努力，通过与巴斯夫（中国）有限公司等的合作，引进试验成功稻田全生物降解地膜，这有利于集成创新水稻覆膜节水节肥高产高效绿色生产技术，从根本上杜绝覆膜带来的"白色污染"。

省农科院科技处处长张鸿对降解地膜引进成功给予了高度评价："降解膜应用于水稻生产，是一个擦亮四川农业大省这个金字招牌的重要技术，也符合现代农业的发展方向。"他希望吕世华课题组继续加强降解地膜在稻田应用的研究，整合产、学、研力量，与政府部门配合一起共同开展示范，探索更有效的成果转化模式，和新型经营主体相结合实现更大面积的推广。（记者杨勇）

吕世华：这是种植水稻不挣钱的世界，这是一个大多数地方靠天吃饭的世界，也是农药、化肥过量施用导致环境污染的世界。我们二十余年的研究证明"用好一张地膜可以改变一个世界！"

四川省农科院科技处张鸿处长对降解地膜成果引进给予高度评价

2019 年

达州日报网

2019-03-29 生物降解地膜可治理农田"白色污染"

本报讯 经过近十年努力，省农科院土肥所筛选降解地膜终获成功，为解决覆膜种植造成的"白色污染"提供了有力的技术支持。大竹县四合乡推广了此项技术。

2009 年，时任四合乡党委书记何武在《四川农业科技》上看到了水稻覆膜技术的文章后，立即与省农科院土肥所专家吕世华取得联系，带领四合乡的村支书、农技员等前往省农科院学习水稻覆膜节水高产技术。吕世华从科研经费中挤出 3 万元，支持四合乡对该技术进行推广。在专家团队手把手的指导下，水稻覆膜节水高产技术不仅实现了头季稻节水节肥省工高产稳产，还扩大了再生稻面积，提高了再生稻产量。因为担忧"白色污染"，这项技术在当时没有在更多地方大面积推广。

"要解决'白色污染'，一个方法是回收，第二个方法是使用降解地膜。10 年来，我们试用过各种号称可降解的农膜，但效果不理想，有的直到第二年栽水稻时还没完全降解。"在吕世华的带领下，一种主要成分为聚乳酸的全生物降解农用膜已经实验成功，从

全生物降解地膜在水稻收获时的降解效果

覆膜到彻底降解仅需 5～6 个月。降解后的主要产物为水和二氧化碳，有利于集成创新水稻覆膜节水节肥高产高效绿色生产技术，从根本上杜绝覆膜种植带来的"白色污染"。（本报记者龚俊）

吕世华：2019 年时任大竹县四合乡党委书记的何武同志在新闻里见到全生物降解地膜在荣县、资阳雁江等地试验成功的消息后又与我取得联系，表示希望在他们旅游局联系的村子朝阳乡木鱼村示范用生物降解地膜覆盖技术种植有机水稻。2019 年 3 月 23 日我踏上了赶往大竹的路途。

达州日报网

2019-09-20 大竹：生物降解地膜助农民绿色增收

"想不到在我们这样的山区，不施农药不施化肥种植水稻竟有这样高的产量。"谈起利用新技术种植水稻，大竹县朝阳乡木鱼村 5 组农户秦才福一脸喜悦，"今年每亩田要比原来多产 200 多斤呢！"

秦才福口中的新技术是今年大竹县教科局和省农科院合作引进，在朝阳乡木鱼村五组试点的全生物降解膜覆盖有机水稻种植技术。

此项技术由省农科院土肥所吕世华专家团队研发，以地膜覆盖为核心技术，以节水抗旱为主要手段，通过旱育秧、厢式免耕、精量推荐施肥、地膜覆盖、"大三围"栽培、节水灌溉、病虫害综合防治等先进技术的有机整合，实现水稻绿色增产增收。

"降解膜不但帮助农民省时省钱，还非常环保。"省农科院专家吕世华介绍，降解地膜主要成分是巴斯夫聚合物和聚乳酸（PLA），地膜在作物生长后期或农收后可轻松犁入土壤，由土壤中的细菌和真菌类微生物降解，从而从根本上解决传统覆膜种植清理不干净、留下白色垃圾的问题，实现绿色发展和农民增收共赢。

据悉，采用降解膜覆盖技术种植水稻还能错开农忙季节，提前栽秧，且水稻生产总用工减少 10 个左右，让稻农有更多的时间从事其他生产或外出打工。由于地膜覆盖的显著增温效应，可从根本上解决四川盆地水稻生产中长期存在的移栽后低温坐苗问题，促进秧苗早发、多发，所以无论是干旱年份还是正常年份都有明显的增产增收效果。

"今年，我们在朝阳乡木鱼村试点种植了有机水稻 50 亩，效果良好。明年，我们将加强和省农科院的联系，在朝阳乡和文星镇同步试点推广全生物降解膜覆盖有机水稻种植技术。同时将此项技术在全县冬水田再生稻区辐射推广，安排专人跟踪，强化技术攻关，形成成熟的技术体系，推动我县农业可持续发展，帮助农民增收。"大竹县教科局副局长朱治蜀介绍道。（通讯员吴德）

吕世华：记得在大竹县朝阳乡木鱼村开展生物降解地膜覆盖种植有机水稻时，该村5组74岁的老农秦才福见我们在一亩稻田里只施用不到100公斤油枯，并且不用农药时认为我们的水稻亩产量不会超过600斤，我说我们的产量会在1 000斤以上。他打赌说，"如果产量达到1 000斤，我手板心煮饭给你吃！"后来，我们的有机稻亩产量达到了1 200斤，而他按照传统种植的水稻因为病虫害亩产不足600斤。在田边见到我们时，他不好意思的说"种田还得靠科学！"

2019年大竹县朝阳乡木鱼村全生物降解地膜种植的有机水稻喜获丰收

中国农资导报网

2019-09-24 水稻增产100％、土豆个头大一倍：这项技术和产品，正悄然改变种植

"相比传统种植，水稻覆膜（生物可降解地膜）技术可实现亩产平均增收15％～20％，缺水干旱等地区甚至增幅100％。"9月12日，四川省农业科学院土壤肥料研究所研究员吕世华，于"2019崇明区国际农业生态种植专家论坛"公布这组种植数据后，引发现场一片哗然。

水稻亩产大幅提升？真有这么神奇！当天，记者跟随考察团赶赴位于上海崇明区、崇明岛的有机水稻覆膜技术示范田一探真相。崇明岛作为我国重点打造的世界级生态岛屿，力推现代绿色农业发展，尤其强调"两无化"水稻种植，即不施用化肥和农药，以实现到2020年，绿色食品认证率达到90％的目标。面对更高的种植要求，两大难关摆在种植户面前，其一，如何在不施用农药的前提下控制杂草生长？其二，如何提高相对较低的有机水稻亩产量？带着疑问，记者跟随专家走进示范田。

第一站，我们来到了上海百农农业科技发展股份有限公司的300亩"两无化"水稻示范田。"还有 3～5 天，这些水稻就可以收割了！"随着专家手指方向，记者看到示范田水稻金灿灿的一望无际，穗子已经压弯了稻秆。相比没有覆膜的水稻田，这里已经是一派丰收景象。截稿前，记者再次联络专家询问实际收割情况时获悉，这片没有施用过化肥和农药的水稻田，比传统水稻种植方式提早收割了 10 天，平均亩产近 800 公斤（湿粒），对比增产百公斤左右。

第二站，我们参观了上海上实现代农业开发有限公司的有机水稻示范田。工作人员告诉记者，采用覆膜技术的水稻田，全生长期没有打过除草剂，因为有地膜保护，杂草控制的很好，稻曲病和纹枯病也得到了很好的预防。与传统水稻种植相比，有机水稻覆膜技术省去了农药的成本投入，以及 3 次人工除草工序，并且有机水稻售价更高，综合来看，经济效益很不错。

吕世华指出，采用水稻覆膜技术能显著提高发芽率、促进生长、早熟一周，尤其可以实现节水 40%～80%，促进农作物增产提质。目前，我国有机水稻覆膜技术已经在黑龙江、吉林、贵州、云南、四川、河南、重庆、湖北等省份，均收获了种植好评：成都市简阳市东溪镇双河村有机水稻亩产 762.3 公斤，雁江区响水村 610.6 公斤/亩，大安区牛佛镇 678.6 公斤/亩……"水稻覆膜技术正在加速奔跑！"吕世华笃定的说。

生物可降解地膜市场反响热烈！论坛上，专家强调地膜的选择，对有机水稻种植至关重要，它影响着水稻的增产提质，以及人力成本的节约程度。"传统 PE 地膜回收难度很大，需要耗费巨大的人力和财力，地膜残留超标还会直接导致作物减产。"云南曲靖塑料（集团）有限公司总经理卢斌认为，生物降解地膜的研发和应用，突破了这一壁垒，市场潜力增速迅猛。

"铺盖生物降解地膜种植出的水稻，完全符合有机种植标准，农户可以放心使用。"现场，巴斯夫市场开发高级经理刘嘉仪介绍，通过使用巴斯夫 ecovio® 生产出的生物降解地膜，可完全分解成二氧化碳、水和生物质，完全不存在"白色污染"引发的减产风险。生物降解地膜分解产物，还能为土壤补充有机质，保障土壤健康，提升土壤肥沃度。同时，针对生物降解地膜特性，大量示范试验显示，相比普通 PE 地膜，全生物可降解地膜可实现作物平均增产 5%～10%，具有后期破解快、通透性强等特性，尤其能够有效控制土壤温度和湿度，减少土壤水分和养分的流失，进一步促进农作物稳产、高产，保障农业生产的效益。

生物地膜不仅在水稻上展现出了独特的种植奇效，在葡萄、马铃薯、番茄、西瓜、生菜、辣椒等众多作物上的应用效果也备关注。现场，全球生物聚合物农学家 Ernst Vrancken 进行展示，铺盖生物降解地膜的番茄能够实现增产 15%～80%，促进提早上市一周，糖分更高，收获时果实成熟度一致，在种植期间能够有效控制病虫害的发生，以及杂草生长；在马铃薯上，生物降解地膜能够提供更好的透气性，大幅降低绿色马铃薯比率，个头比铺盖普通 PE 地膜大一倍，品质更高……Ernst Vrancken 阐述，生物降解地膜能够根据作物生长需要，以及自然环境，调节膜的厚度，从而实现薄膜功效与作物生长周期全覆盖，促进提质增产。

"生物降解地膜对于可持续绿色农业发展具有非常重要的意义和市场价值。"卢斌认为，水稻覆膜技术的成功应用和推广，意味着有机农业种植、农作物提质增产又多了一套行之有效的方案。"未来，我们还将加深探索，生物降解地膜在菠萝、烟草和甘蔗等作物，以及育苗上的应用实效和方案。希望对有机种植和品质种植感兴趣的朋友，与我们一同开拓市场。"卢斌抛出橄榄枝。（记者归晓谦）

吕世华："水稻增产 100%、土豆个头大一倍：这项技术和产品，正悄然改变种植"这个新闻标题夸张了！我在报告中讲的是"相比传统种植，水稻覆膜（生物可降解地膜）技术可实现亩产平均增收 15%～20%，缺水干旱等地区甚至增幅 100%。"实际上，在缺水干旱的条件下，覆膜种植的增产还不止 100%。比如 2006 年特大干旱，在响水村同一个田传统种植产量为 0，而覆膜种植产量在 500 公斤以上，增产百分数应该是无穷大吧？崇明岛作为我国重点打造的世界级生态岛屿，在政府的主导下正在实施推动水稻"两无化"种植，即无化肥和无农药的种植。由于不能用除草剂，所以"两无化"种植中杂草的防除成为最难解决的问题。2019 年开始至今我们与云南曲靖塑料（集团）公司及巴斯夫（中国）有效公司的试验示范证明，在崇明区推广机插秧覆盖生物降解地膜种植"两无化"水稻，可以有效地解决杂草危害，提高产量，并促进水稻早收获。

左 2 为巴斯夫全球生物聚合物农学家 Ernst Vrancken

云南省农技推广总站

2019-12-02 2019年全生物降解地膜绿色高效技术交流培训在昆明举办

2019 年 11 月 26 日，云南省农业技术推广总站在昆明举办了 2019 年全生物降解地膜绿色高效技术交流培训，云南省农业农村厅种植业与农药管理处副处长俞建生莅临了培训会，来自全省各州（市）农业技术推广中心（农科院、农科所、推广站）、镇雄县农业技术推广中心的相关负责人和技术人员，以及国内外知名生物降解膜生产企业代表共 47 人参加本会，道金荣站长主持了本次培训会议。

本次培训邀请了中国农业科学院研究员、国际农用塑料协会主席、农业农村部农膜污染防控重点实验室主任严昌荣、四川省农科院土肥所研究员、四川省有突出贡献的优秀专家吕世华等相关行业知名专家作了专题技术培训，云南省塑料行业协会副会长韩简吉，以及全球最大的塑料生产企业德国巴斯夫、亚洲最大的感性塑料生产企业广东金发科技，以及湖北光合生物科技、上海弘睿生物科技、宣威中博、江苏华盛等国内外知名生产企业也作了技术交流，来自全生物降解膜应用研究和材料生产企业的顶级专家和管理精英，充分展示和交流分享了当前世界最新的生物降解地膜领域的重要创新研究成果和发展理念，为本次培训会带来了大量的知识点和信息量。

本会是在国家高度重视生态环境发展的形势下，为深入贯彻和践行农业农村部等国家六部委出台的《关于做好废旧农膜回收利用　推进环境污染防治工作的实施意见》，以及云南省农业农村厅等六厅（局、委）下发的《关于做好废旧农膜回收利用　推进环境污染防治工作的实施意见》中明确提出"要加大新型全生物降解膜试验示范推广，有效减少农膜残留"而应势举办的。在培训会上，与会人员就云南近十年开展全生物降解膜的试验示范情况、取得的成效、制约因素，以及创新推广方式等方面所突显的亮点、新思路和下一步的发展建议，进行了深入全面的研讨交流。

本次会议既是一次培训会，也是一个深度交流的研讨会，搭建了一个协同探索的交流平台，达成全生物降解膜绿色高效可持续发展的共识，通过进一步尝试整合财政支持、部门推动、企业助力、农户分担的推广策略，合力推动全生物降解膜由政府主导型的推广方式逐步向农户自觉应用型转变。

吕世华：云南省在全生物降解膜的试验、示范和推广应用方面走在了全国的前列，他们的做法和经验值得其他省份学习。

会议现场

2020 年

四川新闻网

2020-04-24　大竹县：新技术让农户增收有新希望

为帮助农户水稻种植增产增收，近日，大竹县教科局邀请四川省农科院土肥所研究员吕世华一行到该县文星镇方斗村、复兴村开展全生物降解膜覆盖有机水稻种植技术现场指导和培训。

全生物降解膜覆盖有机水稻种植技术是大竹县教科局和省农科院"第二轮院县农业科技合作"项目，该技术去年已在大竹县朝阳乡木鱼村五组试点种植 50 余亩水稻，每亩增产 200 多斤，户均增收 1 500 余元。

为进一步推进"第二轮院县农业科技合作"项目纵深发展，助力乡村振兴，今年，大竹县又在文星镇方斗村、复兴村规划 57 亩农田作为"科技扶贫全生物降解地膜有机水稻示范种植基地"，开展科技研发、试验示范。

"厢沟之间一定要相连、相通。厢沟不能浅了，主沟要比厢沟深，膜一定要盖严，才能保水保肥，不长杂草。"在文星镇方斗村一组村民朱汉晓的秧田里，技术人员边讲解覆膜技术要领边示范。"这个技术比原先栽秧轻松多了，节省好多活路。"今年 70 多岁的朱老汉赞不绝口。

据悉，采用降解膜覆盖技术种植水稻能错开农忙季节，提前栽秧，水稻生产总用工比传统种植减少 10 个左右，让稻农有更多的时间从事其他生产或外出打工。

"这个技术可帮了我大忙，让我有更多的时间和精力照顾孩子的学习和生活。"正在培训现场的方斗村一组贫困群众张述梅接过话茬说，自己一个人在家，平时忙完农活还能在附近的酒厂打工，每月有 1 000 多元的收入，实现看家、农活、务工几不误。

"通过有机整合旱育秧、厢式免耕、精量推荐施肥、地膜覆盖、'大三围'栽培、节水灌溉、病虫害综合防治等先进技术，能有效解决传统覆膜种植地膜清理不干净，容易留下白色垃圾污染等问题，从而实现水稻绿色增产增收。"吕世华介绍，由于地膜覆盖的显著增温效应，可从根本上解决水稻生产中长期存在的移栽后低温坐蔸问题，促进秧苗早发、多发，促进水稻增产增收。

"我用这个新技术种植了 2 亩水稻，希望今年能有一个好收成。"望着葱茏的稻田，张述梅眼里饱含憧憬。

吕世华：在大竹县的示范让广大农民再次体会到采用降解膜覆盖技术种植水稻可以错开农忙季节，提前栽秧，并且使水稻生产总用工比传统种植减少 10 个左右，让稻农有更多的时间从事其他生产或外出打工。

2020 年 4 月 14 日在大竹县科技局朱智蜀副局长（右 2）陪同下选择示范点

四川省农村科技发展中心

2020-04-27　大竹县：深化院县合作　助力科技扶贫
—— 省农科院土肥所专家深入大竹开展水稻覆膜种植技术指导

　　为进一步深化"第二轮院县农业科技合作"，切实推动大竹县科技扶贫、乡村振兴和农业供给侧结构性改革等工作向纵深推进。4 月 13 日至 17 日，大竹县教科局特邀省农科院土肥所吕世华研究员、袁江副研究员深入文星镇方斗村、复兴村，开展水稻覆膜种植技术现场指导和培训，大竹县教科局、文星镇政府相关负责人全程陪同。

　　针对该镇农业传统优势主导产业——水稻种植，吕世华研究员此前为当地农户免费发放优质水稻新品种"川康优丝苗"50 公斤，此次除了免费发放新材料"全生物降解膜"35 卷外，还现场规划农田 57 亩，组建"大竹县科技扶贫全生物降解地膜有机水稻示范种植基地"，开展科技研发、试验示范等科技扶贫工作。

　　为进一步提升该镇水稻种植和模范化栽培技术，专家组一行为两村 30 余名村民开展了"全生物降解膜覆盖有机水稻种植技术"集中培训和现场技术示范。该技术是由省农科院吕世华专家团队以地膜覆盖为核心，通过对旱育秧、厢式免耕、精量推荐施肥、地膜覆盖、"大三围"栽培、节水灌溉、病虫害综合防治等先进技术进行有机整合，有效解决传统覆膜种植地膜清理不干净，容易留下白色垃圾污染等问题而自主研发的一项新技术。该技术的运用，将为推动大竹县水稻种植从根本上实现产业绿色发展、农民增产增收"双向共赢"的奋斗目标奠定坚实的基础。

专家的技术培训和现场示范，与会群众的积极响应，参会群众热情高涨，纷纷邀请专家到自家农田实地查看和指导，以便尽早将该技术运用到水稻种植之中，实现增收致富。（大竹县教科局 供稿）

吕世华：大竹县教科局分管科技工作的朱智蜀副局长之前是大竹县四合乡长，也是水稻覆膜节水节肥综合高产技术在大竹县推广应用的积极推动者。发布在四川省农村科技发展中心网站的这条消息但愿被已经担任政协四川省第十二届委员会科技委副主任的一直重视我们技术推广工作的原四川省科技厅副厅长韩忠成同志注意到。

2020 年 4 月 14 日在大竹县朝阳乡木鱼村考察

成都市东部新区水务监管事务中心

2020-05-14　坚持节水优先　强化技术引领

成都市东部新区水务监管事务中心为深入贯彻落实"节水优先、空间均衡、系统治理、两手发力"的治水思路，紧紧围绕全省"一干多支、五区协同"的区域发展新格局和成都市"东进"发展战略主动作为，2020 年春灌期间，中心全面启动《"大三围"覆膜水稻栽培技术田间耗水量测算》课题研究，深入推进"大三围"水稻覆膜栽培技术试点工作，将简阳市江源镇、高新区海螺镇试点面积由 40 亩扩大至 115 亩。

根据 2019 年江源镇"大三围"水稻覆膜栽培第一批试点成果分析与传统栽培比对结果

显示，"大三围"水稻覆膜栽培技术在增产增收、节水环保方面成效显著。该技术较传统水稻种植可实现增产 20%、增收 15%、省工 40%，亩均节水量达到 160 米^3（常规水稻种植技术均亩均配水 280 米^3），节水率超过 60%。

目前，龙泉山灌区有效灌面为 75.43 万亩（其中田 23.67 万亩），如果均采用"大三围"技术来种植，按照渠系水利用系数 0.531、亩均节水 160 米^3 来计算，全灌区每年可节约水量为 6 900 万米^3，相当于 1/3 个三岔水库、整个石盘水库或 5 个张家岩水库的蓄水量。该水量可满足 100 多万人的城市生活用水或"红线原则"内 150 亿工业增加值的工业用水需求。由此可见，"大三围"水稻覆膜栽培技术在灌区内大面积推广将大幅降低农业灌溉用水需求量，放宽灌区水资源引蓄调配灵活范围，极大缓解经济社会发展水资源紧张现状。

下一步，将论证复核"大三围"水稻覆膜栽培技术成果。对使用"大三围"水稻覆膜栽培技术水稻的生育全周期进行跟踪观测、采集数据，系统分析测算"大三围"技术田间耗水量、增产增收及循环利用状况，准确体现"大三围"技术的优势与缺陷，为大面积推广应用"大三围"技术提供翔实可靠的数据支撑和论证成果。并组织召开技术推广会、培训会，农户现身说法，印发技术宣传手册大力宣传推广"大三围"水稻覆膜栽培技术，通过提供优质稻种、薄膜补贴、技术帮扶等措施鼓励支持农户使用"大三围"水稻覆膜栽培技术，努力形成有特色、有亮点的灌区节水增收新经验，走出一条可复制、可推广的灌区创新发展新路子，为东部新区起步蓄势、经济社会发展提供坚强的水利水资源保障。（邓萌、黄徐燕）

吕世华：2022 年 1 月 18 日从广州过来的 Maggy 与我讨论"气候友好水稻项目"。我用百度搜索"水稻覆膜"，立即弹出了中国水利网刊载的"四川成都："大三围"水稻覆膜节水栽培技术激发巨大节水潜力"一文。了解到成都市东部新区水务监管事务中心正在大力推广我们的水稻覆膜节水节肥综合高产技术。于是，我立即在我的微信朋友圈中转发了中国水利网上的这条消息，并写下了"没有想到水务部门正大力推广我们的技术！"接着，我进入东部新区水务监管事务中心看到了更多的消息，并与具体负责这项工作的用水科周继明科长取得了联系。

"大三围"水稻覆膜栽培推广会

2020-05-17　走村串户拔穷根

——记船山区桂花镇燕窝村驻村农技员蔡斌

获奖时间：2018 年

荣誉称号：全省脱贫攻坚"五个一"帮扶先进个人

获奖时职务：船山区农业农村局土肥站站长、高级农艺师，船山区桂花镇燕窝村农技员

2015 年，船山区农业农村局干部、高级农艺师蔡斌被派驻船山区桂花镇燕窝村任农技员，协助燕窝村建立产业利益联结机制，形成帮扶力量联动机制，以产业发展助农增收，推动脱贫攻坚各项任务顺利完成。

驻村以来，蔡斌不管本职工作有多忙，都会采取"5＋2"工作方法，深入到燕窝村各组开展一对一技术服务。

针对老百姓缺知识、缺信息、缺技术，蔡斌大力开展扶智技术培训，每年集中培训不少于 5 次，田间现场技术服务和咨询服务 100 余次。同时，蔡斌还邀请市、区种植、养殖专家为贫困户、农户、专业合作社、种养大户开展了水稻高产栽培技术、水稻覆膜节水栽培技术等集中培训，并编印各种技术明白纸 3 000 余份，提高了贫困户科学种养水平。特别是每年春节前后，利用返乡农民过春节，结合感恩教育活动等，开展现代农业知识培训和宣传，鼓励返乡农民工回村创业。

走村串户，找准致贫"病根"，并"对症下药"。驻村以来，蔡斌为燕窝村制定了产业发展规划和为贫困户量身定制产业脱贫规划，先后种植青花椒 220 亩、田藕 50 余亩、养鱼 20 亩，发展订单种植榨菜 300 亩，庆油 3 号油菜 280 余亩。（全媒体记者范晶）

吕世华：从这条脱贫攻坚先进人物事迹可以看出，遂宁市船山区农业农村局一直把水稻覆膜节水抗旱技术作为富民增收的技术在推广。

四川农村日报

2020-07-01　地膜能抗旱，但普通 PE 膜有污染难回收；生物降解膜解决了回收难题，但成本较高

膜啊膜，到底该如何用你？

6月19日，荣县乐德镇回龙店村村民杨德金一边庆幸自己铺了地膜，扛过了大旱，一边又担心地膜不够厚，无法坚持到旱情缓解。"温度太高，生物降解地膜已开始提前降解了。"杨德金说。

省农科院土肥所吕世华团队在当地试验和推广的生物降解地膜，在确保干旱地区水稻丰产的同时，也避免了农膜回收的困扰。但目前每亩的投入达 200 元，如果降低厚度节省成本，则会影响后期的抗旱效果。对此，荣县农业农村局有关领导呼吁，要保证效果不降厚度，需要政策支持。

地膜"抗旱"有功有效，回收是大难题

回龙店村党支部书记杨明才介绍，今年旱情严重，还好上游有个水库，赶在 4 月中旬按时把秧苗栽上了。但如今水库水位也下降得厉害，还要优先保障人畜饮水，后期的灌溉只能靠降雨了。

幸运的是，从去年开始，省农科院在该村开展了水稻良种良法集成示范，品种先后采用了川优 6203 以及川康优丝苗，重点示范推广水稻生物降解膜覆盖高产高效技术体系。

6月17日，省农科院土肥专家吕世华研究员一行来到回龙店村发现，覆膜的水稻已经进入孕穗期，分蘖最高苗数达到每亩 30.5 万，亩产量估计能达到上千斤；但没有覆膜的还停留在分蘖阶段，目前分蘖数只有 14 万，即使后期雨水充足，亩产也不会超过 500 斤。

看到吕世华，一位 60 多岁的村民痛心地说，她没有覆膜，遭遇了分田到户以来最差的一个年景。

吕世华介绍，土壤丢失水分主要有三个途径：地下渗漏、地表蒸发和植物蒸腾。覆膜能够有效阻止地表蒸发，采用地膜覆盖技术可以帮助水稻节水抗旱。2006 年川渝大旱，当时在资阳市雁江区响水村的同一田块没有覆膜的颗粒无收，覆膜的亩产超过了 1 000 斤。

近年来，覆膜栽培技术在我省得到广泛推广。但这些薄膜多为 PE 材质，而今年四川力争全省农膜回收利用率达到 80%，这是个极大的挑战。部分地方因此面临双难：不用农膜，难以抗旱抑草；用了农膜，难以有效回收。

生物降解膜成本高，呼唤出台补贴政策

吕世华团队多年来致力于为有机水稻种植提供覆盖免耕等技术支持，试验了国内外十多种降解膜。成分不同，性能各异，很多产品不是降解太快就是降解太慢，无法与水稻生长发

育的需求相协调。目前效果最好的是来自德国巴斯夫的一个产品，在回龙店村使用的也是该产品。

"南部县有家公司也买这一款产品，与合作社合作，种出的大米远销上海。去年我们开始和什邡市农业农村局合作，在蔬菜、马铃薯、烟草等作物上进行了试验。"吕世华介绍，上海的崇明岛打造国际生态岛，推行"两无农业"，也大面积推广了该降解地膜……

这款生物降解膜成本每亩200元以上，比普通PE膜高出150多元，但是可以省去回收地膜的劳务等支出。"通过田间试验我们发现，可以将地膜厚度从10微米降到6微米，减少单位面积使用量，从而降低用膜成本。"吕世华说。

但因为今年的干旱，吕世华团队又发现了一个新问题：在降低地膜厚度后，生物降解膜的抗旱抑草效果比PE膜效果略差，因为它更易开裂，而一旦开裂，草就会长出来。所以，今后需要有针对性地选择地膜厚度，既保证有良好的覆膜效果，又能降低膜的使用成本。

什邡市小春蔬菜、食用菌近几年发展不错，但伴随产业发展，薄膜污染问题越来越严重，种植户本身也有意愿想改善。该市农业农村局副局长张云龙算了一笔账，0.4毫米、0.6毫米的普通塑料膜不好回收，一亩田要一个工来捡，需100元劳务费。如果生物降解膜的亩均成本能降到200元以下，种植户就能接受。"现在制造厂家少，我只知道曲靖、郑州有。以后需求量、订货量多了，产品成本还有下调空间。"张云龙认为，如果再出台一定的补贴政策，相信生物降解膜能够推广开来。（本报记者吴平）

吕世华：国家最新的农用地膜厚度标准是不得小于0.010毫米，偏差不得高出0.003毫米，低出0.002毫米。同时，此项标准不适用于降解地膜。因此，按照最新标准使用传统的PE地膜种植水稻的亩成本会从50元上升到125元，而0.006毫米的全生物降解地膜亩成本目前在200元左右。如果考虑传统PE地膜回收的人工成本以及"白色污染"的资源环境代价，我认为现在是大力推广全生物降解地膜的时候了。

2020年6月10日荣县乐德镇回龙店村严重旱情下覆盖生物降解地膜的水稻

成都市东部新区水务监管事务中心

2020-07-21   技术推广促增收   服务灌区提能力

成都市东部新区水务监管事务中心深入贯彻落实"节水优先、空间均衡、系统治理、两手发力"16字治水方针，坚持以服务"三农"为己任，不断提升服务灌区的能力，扎实开展"大三围"水稻覆膜栽培技术示范推广工作。

一是加强宣传，转变观念，引导农户充分认识"大三围"水稻覆膜栽培技术的特点和优势。采取推广会、培训会，农民现身说法，印发技术宣传手册等形式进行深入广泛宣传；二是提供优质稻种、薄膜、肥料补贴、技术帮扶等政策措施鼓励农户积极响应种植"大三围"栽培技术水稻；三是组织科学论证，强化技术引领。全面启动《"大三围"水稻覆膜栽培技术田间耗水量测算》课题研究，对"大三围"栽培水稻进行生育全周期跟踪观测、采集数据，系统分析测算田间耗水量、增产增收及循环利用状况，为推广"大三围"技术提供翔实准确的数据支撑和论证成果；四是全过程跟进，深入实地调研。张德书副书记数次率供水科、芦葭站、科技科等相关单位人员深入田间地头调研，对"大三围"水稻生长情况、田间需水量、优势和特点、与传统种植水稻的比较等情况进行了解熟悉，准确掌握第一手资料。

以江源镇永宁乡慈竹村40余亩"大三围"水稻覆膜栽培技术示范田为例：现正值水稻含苞抽穗期，从4月初的3粒谷种3棵秧苗已分蘖成80～90株，有效抽穗率达70％～80％，预计一亩水稻抽穗24万左右株；计划8月20日前全面完成收割，预计亩产量可达到1 400～1 500斤。水稻"大三围"覆膜栽培技术应用，形成灌区错峰农时、省工节本、节水增收的做法和经验，探索农业发展的新路子。（供稿：周继明、吴劲松、田茂华）

吕世华：成都市东部新区水务监管事务中心推广"大三围"水稻覆膜栽培技术的措施有力，成效显著。他们以服务"三农"为己任，不断提升服务灌区的能力，深入贯彻落实了习近平"节水优先、空间均衡、系统治理、两手发力"16字治水方针。

最为简易的"大三围"打孔工具

四川成都东部新区水务监管事务中心

2020-12-31 四川成都东部新区水务监管事务中心试点大三围水稻覆膜节水栽培技术

为深入贯彻"节水优先、空间均衡、系统治理、两手发力"的治水思路，落实《国家节水行动方案》《四川省节水行动实施方案》，成都东部新区水务监管事务中心以强化农业节水为主线，大力倡导旱育秧、抛秧、浅水湿润节水灌溉术和节水耐旱新品种的推广应用，科学挖掘农业节水潜力，其中"大三围"水稻覆膜栽培技术节水效益明显。

一、强化示范引领，挖掘节水潜力

1. 突破思维定势，向农业生产末端要"节水" 长期以来，灌区节水主要依靠维修养护、衬砌渠道等工程技术措施和"总量控制""定额管理"等节水制度管理农业生产生活用水。随着灌区干支渠节水改造工程逐步建成和科学配水制度的完善，这种工程技术和用水制度的刚性节水能力逐步缩小。为进一步深挖灌区节水潜力，成都东部新区水务监管事务中心集思广益，转变工作思路，从农业生产末端挖掘节水潜力。龙泉山灌区现有效灌面75.43万亩，其中水稻种植面积达23.67万亩，近年年均耗水量约1.67亿立方米，灌区农业生产用水有着巨大的节水潜力。

2. 精心组织安排，有序推进示范试点工作 为顺利开展"大三围"水稻覆膜栽培技术的示范推广，成都东部新区水务监管事务中心通过组织召开动员会、技术推广会、培训会，邀请技术示范农户现身说法，落实技术人员深入田间地头现场指导塑料薄膜及护埂的铺设，示范讲解利用观测工具进行田间观测等一系列措施，大力宣传"大三围"水稻覆膜栽培技术在节水、环保的重要意义，在增产增收、省工节本方面的重要作用，引导农户转变传统的用水观念。为进一步提高农户使用新技术种植水稻的积极性，成都东部新区水务监管事务中心按每亩200元的标准向灌区内61户使用"大三围"水稻覆膜栽培技术种植水稻的农户发放化肥、薄膜补助。综合考虑交通便利度、种植习惯和群众对改良新事物接受与否及用水条件等状况，选择农田水利设施不够完善，主要依靠农业生产发展经济，交通便利，用水不方便，有水稻育种经验的江源镇石泉村、红苕村和东部新区海螺镇力量村作为试点项目区，共选择了3个村22个社61户，面积115亩田作为示范试点推广项目区。一方面会同东部新区应急安全局管理局、简阳市农业农村局和江源镇、海螺镇政府成立试点工作服务队，承担试点田块的选择、水稻的选种、灌溉制度的制定；另一方面组织试点工作服务队主动深入田间地头，聘请技术人员指导试点对象开展育秧、施肥、覆膜和水稻全生育期的田间管理工作。

3. 加强科学试验，全过程跟踪监测指导 成都东部新区水务监管事务中心在今年春灌前召开春灌用水工作会，对本年度"大三围"水稻覆膜栽培技术的示范推广工作进行了专题部署，全面启动了《"大三围"水稻覆膜栽培技术田间耗水量测算》课题研究，通过在每个试验点布设直读标尺和测筒，每日观测田间水位和棵间蒸发变化，量记耗水量；落实专人每5天在"大三围"水稻种植区和常规水稻种植区分别取土，对土壤样本进行称重、烘干，测算土壤容重、含水率、持水率等一系列措施，科学准确掌握水稻整个生育期的生长情况。5月召开的龙泉山灌区泡田工作会，单位主要负责人对示范推广工作进行了再安排、再布置，强调"大三围"水稻覆膜栽培技术试点推广工作是成都市东部新区水务监管事务中心春灌工作的重点，相关部门要全程跟踪，强化宣传发动，确保工作取得实效。

二、突出工作亮点，示范试点推广成效显著

2020年龙泉山灌区"大三围"水稻覆膜栽培技术示范推广工作各项任务圆满完成并取得了明显成效，灌区内采用"大三围"技术种植水稻的总面积为115亩，其中江源镇石泉村、红苕村共110亩，亩均产量为708.6公斤，较当地传统水稻种植亩均增产117.17公斤，增产率19.8%，用水净灌水量比传统种植技术亩均节约65立方米；海螺镇力量村5亩，亩均产量为695.2公斤，较当地传统水稻种植亩均增产85.8公斤，增产率14.1%，用水净灌水量比传统种植技术亩均节约40立方米，人均增收400元左右。

1. 抗旱节水，防虫减害 传统的大田漫灌方式种植水稻，不仅抑制水稻的产量，还会滋生大量的病虫害，降低水稻产量，提高管理难度。而"大三围"覆膜种植技术是在大量科学实验的基础上总结出的科学种植技术，具有明显的节水抗旱和防虫减害效果。其一是"大三围"覆膜种植技术地膜的使用，大大减少田面水蒸发，厢沟灌水减少水的渗漏损失，提高了水稻的耐旱能力，在分蘖期耐旱时间延长了5~8天，中后期耐旱时间更长，干旱年份抗旱能力表现尤为突出。其二是由于形成了地膜内断氧，盖膜处杂草不能生长，只在厢沟里面有少量杂草，除草效果相当好，达90%以上。其三是地膜和三角形栽培技术大大改善了光照条件，特别是地膜对阳光的反射，增加了叶子背面的受光度，对水稻的病虫害起到了很好的抑制作用，大大减少了农药的使用量。

2. 种植规范，管理便捷 "大三围"水稻覆膜种植技术在育苗和移栽过程中，与传统的水稻栽植技术比较都更规范，从而使后期的水稻种植管理更方便。其一是采用"旱育秧、小苗移栽"的方法，减少了秧母苗培育环节，省去了秧苗的培育管理环节。其二是采用"覆膜"技术，将更多的种植技术集中在早期"开厢"、"掏沟"、"筑埂"上，降低了水稻种植后期的管理难度，种植户只需集中精力将前期工作做好则可，不必花费更多精力用于后期管理。

3. 早种早收，保质增量 "大三围"覆膜种植技术采用地膜覆盖，好比给稻田盖上了被子，有效提高了地温，早栽的水稻不怕倒春寒，可促进水稻的早生快发。虽然总体上亩均种植窝数有所减少，但实际的单株发芽率却大大提高，从而促进水稻产量大大提高。同时传统水稻种植技术栽培的水稻在收获时往往是丰雨季节，或者晾晒时是阴雨季节。这种因涝灾收割不及时和晾晒不足导致减产的现象屡有出现。而使用"大三围"覆膜种植技术的水稻成熟时间可提前10到15天左右，有效避开丰雨季节和阴雨季节，保证了稻米质量。

三、节水示范推广，助力成都"东进"意义重大

1. 提升节水能力，增强水资源利用效率 从"大三围"技术看，其最大的经济效益是

可以大幅度增产增收，社会效益是节约水资源。龙泉山灌区在常年配水过程中，均是按照定额进行配水，稻田 265 立方米/亩（不含输水损失）。如果按照全灌区均采用"大三围"技术进行水稻种植，以亩均净节水 65 立方米、渠系水有效利用系数按 0.59 计算，灌区亩均可减少灌溉水量 110 立方米/亩，全灌区 23.67 万亩每年可节约水量约 2 600 万立方米，此水量相当于 2 个张家岩水库的水量，如果将节约的水量用于城市生活用水，则可满足约 50 万人/年的生活用水；如果用于工业，按照"红线原则"，则可满足 60 亿工业增加值的工业用水。"大三围"覆膜种植技术不仅可以引导农户主动改变农业生产用水观念，节约大量水资源，促进国家节水战略的落实，更能缩短农业用水时间，缓解渠道长时间、高负荷运行，延长渠道的使用年限，为成都东部可持续发展提供坚实的水资源保障。

2. 提升粮食质量，改善农业生态环境 "大三围"水稻覆膜种植技术基本不施药，全生育期只施肥一次，这种"少药减肥"的种植技术，不仅极大的降低了农药化肥在土壤中的残留，缓解了传统农业种植对土地的污染问题，而且极大的提高了粮食作物的环保性能，其经济价值将被极大的提高。今后在灌区内深入推广"大三围"水稻覆膜技术，可以有效保障灌区范围的粮食安全，促进绿色食品的发展，为打造"绿色"灌区奠定坚实的基础。

3. 有利于灌区范围内缺水田种植结构的调整 由于龙泉山灌区范围内属于丘陵地貌，而灌区供水为无压供水。灌区范围内尚有大量的望天田、高塝田、尾水田等无法获得充足的水资源，采用"大三围"覆膜栽培技术后，可以用较小功率的机电设备解决望天田的用水问题，同时使农业增收，从而进一步促进灌区范围种植结构的调整。

吕世华：对一项技术的重视源于对这项技术的充分了解和掌握。成都市东部新区水务监管事务中心大力推广"大三围"水稻覆膜种植技术是因为他们在灌溉渠系巡视过程中发现有村子从 2005 年开始就一直采用"大三围"水稻覆膜技术种植水稻，他们做了深入的调研并开展了多点试验示范，充分认识到了水稻覆膜种植的节水、省工、增产增收、提高品质和促进环保的效果。

2021 年

中华人民共和国水利部

2021-03-01 四川成都："大三围"水稻覆膜节水栽培技术激发巨大节水潜力

中国水利网站 3 月 1 日讯 四川省成都市东部新区水务监管事务中心以强化农业节水为主线，大力倡导旱育秧、抛秧、浅水湿润节水灌溉术和节水耐旱新品种的推广应用，科学挖掘农业节水潜力，其中"大三围"水稻覆膜栽培技术节水效益明显。

"大三围"水稻覆膜栽培技术就是使用薄膜覆盖田床，在薄膜上开出三角形小孔进行插秧培植植株的水稻种植新技术。

2020 年龙泉山灌区"大三围"水稻覆膜栽培技术示范推广工作各项任务圆满完成，并取得了明显成效，灌区内采用"大三围"技术种植水稻的总面积为 115 亩，其中江源镇石泉村、红苕村共 110 亩，亩均产量为 708.6 公斤，较当地传统水稻种植亩均增产 117.17 公斤，增产率 19.8%，用水净灌水量比传统种植技术亩均节约 65 立方米；海螺镇力量村 5 亩，亩均产量为 695.2 公斤，较当地传统水稻种植亩均增产 85.8 公斤，增产率 14.1%，用水净灌水量比传统种植技术亩均节约 40 立方米，人均增收 400 元左右。

"大三围"技术最大的经济效益是可以大幅度增产增收，社会效益是节约水资源。龙泉山灌区在常年配水过程中，均是按照定额进行配水，稻田 265 立方米/亩（不含输水损失）。如果按照全灌区均采用"大三围"技术进行水稻种植，以亩均净节水 65 立方米、渠系水有效利用系数按 0.59 计算，灌区亩均可减少灌溉水量 110 立方米/亩，全灌区 23.67 万亩每年可节约水量约 2 600 万立方米，此水量相当于 2 个张家岩水库的水量，如果将节约的水量用于城市生活用水，则可满足约 50 万人/年的生活用水；如果用于工业，按照"红线原则"，则可满足 60 亿工业增加值的工业用水。

"大三围"覆膜种植技术不仅可以引导农户主动改变农业生产用水观念，节约大量水资源，促进国家节水战略的落实，更能缩短农业用水时间，缓解渠道长时间、高负荷运行，延长渠道的使用年限，为成都市东部可持续发展提供坚实的水资源保障。

同时，该技术还可提升粮食质量，改善农业生态环境，有利于灌区范围内缺水田种植结构的调整。（通讯员周继明、田茂华）

吕世华："大三围"覆膜种植技术最大的经济效益是大幅度促进农业增产农民增收，社会效益是节约水资源。成都市东部新区水务监管事务中心根据试验示范结果计算了龙泉山灌区采用"大三围"技术进行水稻种植亩均可减少灌溉水量110立方米，全灌区23.67万亩每年可节约水量约2600万立方米，此水量相当于2个张家岩水库的水量。如果将节约的水量用于城市生活用水，则可满足约50万人/年的生活用水；如果用于工业，按照"红线原则"，则可满足60亿工业增加值的工业用水。看重节水技术的社会效益，才能花大力气推广节水技术。向成都市东部新区水务监管事务中心的领导和同志致敬！

地膜覆盖

四川省农业科学院

2021-03-02 我院专家团队赴中试熟化万达开片区(大竹县)助力乡村振兴

2月25日至26日，我院土肥所吕世华研究员、朱永群副研究员，水稻高粱所所长蒋开锋研究员、副所长张涛研究员、秦俭助研，生核所张志勇研究员等专家应邀赴大竹县科技局开展调研座谈，并结合当地需求安排部署今年的科技示范内容。一同前往的还有达州市饲草饲料工作站站长蒋旭东副研究员。

2月25日下午至26日上午，专家组一行先到大竹县科技局开展座谈交流，并了解了两个龙头企业的发展现状及存在的问题，会上大家热烈讨论交流，会后又到现场进行调研。大竹县新宏景牧业发展有限公司以有机大米和黑山羊为重点产业，流转土地总面积3000余亩用于种植水稻和牧草，年出栏黑山羊4500只，有机大米2万余斤，生态泉水鱼 2 万斤。该企业以打造高端消费市场为主，以品质至上，生产有机大米和生态羊肉，并注册了系列品牌，包括木鱼池生态大米、木鱼池黑山羊系列产品，已有消费群体，销售得到保障。但该公司的水稻品种选择、栽培技术、稻米加工等存在问题，导致水稻产量低、加工碎米多等问题，因而收益不高。大竹县万康生态农业以鸡为主要产业，打造联合体经济，以带动周边农户养殖为主，年出栏鸡 10 余万只。该公司以生态鸡为发展理念，准备通过种草养鸡，既降低养殖成本，又能提高鸡肉品质，但在草种、品种以及草料饲养等方面存在问题。

通过对两个企业的交流、调研和讨论，专家组结合企业情况最终形成如下建议：一是开展水稻品比试验，以目前推广面积大、品质优的水稻品种为主，筛选 10 个品种进行品比试验；二是大面积生产用 2 至 3 个品种，采用水稻覆膜等栽培技术；三是冬闲田种植箭筈豌豆，既提高土壤肥力，又能收获一部分饲草；四是搭配不同草种、推荐优质高产品种，提供高产栽培技术，实施种养循环，以利于饲草达到优质高产，保障黑山羊周年饲草料供给；五是搭配适宜鸡适口性好的多年生和一年生草种、推荐优质高产品种，并提供配套栽培技术，以利于饲草达到优质高产。同时，专家组还制定了详细的实施方案。

我院为大竹县服务的专家团还包括经作所、加工所和园艺所的专家。我院专家团深入一线调研、指导，旨在为"10＋3"现代产业发展及成渝双城经济圈建设，助力乡村振兴作出应有贡献。（院土肥所朱永群）

吕世华：2021 年在大竹县应用生物降解地膜种植有机水稻的示范推广工作得到了院中试熟化项目的支持。示范工作采用"良种良法配套"方式进行，水稻高粱所和生物技术所提供了优质水稻新品种，种植技术采用我们的有机水稻覆膜节本高产技术。

抛荒的稻田

成都市东部新区水务监管事务中心

2021-08-20　东部新区"大三围"水稻覆膜栽培节水技术成果现场会圆满召开

　　水务监管事务中心（以下简称"水务中心"）在党史学习教育中聚集"我为群众办实事"，努力把党史学习教育成果转化成为民办实事解难题的实际行动，在灌区乡镇推广节水增产增收的"大三围"水稻覆膜栽培技术，为东部新区乡村振兴助力。

　　8月19日，水务中心在东部新区海螺镇力量村一组召开"大三围"水稻覆膜栽培节水技术成果现场会。会议由水务中心党委副书记张德书主持，东部新区应急安全管理局乡村振兴处、水务中心及东部新区15个镇（街道）分管农业负责人、农业服务中心主任共计50余人参加。

　　"藏粮于地　藏粮于技"，向科学技术要粮食增产增收。与会人员现场参观了示范推广"大三围"覆膜栽培节水技术水稻种植田；水务中心聘请的技术指导员范治良详细介绍了"大三围"栽培技术相关情况；农户张木全现身说法讲了"大三围"种植作法和体会；水务中心供水科科长周继明对"大三围"水稻与传统水稻种植进行了比较，阐述了其抗旱节水、防虫减害、种植规范、管理便捷、早种早收、保质增量等优势和特点，并总结了近年推广"大三围"水稻覆膜栽培节水技术取得的成效。

　　水务中心为了科学挖掘节水潜力，服务"三农"促进粮食增产增收，精心组织，投入经费，周密安排，多措并举，扎实推进"大三围"水稻覆膜栽培节水技术示范推广工作。认真做好栽培技术人员培训，强化技术服务，争取来年"大三围"覆膜栽培技术在东部新区各镇（街道）全覆盖推广应用，促进粮食增产增收，为国家粮食安全做出积极

东部新区"大三围"水稻覆膜技术现场会

贡献。（供稿：周继明、田茂华）

吕世华：从 1998 年开始覆膜水稻研究与示范推广工作，我早已经认识到水稻覆膜节水节肥综合高产技术是四川盆地丘陵山区"藏粮于地 藏粮于技"的重要技术，没有想到成都东部新区水务监管事务中心的同志们也认识到了。

掌上达州

2021-09-03 神奇！达州大竹县"覆膜种植"成有机水稻高产"法宝"

在达州市大竹县永胜镇镜子村，有这样一片有机水稻田，面积约 100 亩，远远看去，青翠的稻叶、金黄的稻谷……走近仔细观察会发现，这片稻田里紧贴着泥土上均覆盖着一层黑色薄膜。

9 月 1 日上午，四川省农业科学院专家团一行人组成测产验收组，来到大竹县有机水稻种植基地，对当地耕作实施的"全生物可降解地膜在有机水稻生产应用"示范田进行现场测产。覆膜处理后的花香优、花优、品香优等十二个新品种，与传统种植水稻相比，长势更喜人，颗粒更饱满，产量预计能翻一倍。

基于传统塑料地膜需要人工回收，同时难以降解，容易形成"白色污染"，从 2019 年开始，我市在大竹县试验示范全生物降解地膜，给土壤穿上了"环保衣"，仅需 3 个月，覆盖在水稻基地里的全生物降解地膜就能自然降解，减少了普通地膜对环境的污染和对土壤的破坏影响。

四川省农业科学院农业资源与环境研究所研究员吕世华告诉记者，这片水稻田原先是要人工除草的，劳动力成本大，覆盖全生物降解地膜后，抑草作用很明显，田里杂草基本看不到了，不必再打除草剂，既节省了成本，又减轻了对环境的影响。

吕世华说，2019 年他刚把水稻覆膜这项新技术带到大竹县时，村民们的封闭意识难以接受新生事物。覆膜水稻技术底肥仅农家肥等有机肥料，后期不再施追肥，一些村民认为简直是天方夜谭，甚至有人说，"如果产量能够保持往年的产量，我手板心煮饭给吕专家吃。"

等到收获时节时，面对大竹县木鱼村有史以来的稻谷高产（最低的亩增 100 公斤以上），大家傻了眼，连连称赞："科技太神奇了！"

随后，水稻覆膜技术被纳入了大竹县人民政府与四川省农科院的院县科技合作项目，技术在大竹县得以迅速推广。

当天下午，专家团一行举行了座谈会。大家纷纷对全生物降解地膜的性能，给出了高度评价，建议能大范围推广，同时也希望项目团队进一步开发低成本可降解地膜产品，提升综合效益，让发展生态保护栽培技术惠及更多百姓。（记者王力洲、罗旋）

吕世华：之前《四川农村日报》在水稻覆膜节水抗旱技术的新闻报道中曾把地膜比作"防旱被"和"保温被"，这次达州日报的记者又将全生物降解地膜比喻为"环保衣"！

2021年8月12日大竹县永胜镇生物降解地膜应用于水稻有机种植示范对比田（左为传统有机种植，右为覆膜有机种植）

四川省农业科学院

2021-09-06 院资环所专家研究成功的"覆膜水稻"技术打造有机水稻新高地

——院资环所在大竹县召开山丘区有机水稻节本高产技术观摩暨有机稻米品鉴会

为推动山丘区有机水稻节本高产技术的应用，促进我省有机水稻产业的发展，8月30日至9月1日，院资环所在达州市大竹县召开山丘区有机水稻节本高产技术现场观摩暨有机稻米品鉴会。院水稻育种专家、原科技处处长向耀武研究员，巴斯夫（中国）有限公司市场开发高级经理刘嘉仪、技术销售马超凡，云南曲靖塑料（集团）有限公司总经理卢斌，大竹县三级调研员（原四合乡党委书记）何武，大竹县教科局副局长朱智蜀，大竹县农业技术推广中心副主任陈从文，大竹县永胜镇党委书记曾国令，大竹县朝阳乡副乡长王敏，大竹县多家农业企业、农业合作社、家庭农场、土地流转经营主体代表以及院资环所部分科研人员参加了本次会议。

院资环所吕世华研究员带领大家考察观摩了其团队在永胜镇镜子村和朝阳乡木鱼村示范的稻田保姆——全生物降解地膜覆盖种植的有机水稻生产基地，现场介绍了与院生核所、院水稻高粱所合作开展的 10 个水稻新品种试验示范情况，大竹县聚乐农业专业合作社理事长蒋玉勤介绍了全生物降解地膜增产增收效果。随后，与会人员全员参加了在大竹县维也纳国际酒店举行的经验交流会，并对新收获的 4 个优质水稻品种进行品鉴与投票排序。达州日报融媒体两位记者闻讯赶来现场，对吕世华研究员研究、示范推广的山丘区有机水稻节本高产技术进行了"刨根究底"的采访，最终演绎了全生物降解地膜覆盖种植有机水稻的发展历程。

缘起：1997 年，吕专家在武汉参加一个学术研讨会，得知南京农业大学有教授在研究水稻覆膜栽培。翌年，他便在成都市温江区开始试验，结果奇迹出现了！栽完水稻后只覆盖了地膜，根本没灌过一次水，水稻产量还非常高。善于迁移性思维的吕世华研究员便筹划将这个技术在我省没有水源保障的丘陵山区进行多点试验示范。

显效：稻田覆膜栽培具有显著的节水抗旱效应，还能增加苗期土壤温度，提高养分的利用效率，抑制杂草生长，同时减少了水稻的病害，减少除草、灌水和打药的劳动力投入，产量比传统栽培提高 30％以上，节本增效非常显著，在我省一些地方得到了大面积的推广应用。

硬伤：水稻覆膜节水抗旱栽培虽然深受群众欢迎，但是农膜残留的"白色污染"问题成了学术界热议的话题，有人认为这种栽培模式无异于"杀鸡取卵"，于是膜的问题成了该技术大规模推广应用的"梗"。

转机：随着人民生活水平的提高，对稻米品质和安全性的追求使有机稻米应运而生，但传统有机水稻生产用工多、产量低。以大竹本土农业企业四川新宏景农业科技开发有限公司为例，六、七年前该公司开始种植有机水稻，但面临的问题和困惑是产量太低。虽然售价20 多元一斤，效益还是不尽如人愿。因为传统的有机稻种植，不打农药、不施化肥任其自然生长会造成杂草"野蛮生长"甚至"喧宾夺主"，而人工除草耗时费力，杂草依然"绵延不绝"，有机稻的亩产量大多只有 300 斤到 500 斤，低的甚至只有 200 斤到 300 斤。2017 年底巴斯夫（中国）有限公司刘嘉仪经理找到吕世华研究员，希望合作开展生物降解地膜在有机水稻上的应用研究。

革新：2018 年在四川和云南进行的全生物降解地膜应用于有机水稻生产的多点试验一举成功，表明全生物降解地膜可以作为"稻田保姆"，为水稻的高品质、高效益种植起到保驾护航的作用。这种膜有普通农膜的全部功效，但它更"无私"，不留"遗骸"，能被土壤中的微生物分解成水、二氧化碳及生物质，不会造成"白色污染"。解决了普通覆膜水稻可能存在的"白色污染"问题，也解决了传统有机水稻生产用工多、产量低的难题。四年来在省内多点试验示范的结果表明，采用全生物降解地膜覆盖种植有机水稻亩产量可以达到 1 000斤左右，高的可以达到 1 400 斤以上。

期待：示范工作经验交流会上，大多业主希望稻田保姆——全生物降解地膜的价格能够更加亲民，降低种植成本，提高种植效益，同时希望加大宣传力度，营销团队能拓展市场，让有机稻米物有所值，推动有机稻米产业的快速发展。

院资深水稻专家向耀武研究员对山丘区有机水稻节本高产技术给予高度肯定，认为该项

在大竹县朝阳乡木鱼村考察有机种植水稻后合影

技术对于推动我省水稻产业的转型发展和乡村振兴具有重要意义，并对全生物降解膜原料商和生产商获取国内权威机构认证路径和方法提出了宝贵建议。（院资环所熊鹰供稿）

　　吕世华：我所科技管理科熊鹰科长在我把地膜比作"稻田保姆"的基础上又形象地把全生物降解地膜称为"无私"的"稻田保姆"。全生物降解地膜有普通农膜的全部功能作用，但它能被土壤中的微生物分解成水、二氧化碳及生物质，不会造成"白色污染"。它用于有机水稻种植可以解决普通覆膜水稻可能存在的"白色污染"问题，也解决了传统有机水稻生产用工多、产量低的难题。

四川农村日报

2021-09-15　一张地膜，如何破解有机稻高产难题？

　　"平均亩产 1 000 斤左右，最高达到 1 300 斤。"9 月 13 日，随着省内不同区域、多个品种的有机水稻陆续颗粒归仓，四川省农业科学院农业资源与环境研究所吕世华研究员告诉了记者这个令他满意的数据。

　　亩产 1 000 斤，对于水稻而言看似是一个很普通的表现。而此次数据的难得之处在于，这是有机种植取得的成绩。

　　由于不使用化学肥料和化学农药，有机稻在保障更高品质的同时，其生产环节的需肥、病虫草害防控等问题难以得到有效解决，往往生产效率低下，亩产 300～400 斤是普遍现象。高质与高产的矛盾，一直是有机稻生产背负的"鱼和熊掌"。

　　早在 8 月中旬，记者便跟随吕世华研究员前往达州、广安等地调研采访，发现这里的有机稻长势良好，与普通水稻相差无几，这又是如何做到的？

种水稻也覆膜，"多此一举"为哪般？

覆膜种植因其增温保湿的作用，在越冬作物和蔬菜生产上普遍应用。而种水稻也覆膜，似乎没有这个先例。

8月中旬，记者在广安市邻水县丰禾镇长滩社区首次见到了采用覆膜栽培技术的有机水稻。查看稻田可以发现，水稻叶片翠绿光亮，稻穗饱满，田间杂草也较少，和普通稻田并没有什么区别。

而向水稻根部看去，则可以看到一些残留在地表的黑色地膜。"丰禾镇是第一年试验推广有机水稻覆膜栽培技术，面积不大。全县目前也只有30多亩。"据邻水县农技站站长代旭峰介绍，覆膜栽培水稻要多一道铺设地膜的工序，同时增加了200余元每亩的农膜成本，习惯了传统种植模式的农户在没有看到它的效益之前，很多人难以接受。

最开始村里的老人都笑话我，不用农药化肥，就用一张地膜怎么可能种出稻谷来。"而在达州市大竹县朝阳乡木鱼村，村支部书记秦学勇带领大家采用覆膜技术种植的水稻已经到了第三年，高产量和好米质的双重效果让他打破了村民的质疑。

"水稻覆膜种植土壤温度提高，有机肥料分解加快，稻田水分蒸发和肥料流失少。同时抑制了杂草生长，减少了水稻病害的发生。"多年来研究推广该技术的吕世华告诉记者，覆膜栽培有效地解决了传统水稻有机种植用工多、产量低的难题。

消失的农膜化身"稻田保姆"

"现在采用的巴斯夫全生物降解膜，就像'稻田保姆'一样，悄无声息就帮你完成了许多日常工作。"走进大竹县永胜镇镜子村一片100多亩的稻田种植基地，吕世华告诉记者，由于种植的是有机稻，原先需要人工除草，劳动力成本大。覆盖全生物降解地膜后，抑草作用明显，不必再打除草剂，既节省了成本，又减轻了对环境的影响。

而在该种植模式研究之初，使用的传统塑料地膜需要人工回收，同时难以降解，容易形成"白色污染"。改进后的全生物降解地膜就像给土壤穿上了"环保衣"，仅需2～3个月，覆盖在水稻地里的地膜就能自然降解。

据为该基地提供地膜的云南曲靖塑料（集团）有限公司四川区域销售负责人涂霞介绍，全生物降解膜主要成分是巴斯夫聚合物和聚乳酸，在作物生长后期被土壤中的细菌和真菌类微生物降解为水、二氧化碳及少量生物质，不会对环境产生污染。"公司也正在进行生产工艺改进和原料拓展，以降低农户用膜成本，服务更多的有机农业业主。"涂霞说。

对于一些人对覆膜栽培增加了种植成本的看法，经营该基地的四川新宏景农业科技开发有限公司相关负责人秦瑜蔓则有不同的见解。她给记者算了一笔账："每亩虽然增加了200元的地膜成本，但节约的农药化肥支出就有近150元，还节约了几百元的除草用工，同时产量增加了两三倍，稻米价格更是原来的好几倍。"据了解，该公司生产的有机稻米零售价可达30元每斤。

"我们积极引进优质抗病水稻品种，还举办了新米品鉴活动，采用覆膜栽培的有机水稻米质突出、口感细腻软弹，深受食客喜爱。"吕世华认为，随着经济社会的发展和饮食观念的转变，越来越多的消费者对"吃得好"的需求逐渐增加，有机水稻覆膜种植技术的大面积推广可以让"高端的"有机稻米进入寻常百姓家，也能够促进生态环境保护。（记者杜铠兵）

吕世华：全生物降解地膜应用于水稻的有机种植，解决了传统地膜种植的"白色污染"，也有效地解决了传统有机种植用工多、产量低的难题，使有机稻米的生产成本大幅度下降。该技术的大面积推广可以让"高端的"有机稻米进入寻常百姓家，也能够促进生态环境的保护。

巴斯夫生物降解地膜覆盖种植有机水稻获得丰收

达州日报网

2021-09-18　一张神奇地膜改变的世界
——记四川省农业科学院土肥专家吕世华
及他的水稻覆膜种植技术

神奇地膜带来神奇产量

"平均亩产 500 公斤左右，最高 650 公斤。" 2021 年 9 月 13 日，随着不同区域、多个品种的有机水稻陆续颗粒归仓，四川省农业科学院农业资源与环境研究所吕世华研究员向媒体宣告了这个令他满意的数据。

作为中国土壤学会土壤—植物营养专业委员会委员、中国自然资源学会农业资源利用专业委员会委员，吕世华长期从事植物营养与肥料、土壤肥力与耕作制度、作物栽培与农业环保的研究。今年，他的水稻覆膜种植技术在四川大竹、邻水等多地丰产、高产，让他多年的研究终于结成硕果。

覆膜种植因其增温保湿的作用，在越冬作物和蔬菜生产上普遍应用，并不稀奇。听说种水稻只施农家肥作底肥，后期不再施追肥，大竹县一些村民认为简直是天方夜谭，甚至有人说，"如果产量能够保持往年的产量，我手板心煮饭给吕专家吃。"

2021年9月1日，大竹县永胜镇覆膜水稻试验田喜获丰收。据测产结果：最低亩产401公斤，最高580公斤。

看着秤数，村民们彻底服了，老农也伸出了大拇指，连连称赞："科技太神奇了！"

按以前传统方法种植的有机水稻，平均亩产最多就150公斤左右。

由于不使用化学肥料和化学农药，有机稻在保障更高品质的同时，其生产环节的需肥、病虫草害防控等问题难以得到有效解决，往往生产效率低下，亩产300～400斤是普遍现象。高质与高产的矛盾，一直是有机稻生产背负的"鱼和熊掌"。

吕世华告诉记者，这片水稻田原先是要人工除草的，劳动力成本大，覆盖全生物降解地膜后，抑草作用很明显，田里杂草基本看不到了，不必再打除草剂，既节省了成本，又减轻了对环境的影响。

业界黑马的传奇奋斗

自古以来，人们都在解读着秋天。

金秋时节，2019崇明岛国际农业生态种植专家论坛上，吕世华的研究引起全坛关注。

"相比传统种植，水稻覆膜技术可实现亩产平均增加15％～20％，缺水干旱等地区甚至增幅100％。"吕世华语惊四座。

数据无声却最有说服力。

崇明岛作为我国重点打造的世界级生态岛屿，力推无农药、无化肥的"两无化"种植，两大技术难关摆在眼前，一是如何不施用农药控制杂草生长？二是不施化肥如何保证水稻亩产量？

吕世华专家团队研发的水稻覆膜技术解决了世界级的这两大难题。

采用覆膜技术的稻田，全生长期不用农药，仅施有机肥。因为有地膜保护，杂草控制得好，病虫害得到了很好的预防，显著促进生长，早熟一周，节水40％～70％，促进水稻增产提质。生物降解地膜的运用，解决了传统PE地膜残留导致"白色污染"等弊端。巴斯夫ecovio® 全生物降解地膜，可被土壤微生物完全分解成二氧化碳、水和生物质，是一种可堆肥的新型生物材料。

吕世华1985年毕业于四川农业大学后进入四川省农业科学院工作。作为土肥专家，他从水旱轮作土壤小麦缺锰问题入手，却研究出水稻"三大围"强化栽培、水稻覆膜技术等一系列栽培技术，被誉为作物栽培界杀出的一匹"黑马"。

水稻，作为我国乃至世界主要口粮作物，其单产水平的高低关乎我国和世界的粮食安全。

良种尚需配套良法。袁隆平"一粒种子改变世界"，启迪了吕世华"一张地膜改变一个世界"的伟大构想。他激动地说："这是一个种水稻不挣钱的世界，这是一个大多数地方靠天吃饭的世界，也是农药、化肥过量施用导致环境污染的世界，水稻覆膜技术的推广应用将逐渐改变这个世界！"

为了这个梦想，吕世华团队足足花了二十年时间。

他带领团队常年奔波在田间，迎风雨、战酷暑。终于，覆膜水稻技术成功了，亩产高达

800 余公斤。

随着水稻覆膜技术在祖国大江南北的推广，新的问题又出现了：PE 地膜回收耗费劳力，回收不完全，残留量大。这个问题不时困扰着吕世华，成了他的一块心病。

要是有价廉物美的全生物降解地膜该有多好啊！吕世华找到了合作伙伴——巴斯夫（中国）有限公司共同进行攻关实验。

2018 年 10 月 8 日，这是一个值得庆祝的日子。在云南德宏州芒市遮放贡米基地，中外专家共同见证了生物降解地膜应用于有机水稻的神奇。

"一张地膜改变了一个世界"的梦想成真，是一个擦亮四川农业大省乃至中国农业大国这个金字招牌的重要技术。

与大竹县结下科技情缘

2009 年初春的一个周末，时任大竹县四合乡党委书记的何武在《四川农业科技》上看到了水稻覆膜技术的系列文章，惊喜不已。通过与杂志编辑部联系，何武获取了吕世华的联系方式。吕世华非常谦和，邀请何武去参加省农科院的技术交流会。

何武激动万分，立马带领 5 名村支书和 1 名农技员同赴省农科院，受到吕世华的热情接待。

此后，吕世华多次受邀来到四合乡，到田间亲自示范，现场开技术培训会，还从自己的科研经费中拿出 3 万元支持四合乡的技术推广。全乡掀起一场"水稻种植白色革命"。

与大竹县有关人员交流有机稻种植技术

水稻覆膜技术不仅实现了头季稻节水节肥高产高效，还扩大了再生稻面积，提高了再生稻产量。

再后来，在时任大竹县旅游局局长何武的积极联络下，应用全生物降解膜的水稻覆膜技术，引进到旅游局联系帮扶的贫困村——朝阳乡木鱼村。神奇的水稻覆膜技术相继纳入大竹县人民政府与四川省农科院的院县科技合作项目，得以在全县迅猛推广。

2020 年 8 月 25 日，在大竹县文星镇一片金黄色的稻田边，人们见证了奇迹：应用覆膜技术的水稻亩产高达 706 公斤，而常规栽培的亩产仅 489 公斤。

这还是在遭遇特大干旱、持续低温多雨等不利天气影响后的奇迹，再次证明生物降解地膜是稻田的好保姆。

一提到农业科技，吕世华就非常感慨："由于出身农村，读了农业大学，干了一辈子的农业科研工作，我深知科学技术促进我国农业农村发展的重要性。我国人多地少，农业面源污染形势严峻。现实要求我国农业必须走作物高产与环境保护相协调、生产与生态双赢的绿色可持续发展道路。"

展望未来农业，他深情地说："农业科技的创新，需要多学科的协同，更需要理论与实践的结合。农业科技成果的转化应用需要创新体制机制，这是怀揣梦想的农业科技人员的幸事，更是广大农民增收致富的幸事！"

田野是寂寞的，带泥裤腿和汗湿衬衫是无声的，他们构成了有生机的美丽世界。（达州日报社全媒体记者付勇）

吕世华：要是没有原大竹县四合乡党委书记何武、乡长朱智蜀当初对我们的水稻覆膜节水综合高产技术的重视，就不会有10年后全生物降解地膜应用于有机水稻种植技术在大竹的示范推广。因此，乡镇领导的科技意识对一个地方现代农业的发展和乡村振兴具有特别重要的意义。

接受达州日报的记者采访

2022 年

2022-01-12 成都市科技特派员赴简阳市协议村考察调研

　　为持续推进科技特派员工作落地落实，助力乡村产业振兴，回应群众技术需求，2022年1月11日，成都市科技特派员、四川省农业科学院农业资源与环境研究所吕世华研究员带领团队前往简阳市协议村考察调研，为推进今年科技特派员工作奠定良好基础。

　　到达协议村后，吕世华首先听取了简阳市科技信息中心副主任郭鑫、第一书记孟基殿和支书毛传坤关于该村产业发展现状、存在问题及主要技术需求的介绍，随后重点考察了该村粮食、果树和蔬菜生产现状。考察过程中吕世华向村社干部、合作社负责人及家庭农场主介绍了他和团队在简阳市东溪镇研究成功并已在省内外多地推广应用的高产环保有机水稻种植技术，大家表达了采用本项技术推动全村水稻产业转型发展的强烈愿望。在考察过程中，吕世华及团队成员还采集了该村代表性土壤样品回实验室分析，以期为协议村产业发展规划和作物科学施肥提供科学依据。

2022 年 1 月 11 日在简阳市平泉街道协议村考察

吕世华：2021 年当选成都市科技局选派的科技特派员服务简阳市乡村振兴，我将进一步促进水稻覆膜节水节肥综合高产技术及有机水稻种植技术在简阳的大面积推广应用。

成都东部新区水务监管事务中心

2022-03-15 聚力科技支撑 助推乡村振兴

——水务监管事务中心召开"节水、高产、环保"水稻种植新技术培训会

2022 年 3 月 11 日，水务监管事务中心特邀四川省农业科学院土壤肥料研究所研究员吕世华到成都东部新区讲授"既节水高产又环保的水稻种植技术研究与推广应用"。

藏粮于技，让粮食生产插上科技的翅膀

成都东部新区大力推广农业科技的应用，以"稳粮保供、稳产增收"为目标，强化科技支撑，通过农业科技改革创新，提高粮食生产效率和水平，促进粮食生产能力建设与可持续增长。

生态农业，全力推进水稻生产绿色发展

东部新区以农业供给侧结构性改革为主线，高质量建设以"绿色、高效、低碳"为主调的现代农业发展思路。通过废弃物资的综合利用，减少农药化肥的污染，改善农村土壤环境，实现经济增值，确保"口粮绝对安全"。

水稻覆膜技术和有机水稻、有机果蔬种植的推广应用，不仅实现节水节肥高产高效，而

会议主持人是十分重视水稻"大三围"覆膜种植技术推广的张德书副书记

且还能解决长期农业面源污染日益加剧的问题，为东部新区城乡融合发展走出了一条生产与生态双赢的绿色永续之路。

培训会由水务监管事务中心党委副书记张德书同志主持，应急安全管理局乡村振兴处负责同志，水务监管事务中心供水科、科技科负责同志、渠道站正副站长，各镇（街道）农业工作分管负责同志、农业服务中心主任，董家埂镇大屋沟村书记、主任等共计48人参加培训。（供稿：周继明、黄徐燕、乔木）

吕世华：2022年1月18日看见中国水利网关于成都市东部新区水务监管事务中心大力推广"大三围"水稻覆膜技术的消息后，我与供水科周继明科长取得了联系。周科长于2月17日来农科院与我会面并商讨合作事宜，于是就有了3月11日在东部新区的技术培训。这次培训，我讲了既节水高产又环保的水稻覆膜种植技术，还讲了农业推广的探索，介绍了简阳市东溪镇双河村建立农民合作社的经验，以期真正推动东部新区乡村振兴。

四川省农业科学院

2022-04-27　资环所"丰产高效水稻覆膜种植技术创新与应用"顺利通过成果评价

2022年4月25日，四川省农村科技发展中心组织相关专家对四川省农业科学院农业资源与环境所、中国农业大学和中国科学院南京土壤研究所等单位合作完成的"丰产高效水稻覆膜种植技术创新与应用"成果进行了评价。

评价会采用线上和线下结合方式进行。第三方评价机构四川省农村科技发展中心邀请了水稻耕作专家、扬州大学教授、中国工程院张洪程院士，土壤肥料专家、南京农业大学教授、中国工程院沈其荣院士，植物营养学专家、中国农业科学院农业资源与农业区划所研究员、中国工程院周卫院士，西南大学陈新平教授、中国农业科学院作物研究所张卫健研究员、四川农业大学马均教授和清华大学杨云锋教授组成专家组。张洪程院士担任专家组长，沈其荣院士和周卫院士担任副组长。

成果共同完成单位的主研人员中国农业大学教授、国家农业绿色发展研究院院长、中国工程院张福锁院士和刘学军教授、范明生教授，中国科学院南京土壤研究所徐华研究员、张广斌副研究员及马静副研究员，全国农业技术推广服务中心首席专家高祥照研究员，巴斯夫（中国）有限公司刘嘉仪高级经理和香港嘉道理农场暨植物园项目官员乐小山在线上参加会议。

四川省人大农业农村委员会原主任、四川农业大学原党委书记邓良基教授，我院原副院长、水稻栽培专家谭中和研究员，我院原副院长、水稻育种专家任光俊研究员应邀与会。我院刘永红副院长、院科技管理处副处长喻春莲，院资环所蒋浩宏书记、常伟所长出席会议。

会议由四川省农村科技发展中心周华强副主任主持。专家组听取了项目负责人我所专家吕世华研究员的汇报，审阅了资料，经质询讨论，一致认为该成果创造了显著的经济、社会和生态效益，总体达到同类研究国际先进水平，其中覆膜大三角小苗稀植技术、农田环境养分输入和覆膜种植下稻田温室气体减排研究达到国际领先水平。

张福锁院士、刘永红副院长、徐华研究员和蒋浩宏书记在会上对各位院士和专家给予项目合作团队的肯定与指导表示由衷的感谢。（院资环所董瑜皎供稿）

吕世华：经过 24 年的努力，我们在 2022 年的春天终于迎来了四川省农村科技发展中心组织的成果评价。希望张洪程院士、沈其荣院士和周卫院士等权威专家的评价能够促进水稻覆膜节水节肥综合高产技术在省内外的大面积推广，为保障国家粮食安全和农民增收做出积极贡献！这里附上专家评价意见。

农业科技成果专家综合评分与评价结论

成果名称：丰产高效水稻覆膜种植技术创新　　　　　编号：2022-020Y

综合评分：95.8 分

评价结论：

2022 年 4 月 25 日，四川省农村科技发展中心组织专家对四川省农业科学院农业资源与环境所等单位完成的"丰产高效水稻覆膜种植技术创新与应用"成果进行了评价。专家组听取了汇报，审阅了资料，经质询讨论，形成如下意见：

1. 针对四川盆地丘陵山区缺水干旱、生长前期低温和氮肥用量偏高等问题，以地膜覆盖为核心，以区域生态环境条件为基础，研发了开厢垄作覆膜、大三角小苗稀植、氮肥总量控制和节水灌溉等技术，集成创新了水稻覆膜节水节肥综合高产技术。将水稻覆膜技术成功地应用于有机水稻、再生稻和杂交水稻制种，解决了有机水稻种植用工多、产量低的难题，提高了再生稻的产量并扩大了其种植范围，显著提高了杂交稻种子的产量和纯度。

2. 系统评价了水稻覆膜种植下的生态环境效应。水稻覆膜栽培节省灌溉用水 60%～70%，解决了丘陵山区稻田季节性干旱问题；通过明确氮沉降和灌溉水等环境养分输入，建立氮肥总量控制技术，实现了节氮 20%～30%；显著降低甲烷排放总量和排放强度；通过适当加厚 PE 地膜及稻田后期水分管理促进农膜回收，以及应用推广全生物降解地膜两种途径，降低了"白色污染"风险。

3. 创建了"专家＋协会＋农户"的农业推广新模式，搭建了专家与农民相互学习的平台，发起成立了"四川农业新技术研究与推广网络"，"专家＋协会＋农户"的农业推广新模式 2005—2009 年连续 5 年被写入四川省"一号文件"，促进了覆膜水稻技术的大面积推广。

4. 发表论文 84 篇，参编或主编著作 7 本，获授权实用新型专利 1 件，水稻覆膜节水节肥综合高产技术先后被列为四川省首批现代节水农业主推技术和粮食丰产主体技术，从 2003 年起该技术在四川省大面积推广应用，经济、社会、生态效益显著。

该成果总体达到同类研究国际先进水平，其中覆膜大三角小苗稀植技术、农田环境养分输入和覆膜种植下稻田温室气体减排研究达到国际领先水平。

成果评价会现场

四川农村日报

2022-05-20　撂荒田重现生机　一张地膜功不可没

　　"之前这一片全都撂荒了，很可惜。"5月14日，在成都市东部新区石盘街道郭家祠村，村党支部书记张润莉对记者说的撂荒田，如今已摇身变为80余亩良田。前几日插下的秧苗长势喜人，现场农户正在抓紧完成最后的覆膜、插秧。

　　整理过后的稻田平整开阔，临近水源，过去为什么会被撂荒？担任过该村党支部书记的郭世应告诉记者，由于过去种植技术落后，田块远离道路使机械不便下田，造成水稻产量低、收益差，部分农户便选择改种果树等经济作物，甚至干脆撂荒。

　　"种粮如果能赚钱，村民的积极性自然就高了。"80多亩新发展的有机稻，应用的正是省农科院吕世华研究员研发的水稻覆膜节水节肥综合高产技术。据了解，该技术能够有效减少田间管理成本，让有机稻也能实现亩产1 000斤以上，产值可达1万元。

　　在泡水之后的稻田均匀撒上油枯，再将厢面覆盖上农膜，按照每3颗秧苗1窝成小三角形、每3窝再成大三角形的"大三围"栽种方式，郭家祠村的农户第一次尝试起这项技术。"很节约秧苗，操作起来也比较简单。"一位农户说道。

　　地膜覆盖在农业生产上并不是一件新鲜事，然而盖上一张薄薄的农膜就能让水稻产量大幅提高？据吕世华介绍，覆膜种植让土壤温度提高，有机肥料分解加快，减少稻田水分蒸发和肥料流失。同时，覆膜抑制了杂草生长，减少了水稻病害的发生，不仅实现了早种早熟、增产增收，还能节水抗旱、省肥、省药、省工，减少温室气体排放。

"范老师又来啦！快帮我看看我这种栽法对不对……"如今郭家祠村开始大规模应用水稻覆膜种植技术，与范治良有很大的关系。有的村民感叹："要是早点认识范老师，早点这样种水稻就好了。"

家住简阳市江源镇石泉村的范治良在 2005 年接触并尝试应用这项技术后，第一年便取得了成功，水稻产量和品质大幅提高。周围的农户纷纷前来参观学习，让他成为当地远近闻名的"土专家"。如今，范治良更是被成都市东部新区水务监管事务中心特别聘请为技术推广员，在全区推广这种节水高效的种植模式。

"如果按照全灌区均采用该技术进行水稻种植，灌区亩均可减少灌溉水量 110 立方米，全灌区每年可节约水量约 2 600 万立方米，可满足约 50 万人 1 年的城市生活用水。"东部新区水务监管事务中心工作人员告诉记者，除了大力进行技术推广，中心还向帮扶村应用该技术的农户发放农资补助，并在全区多个镇村开展试验示范，促进绿色高效发展，助推农民增收。

"争取今年水稻亩产达到 1 800 斤！"范治良说，一个月前就栽种下的优质稻长势良好，预计 8 月中旬就能收割，紧接着他还打算再种一季蔬菜，实现"一田两收"。（记者杜铠兵）

吕世华：在四川盆地丘陵山区，我不知道有多少万亩的稻田被撂荒。但是，我知道被撂荒的一个重要原因是丘陵山区稻田水源没有保障，产量低，效益差，甚至在干旱严重的年份出现亏本，农民缺乏种粮积极性。水稻覆膜节水节肥综合高产技术有效地破解了丘陵山区水稻种植"靠天吃饭"的难题。采用这项技术进行有机水稻种植更可以大幅度提高水稻种植的经济效益。同时，由于覆膜种植显著提高了土壤温度，促进了水稻生长发育进程，能够提早成熟，为晚秋作物生产提供光热资源，所以覆膜稻田可以发展晚秋作物，进一步增加农民收入。

2022 年 5 月 14 日简阳市江源镇石泉村长势良好的覆膜水稻

2022-06-01　水稻节水减排增产三大难题　这位科技特派员用一张膜解决

四川粮食生产的问题在丘陵山区，潜力也在丘陵山区，希望"大三围"水稻覆膜栽培技术能够得到大面积推广，帮助农民真正实现低成本种田、高产量收获，提高农民种粮积极性，确保国家粮食安全。

吕世华　四川省农业科学院农业资源与环境研究所研究员、成都市级科技特派员

5月，水稻进入了生长的关键期，四川省简阳市江源镇石泉村采用"大三围"水稻覆膜栽培技术的100多亩水稻分蘖旺盛、长势喜人。这样的场景离不开四川省农业科学院农业资源与环境研究所研究员、成都市级科技特派员吕世华24年来对水稻覆膜栽培技术的研究推广。

田间地头，向农户提供技术帮扶

"你这田里的水还是多了，要放些出去。""覆膜厢面不太平整，周围水沟深度不够。""薄膜打孔间距不够，三株秧苗应该间隔10～12厘米，太近了会影响分蘖成穗。"每年水稻移栽前后，吕世华都奔走在田间地头，忙着指导农户开厢起垄，覆膜打孔。

石泉村从2005年就开始采用水稻覆膜技术。作为成都市科技特派员，吕世华多次来到石泉村向农户提供技术帮扶，手把手指导农户，如今村里的稻田全都使用吕世华团队研究成功的节水节肥高产稳产的"大三围"水稻覆膜种植技术进行水稻栽种。

"过去一亩田标准灌溉水量为250立方米，但现在采用'大三围'水稻覆膜栽培技术后，一亩田的灌溉水量连100立方米都不到。"村民范治良说，通过采用水稻覆膜技术，农田用水量得到有效控制，且移栽和收割时间比传统栽种的水稻早20天左右，能够错开农忙时间，每亩田的产量最终可达650～750公斤，比过去每亩田的产量翻了一倍不止。

"四川盆地水稻生产中一直存在移栽后低温胁迫问题，通过覆盖地膜可以增加地温，促进秧苗的分蘖生长，实现早种早熟、增产增收。"吕世华在总结多年多点示范应用经验时表示，该项技术在解决缺水干旱、低温冷害、抑制杂草及提高氮肥效率等方面效果显著。根据多年实验和示范推广估算，"大三围"水稻覆膜技术能够实现每亩节省人工5～8人、节肥20%～30%、节水60%～70%、减少甲烷排放60%～80%、增产20%～50%。

"我从1998年就开始研究水稻覆膜栽培技术，24年间去了很多地方做实验、做推广，希望在我退休之前，能够让更多农民用上这个技术，帮助他们增产增收。"吕世华望着一片片农田说。

覆膜栽培，一亩田多收200公斤稻子

历时24年，吕世华团队研发的"大三围"水稻覆膜栽培技术在增产增收、高效节水方

面取得了明显成效。2020 年，四川省成都市东部新区水务监管事务中心选择江源镇石泉村、红苔村和东部新区海螺镇力量村作为试点项目区，共选择了 3 个村 22 个社 61 户，面积 115 亩田作为示范试点推广项目区。验收结果显示，灌区内采用"大三围"技术种植水稻的总面积为 115 亩，其中江源镇石泉村、红苔村共 110 亩，亩均产量为 708.6 公斤，较当地传统水稻种植亩均增产 117.17 公斤，增产率 19.8%，比传统种植技术亩均节约用水 65 立方米。

去年，成都东部新区石盘街道郭家祠村有几位村民在示范点的影响下开始采用覆膜栽种技术。"我们这个地方水源比较缺乏，不放水根本栽不了秧，采用覆膜技术后，只要沟里有水就可以插秧，而且用'大三围'的种植方法还能抗倒伏，大风天也不怕稻子倒。长出的稻子就像高粱一样，一株稻穗多的可有 400~500 颗，一亩田产量至少能多收 150~200 公斤。"村民郭世应说，"村里的其他人看到稻子丰收了，今年也想用这个方法来种田，现在村集体流转的 97.5 亩撂荒田全部都采用这个技术进行水稻种植。"

今年，成都东部新区董家埂大屋沟村第一次采用覆膜技术种植有机水稻，全村 160 亩农田都准备盖上地膜。"他们这个村，今年第一次用覆膜技术，现在算是移栽得比较晚的，我们那边水稻都分蘖很多了。"石泉村的范治良说。

"为进一步确保粮食安全、增加农民收入、减少稻田温室气体排放，我们团队将在成都市东部新区几个示范点推行水旱轮作模式，即夏季种植水稻，秋冬季则种植小麦、油菜、蔬菜和绿肥等旱地作物，最终实现稻田减排增收。"吕世华表示，四川粮食生产的问题在丘陵山区，潜力也在丘陵山区，希望这个技术能够得到大面积的推广，帮助农民真正实现低成本种田、高产量收获，提高农民种粮积极性，确保国家粮食安全。（涂宇露、陈科）

吕世华：四川省简阳市江源镇石泉村是 2005 年开始采用水稻覆膜节水节肥综合高产技术的村子。村里的能人范治良早已成为远近闻名的"土专家"，最近几年他被成都市东部新区水务监管事务中心聘请为技术推广员，在全区推广这项技术。许多采用我们技术的农民在获得水稻丰收后不由的感叹："要是早点认识范老师，早点这样种水稻就好了。"作为科技特

吕世华（右 3）在成都东部新区石盘街道郭家祠村进行技术指导

派员，我很高兴的是近二十年来我们在技术推广过程中培养了大量的像范治良这样的"土专家"，他们为我们的技术传播做了重要贡献。未来进一步推广水稻覆膜节水节肥综合高产技术也应该发挥这些"土专家"的作用。

四川农村日报

2022-08-19　不惧高温干旱　这里水稻有"膜"力

沉甸甸的稻穗压弯了腰，轰鸣的收割机轻盈地在田间打了几个来回，饱满的谷粒便被"收入囊中"……8月15日，烈日当头，成都市东部新区石板凳街道观音村的田间，热闹的丰收场景引得村民纷纷前来围观。

7月以来，我省遭遇持续高温热浪，盆地东部、南部、川中丘陵和川西高原中北部、攀西地区东北部等地出现较重旱情。当前正值川中丘陵水稻抽穗扬花至成熟收获的关键时期，水稻产量有没有受到影响？记者跟随四川省农业科学院农业资源与环境研究所吕世华研究员来到田间一探究竟。

"折合亩产813.2公斤！"当地种业公司对农户刘克明的0.25亩采用"大三围"覆膜节水栽培技术的稻田进行了现场测产，测算出了一个令人惊喜的好成绩。

什么是"大三围"？吕世华告诉记者，"大三围"水稻覆膜栽培技术是使用薄膜覆盖开厢起垄的厢面，在薄膜上开间距10～12厘米的等边三角形小孔进行插秧的水稻种植新技术。

"大三围"又有什么特别之处？由于覆膜种植能让土壤温度提高，有机肥料分解加快，同时抑制了杂草生长，减少了水稻病害的发生，在增产增收的同时还能实现节水抗旱、省肥省工。"东部新区过去一亩田标准灌溉水量为250立方米，现在连100立方米都不到，节水率达60%～70%，在今年这种高温干旱条件下抗旱效果表现尤为突出。"吕世华说。

"从4月10日插秧起就一直干旱，相当于在旱地里种水稻了，我之前还担心会没有收成。"在当地从事了多年技术推广的种粮大户范治良告诉记者，得益于"大三围"技术的应用，今年缺水田块也能保障亩产500公斤以上的收成，轻度缺水田块每亩产量预计在700公斤左右，水源相对较好的田块能达到每亩800公斤以上。

"'大三围'技术节水抗旱效果显著，目前已在全区6个镇街推广。"据成都市东部新区水务事务监管中心水资源处负责人李燕强介绍，今年的持续高温干旱给东部新区生产生活用水保障带来严峻考验，实践证明"大三围"水稻覆膜技术的应用对水资源高效利用和保障粮食安全具有重要意义，将进一步在东部新区推广应用。（记者杜铠兵）

吕世华：2022年，四川盆地再次遭遇特别严重的高温干旱，事实再次证明我们研发的水稻覆膜节水节肥综合高产技术是抗逆丰产的好技术。2022年8月26日我在简阳市多个采用和未采用水稻覆膜技术的村子看到一边是喜获丰收的水稻和另一边是颗粒无收的水稻，我发了一条微信朋友圈："站在颗粒无收和丰收在即的稻田，我们强烈呼吁政府有关部门加大水稻节水抗旱新技术和新品种应用，增强农业防灾减灾能力！"希望本书的出版能够促进水稻覆膜节水节肥综合高产技术在省内外的推广应用。

大旱之年，成都市东部新区石板凳街道观音村覆膜水稻喜获丰收

后记

　　金秋十月，我在大理市湾桥镇古生村，这个村子是习近平总书记2015年1月20日调研考察过的村子，我在此收获采用覆膜技术种植的有机水稻时，正好本书的策划编辑贺志清老师将书稿的终校样发给了我。读着其中的每一段文字，看着其中的每一张图片，我都思绪飞扬，感叹自1998年开始研究水稻覆膜技术以来的这24年，真是激情燃烧的24年！

　　今天正好是伟大的中国共产党第二十次全国代表大会开幕的日子，作为一个党和国家培养的普通知识分子，我可以向习总书记和党中央报告：今年在古生村开展的有机水稻省工节本高产技术试验示范取得了成功！采用全生物降解地膜Ecomulch（益可膜）覆盖种植的有机水稻，在比传统有机种植减少60%有机肥投入的情况下，移栽种植的亩产量达到662公斤，直播种植的亩产量达到739公斤，亩产值超过1万元，为洱海流域水稻产业的转型发展探索出了一条新路。这正如带领我们在古生村开展"洱海保护科技大会战"的张福锁院士在收看二十大报告后所言："我们在洱海边做的工作不仅是保护洱海，也是在为洱海流域的老百姓找寻增收的办法，更重要的是按照中共二十大报告上要求的，走高质量发展的道路。既能保护环境，又能增加收入，还能提高人民群众的幸福感，这就是未来高质量发展的一个样板。"

　　24年水稻覆膜技术创新与示范推广的历程，是艰辛的历程，是坚守的历程，更是光辉的历程。因为这项技术在增产增收、资源节约和环境保护方面的显著效果，使我一路走来认识了与农业农村相关的方方面面的朋友，自然而然地形成了一个"研推网路"。这与世界著名未来学家约翰·奈斯比特的关于网络组织的观点不谋而合。他说，网络组织是社会行动的有力工具，有心改变世界的人开始在本地做起，志同道合的人自然而然地聚集在一起。所以，在这里我要特别感谢记录水稻覆膜节水节肥综合高产技术创新与示范推广历程的记者、同事和朋友们，没有他们的辛苦付出就没有今天这本书的出版。

　　在本书即将付梓之际，我还要特别感谢自称"膜二代"的曲塑集团的卢斌总经理。他的可持续发展理念推动公司不断发展壮大。我们自2018年认识以来，共同在四川、云南和上海开展了生物降解地膜应用于有机水稻种植的研究，

　　2007年9月13日在邛崃市向中共中央委员、全国人大常委、农业与农村委员会副主任、原四川省省长张中伟同志汇报"大三围"覆膜技术及"专家＋协会＋农户"的农业推广新模式

　　在全省现代节水农业现场会向原四川省副省长柯尊平和科技部副部长刘燕华等领导汇报水稻覆膜技术的创新与推广

　　2009 年 2 月 24 日在全省农业科技"三大行动"启动仪式现场向省委常委、副省长钟勉同志汇报水稻覆膜节水综合高产技术的应用效果，建议大力推广

　　2006 年 9 月 5 日在简阳"863"节水农业示范园区向四川省科学技术厅唐坚厅长和韩忠成副厅长等领导汇报简阳和雁江等地依靠水稻覆膜技术大旱之年夺丰收引起高度重视，推动了全省现代节水农业的发展

2007 年 6 月 8 日四川省农业科学院王书斌书记在雁江区副区长彭玉秀的陪同下考察覆膜水稻长势。经过多次调研考察后，他于 2009 年 9 月撰写了调研报告——《杜鹃啼血为报春——关于水稻覆膜节水高产技术助农增产增收的报告》，该报告获时任省委副书记批示

2007 年 4 月 30 日李跃建院长在内江市科技局吕芙蓉局长陪同下到内江市中区考察覆膜水稻

　　2009 年 5 月 26 日四川省政协科技委员会主任黄泽云带领科技委副主任、省知识产权局局长黄峰、科技委副主任、省科协巡视员梅跃农、科技委专职副主任彭莉、省政府参事、省农业科学院研究员李仁霖在资阳市雁江区考察覆膜水稻助农增收成效。后来，省政协科技委员会在省政协十届七次常委会议上呼吁大力推广水稻覆膜技术，在省政协第十届委员会第三次会议上，黄泽云主任和黄峰、梅跃农、彭莉副主任又联名以集体提案方式提交了《加快"覆膜水稻"推广　促进粮食增产农民增收的建议》的提案

　　2007 年 4 月 2 日四川省人民政府副秘书长原科技厅厅长杨国安等领导听取水稻覆膜技术的介绍

2007年3月7日省科技厅唐坚厅长在简阳市东溪镇指导全省现代节水农业示范推广现场会准备工作

2007年3月15日内江市水稻覆膜节水抗旱技术现场会在资中县银山镇召开，中共内江市市委常委、市委秘书长李发强出席现场会

四川省农业科学院任光俊副院长对我们通过农民组织让广大农民参与科技成果示范推广的做法给予高度评价

四川省农业科学院副院长张雄和中共荣县县委副书记彭长林在荣县乐德区考察全生物降解地膜应用于川南再生稻的效果

2014年12月28日时任中共资阳市委常委胡锋教授在新天地合作社考察稻—油轮作的有机油菜

中共四川省委政策研究室副主任任丁在简阳市东溪镇调研"专家＋协会"

2010年5月贵州省黔西南布依族苗族自治州水稻覆膜节水综合高产技术现场会在兴仁县召开，黔西南州委副书记廖飞同志和贵州省农委党组成员、纪检组长胡红霞出席会议，并强调迅速掀起以水稻覆膜技术为主要内容的新技术推广热潮

2007 年 9 月 22 日国家自然科学基金生命科学部罗晶处长在雁江区响水村考察

全国农业技术推广服务中心节水农业技术处高祥照处长在资阳市雁江区考察覆膜水稻

2008 年 3 月 27 日中共宜宾县县委书记高泽彬在示范田边强调大力推广水稻覆膜节水抗旱栽培技术

2006 年 2 月 26~27 日在成都召开的四川新农村建设与农技推广研讨会上"四川农业新技术研究与推广网络"宣告正式成立,时任四川省农业厅粮油作物处处长牟锦毅出席会议并代表农业厅表示祝贺和支持

　　2018 年 7 月 30 日中国工程院院士、中国农业大学张福锁教授带领同为美国科学院院士、斯坦福大学教授 Peter Vitousek 和 Pamela Matson 以及国际小麦玉米改良中心研究员 lvan Ortiz-Monasterio 到四川考察水稻覆膜技术

　　2007 年 8 月 30 日向来四川考察指导工作的江苏省原副省长、著名水稻栽培专家凌启鸿教授报告水稻覆膜技术研究与推广情况

　　2007年8月31日张福锁教授和李跃建院长陪同凌启鸿教授、路明教授和杨建昌教授在响水村考察

　　全国人大农业委员会副主任、农业部原副部长、可持续发展专家路明教授正在阅读水稻覆膜节水抗旱技术资料

2009年4月28日中国农业大学张福锁教授在成都主持召开节水稻作研讨会并组织专家们到响水村考察

全国农业技术推广服务中心土壤肥料处高祥照处长肯定了以抗旱节水、高产高效为目标的稻田养分资源综合管理技术的先进性和实用性，表示将大力推广这套技术

　　2022 年 12 月 13 日农业农村部种植业管理司曹桂玲副司长（后排左 5）与全国农业技术推广服务中心首席专家高祥照研究员（后排右 4）等调研考察大理古生村科技小院，中国工程院张福锁院士（后排右 5）介绍了相关情况

　　2022 年 10 月 4 日中共大理州州委书记杨国宗同志带领大理州四级领导到古生村考察用生物降解地膜覆盖种植的有机水稻，要求大力推广该技术促进洱海保护和农民增收

2002 年 9 月 9 日以四川农业大学田彦华教授为组长的专家组在成都市温江县天府镇对"大三围"强化栽培水稻进行产量验收。"大三围"栽培后来成为水稻覆膜节水节肥综合高产技术的重要配套技术

2004 年 6 月 24 日到四川简阳参加四川省农村专业协会发展及增粮增收技术推广学术研讨会的中国农业大学张福锁教授、李小云教授与四川省农业科学院书记王书斌亲切交谈。本次会议李小云教授、高旺盛教授和曹志洪研究员等对"专家＋协会＋农户"的农业推广创新给予高度评价

内江市科技局吕芙蓉局长和内江市农业局李尚平局长在资中县银山镇宣传水稻覆膜技术

2007 年 5 月 28 日时任南充市农业局副局长黎德富在西充县考察覆膜水稻（他的左手所指为覆膜栽培，右手为传统栽培），2009 年在《四川农业科技》发表论文《覆膜栽培技术破解南充水稻生产难题》

2007 年 8 月 24 日全省现代节水农业乐至示范区专家验收现场，重庆市农委副主任张洪松研究员作为专家组组长参与测产验收

2009 年 8 月 19 日香港嘉道理农场暨植物园小山老师在郫县安德镇安龙村查看覆膜种植有机水稻的长势

2004 年 9 月 7 日四川省科技厅韩忠成副厅长在国家粮食丰产科技工程简阳示范区组织专家对采用水稻"大三围"强化栽培技术和水稻覆膜节水抗旱技术水稻进行产量验收

2012 年 8 月 24 日著名农业防灾减灾专家、中国农业科学院农业资源与农业区划研究所李茂松研究员带队来川考察覆膜水稻

2015 年四川省农业科学院科技处向跃武研究员和水稻高粱研究所徐富贤研究员在简阳市东溪镇考察有机种植的再生稻

　　以抗旱节水、高产高效为目标的稻田养分资源综合管理技术现场会 2007 年 8 月
31 日在四川省资阳市召开

　　2008 年 4 月 9 日山丘区水稻高产技术研讨会暨 07 年覆膜水稻示范推广总结会

2007 年 3 月 7 日在资阳市雁江区中和镇召开的覆膜水稻田间培训会

2007 年 8 月 24 日在遂宁市安居区召开的水稻覆膜节水抗旱技术考察验收会

积极推广水稻覆膜抗旱技术的资阳市科技局陈文均局长接受中央电视台记者施绍宇的采访

2010 年 4 月 7 日在贵州省黔西南布依族苗族自治州兴仁县培训水稻覆膜节水抗旱技术

2017 年 1 月 10 日与小山老师和芷晴在海南省长臂猿自然保护区白沙县青松乡苗村试验示范有机水稻种植

2012 月 16 日在宜宾市江安县怡乐镇向钟勉副省长等领导现场演示水稻覆膜技术，田中演示大三围打孔器的是长宁县农民土专家苏永华

2008 年 4 月 15 日资阳市雁江区中和镇巨善村覆膜水稻插秧现场

2014 年 4 月 28 日在遂宁市船山区考察覆膜水稻长势

2019 年 5 月 15 日在上海市崇明区试验覆膜机插秧

覆膜栽培强大的节水抗旱效果
（左为半旱式栽培，右为覆膜栽培）

2007 年乐至县石佛镇唐家店村采
用覆膜技术的水稻喜获丰收（左下角
为传统种植）

2007 年 8 月 29 日拉着我看水稻的
大爷，说几十年来从来没有把水稻种
这么好

2007 年资阳市雁江区响水村大旱之年水稻再获丰收

2008 年国家粮食丰产科技工程简阳示范区东溪镇凤凰村覆膜水稻喜获丰收

宜宾市珙县石碑乡红沙村丰收在即的覆膜水稻（左）与邻田传统栽培（右）的显著对比

2007 年 9 月 2 日简阳市东溪镇喜获丰收的覆膜水稻

2010 年 9 月 18 日香港嘉道理农场暨植物园小山老师与留佳宁在响水村考察，村民李俊卿高兴地说"自从搞了覆膜栽培，我们可以天天吃干饭了！"

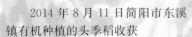

2014 年 8 月 11 日简阳市东溪镇有机种植的头季稻收获

绵阳市梓潼县双板乡覆膜水稻
示范田

宜宾县水稻覆膜节水抗旱栽培
技术示范田

水稻覆膜节水抗旱栽培的显著
增产效果（上为覆膜栽培，下为传
统种植）

再生稻专家徐富贤研究员在新
天地合作社验收测定有机种植的头
季稻产量

2019 年大竹县朝阳乡木鱼村秦才福老人应用生物降解地膜种植的有机水稻获得丰收

2021 年 8 月 12 日大竹县永胜镇用生物降解地膜覆盖种植的有机水稻

2020 年 8 月 31 日南部县应用巴斯夫生物降解地膜覆膜种植的有机水稻丰收在即

五、地膜回收

拍摄于乐至县

拍摄于雁江区

拍摄于简阳市

拍摄于什邡市

2017 年 9 月 4 日巴斯夫（中国）有限公司刘嘉仪高级经理带队来川考察商讨合作事宜

2018 年 6 月 20 日巴斯夫（中国）有限公司刘嘉仪高级经理、王阳经理和云南曲靖塑料（集团）公司卢斌总经理来川考察全生物降解地膜试验效果

2020 年 6 月 9 日生物降解地膜覆盖种植的有机水稻（简阳市东溪镇）

生物降解地膜的降解效果